U0514099

壹卷

YE BOOK

洞 见 人 和 时 代

论世衡史

- 丛书 -

从四部之学到七科之学

学术分科与近代中国知识系统之创建

左玉河 著

四川人民出版社

图书在版编目（CIP）数据

从四部之学到七科之学：学术分科与近代中国知识系统之创建 / 左玉河著. — 成都：四川人民出版社，2024.8

ISBN 978 - 7 - 220 - 12467 - 9

Ⅰ.①从… Ⅱ.①左… Ⅲ.①知识系统 - 研究 - 中国 - 近代 Ⅳ.①G302

中国版本图书馆 CIP 数据核字（2021）第 215084 号

CONG SIBU ZHI XUE DAO QI KE ZHI XUE XUESHU FENKE YU JINDAI ZHONGGUO ZHISHI XITONG ZHI CHUANGJIAN

从四部之学到七科之学：学术分科与近代中国知识系统之创建

左玉河 著

出 版 人	黄立新
策划统筹	封 龙
责任编辑	江 澄 王卓熙
封面设计	周伟伟
版式设计	张迪茗
责任印制	周 奇
出版发行	四川人民出版社（成都三色路 238 号）
网 址	http://www.scpph.com
E-mail	scrmcbs@sina.com
新浪微博	@四川人民出版社
微信公众号	四川人民出版社
发行部业务电话	（028）86361653 86361656
防盗版举报电话	（028）86361653
照 排	四川胜翔数码印务设计有限公司
印 刷	成都东江印务有限公司
成品尺寸	145mm × 210mm
印 张	20.5
字 数	440 千
版 次	2024 年 8 月第 1 版
印 次	2024 年 8 月第 1 次印刷
书 号	ISBN 978 - 7 - 220 - 12467 - 9
定 价	98.00 元

序一

耿云志

左玉河著《从四部之学到七科之学》即将出版，索序于余。时间紧迫，不及通阅全书。他撰著此书已有三年多，曾陆续谈及其撰著大意，余亦赞成其大旨。

近年来，关注近代学术史的人渐渐增多，已有一些著作出版。从20世纪80年代初，人们关注文化史，到今天关注学术史，有其逻辑的必然性。梁任公曾说，学术乃文化之核心。当年人们关注文化问题，是多年激烈的政治动荡之后的反省有以促成之；而今日之关注学术史，则又是多年的文化热之后的反思有以促成之。但无论是文化史，还是学术史，都是极大极难的题目，必须有充分的积累做基础，才比较易于着手。我说的积累，主要的还不是针对个人，而是针对整个民族。我们这个民族近一百多年来，一直是在一种紧迫的环境中，紧紧地赶着。现在流行一句话，叫作跨越式发展。在科学、学术上是否有跨越式发展，很值得研究。我们大家有时确有一种身不由己的感觉，旧的问题尚未完全解决，新的问题又逼人而来，想躲避都来不及。现在研究文化转型问题，研究学术转型问题，我都有这种感觉。希望我和我的朋友们能尽最大心力，把自己选定的课题，做得扎实些，深入些，为后来者做一些铺垫，增加一些积累。

任公先生把学术看成是文化的核心，是有道理的。人类文化之传承，一方面靠口说、示范，即言语、行为；一方面是靠文字、器物。而自有文字始，人的思想、言语、行为及其所用器物，皆可笔之于书。因而，文字之传承功能要比口说与行为等范围更广，效用更大。言语、行为只能直接传授，而文字则可间接传授。直接传授者，只可及于少数人；而间接传授者，可及于千百人，千万人。直接传授者，只可及于两三代人；而间接传授者，则可绳绳墨墨，由古及今。学术是以文字传承文化之最重要者，其所含知识、信息、思想、理论、方法等，乃经历代学者精思、磨洗、锻炼而成，是文化之精华。按，“学”，《说文》谓与“教”通，“教，上所施，下所效也”。《广雅释诂》则直谓：“学，效也。”“效”即是仿效，传承。“术”，《说文》谓“邑中道也”，指道路，引申之，则门径、方法等义皆在焉。前人将“学”与“术”合为一词，我想可否理解为，学术是从累代所积之经验、知识中，求出通向未来的途径。如此，则学术必关乎社会、国家、民族之前途与命运。所以，历代学者一向以学术、道义一身肩之。当然，像张载所谓“为天地立心，为生民立道，为往圣继绝学，为万世开太平”，则纯属说大话，任何人都做不到的。但作为学者，以淑世的责任心与使命感以自励，当是应有之义。

治学术史，特别是研究从古代学术到近代学术转型的轨迹，自当着重在彰显学术型模的变化。左玉河此书亦正为此。书中较详细地梳理出晚清时期，中国学术从古代不甚严密、不甚合理的“四部”分类，到吸收西方学术的分科方法而演成“七科”的分类，从而初步建立较为近代的学术体系的过程。其中提出了不少有创意的见解，值得同行们注意。

前面说到，文化史与学术史，都是极大极难的课题，需要众多学者代代相继，深入研究，不断积累。此事不可因其难而却步不前。俗谓千里之行始于足下，九层之台起于垒土，总是免不了有一段筚路蓝缕的过程。同时，尤不可急于求成、浅尝辄止。宜潜心寝馈，一意求之。愿以此意与作者及读者共勉之。

序二

刘桂生

中西文化的接触，从宋、元以来一直在断断续续地进行中，但是，西方文化，特别是西方近代文化，大规模输入中国并作为一种制度在中国全面扎根，却是迟至清末民初才逐渐实现的。19世纪五六十年代以后各地陆续设立的洋务学堂，戊戌变法高潮中设立的京师大学堂等新式学堂，特别是20世纪初由张之洞等人主持完成的学制改革，以欧美发达国家大学课程设置为蓝本，正式把中国原有的经、史、子、集为代表的“四部之学”，转向包括理、工、农、医、文、法、商在内的“七科之学”，“四部”原先所涵盖的知识，由此基本退缩入“文”科之下，成为一个分支学科，而新兴的近代科学诸学科则得以进入小学术文化体系，总体方向亦由原来的选拔官员，向培养各行各业的专门人才过渡。

这是中国近代学术文化史上的一件大事，涉及的问题颇多，举凡政治、经济、学术、文化、教育诸方面，均牵涉其中。这样一个大问题，我还没有看到过系统的研究成果，一切得从头做起，难度颇大，很不容易理出头绪，组织材料就更难。课题本身要求研究者必须具备较高的中西文化两方面的专业知识。中国方面，古代文化史、学术史，特别是“辨章学术，考镜源流”的目录学知识必不可少，同时还需要有西方近代文化史、教育史，特别是科学建制化与教育建制化两方面的知识。

困难虽多，但这却是一个很有意义，特别是很有现实意义的课题。我认为，从某种意义上说，研究这个课题等于着手整理20世纪中国文化的“老家底”。之所以这样说，一方面是因为20世纪的中国教育、文化制度，虽历经数次变化，但其基本架构却是在晚清改革后所实行的新制度中产生的。另一方面，新文化中的各种因素、成分相继转化并凝聚成人们头脑中的各种“先见”。正是这些“先见”支配着我们的头脑，从根本上决定着我们对待各种外来文化的态度，何者应从，何者应拒，何者应取，何者应弃。这种不同态度，最终必将影响到民族振兴的大业，意义之重大，不难想见。

通过这段历史，我们看到，近百年种种中西文化交汇的成果，几乎无一不是在“中西文化之争”的乐曲声中形成的。任何时候都有“争”，任何时候都有“合”。但“争”自由它争，“合”自由它合，两不相下，各不相让。往深处看，则“争派”往往从文化内部看文化，着重文化的性质、成分一类问题，以便作出优劣、异同之类判断。反之，“合派”则往往从文化外部看文化，着重文化的功能、作用一类问题，以便搞清楚文化能不能与政治、经济、军事等部门协调发展这一类“大事”。从内部去看，容易发觉“争”与

“不争”这一方面的问题；从外部去看，则容易发觉“合”还是“不合”这一方面的问题。历史现象就是如此。我并不认为“争”好，“合”就一定不好；或“合”好，“争”就一定不好。只是主张：在“争”中求“合”，在“合”中求“争”；“争”中形成共识就“合”，“合”中发现差异就“争”，既重视“内部”，也重视“外部”；有“争”有“合”，才能创新，有“争”有“合”才能继承，否则两方面都要落空，必须让它们相辅相成、相依为命地发展下去。

我与左玉河认识近十年。起因是1996年春，北师大历史系王桧林教授请我参加他的博士生论文答辩会。这个博士生是左玉河，论文题目是《张东荪文化思想研究》。张东荪先生似乎早已被人遗忘，今天是可以或应该对他——特别是他的思想进行研究的时候了。我觉得这个题目很好。但是，事不凑巧，当王教授请我去参加答辩会的时候，我已经安排好到德国海德堡大学讲学的日程，就要动身，一切都来不及了。答辩会虽然没有参加成，但我却因此认识了左玉河。时间很快过去三年，大约是1998年秋的一天，左玉河把他的新著《张东荪传》给我送来。我一翻就觉得在史料上确实下了功夫。他告诉我，北师大毕业后转到近代史所做博士后研究，现已留所工作。时间很快又过去五年。半月前他打电话告诉我，他的又一部新著《从四部之学到七科之学——学术分科与近代中国知识系统之创建》又要出版了，请我写篇序。我有点为难，因为我没有研究过这方面的问题。但是，盛情难却，只好答应，写了上面这些话，算作序吧。

2004年9月于清华园

序三

王桧林

左玉河十多年来以研究张东荪生平及思想为主。在撰写出版三部有关张东荪思想的专著后，开始将研究重心拓展到近代学术史上。这部关于学术分科与近代中国知识系统创建问题的专题性书稿，便是他博士后出站五年来，潜心研究近代中国学术转型问题的阶段性成果。

该书的最大特点，是作者具有强烈的学术创新意识，大胆地涉足于中国学术流变及近代学术转型这样的高难度选题，并在前人基础上，从学术分科角度提出了一些新观点和具有创新意义的理论命题：如中国有自己独特的分科体系，中国学术具有重“博通”的特性，近代中国知识系统的创建过程与中国传统学术分化改造过程同步，等等。尤其是对“四部之学”与“七科之学”两个概念的提出与界定，更显示了作者的学术创新勇气和对中国传统学术思考的深入。

作者将中国传统知识系统，简称为“四部之学”，将近代中国建构起来的新知识系统，简称为“七科之学”，并用“七科之学”

与传统“四部之学”相对应，不仅意在表明中西两套知识系统的差异与区别，而且在于说明中国传统学术体系及知识系统在近代发生了根本性变化，这是前人没有的见解。

该书稿的另一特点是具有严谨的治学精神和浓厚的实证色彩。作者既不过多地空发议论，也不刻意用某种范式理论来建构所谓“历史图像”，而是用力发掘相关资料，在掌握大量资料基础上，分析中国传统学术分科的特点，弄清中国传统学术体系及知识系统的构成及内部逻辑结构，说明在晚清时期西方近代意义的学术分科观念、分科原则及学术门类是如何一步步传入中国的，阐述中国传统知识系统是怎样一步步向近代意义的知识系统演进的。作者在这种严谨朴实的精神指导下进行研究，使书稿具有更强的科学性，因而该书稿也具有更高的学术价值。

中国传统学术转入近代学科体系及知识系统是很复杂的过程。清末废科举、兴学堂，接纳西方学科体制，仅仅是中学转入近代学术体系的开始；按照西方近代学科分类编目中外典籍，也是中学转入西方近代知识系统之初步。中国传统知识系统要完全转入近代西方学科体系和知识系统中，必须采用近代分科原则及知识分类系统，按照近代科学方法对中国学术体系进行重新整合，对中国“四部”名目下的古代典籍进行重新类分，对中国旧学作出新的阐释和发扬。这是一件非常重大的工程，这项工程主要是在五四运动以后的所谓“整理国故”过程中完成的。因此，作者在写完这部书稿后将研究重心逐步放在民国时期，是恰当的。

中国近代学术转型，是指传统学术形态向现代学术形态的转变，这种学术分科及近代中国知识系统之创建，仅仅是这种学术形态转变的一个方面。中国传统学术向现代学术形态的转型，实际上就是从传统的文史哲不分的“通人之学”，向现代分科性质的“专门之学”转变。不仅需要从学术发展的内在理路入手，考察中国传统学术向现代学术转变的过程，分析其转变的原因、契机、标志、过程及最初形态，重点考察学术研究方法、立场、观点、内容等范式转变；而且还要从学术发展的外部环境入手，考察清末民初社会结构、阶层变动、思潮涌动等因素对学术转变的影响，分析西学的影响、社会结构的变化对晚清学术转变的推动，注意考察学术共同体的形成、构成、交流模式、新旧学术体制、学术交流机制的建立及对学术思想转变的影响，重点考察研究中国现代学术的制度化、体制化、分科化、职业化等问题。简言之，应着力于研究两种学术形态在学术研究的主体、学术研究机构及学术中心、学术研究理念及宗旨、学术研究方法、研究对象及范围、研究成果及交流机制、学术争鸣与成果评估等问题上的变化与差异。如此看来，近代中国学术转型问题之重要性与复杂性，可能超出了课题研究者原来的设想，当然也绝非这部书稿所能完全解决的。

好在左玉河完成这部书稿后，又承担了耿云志教授主持的中国社会科学院重大课题“近代中国文化转型”课题中的《近代中国学术转型》卷的研究工作，并且取得了一些成果。我衷心地希望他继续在该问题上深入研究，将中国近代学术转型的历史轨迹清晰地描述出来，为学术界贡献出他的意见。

这部书稿的学术价值如何，当由学术界来评定。我想借此机会，谈谈思想史研究中的实证化倾向问题。汉学与宋学之争，是中国思想史上的公案。是注重发挥思想家文本中的义理，还是着重于考证文本？这是研究者见仁见智的问题。从事思想史研究，必须进行系统的理论思维的训练，必须具有较强的抽象思辨性。这是治思想史者的基本功。只有具有较强的思辨能力，才能发掘文本之内在义理，才能使思想史研究具有必要的理论深度。左玉河从我研习近代思想史过程中，在思想史、哲学史的理论思维上受到了一定的训练，具备了较强的哲学思辨能力。这种思辨能力在张东荪思想研究中得到了体现。

近些年来，或许是由于在近代史所工作的缘故，左玉河深受近代史所实证学风的影响，更加关注于史实的考辨、文献资料的收集和运用。这种特点，在这本书中得到了比较充分的验证。这是其学术进步的表现，希望他继续本此方向努力。但我想在此说一说另外一方面，即思想史研究毕竟要以发掘文本之义理为主，实证性研究并不是思想史研究的最终目的。对于文本资料本身，必须对其内涵作深入的分析和认真的阐释，其含蕴的义理才能显现出来并显现其价值。故尽管实证性研究是思想史研究的基础和保障，但决不能因此忽视理论思维的训练和抽象思辨能力的提高，由此才能进入更高的思想境界和学术境界。这或许是左玉河今后从事思想史研究时应当注意的。

新时代要求与自己相称的高水平的学术研究。希望左玉河永远不要满足于眼前的成绩，而应再接再厉，撰写出更高水准的学术著作。我衷心地期待着。

2004 年 9 月 20 日于北师大

目　录

导　论

中国传统学术及其知识系统，主要集中于经、史、子、集“四部”框架之中。从现代学术的角度看，中国传统学术基本上是文史哲不分的。然而，现代分科之学术体系、知识系统及学术门类，是什么时候建立的？人们对此作出了不同的估计。

陈平原认为中国现代学术之建立在“清末民初30年间”，他主要以章太炎作为晚清一代学术的代表，以胡适作为“五四”一代学术的代表，通过对两个典型人物的分析，说明现代中国学术在“五四”时期确立[①]；刘梦溪在为其主编的《中国现代学术经典》所作之长篇序言中，认为中国现代学术发端于晚清，确立于“五四”时期[②]；朱汉国也持相似观点，认为“中国现代意义上的学科分类，

① 陈平原：《中国现代学术之建立——以章太炎、胡适之为中心》，北京大学出版社1998年版。

② 刘梦溪：《中国现代学术经典·总序》，河北教育出版社1997年版，第49—50页。

是从20世纪初开始的"。[①] 这些学者尽管在中国现代学术之发端问题上略有分歧，但一致认为现代学术的确立（即学术转型的完成）是在"五四"以后。笔者认为，中国现代学术之最终确立是在"五四"之后，特别是"五四"后的"整理国故"过程中，但它的发轫和初步确立，则是在晚清时期。

中国现代学术是如何在晚清时期发端的？中国传统学术是如何一步步向现代学术转型的？这是一个非常重大的问题。一直以来，学术界对近代中国学术转型问题已经给予一定重视，并出现了一些引人注目的研究成果[②]，但令人遗憾的是，他们并没有清晰地勾画出晚清到民国学术转型的历史轨迹，更没有对晚清时期传统学术的嬗变和现代新学术的发轫给予必要的实证性研究。至于学术转型之外在标志——学术分科和中国近代学术门类在晚清时期之初创，也没有给予更多关注；对于以"四部"为骨架建立之中国知识系统在晚清时期的转型，同样没有给予应有重视。正因如此，笔者试图从学术转型之外在表现——学术分科问题入手，从一个侧面揭示晚清学术转型之历史轨迹及中国学术融入近代知识系统之趋势。

---

① 朱汉国：《创建新范式：五四时期学术转型的特征及意义》，《北京师范大学学报》1999年第2期。

② 陈平原之《中国现代学术之建立——以章太炎、胡适之为中心》（北京大学出版社1998年版）、刘大椿之《新学苦旅——科学·社会·文化的大撞击》（江西高校出版社1995年版）、罗志田之《权势转移——近代中国的思想、社会与学术》（湖北人民出版社1999年版）、王先明之《近代新学——中国传统学术文化的嬗变与重构》（商务印书馆2000年版）、郭双林之《西潮激荡下的晚清地理学》（北京大学出版社2000年版）、桑兵之《晚清民国的国学研究》（上海古籍出版社2001年版）、方朝晖之《"中学"与"西学"——重新解读现代中国学术史》（河北大学出版社2002年版）等，从不同角度对近代中国学术转型问题作出了自己的解释。

在社会变局和西学东渐之时代潮流影响下，中国传统学术在晚清时期开始向近代学术转型。在这个转型过程中，一个引人注目的现象就是中国传统学术门类发生了分化，出现了近代意义上的学术分科，初步建立起近代意义上之学术门类，中国传统知识系统开始纳入近代知识系统之中。从中国传统的文史哲不分的“通人之学”向西方近代“专门之学”转变，从“四部之学”（经、史、子、集）向“七科之学”（文、理、法、商、医、农、工）转变，是中国传统学术向现代学术形态转变的重要标志。这种现象，自然产生了一系列问题：中国学术是如何从“四部”分类向“七科”分目演变的？中国近代分科性之学术门类是怎样建立的？中国传统知识系统是如何融入西方近代知识系统的？正因国内学术界尚未就这些问题进行专题研究，故笔者力图在本著中予以初步探讨。

笔者的问题意识是：中国传统学术有无分科观念和自己的分科体系？传统意义上之“四部”分类是如何向近代性质上的“七科”分目演变的？中国近代分科性质的学术门类是通过怎样的渠道建立起来的？在学术分科背后之中国知识体系，是如何被接纳到以西方知识系统为主要参照系之近代知识系统中的？笔者通过对中国学术分科及晚清学术演变历程之综合考察，试图对这些问题予以回答。笔者研究的重点，是晚清时期学术分科及由此导致的中国近代学术门类初创、近代中国知识系统的创建等问题，力图在实证性研究基础上，通过形式化分析及动态性考察，揭示中国传统学术向近代学术形态转变过程中一些带有普遍性之问题。

所谓实证性研究，就是努力发掘相关文献资料，在掌握大量资料基础上，分析中国传统学术分科的特点，弄清中国传统学术体系及知识系统之构成及内部逻辑结构，说明在晚清时期西方近代意义之学术分科观念、分科原则及学术门类是如何一步步传入中国的，阐述中国传统学术体系及知识系统是怎样一步步向近代意义之知识系统演进的，既不过多地空发议论，也不刻意用某种理论范式来建构所谓的历史图像。

所谓形式化分析，就是鉴于以往学术史研究多关注于学术思想自身之演变，注重分析学者之学术思想来说明中国传统学术向近代学术转变，笔者则将着眼点放在引起学术转型之众多外在因素上，通过对诸如经世之学兴起、西书翻译、新式学堂创建及其课程设置、典籍分类及图书目录等作详细分析，说明晚清时期学术分科与中国近代知识系统创建之情景。

所谓动态性考察，就是始终把握近代中国从传统向现代之演变上，详细考察传统学术向近代学术演变之历史轨迹，新观念之演变及学术分科、知识分类在晚清是如何演变的，反映出这段历史特有之“动态”历史感。

实证性研究、形式化分析及动态性考察，所要达到之目标是：力图从学术分科问题入手，客观地勾勒出中国传统学术及知识系统向近代学术及知识系统演进之历史轨迹。

笔者认为，如果按照近代西方学术分科观念来反观中国传统学术分科，便很容易发现：中国的确没有近代意义上、以学科为类分标准之学术分科。然而，这并不意味着中国古代没有学术分科观念及分科体系。实际上，中国古代有着一套独特的学术分科体系，其学术分科有着自己的鲜明特点。其中最突出之现象，就是中国学术分科，主要是以研究主体（人）和地域为标准，而不是以研究客体（对象）为主要标准；它研究的对象主要集中于古代典籍涵盖之范围，并非直接以自然界为对象；中国学术分科主要集中在经学、小学等人文学科中，非如近代西方集中于社会科学及自然科学领域中。换言之，中国不仅存在着一套不同于西方近代式之分科体系，而且存在着一套完整的以经、史、子、集“四部”分类为骨架建构起来之知识系统。中国学术尽管也有专门性学问，但并没有发展成为近代学科意义上的“专门之学”，中国学术具有“博通”之特性。

中国传统知识系统，可以简称为“四部之学”。所谓“四部”，即《四库全书总目》类分典籍之经、史、子、集四部；所谓“学”，非指作为学术门类之学科，而是指含义更广之学问或知识；所谓“四部之学”，非指经、史、子、集四门专门学科，更不是指经学、史学、诸子学和文学等，而是指经、史、子、集“四部”范围内之学问，是指由经、史、子、集“四部”为框架建构的一套包括众多知识门类、具有内在逻辑关系之知识系统。这套“四部”知识系统，发端于秦汉，形成于隋唐，完善于明清，并以《四库全书总目》之分类形式，得到最后确定。晚清时期，“四部”知识系统在西学东渐冲击下，不断解体与分化，逐渐为西方近代以学科为类分标准建构起来之新知识系统替代。

近代中国新知识系统之出现及形成过程，便是中国传统学术及知识体系在晚清时期发生分化与嬗变之过程。这一过程，与经世思潮之兴起、学术风气之转变及西学东渐密切相关。近代中国学术分科，经历了“四部”分类—经世“六部”—“七科”分目—“八科”分类之演变过程，最终在1912年定型为“七科之学”。正是在近代中国学术分科及知识系统发生重大转变过程中，近代意义上之自然科学各学术门类（所谓“格致诸学”，即数学、物理学、化学、地理学、地质学、动物学、植物学等）及人文社会科学各学术门类（所谓“法政诸学”，即文艺学、历史学、哲学、政治学、经济学、社会学、法学、伦理学、逻辑学等）相继创立。

中国近代意义上的学术门类，是经过两条渠道创立起来的：一是“移植之学”，即直接将西方近代学术门类移植到中国来，这主要是那些中国传统学术中缺乏之学术门类，如自然科学中之近代数、理、化、生、地等门类，以及社会科学中之政治学、经济学、社会学、逻辑学、法学等；二是“转化之学”，即从中国传统学术中演化而来的，这主要是那些中国学术传统中固有之学术门类，如文学、历史学、考古学、哲学、文字学等。在中国传统学术门类向现代学术门类转型过程中，中国学术必须从两方面进行学科整合：一是文史哲分家；二是引进西方近代学科。这个过程从19世纪60年代开始，20世纪初基本形成，而直到20世纪30年代才最后完成。

随着西方分科性学术及其学科门类之输入，中西学术之配置成为一个重要问题。这一问题的核心，是中国传统学术体系和知识系统如何被纳入以学科为分类标准的近代西方知识系统中之问题。晚清时期，以经、史、子、集为框架的“四部”知识系统，受到近代西方以学科为类分标准之学术体系及知识系统的挑战。伴随着西方学术分科观念、分科原则及西方学科体系之引入，中国传统知识系统必然逐步解体，被消融在近代西方知识系统之中。因此，中国传统知识系统在晚清面临着重大转轨：从“四部之学”为框架的知识系统，转向以近代西方学科为框架之新知识系统，简单地说就是从“四部之学”转向“七科之学”。中国传统学术转型之过程，既是中国传统知识系统逐步解体过程，又是中国近代知识系统建立过程。在中西学术配置问题上，当西学刚刚输入中国时，是西方学术如何纳入中国学术体系的问题，于是“西学中源说”应运而生；随着西学输入的强化，中西学术被纳入“中学为体、西学为用”知识框架中；20 世纪初期，随着西学输入之势的不可逆转，所要面临的问题已经不是在中学体系中如何接纳西学，而是当西学成为学术主流后，中国学术如何纳入近代西方学术及知识系统中之问题，于是便出现了一种实际上可称为“西体中用”之知识配置模式。

近代中国建构起来之新知识系统，可简称为“七科之学”。所谓“七科”，是指作为大学分科设置的文、理、法、医、农、工、商七科；所谓“学”，非指狭义之学科，而是指广义之知识；所谓“七科之学”，是指按照学科标准以文、理、法、医、农、工、商七科为骨干建构起来之知识系统。这套知识系统中之各科，又包含了众多相关学科门类。西方近代知识并不一定非以“七科”分类，而有许多类型的知识分类体系，但就近代中国而言，因为学术门类及知识系统之引入与新式学堂的创建、西方新学制之移植息息相关，故清末大学分科方案中的“七科之学”，在很大程度上成为晚清时期中国重新建构之新知识系统的代名词。而“七科之学”也大体涵盖了当时传入中国之西方学科门类及知识门类，基本上将中国固有学术与新引入之西方近代学科门类包含在内。因此，笔者用近代“七科之学”与传统“四部之学”相对应，不仅意在表明中西两套知识系统之差异与区别，而且在于说明中国传统学术体系及知识系统在近代发生之剧烈变化。这种剧烈变化，集中体现于从传统“四部之学”演进为近代“七科之学”。

中国典籍“四部”分类法转向西方近代图书分类法，是中国知识系统在晚清时期重建之体现。这种典籍分类之演化，不仅仅是改变典籍分类法之简单问题，而是从以“四部”为框架的中国传统知识系统，向以学科为主的新知识系统转变之重大问题。表面上是将“四部”分类体系下之典籍，归并到西方“十进法”图书分类体系中，实质上却是将“四部之学”知识系统逐渐消解掉，融入近代“七科之学”知识系统之中。正因如此，考察中国传统“四部”分类法向西方近代图书分类法之转变，是揭示“四部之学”知识系统向近代新知识系统演化的重要线索。用杜威十进分类法替代四部分类法之过程，既是将四部分类体系下之典籍拆散，归并到十进分类法体系下各种学科门类中之过程，也是将“四部”知识系统整合到西方近代知识系统中的过程。晚清时期典籍分类转化演进之过程，从一个侧面折射出中国知识系统逐渐从古典形态向近代形态演进之复杂历程。

需要强调的是，中国传统学术纳入近代学科体系及知识系统是很复杂的过程。清末废科举、兴学堂以接纳西方学科体制，仅仅是将中学纳入近代学术体系的开始；按照西方近代学科分类编目中外典籍，也是中学纳入西方近代知识系统之初步。中国传统知识系统要完全纳入近代西方分科式的学科体系和知识系统中，必须采用近代分科原则及知识分类系统，按照近代科学方法对中国学术体系进行重新整合，对中国“四部”名目下的古代典籍进行重新类分，对中国旧学作出新的阐释。这项工程，便是所谓“整理国故”。章太炎、刘师培等人在清末保存国粹、复兴古学过程中，开始对中国古代学术作初步清理，尝试用近代学科体系界定“国学”，实际上肇始了对中国学术遗产进行发掘、梳理、研究和整合之历程。正是在对中国传统学术不断进行整理和整合的过程中，中国传统学术开始转变其固有形态而获得近代形态，逐步融入近代西学之新知体系中。

因篇幅所限，本著重点考察晚清时期学术分科及近代学术门类创建问题，进而阐述传统知识系统在近代转轨及近代知识系统之初步建立，而对民国时期学术门类之确定、知识系统之整合等则不作过多涉及，留待以后专门讨论。

第一章
中国传统学术分类及其特征

中国近代意义上的学术分科和学术门类是晚清时期受西学影响而逐渐形成的，但这是否意味着中国传统学术没有分科观念？是否意味着中国没有自己独特的学术分科体系？这是考察近代学术分科问题之前必须弄清的重要而复杂的问题。本章重点考察先秦时期的分科观念及分类体系，揭示中国传统学术分类与知识系统的基本特征。

一、分类、分科概念之阐释

“分”“别”“类”等观念，是原始社会后期人类在生产活动中逐渐产生的，是随着社会分工的出现而自然产生之重要观念。按照许慎《说文解字》解释：“分，别也。从八刀。”分，指分别。而“八”的原义，指“别”。《说文解字》曰：“八，别也。象分别相。

背之形，凡八之属皆从八。”[①] 这是秦汉时期对“分”的理解。实际上，在先秦典籍中，有关“分”“别”的记载也较多。

中国象形文字，传说是黄帝时仓颉所造。许慎《说文解字》曰：“古者庖牺氏之王天下也，仰则观象于天，俯则观法于地。视鸟兽之文，与地之宜。近取诸身，远取诸物，于是始作易八卦，以垂宪象。及神农氏结绳为治，而统其事，庶业其每（右丝旁），饰伪萌生。皇帝之史仓颉，见鸟兽虎（右足旁）亢（下走之）之迹，知分理之可相别异也。初造书契，百工以义，万品以察。”[②]

“知分理”然后能“相别异”，有了“分”“别”观念后，方能“初造书契”。书契造就后，方会“百工以义”，各守其责，万品以察。因此，许慎曰：“仓颉之初作书，盖依类象形，故谓之文。其后形声相益，即谓之字。”[③] 最初之“知分理”与“相别异”，显然是“依类象形”的结果。这说明中国在传说的黄帝时代，已经有了“以理群类”“分别部居”观念。

春秋时期，有关“分”“别”的记载更多。《论语·微子》曰：“四体不勤，五谷不分，孰为夫子?”此处的“分”，指分别。《礼记·曲礼上》：“很毋求胜，分毋求多。”此处的“分”指分理财物。“分”之概念在战国后期典籍中频繁使用，说明“分”逐渐成为当时的普遍观念。《荀子·个相篇》曰：“辨莫大与分，分莫大与礼，礼莫大与圣王。”《荀子·天论篇》曰：“故明于天人之分，则可谓

① 许慎撰，段玉裁注：《说文解字注》，上海古籍出版社 1981 年版，第 48 页。
② 许慎撰，段玉裁注：《说文解字注》，上海古籍出版社 1981 年版，第 753 页。
③ 许慎撰，段玉裁注：《说文解字注》，上海古籍出版社 1981 年版，第 754 页。

至人矣。”这实际上有了“天人相分”思想。作为名词的“分”，指贫富、贵贱、长幼等社会地位的差别，即“名分”。《荀子·王制篇》曰：“执位齐而欲恶同，物不能澹则必争。争则必乱，乱则穷矣。先王恶其乱也，故制礼义以分之。使有贫富贵贱之等，足以相兼临者，是养天下之本也。”《荀子·荣辱篇》亦曰：“况夫先王之道，仁义之统，诗书礼乐之分乎？”可见，“明分”观念比较强烈。《荀子·王制篇》曰：“人何以能群？曰：分。分何以能行？曰：义。”又曰：“故人生不能无群，群而无分则争。争则乱，乱则离，离则弱，弱则不能胜物。”《韩非子·扬权篇》亦曰：“审名以定位，明分以辩类。”将“名”与“分”区别开来，“名”用以确定事务的绝对位置，“分”用以确定事务在现实中的相对位置，表明此时人们对“名”“分”之认识更为深入，“分”之概念更为细致，其外延也愈来愈大。

“名分”一词联用，最早出现在战国末期吕不韦编撰的《吕氏春秋》中：“故按其实而审其名，以求其情；听其言而察其类，无使放悖。夫名多不当其实，而十多不当其用者，故人主不可以不审名分也。不审名分，是恶壅而愈塞。”又曰：“百官，众有司也；万物，群牛马也。不正其名，不分其职，而数用刑罚，乱莫大焉。”故“有道之主，其所以使群臣者亦有辔，其辔何如？正名、审分是治之辔矣”①。

秦汉以后，“分”之概念成为中国学术思想的重要概念。程颐

① 吕不韦：《吕氏春秋·审分览》，《诸子集成》刊印本，上海书店1986年版。

在《答杨时论西铭书》中提出“理一分殊”：“《西铭》明理一而分殊，墨氏则二本而无分。……分殊之蔽，私胜而失仁；无分之罪，兼爱而无义。分立而推理一，义止私胜之流，仁之方也；无别而迷兼爱，至于无父之极，义之贼也。”[①] 此处所谓“理”，指大道，理一而分立、分类者多，“分”成为总名。“分”可以组成众多相似的概念，如与类、科、条、目、列、道等“类名”相连，组成分类、分科、分条、分目、分列、分道等，均表示“分别”。

“分”之观念出现的同时，“类”之概念亦相应出现。章学诚在《文史通义》中对名、类有这样的阐释：“且名者，实之宾也；类者，例所起也。”他在谈专门之书与专门之学关系时说：“古人有专家之学，而后有专门之书；有专门之书，而后有专门之授受。即类求书，因流溯源，部次之法明，虽《三坟》《五典》，可坐而致也。”[②] 此处所谓“即类求书”，就是对典籍进行依类分别。

《说文解字》对“类”之解释为：“类，种类相似，唯犬为甚。”段玉裁注曰：“说从犬之意也。类本谓犬相似，引申假借为凡相似之称。”[③] 这是“类”之本义，引申为“善”，如《毛诗》曰：“类，善也。”就是释类为善，释不肖为不善。《左传》也有“刑之颇类，假类为类”的说法，同样也是释类为善。

在先秦典籍中，“类”之观念出现得较早。最早的“类”指“族类”，非指逻辑意义上的“类名”。《左传》成公四年载：“史佚

---

① 程颐：《答杨时论西铭书》，《河南程氏文集》卷九，《二程集》，中华书局1981年版，第609页。

② 章学诚：《文史通义·文集》，中华书局聚珍仿宋版印本。

③ 许慎撰，段玉裁注：《说文解字注》，上海古籍出版社1981年版，第476页。

之《志》有之曰：‘非我族类，其心必异。’楚虽大，非吾族也；其肯字我乎？”《国语·周语下》记载：“《诗》曰：‘其类维何？室家之壹。’……类也者，不忝前哲之谓也。”《易·同人·象传》曰：“君子以类族辨物。”清人惠栋《周易述》解释曰：“族，姓。族姓者，《战国策》曰：‘昔者，曾子处费，费人有与曾子同名族者’，《注》云：‘族，姓也。’”①

《庄子·渔父》云：“同类相从，同声相应，固天之理也。”此处所谓“同类”，是指同一族类。《周易·乾卦》载：“子曰：同声相应，同气相求。水流湿，火就燥，云从龙，风从虎，圣人作而万物睹。本乎天者亲上，本乎地者亲下，则各从其类也。”依其文而言其理，同类相聚，“类”的观念已很分明。《论语·卫灵公》载孔子曰：“有教无类。”这里所谓“类”，显然是指“族类”。对此，明人高拱释云：“‘类’是族类；言教之所施，不分族类。”②

但在春秋时代，“类”之内涵逐渐演变，开始从“族类”扩展为逻辑上的“类名”。《周易·系辞》云：“引而伸之，触类而长之，天下之能事毕矣。”刘向《说苑》载：“子曰：‘成人之行，达乎情性之理，通乎物类之变，知幽明之故，睹游气之源，若此而可谓成人。既知天道，行躬以仁义，饬身以礼乐。夫仁义礼乐，成人之行也。穷神知化，德之盛也。’”③孔子此处所谓“物类”，不再指“族类”，而是逻辑意义上的“类名”和“类别”。

---

① 阮元：《清经解》卷339，上海书店1988年影印本，第13页。

② 高拱：《闻辨录》卷八，转引自赵纪彬《论语新探》，人民出版社1959年版，第9页。

③ 刘向：《说苑·辨物》，《百子全书》扫叶山房民国八年石印本。

《周礼》中详列天官冢宰、地官司徒、春官宗伯、夏官司马、秋官司寇、冬官司空之官属，各司其职，这是一种“分类序官”办法。到战国后期，“类”之观念已经相当发达，除仍然作为“族类”外，已经作为逻辑上的类名频繁使用。《荀子》上有大量这方面记载。《荀子·劝学篇》曰：“物类之起，必有所始。”“草木畴生，禽兽群焉，物各从其类也。”《荀子·不苟篇》曰“知则明通而类”。《荀子·非相篇》曰：“故以人度人，以情度情，以类度类，以说度功，以道观尽，古今一度也。类不悖，虽久同理。”《荀子·礼论篇》亦曰：“先祖者，类之本也；君师者，治之本也。”这些“类”，均指“族类”。但《荀子·正名篇》曰：“心有征知，征知，则缘耳而知声可也，缘目而知行可也。然而征知必将待天官之当簿其类，然后可也。”此处所谓“类”，是指逻辑上的“类别”。《荀子·修身篇》亦曰：“人无法，则怅怅然；有法而无志其义，则渠渠然。依乎法而又深其类，然后温温然。”此处所谓“类”显然也是指“类名”。

将“类”视为逻辑上之“类名”而加以运用，在《墨子》《公孙龙子》等典籍中体现得更为充分。《公孙龙子》载：“与马以鸡，宁马材不材，其无以类，审矣！举是谓乱名，是狂举。”① 《墨子》云：“推类之难，说在之大小；五行毋常胜，说在宜。”② 不仅此处的“类”是指逻辑上的类名，而且“类”已经作为分别外物的标准，强调分类标准的一致。

---

① 《公孙龙子·通变论》，《百子全书》扫叶山房民国八年石印本。

② 《墨子·经下》，《诸子集成》刊印本，上海书店1986年版。

分类别异，是指从一类事物具有某种共同特征方面来区分各类事物间的同异；要进行分类别异，必须明确判别标准。因为只有依据类别标准，才能明是非，审治乱，别同异，察名实，所以墨子注重“察吾言之类”，强调“以类取，以类予”。所谓“以类取”，是指从大量个别事物中分析它们存在的某种共性，将这种共性作为类分的判别标准来区分事物，从而得到某种类的概念。墨子所云“义不杀少而杀众，不可谓知类”①，即为此意。

有了“类”之判别标准，类比推理才有逻辑之可靠性，“此与彼同类，世有彼而不自非也，墨者犹此而非之”②。所谓“以类予”，指通过一定的分类标准，推知其他未知的同类或异类事物。否则，“既曰若法，未知所以行之术，则事犹若未成也”③。分类之目的，不仅在于对已知的材料进行整理分析，而且是通过推类来认识更多的尚未认识的事物。在墨家看来，“类”是推理得以合乎逻辑地进行的前提。墨子曰：“异类不吡，说在量。”④ 前提与结论间须有同类关系，或有类之隶属关系，方能进行具体推理：“谓四足兽，与生鸟与，物尽与，大小也。此然是必然则俱。”⑤ 人们只有根据类与类之间内涵及外延之关系，才能进行逻辑推理。故此，墨子云：“夫辞以类行者也。立辞而不明于其类，则必困矣。”⑥

---

① 《墨子·公输》，《诸子集成》刊印本，上海书店1986年版。
② 《墨子·小取》，《诸子集成》刊印本，上海书店1986年版。
③ 《墨子·尚贤中》，《诸子集成》刊印本，上海书店1986年版。
④ 《墨子·经下》，《诸子集成》刊印本，上海书店1986年版。
⑤ 《墨子·经说下》，《诸子集成》刊印本，上海书店1986年版。
⑥ 《墨子·大取》，《诸子集成》刊印本，上海书店1986年版。

墨子之后，“推类”论理更为普遍，如《孟子·告子上》云：“故凡同类者，举相似也；何独于人而疑之?”又曰：“指不若人，则知恶之；心不若人，则不知恶，此之谓不知类也。”《荀子·王制篇》曰：“以类行杂，以一行万。”《荀子·大略篇》曰：“辨异而不过，推类而不悖，听则合一，辨则尽故。”秦汉以后，“类”之观念及用法更为通行。刘向论“乐”时曰：“唱和有应，回邪曲直，各归其分。而万物之理，以类相动也。是故君子反情以和其志，比类以成其行。”① 作为一个“类名”，它与“分”之概念连用，构成认识外界事物的重要工具。

与“类”相似的类名，还有“门”“科”等概念。许慎《说文解字》云：“门，闻也。从二户，象形。”段玉裁注曰：“以叠韵为训，闻者，谓外可闻于内，内可闻于外也。”“此如门从二户。”② 何谓“户”? 许慎解释曰：“户，护也，半门曰户，象形。凡户之属皆从户。”③ 这就是说，“门”“户”为同义词，原指“门户”，后来引申为“门类”，与“类”引申为“类名”相似。与“分”字连用为“分门”，与“分类”“别类”同义，均指“门类”。但在先秦典籍中，“门”作为类名尚较少出现，秦汉以后方普遍使用。

“科”之概念在先秦开始出现，但并不普遍运用。按照《说文解字》解释：“科，程也。”段玉裁注：“《广韵》曰：程也，条也，本也，品也。又科断也。按实一义之引申耳。”④ 何谓“程”?《说

---

① 刘向：《说苑·辨物》，《百子全书》扫叶山房民国八年石印本。

② 许慎撰，段玉裁注：《说文解字注》，上海古籍出版社 1981 年版，第 587 页。

③ 许慎撰，段玉裁注：《说文解字注》，上海古籍出版社 1981 年版，第 586 页。

④ 许慎撰，段玉裁注：《说文解字注》，上海古籍出版社 1981 年版，第 327 页。

文解字》曰："程，程品也，十发为程，一程为分，十分为寸。"①可见，科的本义为"程"，与"条""本""品"一样，同为类名。《论语·八佾》云："为力不同科，古之道也。"《孟子》曰："盈科而后进。"此处所谓"科"，均指"科"的本义"程""段"。"分科"一词与"分类""分门"相似，但在先秦时并未联用。

秦汉以后，"科"之含义略有变化。公羊学派注《春秋》时已经有"三科九旨"之说。徐彦《春秋公羊注疏》引何休之言曰："三科九旨正是一物，若总言之，谓之三科。科者，段也。若析而言之，谓之九旨。旨者，意也。言三个科断之内有此九种之意。"具体内容为："三科九旨者，新周，故宋，以《春秋》当新王，此一科三旨也。""所见异辞，所闻异辞，所传异辞，二科六旨也。""内其国而外诸夏，是三科九旨也。"宋均注《春秋纬》时说："三科者，一曰张三世，二曰存三统，三曰异外内，是三科也。九旨者，一曰时，二曰月，三曰日，四曰王，五曰天王，六曰天子，七曰讥，八曰贬，九曰绝。时与日月，详略之旨也；王育天王、天子，是录远近亲疏之旨也；讥与贬、绝，则轻重之旨也。"何休所谓"三科九旨"，已见于董仲舒《春秋繁露》。同时，"科"成为汉代以后考试制度的一部分，特指考试"科目"，到隋唐演变为"科举""科业"等。②

总之，中国早在先秦时期，分、别、类、科等概念已经出现，分类、分别观念也较为普遍。正是在这些观念比较普及的基础上，

① 许慎撰，段玉裁注：《说文解字注》，上海古籍出版社 1981 年版，第 327 页。

② 参见本章第五节《从孔门四科到儒学四门》。

当先秦学者考察学术问题时，便相应出现了中国最早之学术分类。

二、先秦时期已有学术分类

先秦时期“分类”观念之产生与发达，与社会分工的出现及逐步细化密切相关。有了社会分工，便有了各司其职的百工，百工各司职守，便会使分工明确化和确定化。只有当学术作为一种社会分工出现后，才谈得上学术分类及学术分科。对此，荀子在论述“礼法之大分”时有一段精辟阐述：“礼者法之大分，群类之纲纪也。故学至乎礼而止矣。”① 然后“农分田而耕，贾分货而贩，百工分事而劝，士大夫分职而听，建国诸侯之君分土而守，三公总方而议，则天子共已而已矣”②。正是因为有了社会分工，才会有各种分职，有了农、商、百工、士大夫、诸侯、三公、天子各自的职守。正是因为有了“百工分事而劝”“士大夫分职而听”，才有了专门掌管典籍的史官及从事学术研究的学者。《周礼》对百官“分职”作了详细规定，其中论到“史官”时曰：“外史掌书外令，掌四方之志，掌三皇五帝之书，达书名之四方，小史掌邦国之志。”可见，西周时已有外史与小史、内史之专业分工。殷周之际开始有了约略的分类观念，并开始运用到典籍目录上。

《尚书·尧典》上所说的尧分命羲仲、羲叔、和仲、和叔“定四时成岁”，是依时分类的体现；舜命伯禹、弃、契各司庶务，是依事分类的开始。《尚书·洪范》所分的“九畴”，显然是一种分类

---

① 荀况：《荀子·劝学篇》，《诸子集成》刊印本，上海书店 1986 年版。
② 荀况：《荀子·王霸篇》，《诸子集成》刊印本，上海书店 1986 年版。

法："初一曰五行，次二曰敬用五事，次三曰农用八政，次四曰协用五纪，次五曰建用皇极，次六曰义用三德，次七曰明用稽疑，次八曰念用庶征，次九曰飨用五福，威用六极。"九畴是大类的名称，五行、五事、八政、五纪、三德、五福、六极，显然是二级分类。这些分类名目之所以能够出现，显然是长期观察的经验所致。对此，《周易·系辞下》曰："庖牺氏之王天下也，仰则观象于天，俯则观法于地，观鸟兽之文、舆地之宜，近取诸身，远取诸物。于是始作八卦，以通神明之德，以类万物之情。"既然"八卦"是取法于天、取法于地而长期观察的结果，那么"九畴"及所属的五行、五事、八政、五纪、三德、五福、六极，又何尝不是"取法天地"而长期观察的结果？

既然殷周时代关于事物分类的观念已经产生，那么作为知识分类的学术分科，自然随之而生。近代目录学家姚名达说："分类之应用，始于事物，中于学术，终于图书。"先秦时期分类观念已经产生，并且开始用分类之法辨别事物。据《周易·易象》载："君子以族类辨物。"《周易·系辞上》称："方以类聚，物以群分，吉凶生矣。"又曰："其称名也小，其取类也大。"《周易》实际就是依据推类原则演绎出来的。对此，姚名达说："《易》之为术，纯乎依推类演绎之法以行之。"① 这就是说，事物分类进一步发展便是学术分类，而学术分类最后必然归宿于作为学术载体之典籍分类。

事物"分别""分类"概念出现后，学术分类自然出现。《周

① 姚名达：《中国目录学史》，商务印书馆1938年版，第63—64页。

易》上关于“道器”的分别，似乎是较早的学术分类。《周易·系辞上》曰：“是故形而上者谓之道，形而下者谓之器，化而裁之谓之变，推而行之谓之通，举而措之天下之民，谓之事业。”根据“形上”与“形下”的分类标准，将知识类分为“道”和“器”，这不仅是“道术”与“方术”之区别，也是后来“学”与“术”的分别。这种“道”与“器”之分别，对于中国传统知识系统的建构产生了很大影响。

春秋以前，各种文献典籍均藏于官府，民间没有典籍，因此“学在官府”“学术专守”，便成为非常自然的事情。典、谟、训、诰、礼制、乐章等皆由朝廷制作，政府设官分职掌管。对此，章学诚曰：“有官斯有法，故法具于官。有法斯有书，故官守其书。有书斯有学，故师传其学。有学斯有业，故弟子习其业。官守学业，皆出于一，而天下以同文为治，故私门无著述文字。”① 既然“官守学业，皆出于一”，那么《周礼》所置百官，便是某种学业之执掌者。

《左传》云：“昭十二年，楚左史倚相，能读三坟五典，八索九丘。”《孔子家语·正论解》亦称楚左史倚相：“能读三坟五典、八索九丘。”“三坟”“五典”“八索”“九丘”是古代典籍名称，抑或是学术类名？历来颇有争议。多数学者认为，这些均为古代典籍名称，而非学术类名，姚名达则提出了不同意见。他认为，这些有数码之名称，是“类名”而非典籍名称：“著者则以为既有数字，必

---

① 章学诚：《校雠通义·原道》，中华书局《四部备要》校刊本。

非书名而为类名，如后世之合称《易》《书》《诗》《礼》《乐》《春秋》为‘六艺’，诸子为九流之例。倘此说不谬，则三坟、五典、八索、九丘，即为楚府藏书之分类名称。”① 这就是说，它们不仅仅是典籍名称，而且同时是“类名”。

从古代其他文献典籍记载来看，姚氏之说并非没有根据。《周礼·天官冢宰》曰：“大宰之职掌建邦之六典，一曰治典，二曰教典，三曰礼典，四曰政典，五曰刑典，六曰事典。”《礼记·曲礼下》云：“大宰、大宗、大史、大祝、大士、大卜典司六典。”《尚书·舜典》亦曰：“慎徽五典，五典克从。”可见，三代之前已有所谓“五典”“六典”者，并且它们均为藏书的类名，不仅仅是典籍名称。

如果进一步寻觅古代历史文献，则可以发现，视“三坟”“五典”“八索”“九丘”为典籍分类者，并非姚名达之发明。南北朝时之阮孝绪实际上已经有了这种看法。其《七录序》曰：“大圣挺生，应期命世，所以匡济风俗，矫正彝伦，非夫丘、索、坟、典、诗、书、礼、乐，何以成穆穆之功，致荡荡之化也哉。”② 将三代之丘、索、坟、典，与春秋之诗、书、礼、乐并称，实际上是将它们均认为是典籍类名。

在“学在官府”“学术专守”之殷周时代，主要的学术门类便是所谓“六艺”。关于“六经”与“六艺”，历来学者有较大分歧。

---

① 姚名达：《中国目录学史》，商务印书馆 1938 年版，第 30 页。

② 阮孝绪：《七录序》，袁咏秋等主编《中国历代图书著录文选》，北京大学出版社 1995 年版，第 176 页。

近代有人说，“六经”为“古代道术之总汇，非儒家所得而私之也”①。“六艺”有广狭之分与大小之别。一般说来，人们将礼、乐、射、御、书、数视为“小艺”;《诗》《书》《礼》《乐》《易》《春秋》则称为“大艺”。前者是殷周时代之“旧六艺”，而后者则为春秋以后之“新六艺”。

“六艺”之名，始于《周礼·地官》：大司徒“以乡三物教万民而宾兴之，一曰六德，知、仁、圣、义、忠、和；二曰六行，孝、友、睦、姻、任、恤；三曰六艺，礼、乐、射、御、书、数”。这就是说，“六艺”最初是指礼、乐、射、御、书、数六种技艺，也是当时流行的六种学术。到春秋时代，六艺的内容逐渐演变为《诗》《书》《礼》《乐》《易》《春秋》，成为六种古代典籍的传授和研习。章学诚曰：“六艺非孔子之书，乃周官之旧典也。《易》掌太卜，《书》藏外史，《礼》在宗伯，《乐》隶司乐，《诗》领于太师，《春秋》存乎国史。”② 这就是说，“六艺”是“周官之旧典”，在“学在官府”时代，“六艺”是当时周官职掌之六种知识门类，即当时流行之六门学科。对此，近代目录学家杜定友亦云：“六艺之名肇于周代，卿大夫设六艺以教万民。有五礼之义，六乐之歌，五射之法，五御之节，六书之品，九数之计。而刘《略》一变而为易、书、诗、礼、乐、春秋。夫刘氏去古未远，而六艺之名已不复旧观，此学与书之不同也。非深明类例之义者不足奏此。”③ 这实际上揭示

---

① 蒋伯潜：《十三经概论》，上海古籍出版社 1983 年版，第 7 页。

② 章学诚：《校雠通义·原道》，中华书局《四部备要》校刊本。

③ 杜定友：《校雠新义》上册，中华书局 1930 年版，第 1 页。

了“六艺”内容之演变：殷周时代“旧六艺”是指六门学问，秦汉以后“新六艺”变成六种古代典籍；前者是六门学科，后者为六种古代典籍。

孔子删改“六艺”，实际上是指对古代《诗》《书》《礼》《乐》《易》《春秋》等六种古代典籍的整理，使之成为六门知识学科的教材。孔子曰：“其为人也，温柔敦厚，《诗》教也；疏通知远，《书》教也；广博易良，《乐》教也；洁净精微，《易》教也；恭俭庄敬，《礼》教也；属事比事，《春秋》教也。”① 班固《汉书·艺文志》所谓“六艺”，也是指《易》《书》《诗》《礼》《乐》《春秋》等六种古代典籍。

殷周时代的“旧六艺”是当时流行的六门学科，是无疑义的，那么孔子删改后的“新六艺”，仅仅是六种古代典籍，抑或同时是六种学术门类？从前述孔子所谓的“《诗》教”“《书》教”“《乐》教”“《易》教”“《礼》教”“《春秋》教”来看，显然不仅仅是六种典籍，而且同时是六种学术门类。对此，晚清学者刘师培以近代分科观念审视“六经”，认为六经是“孔门之教科书”：“《易》为哲学讲义，《诗》《书》为唱歌、国文课本，《春秋》为本国近世史课本，《礼》为伦理、心理讲义，《乐》为唱歌、体操课本。”他进而指出：“至《论语》《孝经》，又为孔门之学案，则孔学之在当时，不过列九流中儒家之一耳。”② 目录学家刘国钧根据近代分科观念反观“六艺”时，也断定“六艺”是六种分科性学问，相当于近

① 王肃注：《孔子家语·问玉》，《百子全书》扫叶山房民国八年石印本。
② 刘光汉：《论孔教与中国政治无涉》，《警钟日报》1904年5月4日。

代意义上之六种学术门类："所谓六艺，犹夫六学科也，故同性质之书，皆可列人。"[①] 他强调说："经部原名六艺，汉志有六艺略。然不曰六经而曰六艺，意者六经在当时为六种专门之学，一艺即是一专科欤。故奏议得入尚书，《史记》得入春秋，皆各从其类也。六艺为古人所治之学科，刘氏集之于一处，殆所以示为学之根本，故继之以小学，即治学之入门也。后人以六艺为六经，于是治学方法上首列之六艺，变为儒家之典籍，此后人之失也。"[②] 刘氏这种观点，是有道理的。

"六经"一说源于战国时期。据《庄子·天运篇》记载，孔子曾对老聃曰："丘治《诗》《书》《礼》《乐》《易》《春秋》六经，自以为久矣，熟知其故矣。"[③] 这是古代典籍中最早将"六艺"称为"六经"的文字记载。"六艺"到战国后期开始称"六经"，到汉代逐渐演变为汉儒专门研习的"经学"。《白虎通·五经》对"经"是这样解释的："经，常也。有五常之道，故曰五经：《乐》仁，《书》义，《礼》礼，《易》智，《诗》信也。人情有五性，怀五常，不能自成，是以圣人象天，五常之道而明之，以教人成其德也。"[④] "五经"实际上成为五门求得圣人之道的学问。

"六艺"为何逐渐被尊为"六经"？章学诚认为："六经之名，起于后世，然而亦有所本也。"所本者何？他解释说："六经之文，

---

① 刘国钧：《四库分类法之研究》，《图书馆学季刊》1926 年第 1 卷第 3 期。

② 刘国钧：《中国图书分类法·导言》，《刘国钧图书馆学论文选集》，书目文献出版社 1983 年版，第 57 页。

③ 《庄子·天运》，《诸子集成》刊印本，上海书店 1986 年版。

④ 班固：《白虎通·五经》，《百子全书》扫叶山房民国八年石印本。

皆周公之旧典，以其出于官守而皆为宪章，故述之而无所用作；以其官守失传而师儒习业，故尊奉而称经。圣人之徒，岂有私意标目，强配经名，以炫后人之耳目哉？故经之有六，著于《礼记》，标于《庄子》。损为五而不可，增为七而不能，所以为常道也。”① 所以，“官守失传”与“师儒习业”，是“六艺”成为“六经”之关键所在。

同时，“六艺”所以被后世学者尊为“六经”，还因其具有重大之社会教化和知识功用。《诗》《书》《礼》《乐》《易》《春秋》等六种典籍，各有功用，缺一不可。《尚书·尧典》曰：“诗言志，歌永言，声依永，律和声，八音克谐，无相夺伦，神人以和。”这是专讲《诗》的功用。司马迁《史记·滑稽传》载：“子曰：六艺于治一也。《礼》以节人，《乐》以发和，《书》以道事，《诗》以达意，《易》以神化，《春秋》以义。”六艺虽为六门学术，但其精神是相通的，是从六个方面体现先王之“大道”。对于六艺“大道为一”观念，孔子之后的儒家学者多能体悟。《荀子·劝学篇》曰：“故《书》者，政事之纪也；《诗》者，中声之所止也；《礼》者，法之大分，类之纲纪也；故学至乎《礼》而止矣。夫是之谓道德之极。《礼》之敬文也，《乐》之中和也，《诗》《书》之博也，《春秋》之微也，在天地之间者毕矣。”在荀子看来，“六艺”几乎包涵了人类一切知识，精研“六艺”，便会达到为学之极致、道德之极致，也就会毕尽天地之道，“况夫先王之道，仁义之统，《诗》《书》

① 章学诚：《校雠通义·〈汉志〉六艺》，中华书局《四部备要》校刊本。

《礼》《乐》之分乎？……夫《诗》《书》《礼》《乐》之分，固非庸人之所知也。故曰：一之而可再也，有之而可久也，广之而可通也，虑之而可安也”①。

孔子的这种观念，为后来汉儒所发挥。《淮南子》曰“六艺异科而同道”，六经贯穿着“德教”②。《汉书·艺文志》亦曰：“六艺之文，《乐》以和神，仁之表也；《诗》以正言，义之用也；《礼》以明体，明者着见，故无训也；《书》以广听，知之术也；《春秋》以断事，信之符也。五者，盖五常之道，相须而备，而《易》为之原。故曰‘《易》不可见，则乾坤或几乎息矣’，言与天地为终始也。至于五学，世有变改，犹五行之更用事焉。”东汉儒生徐幹曰：“先王之欲人为君子也，故立保民，掌教六艺：一曰五礼，二曰六乐，三曰五射，四曰五御，五曰六书，六曰九教。”他也强调“通”之重要：“通乎群艺之情实者，可与论道；识乎群艺之华饰者，可与讲事。事者有司之职也，道者君子之业也，先王之贱艺者，盖贱有司也。君子兼之则贵也，故孔子曰：志于道，据于德，依于仁，游于艺。艺者，心之使也，仁之声也，义之象也。故礼以考敬，乐以敦爱，射以平志，御以和心，书以缀事，数以理烦。敬考而民不慢，爱敦则群生悦，志平则怨尤亡，心和则离德睦，事缀则法戒明，烦理则物不悖。六者虽殊，其致一也。其道则君子专之，其事则有司共之，此艺之大体也。”③ 六艺虽殊，其道则一，名专而内通。

---

① 荀况：《荀子·荣辱篇》，《诸子集成》刊印本，上海书店 1986 年版。

② 刘安：《淮南子·泰族训》，《诸子集成》刊印本，上海书店 1986 年版。

③ 徐幹：《中论·艺纪》，《百子全书》扫叶山房民国八年石印本。

三、道术分化及方术勃兴

《汉书·艺文志》曰："昔仲尼没而微言绝，七十子丧而大义乖。"孔子死后，儒家分化。对于战国时期儒、墨分化情况，《韩非子·显学篇》有一段精辟论述："世之显学，儒、墨也。儒之所至，孔丘也。墨之所至，墨翟也。自孔子之死也，有子张之儒，有子思之儒，有颜氏之儒，有孟氏之儒，有漆雕氏之儒，有仲良氏之儒，有孙氏之儒，有乐正氏之儒。自墨子之死也，有相里氏之墨，有相夫氏之墨，有邓陵氏之墨。故孔、墨之后，儒分为八，墨离为三。取舍相反不同，而皆自谓真孔、墨。孔、墨不可复生，将谁使定后世之学乎？孔子墨子，俱道尧舜，而取舍不同，皆自谓真尧、舜。尧、舜不能复生，将谁使定儒、墨之诚乎？"[①] 这就是说，孔子死后，儒家分为八派，即子张之儒、子思之儒、颜氏之儒、孟氏之儒、漆雕氏之儒、仲良氏之儒、孙氏之儒、乐正氏之儒。墨家在墨子死后，分为相里氏之墨、相夫氏之墨、邓陵氏之墨三派。

为什么儒、墨两家显学在孔子和墨子死后会出现如此剧烈的分化？唐人韩愈分析说："孔子之道大而能博，门弟子不能遍观而尽识也，故学焉而皆得其性之所近。"因此，孔子之后儒学分门别派的原因，是由于孔门弟子"各得其性之所近，举其素昔所诵习而崇仰者，转以授之于其徒。而其所授者，又各有其性之所近，杂然殊涂，久之始各得其所宗。孟、荀之学，后世儒家之二大宗也。虽其

---

① 《韩非子·显学篇》，《诸子集成》刊印本，上海书店 1986 年版。

学出之于孔子，则固孟、荀之所同矣。孟子之学出于曾子，荀子之学出于卜子”①。这种分析颇有道理。实际上，天下道术在春秋以后分为儒、墨、名、道、法、阴阳等“百家之学”，是学术发展的必然结果；儒家在孔子死后分为八派，墨家在墨子死后分为三派，也是学术分化的自然现象。这种情况说明，春秋战国时期道术分化是非常剧烈的，因而不可避免地出现了为后世儒者惊叹的“仲尼没而微言绝，七十子丧而大义乖”的现象。这种现象，从一个侧面折射出春秋以后“道术将为天下裂”之学术分化情景。

殷周时代，学在官府，学为官守，道与艺合一；春秋时代，周室衰微，古代典籍流散民间，私人讲学之风兴起，诸子百家之学勃兴，学术格局及学术形态均发生重大变化。《庄子·天下篇》曰：“天下之治方术者多矣，皆以其有为不可加矣。古之所谓道术者，果恶乎在？曰：无乎不在。曰：神何由降？明何由出？圣有所生，王有所成，皆原于一。”庄子认为，先王之道“皆原于一”，古人道术均备，道术合一而不分离，俱存于“六艺”之中：“古之人其备乎，配神明，醇天地，育万物，和天下，泽及百姓。明于本数，系于末度，六通四辟，小大精粗，其运无乎不在，其明而在数度者，旧法世传之史，尚多有之。其在于《诗》《书》《礼》《乐》者，邹鲁之士，搢绅先生，多能明之。《诗》以道志，《书》以道事，《礼》以道行，《乐》以道和，《易》以道阴阳，《春秋》以道名分。其数

① 陈黻宸：《中国通史》，《陈黻宸集》下册，中华书局1995年版，第775—776页。

散于天下，而设于中国者，百家之学，时或称而道之。”[①] 这就是说，古之“道术”无所不在，并集中体现在《诗》《书》《礼》《乐》《易》《春秋》等六种典籍之中。

但王室衰微后，“天下大乱，贤圣不明，道德不一，天下多得一察焉以自好，譬如耳目鼻口，皆有所明，不能相通，犹百家众枝也，皆有所长，时有所用”。庄子此处所谓“一察”之“一”，是指“偏得一术”，意为仅仅得到“道术”的一个方面。这样的术士不是所谓“圣人”，而是“不该不遍”的“一曲之士之美”。他们“判天地之美，析万物之理”，用以“察古人之全，寡能备于天地，称神明之容”。“故内圣外王之道，暗而不明，郁而不发，天下之人，各为其所欲焉，以自为方。”内圣外王的“道术”不明，形成了各守一方的“方术”。百家之学兴盛，必然导致“道术将为天下裂”的局面：“悲夫！百家往而不反，必不合矣。后世之学者，不幸不见天地之纯，古人之大体，道术将为天下裂。”[②] 庄子此处所谓“道术”与“方术”的分别，实际上是先秦学术分化与分科的表现。“百家众技”“百家之学”，是各得大道之一方而形成的“方术”。

“天下道术”之所以流为“不该不遍一曲之学”，是因持一方之术者无法“察古人之全”，“不合于天地神明之用”。故无论墨翟、禽滑厘，还是宋研、尹文，或是彭蒙、田骈、慎到、庄子、关尹、老聃、惠施，仅仅得到了“古之道术”之一方，用庄子的话说就是：“古之道术有在于是者。”正因如此，在他看来，道术裂而后有

---

① 《庄子·天下篇》，《诸子集成》刊印本，上海书店 1986 年版。

② 《庄子·天下篇》，《诸子集成》刊印本，上海书店 1986 年版。

方术。方术者，各明其一方，不能相通，与“六艺”所蕴含之“大道”（道术）是相对而言的。

近人陈黻宸曰：“欧西言哲学者，考其范围，实近吾国所谓道术。天地之大，万物之广，人事之繁，惟道足以统之。古之君子尽力于道术，得其全者，是名为儒。”扬雄曰：“通天地人谓儒，通天地而不通人之谓伎。”在陈氏看来，“儒术者，乃哲学之极轨也。庄子论百家之学，自墨翟、禽滑厘以下十一家，不列孔孟诸人。盖以儒家为道术所由着，故于首，备述《诗》《书》之用。所谓配神明，醇天地，育万物，和天下，泽及百姓，小大精粗，其运无乎不在者，惟儒庶几近之。内圣外王之道，惟儒家或足以当之。其余皆为其所欲焉，以自为方者也，非所论于道术之士也。”① 笔者认为，陈氏之论甚为精妙，揭示了古来“道术”与“方术”之区别。

百家之学“往而不返”，自然形成了持论人人自殊、据理异奔同轨的状况。“人各有学，家各异学”，便是比较普遍的现象。正是在这种“礼乐坏”“道术裂”的学术分化背景下，才有孔子整理“六艺”之举。司马迁曰：“夫周室衰而《关雎》作，幽、厉微而礼乐坏，诸侯恣行，政由强国，故孔子闵王路废而邪道兴，于是论次《诗》《书》，修起《礼》《乐》，适齐闻《韶》，三曰不知肉味，自卫及鲁，然后《乐》正，《雅》《颂》各得其所。……西狩获麟，曰：吾道穷矣。故因史记作《春秋》，以当王法，其辞微而指博，

---

① 陈黻宸：《中国哲学史》，《陈黻宸集》上册，中华书局 1995 年版，第 415—416 页。

后世学者多录焉。”①

周室衰微、礼崩乐坏后“百家之学”的名称及流派，主要见于《庄子·天下篇》《荀子·非十二子篇》及《韩非子·显学篇》等典籍中。从所存的先秦典籍看，最早揭示天下道术分化并将当时学术分门别类者，乃为《庄子·天下篇》。

庄子分“百家之学”为六派十一家：不侈于后世，不靡于万物，不晖于数度，以绳墨自矫，而备世之急。古之道术有在于是者，墨翟、禽滑厘闻其风而说之。不累于俗，不饰于物，不苟于人，不忮于众，愿天下之安宁以活民命，人我之养，毕足而止，以此白心。古之道术有在于是者，宋研、尹文闻风而悦之。公而不党，易而无私，决然无主，趣物而不两，不顾于虑，不谋于知，于物无择，与之俱往，古之道术有在于是者，彭蒙、田骈、慎到闻其风而悦之。以本为精，以物为粗，以有积为不足，澹然独与神明居，古之道术有在于是者，关尹、老聃闻其风而悦之。寂寞无形，变化无常，万物毕罗，莫足以归，古之道术有在于是者，庄周闻其风而悦之。此外尚有惠施、公孙龙为代表的“辩者之徒”。

庄子以后，对先秦学术流派进行分类者为荀子。荀子曰：“纵情性，安恣睢，禽兽行，不足以合文通治；然而其持之有故，其言之成理，足以欺惑愚众，是它嚣、魏牟也。忍情性，綦溪利跂，苟以分异人为高，不足以合大众，明大分；然而其持之有故，其言之成理，足以欺惑愚众，是陈仲史鳅也。不知一天下，建国家之权称，

① 司马迁：《史记·儒林列传》，中华书局1959年版。

上功用，大俭约而僈差等，曾不足以容辨异，悬君臣；然而其持之有故，其言之成理，足以欺惑愚众，是墨翟宋研也。尚法而无法，下修而好作，上则取听于上，下则取从于俗，终日言成文典，反纠察之，则倜然无所归宿，不可以经国定分；然而其持之有故，其言之成理，足以欺惑愚众，是慎到田骈也。不法先王，不是礼义，而好治怪说，玩琦辞，甚察而不惠，辩而无用，多事而寡功，不可以为治纲纪；然而其持之有故，其言之成理，足以欺惑愚众，是惠施邓析也。略法先王而不知其统，犹然而材剧志大，闻见杂博。案往旧造说，谓之五行，甚僻违而无类，幽隐而无说，闭约而无解。……子思唱之，孟轲和之，世俗之沟犹瞀儒，嚾嚾然不知其所非也，遂受而传之，以为仲尼子游为兹厚于后世，是则子思、孟轲之罪也。"①

荀子将当时学术分为六派十二家加以论述后，对孔子之道倍加褒扬："若夫总方略，齐言行，壹统类，而群天下之英杰，而告之以大古，教之以至顺，奥窔之间，簟席之上，敛然圣王之文章具焉，佛然平世之俗起焉；六说者不能入也，十二子者不能亲也；无置锥之地，而王公不能与之争名；在一大夫之位，则一君不能独畜，一国不能独容；成名况乎诸侯，莫不愿以为臣；是圣人之不得执者也，仲尼子弓是也。"他认为，只有"上则法舜禹之制，下则法仲尼子弓之义，以务息十二子之说，如是则天下之害除，仁人之事毕，圣王之迹著矣"②。

---

① 荀况：《荀子·非十二子篇》，《诸子集成》刊印本，上海书店1986年版。
② 荀况：《荀子·非十二子篇》，《诸子集成》刊印本，上海书店1986年版。

《庄子·天下篇》及《荀子·非十二子篇》对当时学者分门别派的类分，“虽无意为思想家分类，亦足见当时百家之盛，分派之多。然皆以诸子姓名为标号，除儒家外，未有独起殊称者”[①]。也就是说，此时还没有为诸子百家之学命名。只是到了汉武帝时，司马谈在《论六家要旨》中，方以儒、墨、道、阴阳、名、法诸家加以概括。姚氏所谓“皆以诸子姓名为标号”，实际上揭示了先秦时期中国学术分类的明显特征：以研究主体为分类标准，以学术观点及内容来分门别派，并非以研究对象为分科标准。

四、中国有独特的分科体系

近人陈黻宸阐述中西学术差异时云：“夫彼族之所以强且智者，亦以人各有学，学各有科，一理之存，源流毕贯，一事之具，颠末必详。而我国固非无学也，然乃古古相承，迁流失实，一切但存形式，人鲜折衷，故有学而往往不能成科。即列而为科矣，亦但有科之名而究无科之义。其穷理也，不问其始于何点，终于何极。其论事也，不问其所致何端，所推何委。”[②]

这段文字是非常重要的。它揭示了一种值得注意的现象：中国有学术分科，但不是近代西方式学术分科。为什么中国在先秦时期即有学术分类，并且类分观念已经很强了，却没有发展出像西方那样的学科？为什么会出现“有科之名而究无科之义”现象？陈氏未

---

① 姚名达：《中国目录学史》，商务印书馆1938年版，第66页。

② 陈黻宸：《京师大学堂中国史讲义》，《陈黻宸集》下册，中华书局1995年版，第675页。

作分析，这是笔者所要重点考察与探讨之问题。

如果按照近代西方学术分科来反观中国传统学术分科，很容易发现：中国的确没有近代意义之以“学科”为分类标准的学术分科。然而，这是否意味着中国古代便没有学术分科？笔者认为，中国古代有着一套自己独特的学术分科体系，其学术分科有着自己鲜明的特点。其中最突出的现象就是：中国学术分科主要是以研究者主体（人）和地域为准，而不是以研究客体（对象）为主要标准；其研究对象主要集中于古代典籍涵盖的范围内，并非直接以自然界为对象。中国学术分科主要集中在经学、小学等人文学科中，非如近代西方集中于社会科学和自然科学领域中。换言之，中国自先秦时期起就有着强烈的学术分类观念，不仅存在着一套不同于西方近代式的分科体系，而且存在着不同于近代学科分类的独特知识系统。

《庄子》所云“道术将为天下裂”，不仅指“学在官府”变为“学散于民间”，而且在于从总的“道术”，分解离析为众家“方术”；由道术合一，演变为学术分立；由道术合一并俱备于官府，变为道术分离而为一曲之士所得。庄子所谓的“裂”，意为分化、分裂、分离，是指先王之大道分化为百家之学，是道术分裂为各种学派，这与后来的按照研究对象和内容所分的科目（即学科）是不一样的。因为学派与学科之区别在于：学科是以研究对象和研究方法的不同来确定的，学派则是以学术旨趣的不同来划分；不同学派研究的可能是同一对象及相似的学科，但因学术旨趣差异而产生不同流派；同一研究对象及方法便有相同的学科，不同的研究对象及研究方法、研究视角便会分为不同的学科，尽管在同一学科中可能因观点差异而成为不同的派别，但绝不会因此而不成为一门专门的学科。学科与学派是两个不同的概念，各有其特定的内涵和外延。大致来说，按照研究对象的同异可以划分为不同的学科及互异的学术门类；按照治学对象及方法差异可以划分为不同的流派。同一学科可以有诸多派别，同一派别可以涉及不同学科。这便是近代西方各学术门类与中国传统学术传统的区别（亦即“科学”与“家学”的差异）所在。

中国学术重家学而相对忽视科学之传统，显然肇始于先秦学术分类。中国学术自先秦时起，便以诸子之名称命名，如墨学、孔学、杨子之学、老学、庄学等，《荀子·非十二子篇》《庄子·天下篇》《韩非子·显学篇》均是以人为标准分门别派。而司马谈《论六家要旨》及后来的《七略》《汉志》，正式将先秦学术命名为儒、墨、道、法、阴阳、名等六派、九流、十家。

先秦学者在评述诸子百家之学时，以人“类”学，不加学术专名。如荀子以关尹、老聃为一类不名道家，荀子分墨翟、宋研为一类，慎到、田骈为一类，惠施、邓析为一类，子思、孟轲为一类。自司马谈《论六家要旨》始有儒家、墨、名、阴阳、道德等学派之专名。司马谈曰：“夫阴阳、儒、墨、名、法、道德，此务为治者也，直所从言之异路，有省不省耳。尝窃观阴阳之术，大祥而众忌讳，使人拘而多所畏；然其序四时之大顺，不可失也。儒者博而寡要，劳而少功，是以其事难尽从；然其序君臣父子之礼，列夫妇长幼之别，不可易也。墨者俭而难遵，是以其事不可遍循；然其强本节用，不可废也。法家严而少恩；然其正君臣上下之分，不可改矣。

名家使人俭而善失真；然其正名实，不可不察也。道家使人精神专一，动合无形，赡足万物。其为术也，因阴阳之大顺，采儒墨之善，撮名法之要，与时迁移，应物变化，立俗施事，无所不宜，指约而易操，事少而功多。儒者则不然，以为人主天下之仪表也，主倡而臣和，主先而臣随，如此则主劳而臣逸。”①

可见，司马谈继承《庄子》《荀子》，对当时学术门派进行分类之基本标准，以人统学，最早对先秦学术流派“冠名”类分。梁启超论曰：“庄荀以下论列诸子，皆对一人或其学风相同之二三人以立言，其檃括一时代学术之全部而综合分析之，用科学的分类法，厘为若干派，而比较评骘，自司马谈始也。”此处梁氏所谓“庄荀以下论列诸子，皆对一人或其学风相同之二三人以立言”，显然是指从庄子、荀子到司马谈，皆以学者（研究主体）类分学术，非以学科（研究对象）类分学者。司马谈高明之处，在于“檃括一时代学术之全部而综合分析之，用科学的分类法，厘为若干派，而比较评骘”。

正因如此，梁氏对司马谈之学术分类极为赞赏：“分类本属至难之业，而学派之分类，则难之又难，后起之学派，对于其先焉者必有所受，而所受恒不限于之家。并时之学派，彼此交光互影，有其相异之部分，则亦必有其相同之部分，故欲严格的驭以论理，而簿其类使适当，为事殆不可能也。谈所分六家，虽不敢谓为绝对的正当，然以此檃括先秦思想界之流别，大概可以包摄。而各家相互

① 司马谈：《论六家要旨》，《史记·太史公自序》，中华书局标点本。

间之界域，亦颇分明。”[1] 为什么这样说呢？这是因为在梁氏看来，司马谈所分六家，是“用科学的分类法，厘为若干派，而比较评骘成一派”的结果。儒、墨为当时显学，其名称先秦已流行，并见于《韩非子·显学篇》；“道德”一语，虽儒、墨及他家所同称道，然老庄一派，其对于“道”字颇赋予以特别意味，其应用之方法也与他家不同，因此可以名之以“道家”；邹衍邹爽之徒，精通阴阳五行之术，其说在当时学界甚为有力，影响极广，故名为“阴阳家”；惠施、公孙龙不仅以辩论名实为治学之手段，而实以为彼宗最终之目的，所以异于他家，不能隶属或合并于任何一派，只能别指目之曰“名家”。可见，将先秦学术分为儒、墨、道、名、法、阴阳诸家，均有充足理由。

如果说司马谈仅将先秦诸子分为六家的话，那么到刘歆著《七略》、班固据此而作《汉志》时，进而将先秦“百家之学”分为九流十家：除了司马谈命名之阴阳、儒、墨、名、法、道德六家外，又增加纵横家、杂家、农家和小说家。班固曰：“诸子十家，其可观者九家而已。皆起于王道既微，诸侯力政，时君世主，好恶殊方，是以九家之说蠭出并作，各引一端，崇其所善，以此驰说，取合诸侯。其言虽殊，辟犹水火，相灭亦相生也。仁之与义，敬之与和，相反而皆相成也。《易》曰：‘天下同归而殊途，一致而百虑。’今异家者各推所长，穷知究虑，以明其指，虽有蔽短，合其要归，亦《六经》之支与流裔。”在他们看来，六经为道术之大本，而诸子九

① 梁启超：《司马谈论六家要旨书后》，《饮冰室专集·中国古代学术流变研究》，中华书局1936年版。

流十家为六经之支流。九家之言各有所长，“若能修六艺之术，而观此九家之言，舍短取长，则可以通万方之略矣”①。六经为体，九流为用。对此，明人胡应麟也指出：“六经所述，古先哲皇大道、历世咸备，学业源流，揆诸一孔，非一偏之见，一曲之书。”九流诸子的出现，是先秦时期道术分裂之结果：“周室既衰，横士塞路。春秋、战国诸子，各负隽才，过绝于人，而弗获自试。于是纷纷著书，人以其言显暴于世，而九流之术兴焉。其言虽歧趣殊尚，推原本始，各有所承，意皆将举其术措之家国天下。……第自儒术而外，以概六经，皆一偏一曲，大道弗由钧也。”②

章学诚在《文史通义》中对诸子与六经系、诸子与王官之关系亦作了精辟阐述。他认为诸子皆出于王官，各得古道术之一方：“诸子百家，不衷大道，其所以持之有故而言之成理者，则以本原所出，皆不外于《周官》之典守。其支离而不合道者，师失官守，末流之学，各以私意恣其说尔。非于先王之道，全无所得，而自树一家之学也。”③ 这实际揭示了春秋战国时期“道术将为天下裂”之具体情况。

近人杜定友研究《汉书·艺文志》后指出，《汉志》分类是依人为分类标准的：“班氏以人为部，是未能辨其义也。”④ 这不仅是《汉志》类分当时学术之标准，而且也是自《庄子》而后，学术分

---

① 班固：《汉书·艺文志》，中华书局1962年版。

② 胡应麟：《九流绪论》，袁咏秋等主编《中国历代图书著录文选》，北京大学出版社1995年版，第299页。

③ 章学诚：《文史通义·易教下》，中华书局聚珍仿宋版印本。

④ 杜定友：《校雠新义》上册，中华书局1930年版，第4页。

类以人为准之普遍现象。在书籍分类标准问题上，素来有“辨义”“辨体”与“辨人”的区别。所谓“辨义”，是以典籍包含之学术内容作为分类标准；所谓“辨体”，是以典籍之体裁作为分类标准；所谓“辨人”，即是以著者为分类标准。儒、墨、道、法、阴阳、名等，是类名，因主张相同或相似将不同学者归名为一类，形成一个学派。同一学派，注重的是家法传承，以子承父业、师徒相传为其特征。正因班氏“以人为部”，未能辨义，因此特别注重“家学”“家法”和“师传”：“《汉志》重家学，故《易》书十五种，分十三家；《书》书十一种，分九家；《诗》书十五种，分六家。第次书籍，每一家书必相伦次，犹不失为详细之分类。自《隋志》改家为部，而体义不辨。”[①] 很显然，班固《汉志》分类标准，是以人统学，以学类书。

中国学术“以人统学”现象，对中国学术分科体系之形成影响甚大。既然将以人统学、以人类书作为中国学术分科之标准，那么这种分科便不是以研究对象为标准来类分学术，而是以研究主体为标准来分，其研究对象可以是多方面的，范围亦是广博的。以研究对象作为划分标准者，因其对象是固定的，而研究主体是不同的，通过固定之研究对象将不同的研究者（学者）归并到一个学科中，成为“专家之学”，这是近代以来西方学术分科发展之方向。以研究主体类分，将不同学科归并到一个学派范围内，一家一派包容各种学科，注重的是博达会通，研究者须得是“通人”，而非“专

① 杜定友：《校雠新义》上册，中华书局1930年版，第10页。

家”，成为“通人之学”，这是中国学术分科之基本趋向和突出特点。前者是以“学科”类分学人，学人依据“学科”范围在前人知识积累基础上不断探讨，使“专门之学”愈研愈精；后者以“学派”包容学科，学人依照前人先师之家法来继承传授知识，“家学”格外发达。

对于中国学术分科之此种特点，傅斯年有一段精辟论述：“中国学术，以学为单位者至少，以人为单位者较多，前者谓之科学，后者谓之家学；家学者，所以学人，非所以学学也。历来号称学派者，无虑数百：其名其实，皆以人为基本，绝少以学科之分别而分宗派者。纵有以学科不同，而立宗派，犹是以人为本，以学隶之，未尝以学为本，以人隶之。弟子之于师，私淑者之于前修，必尽其师或前修之所学，求其具体。师所不学，弟子亦不学；师学数科，弟子亦学数科；师学文学，则但就师所习之文学而学之，师外之文学不学也；师学玄学，则但就师所习之玄学而学之，师外之玄学不学也。无论何种学派，数传之后，必至黯然寡色，枯槁以死；诚以人为单位之学术，人存学举，人亡学息，万不能孳衍发展，求其进步。学术所以能致其深微者，端在分疆之清；分疆严明，然后造诣有独至。西洋近代学术，全以科学为单位，苟中国人本其‘学人’之成心以习之，必若枘凿之不相容也。”①

这段论述，揭示了中国传统学术分科“以人为单位者较多”之突出特点。这一特点决定了中国传统学术确实没有西方近代意义上

① 傅斯年：《中国学术思想界之基本误谬》，《新青年》第4卷第4号，1918年4月15日。

之“学科”。西方学术是由不同的研究者（主体）研究共同的对象和领域（客体)，形成关于研究对象的不同的“知识”；中国学术则是面对共同的研究对象和领域（客体)，因主体不同而分门别派，形成不同的“学问”；西方学术发展为近代“科学”，而中国学术则体现为“家学”。由此导致之结果为：“中国学人，不认个性之存在，而以为人奴隶为其神圣之天职。每当辩论之会，辄引前代名家之言，以自矜重，以骇庸众，初不顾事理相达，言不相涉。西洋学术发展至今日地位者，全在折衷于良心，胸中独制标准；而以妄信古人附前修为思想界莫大罪恶。中国历来学术思想界之主宰，概与此道相反。”①

对于中国学术以人类学之特色，章学诚亦云：“学则三代共之是也，未有以学属乎人，而区为品诣之名者。官师分而诸子百家之言起。于是学始因人品诣以名矣。所谓某家之学，某乙之学是也。因人而异名，学斯舛矣。”②

为什么中国学术分科与西方学术分科有如此大的差别？傅斯年认为，这是由于中国学人“不解计学上分工原理”“各思以其道易天下”使然。他指出：“自中国多数学人眼光中观之，惟有己之所肆，卓尔高标，自余艺学，举无足采。宋儒谈伦理，清儒谈名物，以范围言则不相侵凌，以关系言则交互为用：宜乎各作各事，不相议讥；而世之号称汉学者，必斥宋学于学术之外，然后快

① 傅斯年：《中国学术思想界之基本误谬》，《新青年》第4卷第4号，1918年4月15日。

② 章学诚：《文史通义·原学中》，中华书局聚珍仿宋版印本。

意；为宋学者，反其道以待汉学；壹若世上学术，仅此一家，惟此一家可易天下者。分工之理不明，流毒无有际涯。”什么样的“流毒”呢：“则学人心境、造成偏浅之量，不容殊己，贱视异学。”①

傅氏之论不可谓无道理。正因“不知分工之原理”，专门之学不发达；而以人为分科标准，必然会导致学派间门户之争。

中国学术分类，以研究主体为分派标准，与西方学术以特定的研究对象为分科标准是不同的，近代西方学术门类均有其固定的研究范围。对此，近人钱穆说：“西方学术则惟见其相异，不见其大同。天文学、地质学、生物学界域各异。自然学如此，人文学亦然。政治学、社会学、经济学、法律学，分门别类，莫不皆然。学以致用，而所用之途则各异。学以求真，而无一大同之真理。故西方之为学，可以互不相通，乃无一共尊之对象。”② 而中国学术与西方学术大不相同：一家流派之中，学问可以涉及文、史、哲等各种近代意义的学科。

以《四库全书提要》“儒家类”为例，儒家学问涉及了中国古代所有主要学术门类。杜友定说：“盖《提要》作者本无分类标准可言。儒杂之分，在乎其人，而不在乎其学。褒之贬之，本无所据，惟以孔门弟子尊之为儒，以遂其尊圣卫道之念而已，所谓非客观之分类也。窃尝论之，儒为通学之称。儒者所研，必有一得，所谓道

① 傅斯年：《中国学术思想界之基本误谬》，《新青年》第4卷第4号，1918年4月15日。

② 钱穆：《再论中国文化传统中之士》，《国史新论》，三联书店2001年版，第203页。

之一端是也。儒者所论修身齐家治国平天下，以今日之分科言之，则有属于哲学者矣，有属于伦理者矣，有属于心理者矣，有属于政治者矣，有属于经济者矣。分类之司，将有以考镜源流、辨章学术，乃为得体。如桓宽之《盐铁》《黄虞稷》以入史部‘食货类’之类，盖为知本；《四库》以《小学集注》与《朱子语录》并列，《读书分年日程》与《理学类篇》《读书录》《大学衍义》《世纬人谱》诸书杂于儒家，直不知儒者所以为儒为不儒矣。”① 不仅儒家流派包含有众多近代意义上之学科门类，体现出文史哲不分之“通学”特色，而且诸子百家之学均具有文史哲不分之共同特征。所以，将中国学术概括为“通人之学”，应该是比较恰当的。

杜定友指出，中国目录学分类标准不统一：“辨章学术，有体有义。而体义以外，有以时次者，有以地次者，有以人次者，有以名次者。但一类之中，只能守其一，而不能兼其二。而吾国类例，有始言体而后言义者，有应以时次而以人次者，有应以地次而以体别者，是不知类例之法，岂可与言分类?”② 中国典籍分类标准不一，通过分析“四部”的类法即可明知。对此，杜氏说：“七略之法在辨章学术，考镜源流，犹不失分类之本旨。而后世不察，妄分四部，学无门户而强分内外。经为宏道，史以体尊，子为杂说，集为别体，一以尊崇圣道，以图书分类为褒贬之作，失其本旨远矣。”③ 实际上，这种现象，并非中国目录学所独有，它同时也是学

---

① 杜定友：《校雠新义》上册，中华书局 1930 年版，第 45 页。
② 杜定友：《校雠新义》上册，中华书局 1930 年版，第 12 页。
③ 杜定友：《校雠新义》上册，中华书局 1930 年版，第 22 页。

术分科上的问题，因为在中国学术分类中，分科标准向来是不统一的。中国学术分科标准除了以人分派外，以地域为分门别派标准的现象也较为突出。

中国以人为分类标准之学术分科，自先秦肇始，形成了根深蒂固的学术传统。对此，只要略观历代官修史书所载便可一目了然。就汉代经学而言，以人命学者并不少见。《后汉书》载："田何传《易》授丁宽，丁宽授田王孙，王孙授沛人施雠、东海孟喜、琅邪梁丘贺，由是《易》有施、孟、梁丘之学。又东郡京房受《易》于梁国焦延寿，别为京氏学。又有东莱费直，传《易》，授琅邪王横，为费氏学。本以古字，号《古文易》，又沛人高相传《易》，授子康及兰陵毋将永，为高氏学。施、孟、梁丘、京氏四家皆立博士，费、高二家未得立。"① 再以宋代学术为例，其内部分派，以地名或学者名来命名者比比皆是，如所谓横渠之学、明道之学、伊川之学、金陵之学、涑水之学、魏公之学、安定之学、希夷之学、朱子之学、九渊之学等，还有所谓关学、洛学、蜀学、闽学等称谓。南宋时尚有所谓朱学、陆学及永嘉学之分流。南宋学者林炯曰："安定之在湖，以体用学也；康节之在洛，以象数学也；明复之在泰山，以经学也；自周而程，自程而张，又以性理之学也。"②

值得说明的是，中国学术分科问题上之所以会显示出这种特点，原因是多方面的，除了与中国社会结构有密切关系，受宗法制度的影响所致外，也与中国学者注重考镜学术源流而不注重学术分科之

① 范晔：《后汉书·儒林列传》，中华书局1965年版。
② 林炯：《师道》，《古今源流至论·后集》卷一。

研究取向很有关系。班固《汉志》序论曰："仲尼没而微言绝，七十子丧而大义乖，故春秋分为五，诗分为四，易有数家之传。"正因中国学术注重考辨学术源流，所以"于诸子各家必言某家者流出于某官，而于分类之次第，门目之分配，未尝言之也"①。因此，在古希腊亚里士多德那里，物理学、形而上学、政治学、诗学、逻辑学等，已有分门别类著作。但在先秦时期，文史哲是不分家的，虽有各家各派之学，并无各科各门之分。名家与后期墨家略有专业化倾向，但并没有发展为近代意义的专门学科，故《庄子·天下篇》将其统称为"道术"。

对于中国学术"以人类学"之特征，现代学者亦多能窥出："我国宋明以前及清前期的学术，基本上都是以人为中心，以人为单位的，因而独立之学术不可能存在。只有盛清学者的治学精神和治学方法，开始显示出一种由以人为中心的学术向以学为中心的学术过渡的趋向。不过也只是趋向和过渡而已，真正意识到学术应该有自己的独立价值，那是到了晚清吸收了西方的学术观念以后的事情。因为以人为中心还是以学术为中心，以人为单位还是以学为单位，是传统学术和现代学术的一个分界点，由前者过渡到后者是一个长期蜕分蜕变的过程。"②

中国没有近代意义上的学术分科，当晚清之时人们接受西方分科观念创建中国近代学术门类时，便用西方分科观念，来反观中国学术，力图"发掘"中国之分科性学术。这种"发掘"显然是牵强

① 杜定友：《校雠新义》上册，中华书局1930年版，第13页。

② 刘梦溪：《中国现代学术经典·总序》，河北教育出版社1997年版，第18页。

附会的，意在说明近代意义西方之诸多学科中国自古有之，力图在中国传统学术中寻找近代学科之依据：

“吾读《周官》，窃叹当时所以陶铸人才者何其备也。大司徒以六德六行教万民，而师氏又有三德三行，即伦理学也。太卜之三易、太师之六诗、保氏之五礼六乐、外史之三皇五帝书，即经学也。外史掌四方之志，小史又掌邦国之志，即史学也。保氏之六书，吾国文字之源也。其所谓九数，即算学也。其所谓五射六驭，亦犹体操也。大司徒天下土地之图，司险九州之图，职方氏天下之图，即舆地学也。太宰以九职任万民，其曰三农生九谷，即农学也；其曰园圃毓草木，虞衡作山泽之材，薮牧养蕃鸟兽，即动物植物学也；其曰百工饬化八材，即工学也；其曰商贾阜通货贿，即商学也；其曰嫔妇化治丝枲，即桑蚕学也。天、地、夏、秋四官，正月之吉县，治教政刑诸象之法于象魏，而州长、党正、族师又以时属民读法，即政治学、法律学也。”①

这显然是用近代西方诸学科来“框定”先秦百家之学，其附会穿凿痕迹不言自明。这种情况从反面表明：中国传统学术体系与知识系统中，缺乏真正近代意义上的学科分类；中国自有一套迥异于西方之学术分科体系。

五、从孔门四科到儒学四门

春秋时代学术分类已经出现，除了作为六种学术门类之“六

① 姚永朴：《安徽高等学堂同学录序》，潘懋元等编《中国近代教育史资料汇编·高等教育》，上海教育出版社 1993 年版，第 98 页。

艺”外，还有为后世所称道的“孔门四科”。考察先秦儒家“孔门四科”到清代“儒学四门”的演变，或许可以窥见中国固有学术门类演化之具体情景。

《论语·八佾》载：“为力不同科，古之道也。”这是先秦较早出现“科”名之文字。关于“孔门四科”之内容，有两种说法：一是《论语·述而》载曰：“子以四教：文、行、忠、信。”因此后世有人遂认为孔门四科指“文、行、忠、信”四个方面；二是更多的后世学者将德行、政事、文学、言语，视为“孔门四科”，其基本依据是《论语·先进》上有这样的记载：“德行：颜渊、闵子骞、冉伯牛、仲弓；言语：宰我、子贡；政事：冉有、季路；文学：子游、子夏。”这就是说，孔门弟子根据其学业特长分为德行、言语、政事、文学四科。先秦时期除了作为最早学术分类的“六艺”外，似乎还存在着“孔门四科”这样的分科性学术门类。

除了《论语》上所载之孔门分为德行、言语、政事、文学四科外，《孔子家语》也尽列孔门弟子，并将“通六艺”的七十弟子各以专长分为四科，从中旁证孔子确有“四科”设教之事。如以德行著名的有颜回，“回以德行著名”，此外还有闵损、冉耕、冉雍等；以言语科著名的有宰予，“有口才，以言语著名”，此外还有子贡等；以政事科著名的有子有，“有才艺，以政事著名”，此外还有子路，“有勇力才艺，以政事著名”；以文学科著名的有言偃（子游），“特习于礼，以文学著名”；卜商（子夏），“习于《诗》，能诵其义，以文学著名”。①

司马迁在《史记·仲尼弟子列传》中，对孔门四科也做了详细记述：“孔子曰：‘受业身通者七十有七人’，皆异能之士也。德行：颜渊，闵子骞，冉伯牛，仲弓。政事：冉有，季路。言语：宰我，子贡。文学：子游，子夏。师也辟，参也鲁，柴也愚，由也喭，回也屡空。赐不受命而货殖焉，亿则屡中。”② 将孔门弟子按照德行、政事、言语、文学进行类分，反映了“孔门”四种学术科目的状况。司马迁的这段记载，是对“孔门四科”最有权威的阐释。

对于“孔门四科”间之关系，近代学者钱穆曰：“孔子门下有德行、言语、政事、文学四科。言语如今言外交，外交政事属政治科，文学则如今人在书本上传授知识。但孔门所授，乃有最高的人生大道德行一科。子夏列文学科，孔子教之曰：‘汝为君子儒，毋为小人儒。’则治文学科者，仍必上通于德行。子路长治军，冉有擅理财，公西华熟娴外交礼节，各就其才性所近，可以各专一业。但冉有为季孙氏家宰，为之理财，使季孙氏富于周公，此已违背了政治大道。孔子告其门人曰：‘冉有非吾徒，小子鸣鼓而攻之可也。’但季孙氏也只能用冉有代他理财，若要用冉有来帮他弑君，冉有也不为。所以冉有还得算是孔门之徒，还得列于政事科。至于德行一科，尤是孔门之最高科。如颜渊，用之则行，舍之则藏，学了满身本领，若使违离于道，宁肯藏而不用。可见在孔门教义中，

---

① 王肃注：《孔子家语·七十弟子》，《百子全书》扫叶山房民国八年石印本。

② 司马迁：《史记·仲尼弟子列传》，中华书局1959年版。

道义远重于职业。"[①] 因此，如果说《诗》《书》《礼》《乐》《易》《春秋》等"六艺"是孔子教授门徒的六种典籍的话，那么德行、政事、文学、言语等所谓"四科"，便是孔子教授门徒之四种学术科目。

但值得指出的是，尽管"孔门四科"被清儒引申为后来的义理、经济、考据和词章"四科之学"，但在先秦及秦汉时代，它并未引起儒者之过分重视。只是到了隋唐时代，方有人开始注意到孔门四科。唐人白居易曰："孔门之徒三千，其贤者列为四科。《毛诗》之篇三百，其要者分为六义。六义者：一曰风，二曰赋，三曰比，四曰兴，五曰雅，六曰颂。此六义之数也。四科者：一曰德行，二曰言语，三曰政事，四曰文学。此四科之目也。在四科内，列十哲名：德行科，则有颜渊、闵子骞、冉伯牛、仲弓。言语科，则有宰我、子贡。政事科，则有冉有、季路。文学科，则有子游、子夏。此十哲之名也。四科六义之名教，今已区别；四科六义之旨意，今合辨明。请以法师本教佛法中比方，即言下晓然可见。何者？即如《毛诗》有六义，亦犹佛法之义例，有十二部分也。佛经千万卷，其义例不出十二部中。《毛诗》三百篇，其旨要亦不出六义内。故以六义，可比十二部经。又如孔门之有四科，亦犹释门之有六度。六度者……以唐言译之，即布施、持戒、忍辱、精进、禅定、智慧是也。故以四科可比六度。又如仲尼之有十哲，亦犹如来之有十大弟子……故以十哲，可以十大弟子。夫儒门、释教，虽名数则有异

① 钱穆：《中国历史上的传统教育》，《国史新论》，三联书店 2001 年版，第 223 页。

同；约义立宗，彼此亦无差别。所谓同出而异名，殊途而同归者也。”①

从这段文字可知，白居易发掘并重视“孔门四科”，显然是由于佛、道兴起，为了与佛法及佛经义例对抗而引发的。同时，白氏受佛教启发，将“孔门四科”及孔门弟子与佛家经典及门徒相类比，其主旨在于说明儒、释“同出而异名，殊途而同归”。

更值得注意的是，汉代以后，“科”并未成为学术“类名”被广泛使用，而是作为官吏考试之科目加以运用。所以，与近代意义上之学术分科不同，中国古代的“科”名及“分科”，多指官吏考试之科目。为了弄清中西学术对“分科”概念的差异，有必要对作为考试制度意义上的“科”及“科目”加以系统考察。

如前所述，“科”名在先秦开始出现，到秦汉时代，“科”之概念作为“类名”已经普遍使用。但此时所谓“科”，系考试制度上之“科目”。《汉书·儒林传》曰：汉平帝时“岁课甲科四十人为郎中，乙科二十人为太子舍人，丙科四十人补文学掌故”。此处所谓“甲科”“乙科”及“丙科”，是选拔官吏之科目。班固《两都赋》言：“总礼官之甲科，群百郡之廉孝。”李贤注曰：“有博士掌试策，考其优劣，为甲乙之科。”② 此处所谓“甲乙之科”，也是指选拔官吏之考试科目，说明汉代已经有了设“科”选官之制。

汉武帝元光元年（前 134 年）“初令郡国举孝廉各一人”，将“孝廉科”变为常科。随后，又陆续开设茂才、明经等常科及明法、

① 白居易：《三教论衡》，《白居易集》卷六八，中华书局 1979 年版。

② 班固：《汉书·班固传》，中华书局 1962 年版。

尤异、治剧、兵法、阴阳灾异、童子举等众多名目的特科。一般认为，汉武帝开始立五经博士，“开弟子员，设科射策，劝以官禄”①，逐渐建立了科举制度。所谓科举制度，是指采取分科考试办法，通过不同的科目考试来选取人才、选拔官吏的制度。西汉时举士以举孝廉，东汉时更多采用察举。据《后汉书》载，东汉顺帝时，“试明经下第补弟子，增甲乙之科员各十人”②。因此，中国分科观念不是主要在学术分类上使用，而是运用在科举考试中，特指考试科目。换言之，“分科”一词联用，是指考试科目之分门别类，非近代意义上之学术分科。汉代考试制度实行后确立之主要科目，如茂才、明经、明法等，无论是常科还是特科，均非近代意义上之学术分科。“分科”之概念没有在学术分类上普遍使用，而是在考试制度中得到发挥。

近人陈炽曰：“科目之兴，一千有余岁矣。”③ 科举制度源于汉代，到隋唐时代基本确立。开皇十八年（598 年）隋文帝命“京官五品以上、总管、刺史，以志行修谨、清平干济二科举人”④，随后又“诏诸郡学业该通，才艺优恰”等四科举人。据《旧唐书·薛登传》载：大业三年（607 年），“炀帝嗣兴，又变前法，置进士等科”。唐代科目设置承袭了汉代察举制的科目体系，均设常科和制科。“其科之目，有秀才，有明经，有俊士，有进士，有明法，有明字，有明算，有一史，有三史，有开元礼，有道举，有童子。而

---

① 班固：《汉书·儒林传》，中华书局 1962 年版。

② 范晔：《后汉书·儒林列传》，中华书局 1965 年版。

③ 陈炽：《庸书》，《陈炽集》，中华书局 1997 年版，第 78 页。

④ 魏徵等：《隋书·高祖纪》，中华书局 1973 年版。

明经之别，有五经，有三经，有二经，有学究一经，有三礼，有三传，有史科。此皆岁举之常任也。”① 在这12科中，秀才、明经、进士、明法、明字、明算等科最为重要。唐开制举科目竟达63科，分为文、武、吏治、长才、不遇、儒学、贤良忠直等7类②，表明其时科举考试科目分类之细密。

宋代科举，略仿唐制，分进士、明经等科。据载：“今进士之科，大为时所进用，其选也殊，其待也厚。进士之学者，经、史、子、集也；有司之取者，诗、赋、策、论也。”③ 宋代科举分常科与特科，常科有进士、九经、五经、开元礼（通礼科）、三史、三礼、三传、学究、明法等文科及武科。进士科为最重要科目，九经、五经等明经诸科地位较低。宋仁宗天圣七年（1029年）二月，盛度上书设置“天圣十科”：“贤良方正能吉言极谏科、博通坟典明于教化科、才识兼茂明于体用科、详明吏理可使从政科、识洞韬略运筹帷幄科、军谋宏远材任边寄科，凡六艺待京、朝之被举及起应选者。又制书判拔萃科以待选人。又制高蹈丘园科、沉沦草泽科、茂材异等科，以待布衣之被举者。”④ 后去掉“书判拔萃科”，为“天圣九科”。

司马光在元祐元年（1086年）主政后，提出“十科举士”建议：“一曰行义纯固可为师表科（有官无官人皆可举）；二曰节操方正可备献纳科（举有官人）；三曰智勇过人可备将帅科（举文武有

① 欧阳修等：《新唐书·选举志上》，中华书局1975年版。

② 王溥：《制科举》，《唐会要》卷七六。

③ 李焘：《续资治通鉴长编》卷五三，真宗咸平五年十一月庚申条。

④ 脱脱等：《宋史·选举志》，中华书局1977年版。

官人，此科亦许钤辖已上武臣举）；四曰公正聪明可备监司科（举知州以上资序人）；五曰经术精通可备讲读科（有官无官人皆可举）；六曰学问该博可备顾问科（有官无官人皆可举）；七曰文章典丽可备著述科（有官无官人皆可举）；八曰善听狱讼尽公得实科（举有官人）；九曰善治财赋公私俱便科（举有官人）；十曰练习法令能断请谳科（举有官人）。"[①] 这种"分科取士"之法，特别为晚清学界推崇，成为中国学人接受近代西方"分科设学"观念之基础。

由此可见，孔门虽分为德行、政事、文学、言语等所谓"四科"，但在很长时间内并没有成为类分学术的标准，而仅仅是官吏科举考试之科目。据笔者考证，"分科"一词联用，见于《宋史》："自经、赋分科，声律日盛……二十七年，诏复行兼经，如十三年之制。内第一场大小经义各减一道，如治《二礼》文义优长，许侵用诸经分数，时号为四科。"[②] 北宋时，随着书院制度的兴起，私人讲学之风再起，孔子"分科授徒"做法引起了一些学者重视，并加以效仿，出现了"分科授学"的现象。因此，"分科"一词，多数情况下是指分设考试科目，但宋元以后也指书院教学的科目门类。关于这一点，通过分析宋代胡瑗分斋教学情况可略约而知。据史料记载，胡氏教授门徒，采取了分科教学的方法，分经义与治事两斋。"经义则选择其心性疏通，有器局，可任大事者，实之讲明《六经》。"治事斋专门培养治术人才："一人各治一事，又兼摄一事

① 《乞以史科举士札子》，《全宋文》卷一二〇六。

② 脱脱等：《宋史·选举志》，中华书局 1977 年版。

（或专或兼，各因其所长而教之）。儒治民以安其生，讲武以御其寇，堰水以利田，算历以明数是也。”①

既然“科”名早已存在，孔门已经分为德行、政事、文学、言语等所谓“四科”，那么这种学术分科难道在后来就没有得到发展吗？笔者认为，先秦时期已经蕴含的以学科为类分标准的学术分科，尽管始终没有能够发展为近代意义上的学术分科，但并不意味着分科性质的学术在中国没有得到发展。从“孔门四科”演化到“儒学四门”，便证明中国学术门类也是随着中国学术的发展而逐步演化的。笔者认为，随着学术的演化和分类的细密，到明清时代，考试科目或书院讲授科目，逐渐向近代意义上之学科演化，逐渐形成了所谓“儒学四门”——义理之学、考据之学、词章之学与经世之学。

在西汉经学研究中，开始出现经学的三个分支科目：章句、义理和训诂。所谓章句，即章节和句读，此种学问在先秦时期萌芽，到汉代成学。徐防曰：“《诗》《书》《礼》《乐》，定自孔子；发明章句，始于子夏。其后诸家分析，各有异说。汉承乱秦，经典废绝，本文略存，或无章句。”② 章句之学是在搜集、整理失散的经籍过程中兴起的。《新唐书》曰：“自六艺焚于秦，师传之道中绝，而简编讹缺，学者莫得其本真，于是诸儒章句之学兴。”③《易》有施、孟、梁丘章句，《书》有欧阳、大小夏侯章句。所谓训诂，即是解释字

① 黄宗羲：《宋元学案·安定学案》，中华书局1986年版。

② 范晔：《后汉书·徐防传》，中华书局1965年版。

③ 欧阳修等：《新唐书·艺文志》，中华书局1975年版。

词的本意。许慎《说文解字·序》曰：“盖文字者，经艺之本。”郭璞《尔雅·序》言：“夫《尔雅》者，所以通训诂之指归。”因此，在经学研究中，逐渐发展为包括研究字体、音韵、训义在内的训诂学，称“小学”（附属于经学）。刘歆《七略》中的六艺略，专门列有“小学”类目，说明它在西汉时已经成学。班固《汉志》也将“小学”列为经学中的一个类目，并收录10家45部典籍。

所谓“义理”，是指经籍包含之意义和道理。《礼记·礼器》曰：“义理，理之文也。”以《春秋》公羊学为代表的西汉今文经学，注重探索经籍的“微言大义”，形成后世“公羊学”；汉代古文经学虽注重训诂考据，但并未忽视六经之“义理”。据《汉书·刘歆传》载：“初，《左氏传》多古字古言，学者传训故而已。及歆治《左传》，引传文以解经，转相发明，由是章句义理备焉。”① 这说明到刘歆时，经学研究之三种学问基本成形。

经学研究出现章句、义理和训诂三门分支学科，是中国学术发展之反映，但汉代时并没有将这三种学问与“孔门四科”联系起来。到北宋时，逐渐出现所谓文章之学、训诂之学与义理之学的分野。程颐曰：“古之学者一，今之学者三，异端不与焉。一曰文章之学，二曰训诂之学，三曰儒者之学。欲趋道，舍儒者之学不可。”他所谓的训诂之学，即是汉代经学；文章之学，即是唐代文学；儒者之学，即是宋代“义理之学”。因此，程氏又说：“今之学者有三弊：一溺于文章，二牵于训诂，三惑于异端。苟无此三者，则将何

① 班固：《汉书·刘歆传》，中华书局1962年版。

归？必趋于道矣。”[1] 所以，他所推崇的是研讨六经之大“道”的学问，即“义理之学”。

“义理之学”一词，出自《续资治通鉴长编》：“今岁南省所取知名举人，士皆趋义理之学，极为美事。”[2] 张载亦曰：“义理之学，亦须深沉方有造，非浅易轻浮之可得也。”[3] 这是宋代学者著作中较早提及“义理之学”者。义理之学主要是从治学方法上立名，偏重于从总体上探究儒家经典的内容和精神实质；训诂之学注重对经典字句进行解释和考订；性理之学关注经典的道德性命。“经济之学”在宋代也成为一门与经史之学相应的学术门类。清人陆心源在《临川集书后》云：“三代而下，有经济之学，有经术之学，有文章之学，得其一皆可以为儒。意之所偏喜，力之所偏注，时之所偏重，甚者互相非笑，盖学之不明也久矣。自汉至宋千有余年，能合经济、经术、文章而一者，代不数人，荆国王文公其一焉。”[4] 这里虽不敢断定宋代已经分为经济之学、经术之学、文章之学三门，但至少可以证明到清初时，“经济之学”作为一门学问已为学者认可。

明清以后，作为经学研究之四种分支，义理之学、考据之学、经济之学与文章之学的名称逐渐成为学者通用。戴震、章学诚等人均将中国学术门类分为三种，即义理之学、考据之学和词章之学。桐城派代表人物姚鼐曰：“余尝论学问之事有三端焉：曰义理也，

---

① 程颐：《河南程氏遗书》卷一八，《二程集》，中华书局 1981 年版，第 187 页。

② 李焘：《续资治通鉴长编》卷二四三，熙宁六年三月庚戌条。

③ 张载：《经学理窟》，《张载集》，中华书局 1978 年版，第 273 页。

④ 陆心源：《临川集书后》，《仪顾堂集》卷一一。

考证也，文章也。”① 而嘉道之际“经济之学”骤然兴起，与义理、考据、词章之学一起，构成了所谓“儒学四门”。姚鼐的侄孙姚莹认为：学问“要端有四，曰义理也，经济也，文章也，多闻也”②，明确地在中国学术门类中增加了“经济之学”。

清人阮元在界定考证之学与经济之学时曰：“稽古之学，必确得古人之义例，执其正，穷其变，而后其说之也不诬。政事之学，必审知利弊之所从生，与后日所终极，而立之法，使其弊不胜利，可持久不变。盖未有不精于稽古而能精于政事者也。”③ 他所谓“稽古之学”，就是考据学；他所谓“政事之学”，即经世之学。

到了道咸之际，“经济之学”与义理之学、考据之学、词章之学并列成为中国传统学术之四大门类。明确将“孔门四科”与“儒学四门”联系起来者，是曾国藩。其曰：“为学之术有四：曰义理，曰考据，曰辞章，曰经济。义理者，在孔门为德行之科，今世目为宋学者也。考据者，在孔门为文学之科，今世目为汉学者也。辞章者，在孔门为言语之科，从古艺文及今世制义诗赋皆是也。经济者，在孔门为政事之科，前代典礼、政书及当世掌故皆是也。”④ 从这里可以清楚地看出，曾氏已经将“经济之学”视为中国重要的学术门类了。

---

① 姚鼐：《述庵文抄序》，《惜抱轩文集》卷四，同治丙寅（1866 年）省心阁重刊本。

② 姚莹：《与吴岳卿书》，《近代中国史料丛刊续编》，第 6 辑。

③ 阮元：《汉读考周礼六卷序》，《研经室集》上册，中华书局 1993 年版，第 241 页。

④ 曾国藩：《劝学篇示直隶士子》，《曾国藩全集·诗文》，岳麓书社 1994 年版，第 442 页。

正因如此，在总结中国传统学术演变时，曾国藩按照这种学术分科来看待历朝硕学大儒："至若葛、陆、范、马，在圣门则以德行而兼政事也；周、程、张、朱，在圣门则德行之科也，皆义理也；韩、柳、欧、曾、李、杜、苏、黄，在圣门则言语之科也，所谓词章者也；许、郑、杜、马、顾、秦、姚、王，在圣门则文学之科也。顾、秦于杜、马为近，姚、王于许、郑为近，皆考据也。"① 在曾氏看来，孔门德行之科，即为后来的义理之学，宋儒周、程、张、朱之学，即为义理之学；孔门言语之科，即为后来词章之学，唐宋时代的韩、柳、欧、曾、李、杜、苏所谓八大家者，属于词章之学；孔门文学之科，即后来的考据之学，汉代以后的许、郑、杜、马、顾、秦、姚、王等大家，属于考据之学。

这样，"孔门四科"发展到清代，已经形成"儒学四门"，并且得到了晚清学人之普遍认同。康有为在《长兴学记》中，将所传授之学问也分为四种，一曰义理之学，二曰经世之学，三曰考据之学，四曰词章之学，并认为中国学术不出此四科："周人有'六艺'之学，为公学；有专官之学，为私学，皆经世之学也。汉人皆经学，六朝、隋、唐人多词学，宋、明人多义理学，国朝人多考据学，要不出此四者。"②

可见，从"孔门四科"到"儒学四门"，表明中国学术开始向近代分科之学术门类演化着。但"儒学四门"仍然不是以研究对象为标准划分的，而是以研究方法、研究视角及研究门径进行分类的，

---

① 曾国藩：《圣哲画像记》，《曾国藩诗文集·文集》，上海启智书局1934年版。
② 康有为：《长兴学记》，广东高等教育出版社1991年版，第35页。

与近代意义上之学科还是有很大区别的。严格意义上说，“儒学四门”是指研究学问之四种途径，非指近代意义上之学科。近人郭嵩焘说：“自乾隆盛时表章《六籍》，老师大儒，承风兴起，为实事求是之学。其间专门名家言考据者又约有三途：曰训诂，研审文字，辨析毫芒；曰考证，循求典册，穷极流别；曰雠校，搜罗古籍，参差离合。三者同源异用，而各极其能。”①

此处所谓言“考据者又约有三途”，将“儒学四门”之性质作了清晰界定。

① 郭嵩焘：《王氏校定衢本〈郡斋读书志〉序》，《郭嵩焘诗文集》，岳麓书社1984年版，第28页。

第二章
典籍分类与中国知识系统

中国有自己的一套独特的分科体系和知识系统，这套分科体系和知识系统，集中体现在典籍分类上。典籍既是知识的总结，又是学术思想之载体，典籍分类大体上能够反映出一个时代学术分类与学科发展状况。因此，考察中国传统学术分科及知识系统问题，必须从典籍分类（即目录学）入手，通过系统考察中国典籍分类的演变，探明各个时代学术分类与学科发展的情况，把握中国传统知识系统的结构特征。本章重点阐述典籍与知识系统之关系、典籍分类与学术分类之异同，以及目录学上各种分类法如何折射出学术分类与知识系统问题。所要重点说明的是：近代以前中国究竟有怎样的分科体系及知识系统？中国传统学术究竟有哪些学术门类？这些学术门类对近代西方学术的引入产生了怎样的影响？中国传统学术区别于近代西方分科式学术之总体特征何在？

笔者的研究思路为：从纵向上分析《七略》包含的分类观念和

分科思路，探明秦汉时期主要学术门类及特征，窥得此时期知识分类体系；分析《隋志》包含的分科思路，探明隋唐时期学术分类体系；分析《四库全书总目》包含的分类观念及分科思路，探讨明清时期主要学术门类及特征，窥得此时期建构的知识系统，最后考察中国传统学术之总体特征及基本趋向。

一、典籍分类与学术分科

典籍是知识的总汇，中国自古以来就特别重视图书典籍。《隋书·经籍志》对典籍之重要性有着精辟阐述："夫经籍也者，机神之妙旨，圣哲之能事，所以经天地，纬阴阳，正纪纲，弘道德，显仁足以利物，藏用足以独善，学之者将殖焉，不学者将落焉。大业崇之，则成钦明之德，匹夫克念，则有王公之重。"又曰："其王者之所以树风声、流显号、美教化、移风俗，何莫由乎斯道?"[①] 后人对典籍所蕴含之知识，也有着非常清醒认识。王符曰："夫道成于学而藏于书，学进于振而废于穷。"又曰："先圣之智，心达神明，性直道德，又造经典以遗后人。试使贤人君子释于学问，抱质而行，必弗具也。及使从师就学，按经而行，聪达之明，德义之理亦庶矣。是故圣人以其心来就经典，往合圣心。故修经之贤，德近于圣矣。"[②] 在他们看来，圣王之道，存乎经典之中。既然书籍是知识的载体，是圣人"大道"之所托，因此历代学者格外重视典籍："识天道之精微，揆人事之始终，究物理之变化者，其惟书乎！故六艺

① 魏徵等：《隋书·经籍志》，中华书局1973年版。

② 王符：《潜夫论·赞学》，《百子全书》扫叶山房民国八年石印本。

立言之训、九流经世之要、传注之学、辞赋之宗、技巧之方、氏姓之考、齐谐之志、邱里之谈，虽云殊途，皆有可用。诚应世之先务，资身之本业欤!”[①] 正因典籍与学术有着如此密切的关系，所以典籍分类，实际上包涵着学术分类。

中国古代对典籍分类之学问，称为“目录学”。刘向《七略》曰：“《尚书》有青线编目录。”这是“目录”一词最早出现在文献中。但“目录学”名称，始见于清人王鸣盛《十七史商榷》：“目录之学，学中第一要紧，必从此问途，方能得其门而入。”[②] 尽管“目录学”一词出现较晚，但对典籍进行分类，则可追溯到先秦时期。《庄子·天下》云：“古之道术有在于是者，庄周闻其风而说之。”说明庄周已经有了“条别源流”的观念。正因如此，庄子认为，道术为一、为源、为本，百家之学为流、为末，并以此将分裂后的道术分为七派，开后世学术分类之先河。对此，姚名达说：“本来，学术的渊源，与目录学的渊源，在表面上看来，是绝对不同的两件事；但其骨子里，却仍有相通的所在。后世目录学的分类，大概不能脱离学术的分类而独立。”[③] 他认为：“目录的观念，与分类的观念往往同时演进。有了分类的意识后，必然地发生目录的形式，目录的最简单的功用，就在乎分别类次。”[④] 这就是说，先有分类观念，后有学术分类，然后才有目录学。也正因如此，典籍分类与学

---

① 毛扆：《遂初堂书目序》，李希泌等编《中国古代藏书与近代图书馆史料》，中华书局 1982 年版，第 22 页。

② 王鸣盛：《十七史商榷》卷一，商务印书馆 1959 年版。

③ 姚名达：《目录学》，商务印书馆 1934 年版，第 60 页。

④ 姚名达：《目录学》，商务印书馆 1934 年版，第 58 页。

术分类及知识系统建构有莫大关系。姚氏曰：“书籍原是知识的产物，因此，图书的分类，亦即是知识的分类。”① 宋人郑樵强调之“类例既分，学术自明”，即同此意。

何为“图书分类”？刘国钧曰：“所谓图书分类，就是将图书根据某种特征或标准而排列之，并且表明各类间之系统的关系。”② 图书分类法，是人们对所管理典籍及其包含的知识如何进行分类之理解和认识。从图书分类的来源看，西方学者对知识之分类，主要根据学科知识之间的某种关系来进行，并试图从学科知识的排列中得出有利于反映各自哲学思想的结果。英国哲学家培根认为科学的发展是人类理性能力的表现，从人的理性出发将记忆、想象和判断三种官能差异的行为作为区分科学的标准，把全部知识分谓历史、文学和哲学三大类。17 和 18 世纪时期，欧洲许多图书馆均用这个知识顺序来编制图书分类目录。哈利斯用自己的哲学观点将培根的理论原则倒过来，改为哲学、文学和历史，用这个分类顺序类分图书。杜威在安排自己分类法大类时，基本采用了哈利斯的倒排顺序，客观世界的认识、宗教信仰和行为准则等是社会活动之基础和指导思想。但中国典籍分类法显然与此有很大不同。

典籍分类，最合理者为根据学术类别而分类，即根据学科分类：“目录学的灵魂，是立在分类法的上面。”③ 典籍分类标准有二：一是“体”，即著作之体裁；二是“义”，即著作内容之实质。中国目

---

① 姚名达：《目录学》，商务印书馆 1934 年版，第 174 页。
② 刘国钧：《图书馆学要旨》，中华书局 1934 年版，第 75 页。
③ 姚名达：《目录学》，商务印书馆 1934 年版，第 60 页。

录学之特点，集中体现在以“义”分类，注重考察典籍之学术内容，关注典籍与学术源流的关系，注意通过目录分类和著述形式来划分学术流派，考辨学术源流。郑樵《通志略》曰：“学之不专者，为书之不明也。书之不明者，为类例之不分也。有专门之书，则有专门之学；有专门之学，则有世守之能。人守其学，学守其书，书守其类。人有存殁而学不息，世有变革而书不亡。以今之书校古之书，百无一存。其故何哉？士卒之亡者，由部伍之法不明也；书籍之亡者，由类例之法不分也。类例分，则百家九流，各有条理，虽亡而不能亡也。”① 又曰：“类例既分，学术自明，以其先后本末具在。观图谱者，可以知图谱之所始；观名数者，可以知名数之相承。谶纬之学，盛于东都。音韵之学，传于江左。传注起于汉、魏，义疏盛于隋、唐。睹其书，可以知其学之源流。或旧无其书而有其学者，是为新出之学，非古道也。”亦云：“古人编书，必究本末，上有源流，下有沿袭。故学者亦易学，求者亦易求。”② 因此，中国学者特别强调对古今学术源流之考辨。

章学诚《校雠通义》曰：“校雠之义，盖自刘向父子部次条别，将以辨章学术，考镜源流，非深明于道术精微、群言得失之故者，不足与此。后世部次甲乙，纪录经史者，代有其人，而求能推阐大义，条别学术异同，使人由委溯源，以想见于坟籍之初者，千百之中，不十一焉。”又曰：“古人著录，不徒为甲乙部次计。如徒为甲乙部次计，则一掌故令史足矣，何用父子世业，阅年二纪，仅乃卒

① 郑樵：《通志略》，上海古籍出版社 1990 年版，第 721 页。

② 郑樵：《通志略》，上海古籍出版社 1990 年版，第 722 页。

业乎？盖部次流别，申明大道，叙列九流百氏之学，使之绳贯珠联，无少缺逸，欲人即类求书，因书究学……古人最重家学，叙列一家之书，凡有涉此一家之学者，无不穷源至委，竟其流别，所谓著作之标准，群言之折衷也。”① 章氏注重辨章学术，显然是看到了典籍与学术之密切关系。张尔田云：“目录之学，其重在周知一代之学术及一家一书之宗趣，事乃与史相纬。而为此学也，亦非殚见洽闻，疏通知远之儒不为功。”② 故目录学为读书入门之学。对此，刘国钧阐述曰：“夫目录原以记载书籍为目的。而郑、章诸人所提倡者，乃以书中所表现之思想为对象。其所重在学术，而不在书籍之本身，特因书籍为学术所寄托，乃欲以保存书籍者保存学术，编次学术者编次书籍。此观于郑氏屡言人守其学，学守其书，书守其类，而章氏且以官守学业皆出于一，为校雠之出发点，而可知也。”③

中国目录学之这种特点，为考察学术分科问题提供了很好的切入点。“图书分类原为供研究学术而作，故宜以学科分类（即论理的分别）为准。”④ 既然中国典籍分类着重“考镜源流，辨章学术”，那么分析一时代典籍分类，便能看出该时代学术分科与知识系统分类情况。换言之，中国目录学可以为人们了解中国学术源流及学术流派提供依据，使后人可以从一时代典籍分类中，窥得一时

① 章学诚：《校雠通义·互著》，《四部备要》，中华书局校刊本。

② 张尔田：《校雠学纂微·序》，引自刘纪泽《目录学概论·自序》，中华书局1931年版，第4页。

③ 刘国钧：《图书目录略说》，《图书馆学季刊》，1927年第2卷第2期。

④ 刘国钧：《中国图书分类法·导言》，《刘国钧图书馆学论文选集》，书目文献出版社1983年版，第54页。

代学术分科及知识分类情况。因此，目录学是考察中国学术分科问题之重要窗口。随着学术分工的发展，典籍分类越来越细密，是目录学逐渐发达之普遍现象。杜定友认为："学术之道，进化无穷，有其学必有其书，有其事必有其记。故类例之法，不独总括群书，抑亦总括群学。"① 又云："图书分类以知识分类或科学分类为基础。"② 正因典籍分类与学术分类关系密切，故从分科角度反观典籍分类与学术分科、知识分类之关系，便显得极为重要。

刘国钧以近代学者之眼光和近代分科观念，对典籍分类与学科体系、知识系统之关系做了这样的阐释："分类法的基本原则是知识的系统性，根据学科领域划分门类。在同一领域内，再按照形式逻辑的划分规则，层层划分，形成一个体系。这样它就把千差万别的主题组织成一个系统。它所表达的是主题之间在学科体系内的关系。每一主题对有自己的对上、对下和对同等概念的关系——从属关系和并列关系。"③ 这样，典籍分类可以构成一个包括学术体系在内的知识系统。在刘氏看来，近代典籍分类特点为："文献归类时，不仅要考虑它在研究什么对象（事物，各种物质现象、社会现象和精神现象），尤其要考虑它是怎样去研究这个对象的（从什么科学的观点，用什么科学的方法）。归类的标准是知识的科学性质，而不是知识的对象。由于同一对象可以从不同的学科角度去研究它，

① 杜定友：《校雠新义》上册，中华书局1930年版，第5页。

② 杜定友：《图书分类法术语简说》，《杜定友图书馆学论文选集》，书目文献出版社1988年版，第202页。

③ 刘国钧：《分类法与标题法在检索工作中的作用》，《刘国钧图书馆学论文选集》，书目文献出版社1983年版，第301页。

因而关于同一对象的资料便被分入不同的学科、不同的类。但用同样方法、同样观点研究不同事物的资料，却可以集中在一处。”① 这就是说，以研究主体为标准分类，学术可以分为各种流派；以研究对象加上研究方法、研究角度分类，学术可以分为不同学科。这便是中国传统学术分科与近代西方学术分科之差异所在，也是由此建构的中西知识系统之差异所在。

正因学术分科与典籍分类关系密切，所以，分析典籍分类这个有形之学术成果，不仅容易窥出一时代学术分科的大致情况，而且还可以看出该时代知识系统分类与建构的状况。

二、《七略》分类与秦汉知识系统

秦汉之时，学术分类观念已经普及，随着典籍增多，人们对典籍之整理和分类日益重视。

《汉志》载：“汉兴，改秦之政，大收篇籍，广开献书之路。迄孝武世，书缺简脱，礼坏乐崩，圣上喟然而称曰：‘朕甚闵焉！’于是建藏书之策，置写书之官，下及诸子传说，皆充秘府。至成帝时，以书颇散亡，使谒者陈农求遗书于天下。诏光禄大夫刘向校经传诸子诗赋，步兵校尉任宏校兵书，太史令尹咸校数术，侍医李柱国校方技。每一书已，向辄条其篇目，撮其指意，录而奏之。会向卒，哀帝复使向子侍中奉车都尉歆卒父业。歆于是总群书而奏其《七略》，故有《辑略》，有《六艺略》，有《诸子略》，有《诗赋略》，

① 刘国钧：《分类法与标题法在检索工作中的作用》，《刘国钧图书馆学论文选集》，书目文献出版社 1983 年版，第 301—302 页。

有《兵书略》，有《术数略》，有《方技略》。”①

对于刘向、刘歆父子编订目录、编写叙录之原因，姚名达曰：“书籍既多，部别不分则寻求不易；学科既多，门类不明则研究为难。故汇集各书之叙录，以学术之歧异而分别部类，既可准其论次而安排书籍，以便寻检，又可综合研究而辨章学术，考求源流；此实为校雠完毕，各书叙录写定后之必然趋势。”② 这就是说，到西汉时，古代典籍增多，学术分类日渐发达，便有了“辨章学术、考镜源流”之需要。刘向、歆父子将所校之书“条其篇目，撮其指意”，进行分门别类，并在大类之下再分小类，使学术门类更加细密，典籍目录也更为专门。

表1 刘向《七略》分类表

大类（7）	类目（38）	
辑略		
六艺略	9小类	易、书、诗、礼、乐、春秋、论语、孝经、小学
诸子略	10小类	儒家、道家、阴阳家、法家、名家、墨家、纵横家、杂家、农家、小说家
诗赋略	5小类	屈原赋之属、陆贾赋之属、荀卿赋之属、杂赋、歌诗
兵书略	4小类	兵权谋、兵形势、兵阴阳、兵技巧
数术略	6小类	天文、历谱、五行、蓍龟、杂占、形法
方技略	4小类	医经、经方、房中、神仙

① 班固：《汉书·艺文志》，中华书局1962年版。

② 姚名达：《中国目录学史》，商务印书馆1938年版，第49—50页。

分析《七略》分类可以看出，秦汉时期学术分类观念已经普及。刘歆在《七略》中，把典藏之典籍分为辑略、六艺略、诸子略、诗赋略、兵书略、数术略和方技略等七大类。“略”即是“类”，辑略是全书之总要，因此《七略》分类实为六分法，即将典籍分为六大部类。同时，每一大类之下，又分若干小类。具体而言：六艺略，分为易、书、诗、礼、乐、春秋、论语、孝经、小学等9小类；诸子略，分为儒家、道家、阴阳家、法家、名家、墨家、纵横家、杂家、农家、小说家等10小类；诗赋略，分为屈原赋之属、陆贾赋之属、荀卿赋之属、杂赋、歌诗等5小类；兵书略，分为兵权谋、兵形势、兵阴阳、兵技巧等4小类；数术略，分为天文、历谱、五行、蓍龟、杂占、形法等6小类；方技略，分为医经、经方、房中、神仙等4小类。这六大类38小类，条理井然，类分有据，构成秦汉时期的学术体系及知识系统。这套学术体系及知识系统，可以简称为“六略之学”①。

据《汉志》载，刘向奉诏校书时，召集各方面专家分工负责校勘各类书籍：“光禄大夫刘向校经传诸子诗赋。步兵校尉任宏校兵书，太史令尹咸校数术，侍医李柱国校方技。”因此，《七略》六分法，是当时专家对典籍进行专门分类的结果。其分类标准，是根据典籍的内容来分的，并不同于近代意义上的学科分类，是中国特色的学术分类，形成了中国特色的学术体系及知识系统。从近代学科

① 此处所谓“学”，非指狭义的学科，而是指“学问”“知识”。所谓“六略之学”，意为“六略”包含的学问或知识系统；所谓“四部之学”，意为“四部”包含的学问及知识系统。

意义上看，“六略之学”所包含之学科类属比较复杂。六艺、诸子、诗赋三类，包含后来的经学、哲学、文学之类知识；兵书、数术、方技三类，分别包含军事学、自然科学、应用科学知识。这显然不同于近代意义之学科分类。

《七略》对当时典籍之分类，是依据学术性质而定的，是根据这些典籍所包含之内容进行类分的。近人刘国钧断言：“这是最早运用学术性质上的差异来作为分类标准的分类法。”① 姚氏亦认为，刘歆《七略》分类“依学术之性质分类：先将书籍分为六艺、诸子、诗赋、兵书、数术、方技六略（即类）。每大类复分为若干种（即小类）。即所谓‘剖析条流，各有其部’之工作也”②。因此，刘氏典籍分类，既可视为一种典籍分类法，同时因其“依学术之性质”进行分类，又可视为一种学术与知识之分类。

章学诚评述《七略》曰：“诸子之言以明道，兵书、方技、数术皆守法以传艺，虚理实事，义不同科也。”③ 他认为刘氏分类是依“义”而定，反映了当时学术分科及知识发展情况。“六艺”是古代对学术的总汇，是秦汉学术思想之源泉，所以列于六类之首；诸子学说与六经相表里，相反相成，被视为六经之流裔，因而列于六艺之次。这些反映了《七略》分类是以“辨章学术，考镜源流”为宗旨的。对此，刘国钧指出：“《七略》之旨，在于辨章学术，考镜源流，欲与图书分类之中，显学术嬗变之迹。”其评述云：“刘向、刘

---

① 刘国钧：《中国图书分类法的发展》，《刘国钧图书馆学论文选集》，书目文献出版社 1983 年版，第 396 页。

② 姚名达：《中国目录学史》，商务印书馆 1938 年版，第 55 页。

③ 章学诚：《校雠通义 · 校雠条理》，《四部备要》，中华书局校刊本。

歆父子，以为学术出于王官，故首以六艺，次以诸子，乃及其余，推寻学术所自，尚不失客观的精神。”① 这些评价是比较公允的。

但应该看到，《七略》分类标准并不统一。“六艺略”是依据典籍分门别类的，即积聚传习古代典籍为一类；“诸子略”是依据学者（研究主体）分类的，即按照学术流派分类；“诗赋略”是依据体裁分类（如屈原、陆贾等赋、杂赋、歌诗等类）；“兵书略”“数术略”和“方技略”是依据研究对象分类，最合乎近代学科分类原则，是专门的学术之典籍的汇总，有着发展为近代学科的潜力和趋势。这种典籍分类标准之不统一，反映出当时学术分科上标准之多样性：研究主体、客体、方法、学术内容及表述方式（体裁）均可作为分类标准。这似乎正是中国学术分科之特色所在。

《七略》是中国第一部完整的典籍分类法，也是世界上现存较早之图书分类法。《七略》既是对秦汉学术典籍的整理，也是对当时学术之分类，更是对秦汉知识系统的一种概括。大致来说，秦汉知识系统不出《七略》分类之外。

秦汉知识系统是以儒家思想和儒家经典为指导建立的，并且是以当时之学术分科体系为基础，以天禄阁藏书为对象进行分类的。在该知识系统中，儒家之“六艺”（即“六经”）处于独尊地位。秦统一六国后，焚书坑儒，钳制学术。汉初“六经”及诸子百家之学复苏，除了儒家外，道、法两家均有一席之地。到汉武帝时，董仲舒上书：“臣愚以为诸不在六艺之科、孔子之术者，皆绝其道，

① 刘国钧：《四库分类法之研究》，《图书馆学季刊》，1926 年第 1 卷第 3 期。

勿使并进。邪之说灭息，然后统纪可一，而法度可明，民知所从矣。”[①] 武帝采纳此议，“罢黜百家，独尊儒术”。此后，儒家“六艺之科”（即“经学”）成为汉代学术之正宗。因此，在《七略》所反映之秦汉学术体系和知识系统中，“六艺”被置于“六略之学”最重要的位置。也正因如此，近人顾颉刚愤激地说，“中国的学问是向来只有一尊观念而没有分科观念的”[②]，这显然是有所指的。

“六经”为中国学术之源，诸子为“六经”之支流。“六经”与诸子，构成了中国学术体系和知识系统中形而上之“道术”，即道学；而术数、方技等类，为形而下的“器”，即“艺学”。因此，秦汉时期中国知识系统大致分为形而上之“道学”与形而下之“艺学”。《论语·述而》载：“子曰：志于道，据于德，依于仁，游于艺。”孔子对于“道”与“艺”之先后高下观念，显然影响着此后中国学术的发展方向和中国知识系统之建构。清人阮元曰：“孔子以王法作述，道与艺合，兼备师、儒，颜、曾所传，以道兼艺，游、夏之徒，以艺兼道，定、哀之间，儒术极醇，无少差缪者，此也。荀卿著论，儒术已乖，然《六经》传说，各有师授。”[③] 说明“道学”与“艺学”在春秋时期已经有了区别。程颐《为家君作试汉州学策问》曰：“士之所以贵乎人伦者，以明道也。若止于治声律，为禄利而已，则与夫工技之事，将何异乎！”[④] 这是中国传统学术轻

---

① 班固：《汉书·董仲舒传》，中华书局1962年版。

② 顾颉刚：《自序》，《古史辨》第1册，朴社1926年版，第29页。

③ 阮元：《拟国史儒林传序》，《研经室集》上册，中华书局1993年版，第36页。

④ 程颐：《为家君作试汉州学策问》，《河南程氏文集》卷八，《二程集》，中华书局1981年版，第529—530页。

“艺学”、重“道学”观念之集中体现。

因此，在秦汉知识系统中，“六艺”之学与诸子之学是“大道”之所存，远远高于数术、方技等形而下之“艺学”。对此，近人杜定友曰：“夫古之学术有道器之分，形而上者之谓道，形而下者之谓器。诸子之学，所谓道者也，为无形之学；术数方技，所谓器者也。虚理、实事，义不通科。”① 中国学术分为形上学与形下学，经学、子学为形上学；术数、方技为形下学。如果以近代分科观念反观中国的“道学”与“艺学”，便会发现，所谓形上学与形下学之分别，相当于近代“哲学”与“科学”之差异。杜氏指出：“所谓形而上者即今之哲学也，穷天地之原，究人生之义，寄想于无朕，役志于无涯。显之家国天下之大，隐之身心性命之微，所谓纯粹无形之学也。孙吴司马岂得谓道而列于子乎？抑尤有进者，虚理实事，义不同科；纯虚纯实，自当分别。故有哲学与科学之别，以显其异。”② 这段议论表明：中国古代学术分科不同于近代西方“学科”式分科，中国传统知识系统不同于近代学科为骨干之知识系统。中国尽管也有被近人称为“哲学”及“科学”的思想，但近代意义上的哲学及科学并没有发展为有特定研究对象的“专门之学”，而是与政治、教育、伦理纠缠在一起，体现出文史哲不分、自然科学与社会科学相混杂之“博通”特征。

《七略》首以“六艺”，其次诸子，然后是诗赋、兵书略，最后是术数和方技略，构成了秦汉时期有着严密内在逻辑关系的“六略

① 杜定友：《校雠新义》上册，中华书局 1930 年版，第 44 页。
② 杜定友：《校雠新义》上册，中华书局 1930 年版，第 46 页。

之学”知识系统。这套“六略之学”系统，每大“略”中各小类之顺序排列，也具有较清晰的层次和条理，构成了每一“略”内部之知识体系。以《方技略》为例，《七略》又将其类分为医经、经方、房中、神仙四目，医经是讲生理、病理、治疗原则；经方讲方剂，如何施医用药；房中讲男女结合，生儿育女；神仙讲长生不老。这四部分类别在次序上首位相连，层次分明。再以《数术略》为例，从天文到历谱，从五行、卜筮到形法，其次序是从天上到地下，先天文而后地理，构成了一套比较完整而系统的关于“方技”“数术”的知识体系。

近人章太炎在研究《七略》分类后指出：“六部中间，子书倒占了四部，可见当时学问的发达了。当时为什么要分做四部呢？因为诸子大概是讲原理，其余不过一支一节，所以要分。”① 从《七略》典籍分类体系中，大致可以看出秦汉时代中国学术分门别类之情况。概括地说，此时期主要之学术门类有：“六艺”之学，即后来的经学；诸子之学，即后来的诸子学；诗赋之学，即后来的词章之学；术数之学，即后来的天文历法、数学等；方技之学，即当时医药卫生与巫术之混合体。

《七略》中的“六略之学”，进一步发展便是《汉书·艺文志》之分类。班固继承刘氏六分法，仍保留六大类三十八小类的分类体系及基本内容，反映了先秦到汉代知识系统之概貌与各种学术门类间之相互关系。因《七略》主要保留在《汉志》中，故班固《汉

---

① 章太炎：《论诸子的大概》，傅杰编校《章太炎学术史论集》，中国社会科学出版社 1997 年版，第 187 页。

志》及其分类法，历来为人重视并推崇。

到南北朝时，对典籍进行分类者，有王俭的《七志》和阮孝绪的《七录》。《七志》早已佚失，但通过《隋书·经籍志序》以及《七录序》记载，可以了解其大致情况。据《隋志》载，《七志》分类为："一曰经典志，纪六艺、小学、史记、杂传；二曰诸子志，纪今古诸子；三曰文翰志，纪诗赋；四曰军书志，纪兵书；五曰阴阳志，纪阴阳图纬；六曰术艺志，纪方技；七曰图谱志，纪地域及图书。其道、佛附见，合九条。"①

《七志》分类基本沿袭《七略》。《七志》中之"经典志"，与《七略》之"六艺略"内容相同，包括"六艺"、小学及史书；《七志》的诸子志，与《七略》之诸子略内容相同，只收诸子；文翰志即《七略》之诗赋略；军书志即《七略》之兵书略；阴阳志即《七略》之数术略；术艺志即为《七略》之方技略。《七志》与《七略》不同之处在于：王俭改"六艺"为经典，改诗赋为文翰，改兵书为军书，改数术为阴阳，改方技为术艺，并独创图谱一志，附道经、佛经于篇末。因此，《七志》分类名义是七类，实则为九类。道、佛典籍附于《七志》之后，不仅说明道教、佛教典籍在当时已经有了相当数量，而且表明此两种学问在当时知识界具有较大影响。

南朝阮孝绪的《七录》，将当时典籍分为经典录、纪传录、子兵录、文集录、术技录、佛法录、仙道录等七大类，实际上是将当时知识系统分为七个互相关联的门类。经典录分为易、尚书、诗、

① 魏徵等：《隋书·经籍志》，中华书局1973年版。

礼、乐、春秋、论语、孝经、小学9类；纪传录分为国史、注历、旧事、职官、仪典、法制、伪史、杂传、鬼神、土地、谱状、簿录12类；子兵录分为儒、道、阴阳、法、名、墨、纵横、杂、农、小说、兵11类；文集录分为楚辞、别集、总集、杂文4小类；术技录分为天文、谶纬、历算、五行、卜筮、杂占、形法、医经、经方、杂艺10小类；佛法录分为戒律、禅定、智慧、疑似、论记5小类；仙道录分为经戒、服饵、房中、符图4小类。这七大门类及其所属之56小类，构成魏晋南北朝时期之学术体系及知识系统。

表2　南朝梁阮孝绪《七录》分类表

类　次		类　目
经典录内篇一	9小类	易、尚书、诗、礼、乐、春秋、论语、孝经、小学
纪传录内篇二	12小类	国史、注历、旧事、职官、仪典、法制、伪史、杂传、鬼神、土地、谱状、簿录
子兵录内篇三	11小类	儒、道、阴阳、法、名、墨、纵横、杂、农、小说、兵
文集录内篇四	4小类	楚辞、别集、总集、杂文
术技录内篇五	10小类	天文、谶纬、历算、五行、卜筮、杂占、形法、医经、经方、杂艺
佛法录外篇一	5小类	戒律、禅定、智慧、疑似、论记
仙道录外篇二	4小类	经戒、服饵、房中、符图

阮孝绪在《七录》中所建构的这套学术体系及知识系统，是"斟酌王、刘"分类法而成的。他在解释《七录》分类之缘由时曰："王以六艺之称不足标榜经目，改为经典，今则从之。故序经典录为内篇第一。"经典录是根据"六艺略"及"经典志"改名而来，

但其突出特点是：将史学典籍从原来附属于“春秋”小类之下独立出来，别置纪传录，并分为国史、注历、旧事、职官、仪典、法制、伪史等小类，因此纪传录为阮氏独创。对此，阮氏解释云：“刘、王并以众史合于春秋。刘氏之世，史书甚寡，附见‘春秋’，诚得其例。今众家纪传，倍于经典，犹从此《志》，实为繁芜。且《七略》诗赋不从六艺诗部，盖由其书既多，所以别为一略。今依拟斯例，分出众史。”①

阮氏之《子兵录》，是由刘歆《诸子略》及王俭《诸子志》，与刘歆《兵书略》及王俭的《军书志》合并而成。对于将《兵书略》合并于《诸子略》之原因，阮氏解释云：“窃谓古有兵革、兵戎、治兵、用兵之言，斯则武事之总名也，所以还改军从兵。兵书既少，不足别录，今附于子末，总以子兵为称。”阮氏的《文集录》，由刘氏《诗赋略》与王俭的《文翰志》改成；阮氏《术技录》，是由刘氏《数术略》与《方技略》（即王俭的《阴阳志》和《艺术志》）合并而成。对此，阮氏解释云：“王以数术之称，有繁杂之嫌，故改为阴阳。方技之言，事无典据，又改为艺术。窃以阴阳偏有所系，不如数术之该通。术艺则滥，六艺与数术，不逮方技之要显，故还依刘氏各守本名，但房中、神仙既入仙道，医经、经方不足别创，故合术技之称，以名一录。”②

阮氏《七录》分类之突出特点，是将典籍分为内外两篇：经典

① 阮孝绪：《七录序》，袁咏秋等主编《中国历代图书著录文选》，北京大学出版社 1995 年版，第 178 页。

② 阮孝绪：《七录序》，袁咏秋等主编《中国历代图书著录文选》，北京大学出版社 1995 年版，第 178 页。

录、纪传录、子兵录、文集录、术技录等五大类为内篇，佛法录、仙道录为外篇。《七录》专立佛法录、仙道录两大类，表明南北朝时佛家及道家学术已经相当兴盛，作为其研究成果的佛、道典籍已具有相当数量，并且有很大影响。因此，佛、道两家学术已经成为当时中国学术体系和知识系统的重要组成部分。对此，阮氏解释曰："释氏之教，实被中土，讲说讽味，方轨孔籍。王氏虽载于篇，而不在《志》限，即理求事，未是所安。故序佛法录为外篇第一。仙道之书由来尚矣。刘氏神仙陈于方技之末；王氏道经书于《七志》之外，今合叙仙道录为外篇第二。王则先道而后佛，今则先佛而后道，盖所宗有不同，亦由其教有浅深也。"①

如果将阮氏《七录》与刘氏《七略》作一比较，可以看出秦汉学术体系及知识系统与南北朝学术体系及知识系统之差别。魏晋以后，儒术衰微，玄学大兴，佛学东渐，学术日益分歧，典籍愈来愈多。两汉时期，史书附属于经《春秋》，而到魏晋时期，随着纪传之书增多，《春秋》一类难以包括一切史书。刘氏所分之六艺略、诸子略、诗赋略、兵书略、术数略和方技略等六大学术部类，到阮氏时已经缩减为经典录、子兵录、文集录、术技录四大类；史学典籍从依附于六艺略"春秋"类独立而成为一类（纪传录）；刘氏《七略》中方技略中的"神仙"小类，在阮氏《七录》中已经发展为独立的部类——仙道录；刘氏《七略》中根本没有的佛教典籍，此时已经蔚为大观，成为与经典录、子兵录、文集录、术技录等大类并列的部类。

---

① 阮孝绪：《七录序》，袁咏秋等主编《中国历代图书著录文选》，北京大学出版社 1995 年版，第 179 页。

这种典籍类例部次之增减括并，反映了中国学术门类及知识系统在南北朝时期变化之剧烈。

三、《隋志》与四部之学的雏形

东汉以后，除了以《七略》为标志之典籍“六分法”外，“四部”分类法也在酝酿之中。最早采用“四部”分类法者，是西晋荀勖所编之《新簿》。据《隋志》载，《新簿》将当时典籍按照甲、乙、丙、丁四部进行分类：一为甲部，纪“六艺”及小学等书；二为乙部，有古诸子家、近世子家、兵书、兵家、术数；三为丙部，有史记、旧事、皇览簿、杂事；四为丁部，有诗赋、图赞、汲冢书。荀氏分类体系与《七略》显然是不同的：将《七略》中之兵书、术数、方技合于诸子，立为乙部；新设丙部，以记史书及类书。

荀氏“四部”分类法，从一个侧面反映出从西汉到晋代学术发展之趋向。诸子学在汉魏之时日趋衰落，子部著述亦减少，战国时九流十家，到汉初已无名、墨二家，汉武帝后已无杂家、纵横家，宣帝后无小说家，成帝后无农家，到西汉末年，只剩下儒、道、阴阳三家；兵书、术数、阴阳方面之典籍亦渐减少，先秦诸子世代相传之师法不复存在。与此形成鲜明对比的是，史学大为昌盛。因此，并诸子而别立史部，是当时学术演变之真实体现。更值得注意的是，荀氏“四部”分类是后来经、子、史、集“四部”分类之雏形。甲部，相当于《七略》的《六艺略》，也相当于后世之“经部”；乙部，将《七略》中诸子、兵书、数术（方技并入数术）合为一部，开创后世“子部”先例；史书在《七略》中附于《六艺略》的春秋类，自荀勖开始把史书自经部析出，单独成为一类（后来的阮孝绪单独列为纪传录），这就是丙部，相当于后世之“史部”；诗赋、汲冢书等列入丁部，相当于后世之“集部”。对于典籍分类及知识系统从“七略”向“四部”之演化，目录学家昌彼得等曰：“因为学术随时代而不断变迁，古代的学术，有兴有替。名墨纵横之说，愈后而愈少；纪传诗赋之文，则愈后而愈多。七略不能不变为四部，实势所必至。”①

唐初修撰的《隋志》，将先秦到唐初之典籍加以整理分类，建立起隋唐时期学术分科体系及一套完整的知识系统。其典籍分类与知识分类之基本思路，是根据魏晋时代的“四部”分类法以类分群书。其分类体系为：经部分为易、书、诗、礼、乐、春秋、孝经、论语、纬书、小学 10 类；史部分为正史、古史、杂史、霸史、起居注、旧事、职官、仪注、刑法、杂传、地理、谱系、簿录 13 类；子部分为儒、道、法、名、墨、纵横、杂、农、小说、兵、天文、历数、五行、医方 14 类；集部分为楚辞、别集、总集 3 类；附道经，分为经戒、饵服、房中、符录 4 类；附佛经，分为大乘经、小乘经、杂经、杂疑经、大乘律、小乘律、杂律、大乘论、小乘论、杂论、记 11 类。

① 昌彼得、潘美月：《中国目录学》，文史哲出版社 1986 年版，第 110 页。

表3　《隋书·经籍志》分类表

部　类	类　目	
经部	10	易、书、诗、礼、乐、春秋、孝经、论语、纬书、小学
史部	13	正史、古史、杂史、霸史、起居注、旧事、职官、仪注、刑法、杂传、地理、谱系、簿录
子部	14	儒、道、法、名、墨、纵横、杂、农、小说、兵、天文、历数、五行、医方
集部	3	楚辞、别集、总集
附道经	4	经戒、饵服、房中、符箓
附佛经	11	大乘经、小乘经、杂经、杂疑经、大乘律、小乘律、杂律、大乘论、小乘论、杂论、记

需要说明的是，《隋志》典籍分类，实际上是将群书分为经、史、子、集、道、佛六大类。但其主体是经、史、子、集四部，道、佛两类仅录小类书籍之部数、卷数，不列具体书目。因此，它名义上分四部，实为四部六类，是四部40类加上所附道经4类和佛经11类，共同构成隋唐时期学术体系及知识系统。但因这套知识系统主要是以经、史、子、集四部55类为基本框架建构起来的，故可以将其简称为“四部之学”。

荀勖创立之四部分类法，以甲乙丙丁为“类名”，将群书分为经、史、子、集四大类而已，没有更细分类；《隋志》吸取荀勖等人及《七略》《七志》《七录》之分类成果[①]，将群书分为经、史、子、集四大类，四大类又分为40小类，为后世之四部分类法确立了规范。因此，《隋志》之“经”“史”两部是从《七略》之“六艺”发展而成的；“子”“集”两部是从《七略》之“诸子”“诗赋”“兵书”“术数”“方技”五略合并而成的。这些部类的增加和合并，不仅反映了这一时期学术思想之盛衰，而且表明中国知识系统已经从秦汉时代的“六略之学”，发展为隋唐时期的“四部之学”，以经、史、子、集为框架之知识系统已具雏形。如果将这个“四部”分类与清代《四库全书》成熟时期之“四部”分类体系相比，可以清楚地看出，《隋志》基本奠定了中国学术体系及中国知识系统“四部”分立的格局。

《隋志》四部分类，建构了隋唐时代“四部之学”分类体系及知识系统。《隋志》编撰者在阐述编撰旨趣时云：“今考见存，分为四部，合条为一万四千四百六十六部，有八万九千六百六十六卷。其旧录所取，文义浅俗、无益教理者，并删去之。其旧录所遗，辞义可采，有所弘益者，咸附入之。远览马史、班书，近观王、阮志、录，挹其风流体制，削其浮杂鄙俚，离其疏远，命其近密，约文绪义，凡五十五篇，各列本条之下，以备《经籍志》。”编撰者自称：“虽未能研几探赜，穷极幽隐，庶乎弘道设教，可以无遗阙焉。”可见自视甚高。其又说：“夫仁义礼智，所以治国也，方技数术，所

---

① 昌彼得等撰《中国目录学》第137页云：“故自表面看，《隋志》是承袭自晋以来的秘阁四部分类法。但自精神而言，实也兼采了阮孝绪《七录》的优点。……从《隋志》分类的情形来看，实可以说是四部七录的综合体。”此种见解，颇有道理。

以治身也。诸子为经籍之鼓吹，文章乃政化之黼黻，皆为治之具也。”① 这是对“四部之学”知识系统内在逻辑关系及知识用途之精辟阐述。

“经部”是根据《七略》的六艺略、荀勖的“甲部”演变而来，收录627部、5371卷典籍，并分为易、书、诗、礼、乐、春秋、孝经、论语、纬书、小学10类。其中的9类类名（易、书、诗、礼、乐、春秋、孝经、论语、小学）是沿袭《七略》及《汉志》而来，仅有“纬书类”是新增的。经部所分10类典籍，各有其功用，排列次序也有内在逻辑联系：易类，用以纪阴阳变化；书类，以纪帝王遗范；诗类，以纪兴衰诵叹；礼类，以纪文物体制；乐类，以纪声容律度；春秋类，以纪行事褒贬；孝经类，以纪天经地义；论语类，以纪先圣微言；图纬类，以纪“六经”谶候；小学类，以纪字体声韵。

“史部”是依据阮孝绪《七录》纪传录及荀勖的“丙部”演化而来，收录817部史学典籍，计13264卷，并分为正史、古史、杂史、霸史、起居注、旧事、职官、仪注、刑法、杂传、地理、谱系、簿录13类。正史类，以纪纪传表志；古史类，以纪编年系事；杂史类，以纪异体杂记；霸史类，以纪伪朝国史；起居注类，以纪人君动止；旧事类，以纪朝廷政令；职官类，以纪班序品秩；仪注类，以纪吉凶行事；刑法类，以纪律令格式；杂传类，以纪先贤人物；地理类，以纪山川郡国；谱系类，以纪世族继序；略录类，以纪史

① 魏徵等：《隋书·经籍志》，中华书局1973年版。

策条目。

“子部”是合并刘歆《七略》及《汉志》之诸子略、兵书略、数术略、方伎略而成，收录典籍 853 部，6437 卷。子部又分为儒、道、法、名、墨、纵横、杂、农、小说、兵、天文、历数、五行、医方等 14 类。对于“子部”各类间的关系，《隋志》曰：“儒、道、小说，圣人之教也，而有所偏；兵及医方，圣人之政也，所施各异。世之治也，列在众职，下至衰乱，官失其守。或以其业游说诸侯，各崇所习，分镳并骛。若使总而不遗，折之中道，亦可以兴化致治者矣。”① 儒家类，以纪仁义教化；道家类，以纪清静无为；法家类，以纪刑法典制；名家类，以纪循名责实；墨家类，以纪强本节用；纵横家类，以纪辩说谲诈；杂家类，以纪兼叙众说；农家类，以纪播植种艺；小说家类，以纪刍辞舆诵；兵法类，以纪权谋制变；天文类，以纪星辰象纬；历数类，以纪推步气朔；五行类，以纪卜筮占候；医方类，以纪药饵针灸。

“集部”是依据《七略》诗赋略、荀勖“丁部”及阮孝绪之《七录》文集录演化而成，收录典籍 554 部，6622 卷。刘歆的《诗赋略》，分为屈原赋之属、陆贾赋之属、荀卿赋之属、杂赋、歌诗五类；阮氏《文集录》分为楚辞、别集、总集、杂文 4 小类；《隋志》的“集部”分为楚辞、别集、总集 3 类。楚辞类，以纪骚人怨刺；别集类，以纪辞赋杂论；总集类，以纪类分文章。

《隋志》确立的经、史、子、集四部部名，字约意丰，用一个

---

① 魏徵等：《隋书·经籍志》，中华书局 1973 年版。

字概括一种学术门类，加上分类得当，大小类名称均为后世沿用。例如史部之正史、杂史、地理，集部的别集、总集等类名，都是从《隋志》开始使用，以后成为固定门类的。四部分类法，成为以后历代学者编制目录、类分群书之圭臬，居于典籍分类之正统地位。唐、宋、元、明、清历代官修的政府藏书目录、史志目录，及多数私修之私人藏书目录等，大都遵循四部分类法，并以之丰富和扩展"四部之学"知识系统。对此，近代目录学家多能窥得这一点："古之七类法，多徒义例，注重学术之系统，可以辨异同，通思想，明流别，究得失。迨至魏晋已不复适用，流为四部，一变其法，改从体制，侧重著录之体裁。虽未能顾及辨章学术之一途，然认类、认书，而可使界限谨严，条例清楚，排列整齐，至切适用。后之言类例者，则多崇尚斯法。"①

从刘歆《七略》六分法到《隋志》四部分类法，不仅表明中国学术分类观念之深化以及学术类目分科之细密，而且这种学术分类逐渐成为对中国学术"剖判条源，甄明科部"的自觉行为。唐代有学者云："苟不剖判条源，甄明科部，则先贤遗事，有卒代而不闻；大国经书，遂终年而空泯。使学者孤舟泳海，弱羽凭天，衔石填溟，倚仗追日，莫闻名目，岂详家代？不亦劳乎！不亦弊乎！"② 因此，从六分法到四部分类法之演变，是中国学术体系及知识系统不断发展之大势所趋；从"六略之学"到"四部之学"的发展，也是中国

① 刘简：《中文古籍整理分类研究》，文史哲出版社 1978 年版，第 150 页。

② 《旧唐书·经籍志》，袁咏秋等主编《中国历代图书著录文选》，北京大学出版社 1995 年版，第 80 页。

知识系统不断扩展之大势所趋。对此，章学诚有一段精彩论述：

“《七略》之流而为四部，如篆隶之流而为行楷，皆势之所不容已者也。史部日繁，不能悉隶以《春秋》家学，四部之不能返《七略》者一。名墨诸家，后世不复有其支别，四部之不能返《七略》者二。文集炽盛，不能定百家九流之名目，四部之不能返《七略》者三。钞辑之体，既非丛书，又非类书，四部之不能返《七略》者四。评点诗文，亦有似别集而实非别集，似总集而又非总集者，四部之不能返《七略》者五。凡一切古无今有、古有今无之书，其势判如霄壤，又安得执《七略》之成法，以部次近日之文章乎！”①

这段文字说明，中国学术体系及知识系统是在不断丰富和发展的，典籍分类也是随着学术体系与知识系统发展之大“势”而演进的。

尽管说四部分类法比《七略》六分法更为合理，但并非尽善尽美。近代目录学家余嘉锡评价说：“四部之法，本不与《七略》同，史出春秋，可以自为一部，则凡后人所创作，古人所未有，当别为部类者，亦已多矣。限之以四部，而强被以经、史、子、集之名，经之与史，史之与子，已多互相出入。”又云：“必谓四部之法不可变，甚且欲返之于《七略》，无源而强祖之以为源，非流而强纳之以为流，甚非所以‘辨章学术考镜源流’也。”②

在这段文字中，余嘉锡一针见血地指出四部分类法的矛盾与弊端。事实上，自从四部分类体系产生之后，尽管四部分类法居于正统

---

① 章学诚：《校雠通义·宗刘》，《四部备要》，中华书局校刊本。

② 余嘉锡：《目录学发微》，巴蜀书社1991年版，第150页。

地位并为官方所认可，但由于其不能尽如人意，并未能阻绝其他分类法之出现。最先不用四部分类者，是《文渊阁书目》，后有陆深之《江东藏书目》、孙楼之《博雅堂藏书目录》，有钱谦益之《绛云楼书目》等，其中最著名的有南宋郑樵之《通志》十二分类法，及清代学者孙星衍之《孙氏祠堂书目》十二分类法。

四、四部分类之完善与明清知识系统

南宋初，著名史学家郑樵撰《通志》200卷。其中之《艺文略》，尽收古今典籍著录之书于一编。郑樵对典籍分类之类例及学术源流特别重视，其云："学之不专者，为书之不明也。书之不明者，为类例之不分也。有专门之书，则有专门之学；有专门之学，则有世守之能。人守其学，学守其书，书守其类。人有存殁而学不息，世有变革而书不亡。以今之书校古之书，百无一存。其故何哉？士卒之亡者，由部伍之法不明也，书籍之亡者，由类例之法不分也。类例分，则百家九流各有条理，虽亡而不能亡也。"①

正是在这种分类思想指导下，郑樵《通志・艺文略》将典籍分为经、礼、乐、小学、史、诸子、天文、五行、艺术、医方、类、文等12大类。每大类之下，又分为若干小类，计分为82小类，每一小类之下再分若干种，共442种，从而建立起一套具有三级目录之学术分类体系及知识系统。

① 郑樵：《通志略》，上海古籍出版社1990年版，第721页。

表4 郑樵《通志略》分类表

大类	小类	类目
经类第一	易	古易、石经、章句、传、注、集注、义疏、论说、类例、谱、考证、数、音、谶纬、拟易
	书	古文经、石经、章句、传、注、集注、义疏、问难、义训、小学、逸篇、图音、续书、谶纬、逸书、诗、石经、故训、传、注、义疏、问辨、统说、谱、名、物、图、音、纬学
	春秋	经、五家传注、三传义疏、传论、序、条例、图文辞、地理、世谱、卦繇、音、谶纬
	春秋外传国语	注解、章句、非驳、音
	孝经	古文、注解、义疏、音、广义、谶纬
	论语	古论语、正经、注解、章句、义疏、论难、辨正、名氏、音释、谶纬、续语
	尔雅	注解、图、义、音、广雅、杂尔雅、释言、释名、方言
	经解	经解、谥法
礼类第二	周官	传注、义疏、论难、义类、音、图
	仪礼	石经、注、疏、音
	丧服	传注、集注、义疏、记注、问难、仪注、谱图、五服图仪
	礼记	大戴、小戴、义疏、书抄、评论、名数、音义、中庸、谶纬
	月令	古月令、续月令、时令、岁时
	会礼	论抄、问难、三礼、礼图
	仪注	礼仪、吉礼、宾礼、军礼、嘉礼、封禅、汾阴、诸祀仪注、陵庙制、家礼祭仪、东宫仪注、后仪、王国州县仪注、会朝注、耕籍仪、车服、书仪、国玺

续表

大类	小类	类目
乐类第三	乐书	歌辞、题解、曲簿、声调、钟磬、管弦、舞、鼓、吹、琴、谶纬
小学类第四	小学	文字、音韵、音释、古文、法书、蕃书、神书
史类第五	正史	史记、汉、后汉、三国、晋、宋、齐、梁、陈、后魏、北齐、后周、隋、唐、通史
	编年	古魏史、两汉、魏、吴、晋、宋、齐、梁、陈、后魏、北齐、隋、唐、五代、运历、纪录
	霸史	
	杂史	古杂史、两汉、魏、晋、南北朝、隋、唐、五代、宋
	起居注	起居注、实录、会要
	故事	
	职官	
	刑法	律令、格、式、勒、总类、古制、专条、贡举、断狱、法守
	传记	耆旧、高隐、孝友、忠烈、名士、交游、列传、家传、烈女、科第、名号、冥异、祥异
	地理	地理、都城宫苑、郡邑、图经、方物、川渎、名山洞府、塔寺朝聘、行役、蛮夷
	谱系	帝系、皇族、总谱、韵谱、郡谱、家谱
	食货	货宝、器用、豢养、种艺、茶、酒
	目录	总目、家藏总目、文章目、经史目

续表

大类	小类	类目
诸子第六	儒术	
	道家	老子、庄子、诸子、阴符经、黄庭经、参同契、目录、传、记论、书、经、科仪、符箓、吐纳、胎息、内视、道引、辟谷、内丹、外丹、金石药、服饵、房中、修养
	释家	传记、塔寺、论议、诠述、章抄、仪律、目录、音义、颂赞、语录
	法家	
	名家	
	墨家	
	纵横家	
	杂家	
	农家	
	小说	
	兵家	兵书、军律、营阵、兵阴阳、边策
天文第七	天文	天象、天文总占、竺国天文、五星占、杂星占、日月占、风云气候占、宝气
	历数	正历、历术、七曜历、杂星历、刻漏
	算术	算术、竺国算法
五行第八	易占	易轨革、筮占、龟卜、复射、占梦、杂占
	风角	鸟情、逆刺、遁甲、太一、九宫、六壬
	式经	阴阳、元辰、三命、行年、相法、相笏
	相印	相字、堪舆、易图、婚嫁、产乳、登坛
	宅经	葬书
艺术第九	艺术	射、骑、画录、画图、投壶、弈棋、博塞
	象经	樗蒲、弹棋、打马、双陆、打球、彩选、叶子格、杂戏格

续表

大类	小类	类目
医方类第十	脉经	明堂针灸、本草、本草音、本草图、本草用药、采药、炮灸、方书、单方、胡方
	寒食散	病源、五藏、伤寒、脚气、岭南方、杂病、疮肿、眼药、口齿、妇人、小儿、食经、香薰、粉泽
类书类第十一		
文类第十二	楚辞	历代别集、总集、诗总集、赋、赞颂、箴铭、碑、碣、制诰、表章、启事、四六、军书、案判、刀、笔、俳谐、奏议、论、策、书、文史、诗评

郑樵《通志略》分类有两个明确特点：一是增加了大类类目，将类书独立为一类，解决了类书难以归并问题；二是扩大了类目级数，创立了三级类目体系，一级称类，二级称家，三级称种，使分类更加细密化。对此，余嘉锡赞曰："而其每类之中，所分子目，剖析流别，至为纤悉，实秩然有条例。盖真能适用类例以存专门之学者也。如《易》一类，凡分古《易》、石经、章句、传、注、集注、义疏、论说、类例、谱、考正、数、图、音、谶纬、拟《易》十六门，此郑氏自创之新意。新、旧唐志虽间分子目，不若是之详也。盖樵所谓类例者，不独经部分六艺，子部分九流十家而已。则其自谓'类例既分，学术自明'者，亦非过誉。然此必于古今之书不问存亡，概行载入，使其先后本末具在，乃可以知学术之源流。

故又作编次必记亡书论，则樵之意可以见矣。”①

孙星衍之《孙氏祠堂书目》，将四部分类中之经部分为经学、小学2类；史部分为史学、地理、金石3类；子部分为诸子、天文、医律、类书、书画、小说6类。其分类如下：经学类，分为易、书、诗、礼、乐、春秋、孝经、论语、尔雅、孟子、经义等11小类；小学类分为字书、音学2小类；诸子类分为儒家、道家、法家、名家、墨家、纵横家、杂家、农家、兵家等9小类；天文类分为天步、算法、五行术数3小类；地理类分为总编、分编2小类；医律类分为医学和律学2类；史学类分为正史、编年、纪事、杂史、传记、故事、史论、史抄8小类；类书类分为事类、姓类、书目3小类；词赋类分为总集、别集、词、诗文评4小类。这样共分为经学、小学、诸子、天文、地理、医律、史学、金石、类书、词赋、书画、说部12大类、44小类。

表5　孙星衍《孙氏祠堂书目》分类表

类　次	类　目	
经学第一	11	易、书、诗、礼、乐、春秋、孝经、论语、尔雅、孟子、经义
小学第二	2	字书、音学
诸子第三	9	儒家、道家、法家、名家、墨家、纵横家、杂家、农家、兵家
天文第四	3	天步、算法、五行术数
地理第五	2	总编、分编
医律第六	2	医学、律学

① 余嘉锡：《目录学发微》，巴蜀书社1991年版，第10—11页。

续表

类　次		类　目
史学第七	8	正史、编年、纪事、杂史、传记、故事、史论、史抄
金石第八		
类书第九	3	事类、姓类、书目
词赋第十	4	总集、别集、词、诗文评
书画第十一		
说部第十二		

《孙氏祠堂书目》之最大特点，在于根据学科性质对典籍进行分类。姚名达赞曰："其划小学于经学之外，出天文于诸子之中，析地理与史学为二，不强戴四部于各类之上，而新设数类以容性质独立之书，此皆有得于明人诸录之遗意。虽误合医、律为一，大失专门别类之理，而不慑于《四库总目》之权威，胆敢立异，勇壮可嘉，不愧为别派之后劲矣。"① 孙氏十二分类法，从经学中分出小学，从诸子学中分出天文学，从史学中分出地理学，都反映了按照学术性质进行分类之努力，比较接近于近代图书分类法。这种情况说明，中国古代不乏分类思想，对典籍及学术分类亦特别重视，不仅类例分目观念特别强烈，而且随着学术的发展，到明清时代，按照学科性质进行分类的近代学术分科意识也已经产生。因此，中国传统学术不乏分类思想，所成问题者只是：以什么样的分类标准进行典籍分类和

① 姚名达：《中国目录学史》，商务印书馆 1938 年版，第 130 页。

学术分科？换言之，中国传统学术缺乏的只是没有如近代那样以学科为分类标准的分类传统。没有将“辨义类分”标准贯彻到底，往往以人、体裁等“类名”为分类标准，从而形成了中国典籍分类和学术分科之特征。

明清时代之目录学，逐渐成为“显学”，人们对典籍及学术分类已有自觉认识，许多学者将它视为治学之门径。明人祁承㸁曰：“部有类，类有目，若丝之引绪，若网之就纲，井然有条，杂而不紊。”① 清人王鸣盛曰：“凡读书最切要者，目录之学。目录明，方可读书；不明，终是乱读。”② 不仅典籍分类思想比较发达，学术分类非常普遍，而且出现了以专门研究典籍分类问题之“目录学”著作。明人胡应麟之《经籍会通》，被认为是中国第一部目录学史。胡氏以历代书目为纲，分源流、类例、遗轶、见闻4篇。其《类例篇》曰：“经、史、子、集，区分为四，九流百氏，咸类附焉。一定之体也，第时代盛衰，制作繁简，分门建例，往往各殊，唐宋以还，始定于一。今稍掇拾诸家，撮其六略，以著于篇。”③ 明人钱曾之《读书敏求记》，收录典籍634种，虽未标“四部”名称，但卷首类目依次为经、史、子、集。卷一为经：礼乐、字学、韵书、书、数、小学；卷二为史：时令、器用、食经、种艺、豢养、传记、谱牒、科第、地图、别志；卷三为子：杂家、农家、兵家、天文、五行、六壬、太乙、奇门、历法、卜筮、星命、相法、宅经、葬书、医

---

① 祁承㸁：《庚申整书略例四则》，李希泌等编《中国古代藏书与近代图书馆史料》，中华书局1982年版，第28页。

② 王鸣盛：《十七史商榷》卷七，商务印书馆1959年版。

③ 胡应麟：《经籍会通·类例篇》，《少室山房笔丛》刊印本。

家、针灸、本草方书、伤寒、摄生、艺术、类家；卷四为集：诗集、总集、诗文评、词等，共 4 卷 45 类目。可见，到明清之时，按照“类”和“门”来类分学术典籍，已经成为学者之共识。

明人祁承㸁之《澹生堂藏书目》，虽然没有标明经、史、子、集之部名，但实际也是以“四部”类分所藏典籍的。他将典籍分为四部 46 类，经部 11 类，史部 15 类，子部 13 类，集部 7 类，类下分 243 目。有人赞曰：“自来四部目录的分类，要算《澹生堂藏书目》最为详细的了。”该书目“不但分类详细，而且还采用了‘通’和‘互’的方法，使目录更好地反应藏书的内容。”[①] 祁氏类目设置之最大特色，是在经部增“理学类”，史部增“约史类”，子部增“丛书类”，集部增“余集类”。尤其是“丛书类”，分为国朝史、经史子杂、经汇、子汇、说集、杂集、汇辑 7 目，实开中国目录学史上最早创立“丛书类”之先河。

清代官修图书目录，《古今图书集成·经籍志》开其端，《四库全书总目》为其顶峰，《天禄琳琅书目》乃其余绪。清乾隆三十二年（1773 年），纪昀主持编定《四库全书总目》，系统分析了自《七略》以来历代各种分类法的优劣、利弊，继承并完善“四部”分类法，仍将典籍分为经、史、子、集四部，经部分为 10 类，史部分为 15 类，子部分为 14 类，集部分为 5 类；类下又根据典籍之性质、数量、年代等具体情况再加以类分，创建了 4 部、44 类、66 属的三级类例体系，建构了一套以经、史、子、集为骨架的完备的四部知识系统。

---

① 吕绍虞：《中国目录学史稿》，丹青图书有限公司 1986 年版，第 190 页。

表6　纪昀《四库全书总目提要》分类表

部　次	类　目	子　目
经　部	易　类	
	书　类	
	诗　类	
	礼　类	周礼、仪礼、礼记、三礼、通义、通礼、杂礼
	春秋类	
	孝经类	
	五经总义类	
	四书类	
	乐　类	
	小学类	训诂、字书、韵书
史　部	正史类	
	编年类	
	纪事本末类	
	别史类	
	杂史类	
	诏令奏议类	诏令、奏议
	传记类	圣贤、名人、总录、杂录、别录
	史抄类	
	载记类	
	时令类	
	地理类	宫殿疏、总志、都会郡县、河渠、边防、山川、古迹、杂记、游记、外记
	职官类	官制、官箴
	政书类	通制、典礼、邦记、军政、法令、考工
	目录类	经籍、金石
	史评类	

续表

部次	类目	子目
子部	儒家类	
	兵家类	
	法家类	
	农家类	
	医家类	
	天文算法类	推步、算书
	术数类	数学、占候、相宅、相墓、占卜、命书相书、阴阳五行、杂技术
	艺术类	书画、琴谱、篆刻、杂技
	谱录类	器物、食谱、草木虫鱼、杂物
	杂家类	杂学、杂考、杂说、杂品、杂纂、杂编
	类书类	
	小说家类	杂事、异闻、琐语
	释家类	
	道家类	
集部	楚辞类	
	别集类	
	总集类	
	诗文评类	
	词曲类	词集、词选、词话、词谱词韵、南北曲

经部，包括易类、书类、诗类、礼类（周礼、仪礼、礼记、三礼、通义、通礼、杂礼）、春秋类、孝经类、“五经”总义类、“四书”类、乐类、小学类（训诂、字书、韵书）10类。纪昀《经部总叙》曰：“盖经者非他，即天下之公理而已。今参稽众说，务取持平，各明去取之故，分为十类，曰易，曰书，曰礼，曰春秋，曰

孝经，曰五经总义，曰四书，曰小学。”①

经部所分10类，基本上是以“四书”“十三经”作为基本类分内容，最后附以作为经学工具的“小学”。经部分类标准并不统一。易类、书类、诗类、礼类、春秋类、孝经类、“四书”类、乐类，均以“经书”为分类标准；而“小学”则非以“经”分类，而是以学科作为分类标准的。“十三经”是类别不同之十三部古代典籍，围绕每一种典籍都出现了众多之研究成果。因此，这套以“经书”为研究对象之学问，统名为经学，分而论之，则一经籍乃为一门专门学科：《易》有易学，书有书学，礼有礼学，“四书”即有“四书”学；这些门类之研究成果，分别归并入易类、书类、礼类等各类之中。这样以典籍为研究对象的学科，与近代意义上之学科是不同的。如果以近代意义的学科反照经学诸门类而作简单分类，则《易》《论语》《孟子》《孝经》等经书属于哲学类典籍；《尚书》《左传》《公羊传》《谷梁传》《周礼》《仪礼》《礼记》属历史类；《诗经》属于文学类书籍；《尔雅》属语言文字类。故经部除了小学类外，其余均以一部古代典籍作为特定研究对象，虽可构成特定之“学科”，但并非近代意义上之学科。小学类，分为训诂、字书、韵书三小类，可视为中国古代之文字学、音韵学和考据学等，固然是经部中最接近西方近代意义上之学术门类，但其他类目则与近代意义上之学科还有相当距离。尽管经部所分10类典籍，说明当时已有周易学、尚书学、春秋学、礼学（三礼）、论语学等经学内部的学

---

① 纪昀：《经部总叙》，《四库全面总目提要》卷一，商务印书馆1933年刊印本。

术门类，但也并非近代意义上之学科。

如果将经部各门类与1903年张之洞大学分科中所设计之“经学科”略做比较的话，便会发现，经部相当于后来近代学术分科中之“经学科”。经部10类分目，与张之洞在“经学科”中设立之11门科目很相似。张之洞之“经学科”11门类为：周易学门、尚书学门、毛诗学、春秋左传学门、春秋三传学门、周礼学门、仪礼学门、礼记学门、论语学门、孟子学门、理学门。① 很显然，张氏“经学科”，乃由《四库全书总目》之经部分目演化而来的，是用近代西方分科观念反观四部分类体系后所做之比附。

史部包括正史类、编年类、纪事本末类、别史类、杂史类、诏令奏议类（诏令、奏议）、传记类（圣贤、名人、总录、杂录、别录）、史钞类、载记类、时令类、地理类（总志、都会、郡县、河渠、边防、山川、古迹、杂记、游记、外记）、职官类（官制、官箴）、政书类（适制、兴礼、邦记、军政、法令、营建）、目录类（经籍、金石）、史评类等。史部分类概括了明清时期关于历史、地理诸学之知识，是对明清时期这方面知识之归类，其内在合理性是显而易见的。同时，史部内部之逻辑关系也是很密切的。以“地理类”之分类为例，杜定友评述曰：“四库编类，首宫殿，疏尊宸居也；次总志，大一统也；次都会郡县，辨方域也；次河防、次边防，崇实用也；次山川古迹、次杂记、次游记，备考核也；次外纪，广

① 张之洞等：《奏定学堂章程·大学堂章程（附通儒院章程）》，湖北学务处1903年刊印本。

见闻也。分类极为精当，史部各类以此为冠。”① 这种评价是极为恰当的。

但史部主要是根据典籍体裁来作为分类标准的，同样是一朝代之历史典籍，却由于体裁之不同将其分散。如关于宋代历史，《宋史》入正史类，《续资治通鉴长编》入编年类，《宋史纪事本末》入纪事本末类，《钱塘遗事》入杂史类。杜定友尖锐地指出：“史部之弊，在一以体裁为制，无复辨章学术之意。《四库》史部分类十五，以正史为纲，以编年、纪事本末、别史、杂史、诏令、奏议、传记、史钞、载记为纪传之参考，以时令、地理、职官、政书、目录为诸志之参考，以史评为论赞之参考，似亦言之成理、持之有故。然时令、地理、职官、政书而外，均以体分，于义无有。”② 这就是说，史部分类标准是“辨体”而非“辨义”。史部以不同体裁作为分类标准，把同一时代、同一种类典籍分散于不同之类别，给检录带来不便。

子部包括儒家类、兵家类、法家类、农家类、医家类、天文算法类（推前、算书）、术数类（数学、占候、相宅、相墓、占卜、命书、相书、阴阳、五行）、艺术类（书画、琴谱、篆刻、杂伎）、谱录类（器用、食谱、草木虫鱼、杂物）、杂家类（杂学、杂考、杂说、杂品、杂纂、杂编）、类书类、小说家类（杂事、异闻、琐语）、释家类、道家类。“子部”所分 14 类，包含之知识门类极为庞杂。既有《七略》《汉志》及《隋志》上所列的儒家、兵家、法

① 杜定友：《校雠新义》上册，中华书局 1930 年版，第 40 页。
② 杜定友：《校雠新义》上册，中华书局 1930 年版，第 41 页。

家、农家、小说家、医家、释家、道家等诸子百家之学，又包括了天文算法、术数、艺术类、谱录类、杂家类、类书等方面的知识，真可谓三教九流、百家杂学均包括在内。先秦名学、墨学、纵横家流传之典籍很少，难以立类，故并入杂家，使“杂家类”变成了无所不包的“大杂烩”，其中分为杂学、杂考、杂说、杂品、杂纂、杂编等六小类；术数类发达并分为数学、占候、相宅相墓、占卜、命书相书、阴阳五行、杂技术等若干小类；小说家分为杂事、异闻、琐语等小类；艺术类分为书画、琴谱、篆刻、杂伎等小类；谱录类分为器用、食谱、草木虫鱼、杂物等小类。对于子部知识体系之逻辑关系，纪昀阐述曰：“自六经以外，立说者皆子书也。……儒家之外，有兵家，有法家，有农家，有医家，有天文算法，有术数，有艺术，有谱录，有杂家，有类书，有小说家。其别教则有释家，有道家，叙而次之，凡十四类。儒家尚矣。有文事者有武备，故次之以兵家。兵，刑类也，唐虞无皋陶，则寇贼奸宄无所禁，必不能风动时雍，故次之以法家。民，国之本也；谷，民之天也，故次之以农家。本草经方，技术之事也，而生死系焉，神农黄帝以圣人为天子，尚亲治之，故次以医家。重民事者先授时，授时本测候，测候本积数，故次以天文算法。”在纪昀看来，这六家“皆治世者所有事也”，在子部知识体系中最为重要。他接着解释云：“百家方技，或有益或无益，而其说久行，理难竟废，故次以术数；游艺亦学问之余事，一技入神，器或寓道，故次以艺术。”在他看来，这两类知识，“皆小道之可观者也”。至于谱录、杂家、类书、小说家四者，“皆旁资参考者也”[①]。道家与释家为“外学”，故纪昀将其置于子部最后。

子部包涵着除经史之学、词章之学外众多的“杂学”知识及其门类。其中各部属的分类，尽管存在着杂芜之弊端，但也不乏合理之处，如对“天文算法类”之知识分类，便比较合理。杜定友曰：“四库分类，以天文算术为最精确。新旧兼赅，以明源流；中西两法，权衡归一，明乎学术之无国界也。故类书者，当以学术为主，不以新旧中西为别也。”[②] 此外，集部包括楚辞类、别集类、总集类、诗文评类、词曲类（词集、词选、词话、南北曲），乃系继承前人分类方法而来。

《四库全书总目》之四部分类体系，代表了中国古代典籍分类和学术分类之最高水平，其优点及长处是不容抹杀的。对此，余嘉锡曰：“《四库提要》之总叙小序，考证论辨，可谓精矣。近儒论学术源流者，多折衷于此，初学莫不奉为津逮焉。其佳处读其书可以知之，无烦赞颂。篇章甚繁，亦无从摘录。大抵经部最精，实能言学术升降之所以然，于汉、宋门户分析亦详。”[③]

典籍分类是供研究学术而作，故应该以学科分类为准。但因有些典籍难以归并于某种学科，故不得不稍加变通，而参以体裁为分类标准。换言之，典籍分类既考虑到学科内容，又考虑体裁形式。而四部分类法，主要是以“体裁为主、学科为副”，故不可避免地

---

① 纪昀：《子部总叙》，《四库全书总目提要》卷九一，商务印书馆 1933 年刊印本。

② 杜定友：《校雠新义》上册，中华书局 1930 年版，第 48 页。

③ 余嘉锡：《目录学发微》，巴蜀书社 1991 年版，第 68 页。

存在着一些弊端：典籍分类不以学术为重，并不能准确反映出当时学术之门类；类目较少，不能全面反映当时学术门类；分类标准不一致，在强调“尊经崇道”思想指导下，经学立于众学之上。对此，杜定友指出：“四部之弊有五：一曰不详尽。以九十四类，类四库全书可也，以九十四类，类今日之群籍，可乎？……二曰不该括。近人为学，新旧兼治，图书内容，中外并陈，文字有中外之分，学术无国别之限，有旧而无新，可乎？……三曰不合理。释道分割而名墨不列家，四书入经而孔门弟子夷于门外，史部不以时次而以体别，子部庞杂不成一家之言，集部诗文不分而出词曲，其鲁莽灭裂，是非颠倒，不一而足……四曰无远虑。四部之法以成书为根据，未为将来着想，新出之书，无可安插，后起之学，无所依归……五曰无标记。分类之法，最重标记，前已具论，而四部之分，各类分配多寡异殊，组织系统尚欠完密。”① 除了第四点批评值得商榷外，杜氏之批评是正确的。

刘国钧亦批评曰：“四库类目之大弊在于原理不明，分类根据不确定。既存道统之观念，复采义体之分别。循至凌乱杂沓，牵强附会。说理之书与词章并列，记载之书与立说同部。谓其将以辨章学术则源流派别不分，谓其以体制类书，则体例相同者又多异部。谓其将以推崇圣道排斥异端，则释道之书犹在文集之前，岂谓文章之于圣教尚不如异端乎？”② 还有人对《七略》《隋志》以后之典籍分类体系研究后评曰：“综而言之，四库的分类，实较《隋志》以

① 杜定友：《校雠新义》上册，中华书局1930年版，第24页。

② 刘国钧：《四库分类法之研究》，《图书馆学季刊》，1926年第1卷第3期。

降的各家书目详审有序，只可惜囿于四部传统的成见，但求部类整齐，于学术的源流，不复计及。”①

四部分类尽管不能准确、完整地反映当时学术分科和学术门类的情况，但却比较全面地反映了当时中国学者学术研究之成果，反映了明清时期知识系统之构成状况。在以经、史、子、集为基本框架建构的“四部之学”知识系统中，经部占据了最重要地位。纪昀认为：“夫学者研理于经，可以正天下之是非；征事于史，可以明古今之成败，余皆杂学也。然儒家本六艺之支流，虽其间依草附木，不能免门户之私，而数大儒明道立言，炳然俱在，要可与经史旁参。其余虽真伪相杂，醇疵互见，然凡能自名一家者，必有一节足以自立，即其不合于圣人者，存之亦可为鉴戒。”② 这里，纪昀将经、史、子三部学术及知识的地位和功能做了明白的阐述。

在四部分类系统中，经是最重要的。故贯穿四部知识分类法的一条主线，便是浓厚的“尊经崇道”思想。为了尊经崇道，不仅将经部列于“四部”之首，而且在子部中，将儒家列为诸子之首，“可与经史旁参”，而其余诸家“存之亦可为鉴戒”，成为经部及儒家知识体系的附庸，而道家、释家历来被视为异端“外学”，因此列于子部之末，其地位甚至比术数、艺术、谱录还低。在集部中，诗文是正宗，而词曲因“厥品颇卑、作者弗贵”，附之篇终。不仅如此，在史部知识分类中，纪昀认为“正史体尊，义与经配，非悬诸令典，莫敢私增，所由与稗官野记异也”，将“正史”列为至尊

① 昌彼得、潘美月：《中国目录学》，文史哲出版社 1986 年版，第 210 页。

② 纪昀：《子部总叙》，《四库全书总目提要》卷九一，商务印书馆 1933 年刊印本。

地位。史部在“四部之学”中，处于仅次于经部的重要地位，既是因为史部最早是从《七略》“六艺略”的春秋类中分离出来的原因，也是由于史学“义与经配”的特性。对此，纪昀解释云：“史之为道，撰述欲其简，考证则欲其详；莫简于《春秋》，莫详于《左传》。鲁史所录，具载一事之始末。圣人观其始末，得其是非，而后能定以一字之褒贬，此读史之资考证也。”① 因此，史学与经学相通，是足资经学考证之学问，理应列于经部之次。

对于经、史、子、集之关系，乾隆有一段精彩阐述：“以水喻之，则经者文之源也，史者文之流也，子者文之支也，集者文之派也。流也、支也、派也，皆自源而分。集也、子也、史也，皆自经而出。故吾于贮四库之书，首重者经，而以水喻文，原溯其源。”② 以经为源、以史子、集为流，将其主从关系做了形象概括。

时代愈晚，典籍愈繁，学术分化愈严重，学科分类亦愈细密，这是学术演进过程中带有规律性的现象。从“六略之学”到“四部之学”的演进，也是学科分类越来越细密、分工越来越精细之反映。与先秦、秦汉及隋唐学术相比，明清时期“四部之学”不仅结构更完善、层次更细密、包容的知识类别更宽阔，而且开始向知识之学科化和专门化发展。

阮元在杭州建诂经精舍时，与孙星衍等人“命题课业，问以经史疑义，旁及小学、天部、地里、算法、词章，各听搜讨书传，条

① 纪昀：《史部总叙》，《四库全书总目提要》卷四五，商务印书馆 1933 年刊印本。

② 弘历：《文源阁记》，李希泌等编《中国古代藏书与近代图书馆史料》，中华书局 1982 版，第 17 页。

对以观其器识，诸生执经问字者盈门”①。说明此时之学问，以经史之学为主，旁及小学、天文、地理、算法、词章等科目，近代意义上的学术分科观念已经萌动。对此，近代学者谢国桢曰：“阮文达倡立诂经、学海，乃专示士子以考证训诂之学，兼习天算推步之术，士子各以性之所近，志其所学，学有专门，已含有分科之意，训诲之方，已较昔人为善。”②

对于清代前期学术分科情况，梁启超认为，以惠栋、戴震等为代表的“汉学”家治学的根本方法，在“实事求是”“无征不信”，其研究范围，“以经学为中心，而衍及小学、音韵、史学、天算、水地、典章制度、金石、校勘、辑佚等；而引证取材，多极于两汉，故亦有‘汉学’之目”③。他反复强调：“当时学者，以此种学风相矜尚，自命曰‘朴学’。其学问之中坚，则经学也。经学之附庸则小学，以次及于史学、天算学、地理学、音韵学、律吕学、金石学、校勘学、目录学等，一切以此种研究精神治之。”④ 这种情况说明，到清代中期，经学内部之分科已有相当发展。

张舜徽评戴震之学曰：“他一生从事于学术研究工作，是多方面的。大体可分为哲学、考证学和天文、数学、语言、地理、机械、

---

① 阮元：《山东粮道渊如孙君传》，《研经室集》上册，中华书局1993年版，第436—437页。

② 谢国桢：《近代书院学校制度变迁考》，《近代中国史料丛刊续编》第66辑，文海出版社有限公司刊印本，第4页。

③ 梁启超：《清代学术概论》，《梁启超论清学史二种》，复旦大学出版社1985年版，第5页。

④ 梁启超：《清代学术概论》，《梁启超论清学史二种》，复旦大学出版社1985年版，第39页。

古代名物等各种专门之学。他一生著述达数十种。对他说来，各种专门学问是工具，经书考证是对象，而阐明义理是目的。”① 尽管张氏是按照西方近代学术分科观念对戴学所作之分类，但这也从一个侧面说明清学确实已经出现了分门别类的“专门之学”，并且这种经学内部之分科已相当细密，只是尚未演化为近代学科意义上的“专门之学”而已。

戴震将学问分为三种：“有义理之学，有文章之学，有考覆之学。义理者，文章考覆之源也。执乎义理，而后能考覆，能文章。”可见，戴氏不仅没有轻视义理之学，反而在这方面作出了重要贡献，《孟子字义疏证》即为义理之学的名著。其云：“仆自十七岁时有志闻道，谓非求之《六经》孔孟不得，非从事于字义、制度、名物，无由以通其语言……为之三十余年，灼然知古今治乱之源在是。”② 表明其主要兴趣及贡献，集中于“义理之学”。

如果将《四库全书总目提要》收录之典籍略作分类，便会看到，清代中期学者研究之重点，在经学和考据学方面。据笔者初步统计，在经部所录的 694 部著作中，前清学者所撰的著作就占 214 部。其中易类所录 158 种，前清学者所撰占 46 部；书类所录 56 部，前清学术学者所撰占 14 部；诗类所录 62 部，前清占 22 部；礼类 79 部，前清占 37 部；春秋类 114 部，前清学术学者所撰占 29 部；孝类 11 部，前清学术学者所撰占 3 部；五经总义类 31 种，前清学术

① 张舜徽：《清儒学记》，齐鲁书社 1991 年版，第 158 页。

② 戴震：《与段若膺论理书》，《戴震全集》（一），清华大学出版社 1991 年版，第 213 页。

学者所撰占 11 部；四书类 63 部，前清学术学者所撰占 15 部；乐类 21 部，前清学术学者所撰占 14 部；小学类 82 种，前清学术学者所撰占 23 部。从这个统计可以看出，清代前期学者在经学、小学方面的确取得了很大的成绩，经学（包括小学）的各门类，成为清代前期中国学者研究的重点。对此，吕绍虞明确指出："考据的对象以经为主，由于要通经，又不得不精通文字音韵、名物训诂，甚至地理、金石、天算、乐历、校勘、辑佚，再用这些来解经治史，于是各种学问都走向了考据的道路。"①

清代学术注重分门别类，当时公认的学术门类有哪些？这可以从张之洞《輶轩语》谈"读书宜有门经"时所说之这段话中窥出："泛滥无归，终身无得。得门而入，事半功倍。"如何获得治学门径？其云："或经，或史，或词章，或经济，或天算地舆。经治何经，史治何史，经济是何条，因类以求，各有专注。至于经注，孰为师授之古学，孰为无本之俗学；史传孰为有法，孰为失体，孰为详密，孰为疏舛；词章孰为正宗，孰为旁门；尤宜抉择分析，方不至误用聪明。此事宜有师承。然师岂易得？书即师也。今为诸君指一良师，将《四库全书总目提要》读一过，即略知学术门径矣。"②从这段文字可知，中国传统学术的治学门径有五种：经学、史学、词章之学、经济之学、天算地舆之学。

章太炎在论及清代学术时说："若论进步，现在的书学、数学，

① 吕绍虞：《中国目录学史稿》，丹青图书有限公司 1986 年版，第 226 页。

② 张之洞：《輶轩语·语学》，《张文襄公全集》卷二〇四，中国书店 1990 年影印本。

比前代都进步。礼学虽比不上六朝，比唐、宋、明都进步。历史学里头，钩深致远，参伍比较，也比前代进步。经学还是历史学的一种，近代比前代进步。”① 说明到清代时，如果按照近代学科观念来分类的话，史学、经学、书学、数学、礼学已经成为独立之学术门类。

大量的文献资料显示，当西方近代分科性学术涌入之前，中国传统学术已有自己独立的研究重心和研究范围，已经形成一套完整的知识系统。这套知识系统，大致包括在四部范围之内，其中分为若干种学科及学术门类，因此可统称为“四部之学”。如果拿近代意义之分科观念来看，“考据之学”内部已经出现经学、小学、音韵学、史学、天文学、算学、舆地学、掌故学、金石学、校勘学等专门性学术门类。

五、独具特色的专门之学

近人傅斯年云：“中国学问向以造成人品为目的，不分科的；清代经学及史学正在有个专门的趋势时，桐城派遂用其村学究之脑袋叫道，‘义理词章考据缺一不可’！学术既不专门，自不能发达。”② 这段话有两层含义：一是先秦以来之中国学术是不分科的；二是到了清代，在经学和史学两大研究领域，已经出现了专门化倾向。中国学术没有如西方那样的学术分科，是否意味着中国没有专

① 章太炎：《论教育的根本要从自国自心发出来》，《章太炎政论选集》上册，中华书局1977年版，第505页。

② 傅斯年：《改革高等教育中几个问题》，《傅斯年全集》第6册，台北联经出版公司1980年版，第22页。

门之学？这是考察中国传统学术分科问题时无法回避的问题。

近代目录学家姚名达说："我国古代目录学之最大特色为重分类而轻编目，有题解而无引得。分类之纲目始终不能超出《七略》与《七录》之规矩，纵有改易，未能远胜。除史部性质较近专门外，经子与集颇近丛书。大纲已误，细目自难准确。故类名多非学术之名而为体裁之名，其不能统摄一种专科之学术也必矣。编目之法，仍依类别为序；同类之中，多以时代为次。……其通考古今也，惟经学小学有之，余则未闻。"① 这段文字，是姚氏研究中国目录学史得出的概括性结论。中国目录学"重分类而轻编目，有题解而无引得"之特点，意味着中国学术同样具有注重分类之特色。因此，中国传统学术分类与分科观念是非常强烈的，关于这一点，除了从上述《七略》《汉志》《隋志》《通志》《四库全书总目》的分类体系中得到证明外，还可以从明人焦竑之《国史经籍志》分类目录中得到体现。

焦竑在《国史经籍志》各类叙中，将当时典籍分为制书、经、史、子、集5类。制书类分为御制、中宫御制、敕修、记注时政4小类；集类分为制诰、表奏、赋诵、别集、总集4类。经类分为11小类：易、书、诗、春秋、礼、乐、孝经、论语、孟子、总经解、小学。这11小类中，又分若干门类。这些门类，有些是按照体裁划分的，有些是依研究对象或研究内容及方法不同划分的。易类分为古易、石经、章句、传注、集注、疏义、论说、类例、谱、考正、

① 姚名达：《中国目录学史》，商务印书馆1938年版，第427页。

数、图音、谶纬13种；书类分为石经、章句、传注、集解、疏义、问难、图谱、名数、音、纬候10种；诗类分为石经、故训、传注、义疏、问辨、统说、名物、图谱、音、纬10种。春秋类分为石经、左氏、公羊、谷梁、通解、诘难、论说、条例、图谱、音、纬、外传12种；礼类分为周礼、仪礼、丧服、三戴礼、通礼5种；乐类分为乐书、歌辞、曲簿、声调、钟磬、管弦、舞、鼓吹、琴9种；孝经类分为古文、传注、义疏、考正、外传、音、纬7种；论语类分为古文、正经、传注、疏义、辨证、名氏图谱、音绎、续语、专纪、庙典10种；小学类分为尔雅、书、数等。

史类分为正史、编年、霸史、杂史、起居注、故事、职官、时令、食货、仪注、法令、传记、地里、谱牒、簿录15小类。正史分为史记、汉、后汉、三国、晋、宋、齐、梁、陈、后魏、北齐、后周、隋、唐、五代、宋、辽、金、元、通史20种；编年分为古魏史、两汉、三国、晋、宋、齐、梁、陈、后魏、北齐、隋、唐、五代、宋、运历、纪录16种；杂史分为古杂史、两汉、魏、晋、南北朝、隋、唐、五代、宋、金元10种；起居注分为起居注、实录、时政记3种；食货类分为货宝、器用、酒茗、食经、种艺、豢养6种；仪注分为礼仪、吉礼、凶礼、宾礼、军礼、嘉礼、封禅、汾阴、诸祀仪、陵庙制、东宫仪、后仪、王国州县仪、会朝仪、耕籍仪、车服、益（言旁）、国玺、家礼祭仪、射仪、书仪21种；法令分为律、令、格、式、敕、总类、古制、专条、贡举、断狱、法守11种；地理有地理、都城宫苑、郡邑、图经、方物、川渎、名山洞府、朝聘、行役、蛮夷10种。

子类分为儒家、道家、释家、墨家、名家、法家、纵横家、杂家、农家、小说家、兵家、天文家、五行家、医家、艺术家、类家共16小类。道家分为老子、庄子、诸子、阴符经、黄庭经、参同契、诸经、传、记、论、杂著、吐纳、胎息、内视、导引、辟榖、内丹、外丹、金石、药、服饵、房中、修养、科仪、符录25种；释家分为经、律、论、义疏、语录、偈、杂书、传记、塔寺9种；法家、名家、纵横家杂家等秦汉后衰落，书籍少因此分类不细。天文家分为天文、历数2小类，而天文小类分为天象、天文总占、天竺国天文、星占、日月占、风云气候物象占、宝气7种；历数分为正历、历术、七曜历、杂星历、刻漏5种。五行家分为易占、轨革、筮占、龟卜、射覆、占梦、杂占、风角、鸟情、逆刺、遁甲、太一、九宫、六壬、式经、阴阳、元辰、三命、相法、相笏、相印、相字、堪馀、易图、婚嫁、产乳、登坛、宅经、葬书29种；医家分为经论、明堂针灸、本草、种采炮灸、方书、单方、夷方、寒食散、伤寒、脚气、杂病、疮肿、眼疾、口齿、妇人、小儿、岭南方17种。艺术家分为艺术、射、骑、啸、书录、投壶、弈棋、博塞、象经、弹棋等18种。①

从这个典籍分类中可以看出，焦氏对经、史、子三类之分门别类是极为精细的。这种情况，不仅表明在这些领域里研究成果极为丰富，而且说明在这些门类中各种专门性学问极为发达，中国并不缺乏专门之典籍分类和学术分科。但认真分析该典籍分类表也会发

① 焦竑：《国史经籍志·各类叙》，袁咏秋等主编《中国历代图书著录文选》，第245—262页。

现，焦氏之分类标准，或依体裁，或依内容，或两者混合编排，标准不统一。这种情况表明，尽管中国传统学者分类观念较为自觉、很强烈，但由于分类标准之混杂与不统一，并没有发展为近代意义上之学术分科。

既然中国学术如此重视学术分类，学术分科观念也比较发达，那么，中国传统学术体系中究竟有没有“专门之学”呢？笔者认为，中国学术虽不如近代西方学术分科精细，但在四部知识系统中，其学术分类还是比较细密的；中国尽管没有近代西方意义的“专门之学”，但在中国知识系统中，仍然存在着中国特色的“专门之学”。从秦汉时代到明清时期，中国典籍中不乏“专家之学”“专门之学”的名称，但其内涵及涵盖内容与近代西方所谓“专门之学”差异较大。

所谓“专门之学”是指具有特定研究对象和一定研究方法之专门性学问。近代意义上的专门之学，多指各专门学科知识而言。近代目录学家杜定友曰：“夫学之为学，以有专门也。专门之学，必有研究之对象。其对象一而已耳。如心理学之论心理，动物学之论动物，无论其研究之方面如何，必不能离其主旨而别自为论。”① 这就是说，“专门之学”的首要标志，是必须具有特定之研究对象。又云：“专门之学，必有系统研究之法，必有分类。故心理学则有人类与动物之别；人类心理则有儿童、青年之分；儿童心理复有意识、情绪、意志、本能诸目。目录学亦犹是也。”②

---

① 杜定友：《校雠新义》下册，中华书局1930年版，第15页。
② 杜定友：《校雠新义》下册，中华书局1930年版，第16页。

这就是说，近代意义上的“专门之学”不仅具有特定之研究对象，还需要具有系统之研究方法，并且“专门之学，必有原理可据、规则可循”。研究对象、研究方法与包含之原理这三个条件所合成的专门性学问，便是近代意义上之学科，亦即近代意义上的“专门之学”。如果以此与中国传统的“专门之学”相比较，则其中的差异便容易看出。

中国先秦学者注重专门治学。孟子曰：“今夫弈之为数，小数也。不专心致志，则不得也。弈秋，通国之善弈者也，时弈秋诲二人弈，其一人专心致志，唯弈秋之为听。一人虽听之，一心以为有鸿鹄将至，思援弓缴而射之，虽与之俱学，弗若之矣。为是其智弗若与？曰，非然也。”这是强调做事均需专心致志。荀子亦曰：“多知而无亲，博学而无方，好多而无定者，君子不与。少不讽，壮不论议；虽可，未成也。君子壹教，弟子壹学，亟成。”[①] 强调“专一”之治学态度，与近代西方专业分工之做法较为相似。

张之洞对“专门”解释曰：“立志为何等学问，此类书即是专门。”[②] 又曰：“四部九流，各种学问，专家成书，已如烟海，即以国朝而论，已难殚述。今人偶有所得，早为前人道及，甚至久为前人唾弃而校正之矣，尚津津然笔之于书乎？经学尤不可轻言著述，徒为通人所诃而已。必能精通专门之学，读尽专门之书，真有所见出乎其外，方可下笔。”[③] 此处所谓“专门之学”，显然是指包含在

---

① 荀况：《荀子·大略篇》，《诸子集成》刊印本，上海书店1986年版。

② 张之洞：《輶轩语》，《张文襄公全集》卷二〇四，中国书店1990年影印本。

③ 张之洞：《輶轩语》，《张文襄公全集》卷二〇四，中国书店1990年影印本。

各种“专门之书”中的各种学问。

如果用近代意义上、以学科为分类标准的“专门之学”来衡量中国传统学术则会发现，虽然中国缺乏近代学科意义上的专门之学，但并非没有专门性学问。杜定友论曰：“然古人学问，各守专门，其著述具有源流，易于配隶，六朝以后作者渐出新裁，体例多由创造。”① 这就是说，尽管中国传统意义上的专门之学与近代意义上的专门之学内涵略有差异，中国传统学术仍是注重专门性学问的。中国专门之学与近代专门之学的最大差异，不在于有无特定之研究对象和研究方法，或是否有内在原理（规则）可循，而在于具体之研究对象是什么。中国的专门之学，研究对象不是人类面对之自然界，而是“先王”留下之古代典籍。以六经（六艺）为研究对象之汉代经学及其附属之小学，便是中国最具特色的专门之学。

章学诚认为，要成“专门之学”，必须做到“官守其书，师传其学，弟子习其业”。汉儒成专门之家，即是由于符合这些条件之结果，也决定了中国“专门之学”的特点：注重家学、师法及家法。

六艺为“先王”正典，秦焚书坑儒，六经散遗。汉初“惠帝除挟书之律，儒者始以其业行于民间”，这样，以儒家“六经”为研究对象，逐渐形成了所谓经学。因为“去圣既远，经籍散佚，简札错乱，传说纰缪”，因此出现了“《书》分为二，《诗》分为三，《论语》有齐、鲁之殊，《春秋》有数家之传。其余互有踳驳，不可

① 杜定友：《校雠新义》上册，中华书局1930年版，第49页。

胜言"[①] 的局面，形成了专治一经、各专一门、分门并进之现象，在经学内部形成了专门研究六种典籍的所谓"专门之学"。汉代经学及其门类分化之细致，说明经学即是中国特色的"专门之学"。章学诚曰："汉魏六朝著述，略有专门之意，至唐宋诗文之集，则浩如烟海矣。"[②]

汉儒治经学之精神，在某种程度上讲是"专门之学"，与近代分科性质的"专门之学"颇为相似。汉代学术汉儒治经，注重专经研习，学者多须专攻一门经籍。因此，一经分为多门，一门即有多家，治经注重家法便成为普遍现象。以《诗》学为例，不仅以地域传授，分为鲁、齐、韩三家，而且还以经师不同分为《毛诗》等数家。因此，六经成为六种专门研习之学问，《六艺略》将其分为易、书、诗、礼、乐、春秋、论语、孝经、小学等 9 小类，是有道理的。不仅如此，每一小类之中，又分为若干家，反映了汉代经学分门别派、注重家学的特色。对此，班固在《汉志》中对每一门类所分的家法均做了阐述，如《易》类，汉代即有田何、施、孟、梁丘、京、费、高诸家；《书》类有伏生所传《今文尚书》与孔安国所献的《古文尚书》，还有欧阳、大小夏侯三家传之《尚书》；《诗》则有申公、辕固、韩生、毛公四家；《春秋》则分左氏、公羊、穀梁等家。

颜之推作《颜氏家训》曰："汉时贤俊，皆以一经弘圣人之道，上明天时，下该人事，用此致卿相者多矣。末俗已来不复尔，空守

① 魏徵等：《隋书·经籍志》，中华书局 1973 年版。

② 章学诚：《校雠通义·宗刘》，中华书局《四部备要》校刊本。

章句，但诵师言，施之世务，殆无一可。故士大夫子弟，皆以博涉为贵，不肯专儒。”① 这是讲西汉与东汉经学的差别。西汉儒者随师专攻一经，各守一家之师说，专经是较为普遍的研究方式。王充曰：“或以说一经为是，何须博览?”② 班固云：“往者缀学之士不思废绝之缺，苟因陋就寡，分文析字，烦言碎辞，学者罢老且不能究其一艺。信口说而背传记，是末师而非往古。至于国家将有大事，若立辟雍、封禅、巡行之仪，则幽冥而莫知其原。”③

章学诚认为，汉代经学注重师授渊源，讲究“宗支谱系”，讲究师法与家法，乃典型之家学：“商瞿受《易》于夫子，其后五传而至田何。施、孟、梁邱，皆田何之弟子也。然自田何而上，未尝有书，则三家之《易》，著于《艺文》，皆悉本于田何以上口耳之学也。是知古人不著书，其言未尝不传也。治韩《诗》者，不杂齐、鲁，传伏《书》者，不知孔学；诸家章句训诂，有专书矣。门人弟子，援引称述，杂见传记章表者，不尽出于所传之书也。而宗旨卒亦不背乎师说，则诸儒著述成书之外，别有微言绪论口授其徒。而学者神明其意，推衍变化，著于文辞，不复辨为师之所诏，与夫徒之所衍也。而人之观之者，亦以其人而定为其家之学，不复辨其孰为师说，孰为徒说也。”④ 近人郭嵩焘云：“诸儒通一经者，又各以专门教授乡里。天下之士，争以经明行修相奖为名。朝廷设六艺之科以整齐天下。非经博士讲授，有异师法，悉屏不录。是以学是于

---

① 颜之推：《颜氏家训·勉学》，《百子全书》，扫叶山房民国八年石印本。

② 王充：《论衡·别通篇》，《诸子集成》刊印本，上海书店 1986 年版。

③ 班固：《汉书·刘歆传》，中华书局 1962 年版。

④ 章学诚：《文史通义·言公上》，中华书局聚珍仿宋版印本。

一。……有宋诸儒出，不专治经，然其所谓师法，相与尊守之，转相传授。人才尤盛焉。"① 陈黻宸亦云："赵宋以前，多经学专家，自伏、董、刘、服、杜、贾、马、郑诸大儒而下，家法相传，一经没世。"②

汉代注重专门之学，在刘歆《七略》分类表中有所体现。金锡龄曰："《七略》所以分者，重专门之学也。"《艺文志》云："步兵校尉任宏校兵书，太史令尹咸校术数，侍医李柱国校方技。""盖兵书、方技、术数，非专门名家不能通其法，故校书之人可与诸子同列，此部次所以独精。"③ 朱熹亦云："治经必专家法者，天下之理，固不外于人之一心。然圣贤之言，则有渊奥尔雅而不可以臆断者；其制度名物行事本末，又非今日之见闻所能及也。故治经者，必因先儒已成之说而推之。借曰未必尽是，亦当究其所以得失之故，而后可以反求诸心而正其谬。此汉之诸儒所以专门名家，各守师说，而不敢轻有变焉者也。但其守之太拘，而不能精思明辨以求真是，则为病耳。"④

汉代学者治学，恪守师法、家法。对此，清人皮锡瑞《经学历史》论曰："前汉重师法，后汉重家法。先有师法，而后能成一家之言。师法者，溯其源；家法者，衍其流也。师法家法所以分者，

① 郭嵩焘：《重建湘水校经堂记》，《郭嵩焘诗文集》，岳麓书社1984年版，第526页。

② 陈黻宸：《南武书院讲学录》第1期，《陈黻宸集》上册，中华书局1995年版，第638页。

③ 金锡龄：《七略与四部分合论》，袁咏秋等编《中国历代图书著录文选》，北京大学出版社1997年版，第390页。

④ 朱熹：《学校贡举私议》，《朱文公文集》卷六九。

如《易》有施、孟、梁丘之学，是师法；施有张、彭之学，孟有翟、孟、白之学，梁丘有士孙、邓、衡之学，是家法。家法自师法分出，而施、孟、梁丘之师法又从田王孙一师分出者也。”① 纪昀亦云：“汉唐儒者，谨守师说而已。自南宋至明，凡说经讲学论文，皆各立门户。大抵数名人为之主，而依草附本者嚣然助之。”② 近人刘师培述云：“唐、宋以前，治学术者，大抵多专门之学，与涉猎之学不同。”③

汉儒注重“专门之学”，因此出现“汉儒至有白首不能通一经者”之情况，表明汉代专门之学到后来产生了很大弊端。《后汉书》曰：“汉兴，诸儒颇修艺文，及东京，学者亦多名家。而守文之徒，滞固所禀，异端纷纭，互相诡激，遂令经有数家，家有数说，章句多者或乃百余万言，学徒劳而少功，后生疑而莫正。”④ 对此，程颐批评云：“汉之经术安用？只是以章句训诂为事。且如解《尧典》二字，至三万余言，是不知要也。”⑤ 又云：“汉儒之谈经也，以三万余言明《尧典》二字，可谓知要乎？惟毛公、董相有儒者气象。”⑥

中国目录学之特色在于注重分类，中国学术分类观念也是非常

---

① 皮锡瑞：《经学历史》，中华书局 1959 年版，第 136 页。

② 纪昀：《四库全书凡例》，《四库全书总目提要》卷首，商务印书馆 1933 年刊印本。

③ 刘师培：《论说部与文学之关系》，《刘师培中古文学论集》，中国社会科学出版社 1997 年版，第 268 页。

④ 范晔：《后汉书 · 张曹郑列传》，中华书局 1965 年版。

⑤ 程颐：《河南程氏遗书》卷一八，《二程集》，中华书局 1981 年版，第 232 页。

⑥ 程颐：《论书篇》，《河南程氏粹言》卷一，《二程集》，中华书局 1981 年版，第 1202 页。

发达的。尽管中国学术分科与近代意义上之学术分科有很大差异，但作为中国学术重要内容的经学内部之分科，却异常细密。“经学”内部分科，以研究对象及研究方法而分，每一经即为一门学科，“六经”“四书”及辅助性之小学，均设科专研。《汉志》将“经”分为9种，《隋志》改为11类，《四库全书总目》将经部分为10类。尽管如此，经部各门类，与近代学科意义上之分科并不相同，因为它们是以儒家典籍为研究对象。为了研究一部典籍，学者们不得不运用许多相关的知识，涉及近代意义上之多门学科。但貌似专门之各经学门类，与近代意义上分科性质的学科形似而实不同。对此，现代学者多能窥出：“现代学者之专治一科，与清代儒生之专治一经，其含义不大相同，前者所代表的，不只是研究领域的拓广，更是知识类型的变化。”①

在此，不妨以《易》为研究对象之“易学”为例，略做分析，以观其特性。《汉志》最重家法，故《易》分13家；各家之学，必相伦次，说明在汉代“易学”已成专门之学。郑樵《通志·艺文略》，分“易类”为古易、石经、章句、传注、集注、义、疏、论、说、类例、谱考、正数、图、音、谶纬、拟易等16子目，“颇极分类之能事”②。“易学”分类之详尽，说明对“易学”研究之精深。“易学”研究因《周易》内容涉及广泛，学者们研究时同样必须涉及许多学科门类，但这些学科门类并没有在中国古代独立而成为一

---

① 陈平原：《中国现代学术之建立——以章太炎、胡适之为中心》，北京大学出版社1998年版，第16页。

② 杜定友：《校雠新义》上册，中华书局1930年版，第26页。

门近代意义上之学科。对此，只要看一下纪昀所撰之《四库全书总目提要》“易类序”便可知：“《易》道广大，无所不包，旁及天文、地理、乐律、兵法、韵学、算术，以逮方外之炉火，皆可援《易》以为说。而好异者又援以入《易》。”① 这就是说，研究易学，要涉及天文、地理、乐律、兵法、韵学、算术等专门学问。

值得说明的是，随着中国学术分类观念的演进，“专门之学”含义逐渐向近代学科意义方面演化，即不仅仅是经学内部的“专门之学”，而且逐渐形成了若干近代意义上的学科性质之学术门类。这一点，通过分析清代考据学及小学诸门类的发展情况，是比较容易看出的。

考据学在清代成为“专门之学”，其研究对象是经书。由于要“通经”，故必须精通文字音韵、名物训诂，甚至地理、金石、天算、乐历、校勘、辑佚等方面知识，再用以解经、治经，因而各种学问便被概括在考据学范围内。有人说：“若以近代学术范畴来划分人文与社会学科，我国历代的发展情况显然又有不同。语言文字学、哲学、史学、地理学等，已经分科独立，而法律、政治、军事、财政、经济、伦理等部门，不是处于附属地位，就是含混笼统，历史上有不少杰出的政治家，精通财政、军事、法律诸学，但他们的着眼点在于实际应用，而非学理的探讨。”② 这种现象，正是中国传统“专门之学”与近代分科性的“专门之学”的差异所在。

清代考据学之发展，使小学成为经学研究的重要门类。姚鼐曰：

---

① 纪昀：《易类序》，《四库全书总目提要》卷一，商务印书馆 1933 年刊印本。
② 刘岱主编：《中国文化新论·学术篇》，三联书店 1991 年版，第 22 页。

“六艺者，小学之事，然不可尽之于小学也。夫九数之精，至于推步天运，冥测乎不得目睹之处，遥定乎前后千百载不接之时，而不迷于冥茫，不差于毫末。此术家之至学，小子所必不能也。夫六书之微，其训诂足以辨别传说之是非，其形音上探古圣初制文字之始，下贯后世迁移转变之得失。博闻君子好学深思者之所用心，小子所不能逮也。至于礼乐，则固圣宪述作之所慎言，尤不得以小学言矣。然而谓之小学者，制作讲明者，君子之事，既成而授之，事见闻之端于幼少者，则小子所能受也。”①

这里，姚氏解释了小学之内涵，并认为音韵、文字、训诂等学尽管名为小学，但也是“博闻君子好学深思者之所用心”所在，是通“六艺”之必要工具，并非如人们想象的那样无足轻重。

龚自珍在为《阮元年谱》作序时，写下了这样一段非常著名的文字：

“公识字之法，以经为谂，解经之法，以字为程，是公训故之学。中垒而降，校雠事兴，元朗释文，熹胪同异，孟蜀枣本，始省写官。公远识驾乎隋唐，杂技通乎任尹，一形一声，历参伍而始定，旧钞旧椠，斯厓略之必存，是公校勘之学。国朝四库之纂，百代所系，七阁之藏，九流斯萃，公名山剔宝，番舶求奇，驰副墨乎京师，锡佳名以宛委，盖自子政而下，鄱阳以前，公武郡斋之志，振孙解题之作，莫不讨其存佚之年，采其完缺之数，焦书扬目，斯琐琐焉，是公目录之学。公精研七经，覃思五礼，以为道载乎器，礼徵乎数，

① 姚鼐：《小学考序》，《抱惜轩全集》，中国书店1991年版，第47页。

今尺古尺，求累黍而易诬；大车小车，程考工而易舛。故大而冢土明堂，辨礼之行于某地，小而衣冠鼎俎，知礼之系乎某物，莫循空虚，咸就绳墨，实事求是，天下宗之，是公典章制度之学。公又谓读史之要，水坠实难，宦辙所过，图经在手，以地势迁者，班志李图不相袭，以目验获者，桑经郦注不尽从。是以咽喉控制，闭门可以谈兵，脉络昆联，陆地可使则壤，坐见千里，衽接远古，是公之史学。在昔叔重董文，识郡国之彝鼎，道元作注，纪川原之碑碣，金石明白。其学古矣。欧赵而降，特为余绪；洪陈以还，闻多好事。公谓吉金可以证经，乐石可以励史，玩好之侈，临摹之工，有不预焉。是以储彝器至百种，蓄墨本至万种。椎拓遍山川，纸墨照眉发。孤本必重钩，伟论在著录；十事彪炳，冠在当时，是公金石之学。公又谓六书九数，先王立重，旁差互乘，商高所传。自儒生薄夫艺事，泰西之客畴其虚，古籍霾于中秘，智计之士屏弗见。于是测步之器，中西同实而异名。巧捷之用，西人攘中以成法。公仰能窥天步，俯能测海镜，艺能善辊弹，聪能审律吕，为秦刘之嫡髓，非萨利之别传，是公九数之学。文章之别，论者多矣，公独谓一经一纬，交错而成者，绮组之饰也。大宫小商，相得而谐者，韶沟之均也。散行单词，中唐变古，六诗三笔，见南士之论文；杜诗韩笔，亦唐人之标目。上纪范史，笺记奏议不入集。聿考班书，……公日奏万言，自哀四集，以沉思翰藻为本事，别说经作史为殊科，是公文章之学。圣源既远，宗绪益分，公在史馆，条其派别，谓师儒分系，肇自周礼。儒林一传，公所手轫。谈性命者疏也，恃记闻者陋也。道之本末，毕赅乎经籍。言之然否，但视其躬行。言经学而理学可包矣。……且夫不道问学，焉知德性。刘子以威仪定命，康成以人偶为仁，门户之见，一以贯之，是公性道之学。”①

这就是说，阮元之治学范围，已经明显地分为训诂之学、校勘之学、目录之学、典章制度之学、史学、金石之学、九数之学、文章之学、性道之学与掌故之学等十个方面。这种情况说明，到清中期时，中国传统“专门之学”已经相当发达。

张之洞在《书目答问》中，将清代学者分为经学家、史学家、理学家、经史学兼理学家，小学家、文选学家、算学家、校勘学家、金石学家、古文学家、骈体文家、诗家、词家、经济家，实际上即是将清代学问分为经学、史学、理学、小学、算学、金石学及各种文学等目。所以，中国并非没有专门之学，并且在某些方面（如经学、小学等），专门之学异常发达。但中国所谓“专门之学”，与近代意义上数学、物理学、化学、哲学、史学、经济学等学科性质的“专门之学”不同。

既然中国学术也非常重视分类，并产生了一套中国特色的“专门之学”，但为什么没有发展为近代学科式的“专门之学”？既然中国古代在天文、地理、自然哲学、物理学及伦理、历史、法律、政治等方面学问上比较发达，为什么它们没有进一步发展为近代分科性之科学知识系统？

何谓科学？“科学者，智识而有统系之大名。就广义言之，凡智识之分别部居，以类相从，井然独绎一事物者，皆得谓之科学。

① 龚自珍：《阮尚书年谱第一叙》，《龚定庵全集类编》，中国书店1991年刊印本，第29—31页。

自狭义言，则智识之关于某一现象，其推理重实验，其察物有条贯，而又能分别关联、抽举其大例者，谓之科学。是故历史、美术、文学、哲理、神学之属非科学也。而天文、物理、生理、心理之属为科学。今世普通之所谓科学，狭义之科学也。"① 这是清末民初中国学人对科学之有代表性的界定。德国学者魏特夫认为：中国古代在数学、天文学等方面有进步，但并没有产生近代分科性的科学；中国在精密科学方面有了萌芽，但"除了历史科学、语言科学和哲学而外，中国只在天文学和数学方面得到了真正的科学上的实际成就；而就整个的情形看来，那和工业生产形成的有关的自然科学，不过停滞于收集经验法则的水准罢了"。这个判断是相当准确的，也颇具代表性。其分析之结果为：中国之所以没有产生近代科学，是因为："中国思想家们的智力，并没有用在那可以形成机械学体系的各种工业生产问题上面，并没有把处理这些问题作为根本的紧急任务。这个远东大国的根本智能，集中到了其他的课题即农业秩序所产生的，以及直接和农业秩序有关的或在观念上反映着农业秩序的各种课题。"②

著名天文学家竺可桢也认为，中国古代对于天文学、地理学、数学和生物学统有相当的贡献，但是近代实验科学，中国是没有的。这主要基于两种原因：一是不晓得利用科学工具，二是缺乏科学精神。朱子云："致知格物，大学之端，始学之事也。一物格则一知

---

① 任鸿隽：《说中国无科学之原因》，《科学》杂志第1卷第1期，1915年1月。

② 魏特夫：《中国为什么没有产生自然科学》，刘纯等编《中国科学与科学革命》，辽宁教育出版社2002年1月版，第42页。

至，其功有渐，积久贯通，然后胸中判然不疑所行，而意诚心正矣。”竺氏断言：“我觉得朱子的错误在于认错了目的，他的致知格物并不是在求真理，并不是要想认识大自然，而是想正心诚意，因而修身齐家治国平天下。”① 朱子及其弟子所问答者，均是人与人及人与天之关系，很少以自然界为研究对象。

心理学家陈立则从分工与分科之角度，提出了自己的见解：“中国人最没有分工的思想。他的最大欲望是出将入相的文武全才，是上通天文下通地理的模式。外国的博士是精一事或一学的专家，中国的博士是要无所不知的通人。无所不精便一无所精，无所不通便完全不通，这是很容易明白的道理。所以科学便分之又分，精而又精。有天文、有地理、有算学、有物理、有生物、有化学，拿着一本大学的章程一看，你就可以看得见科学的分门别类之多。断没有一个人想穷这一切之理的。特殊的问题决定思想的一定路线，如此用力才有方向，着力才有定点。所以科学最忌笼统。……笼统的思想是不会孕育科学的，滞留在宗法社会的中国人，生产的方式仍是家庭自足的小工业，大多数还是又耕又耘，掘井又盖茅屋的农夫。分工尚很不发达，或者简直就没有。分工与社会意识是有因果关系的，有分工才有社会的意识，我们没有社会意识也就是由于我们没有分工。在生活中既没有分工，我们的思想便亦反映着这种生活的习惯。这样我们在科学中便少了一重要基础。”② 这或许是中国学术

① 竺可桢：《中国实验科学不发达的原因》，《国风半月刊》第7卷第4期，第5—11页。

② 陈立：《我国科学不发达原因之心理分析》，《科学与技术》第1卷第4期。

及知识系统没有进一步发展为近代西方分科性科学知识之部分原因吧。

中国传统的“专门之学”为什么没有产生出近代西方之科学系统，是近代以来长期困扰人们的“李约瑟难题”。围绕该“难题”，中国学者提出了很多有价值的见解。中国学术自身具有之博通特性，是不可忽视之重要因素。中国学者治学虽然注重从“专”入手，但更加注重通博。近人朱一新曰：“学固有安身立命之处，然不游五岳，专守一庐，所见已隘，所志亦卑。为学第当知有归宿耳，始基固不可不博也。”他强调：“非博无以通矣。博其方，约其说。”① 这是对博通与专约之精辟论述。明儒方以智亦云：“学为古训，博乃能约，当其博即有约者通之。博学不能观古今之通，又不能疑，焉贵书簏乎？古有博于文画者，博于象数者，典制者，笺注者，词章者，名物者，隐怪者，经史既别，各有专家。”② 张之洞在《輶轩语·语学》中认为，研习经学，应该从文字学、音韵学、训诂学入手，“解经宜先识字”，但同时特别强调“治经贵通大义”，必须以通达经书之义理为指归。

六、中国学术崇尚博通

虽然到明清时期，中国典籍大致分属“四部”分类体系，“四部”之中包含了很多学术门类，似乎已经具有了近代意义上之分科

① 朱一新：《无邪堂答问》卷四，广雅书局光绪二十一年刊印本，第34—35页。

② 方以智：《通雅·序》，冯天瑜等编《中国学术流变》，湖北人民出版社1991年版，第46页。

性质了，但这仅仅是一种表面现象。虽然中国传统学术内部包括了许多具体的学术门类，但并没有成为近代意义上之学术分科，中国各学术门类并没有发展成为近代意义上的“专门之学”。这主要是因为：中国传统各学术门类之间是互通的，中国学人追求的是会通，中国传统学术表现出非常明显的“通人之学”特点。

近人王国维曰：“抑我国人之特质，实际的也，通俗的也；西洋人之特质，思辨的也，科学的也，长于抽象而精于分类，对世界一切有形无形之事物，无往而不用综括（generalization）及分析（specification）之二法，故言语之多，自然之理也。吾国人之所长，宁在实践之方面，而于理论之方面，则以具体知识为满足，至分类之事，则除迫于实际之需要外，殆不欲穷究之也。……故我中国有辩论而无名学，有文学而无文法，足以见抽象与分类二者，皆我国人所不长，而我国学术尚未达自觉之地位也。”① 王氏之论颇有道理，中国传统学术确实存在着忽视“抽象与分类”的倾向。中国学者不注重抽象与分类，而将关注点集中于学问之“博”与“通”上。

中国传统学术的基本特色是注重“通”，具有浓厚之“通儒”取向。这种会通，一是自然科学与社会科学的会通；二是文史哲会通。正是有这样的会通，中国传统学术分类，更多的不是以研究对象为分科标准，而是以研究性质作为分科标准。

“孔门四科”（德行、言语、政事、文学），与后来的“儒学四

① 王国维：《论新学语之输入》，《教育世界》第96号，1905年4月。

门”（义理、考据、词章、经济之学），讲求的都是会通。如果用近代学术分科观念来反观中国传统学术，这一点会看得非常明显。对此，近人钱穆曰：“哲学史学，亦贵通。故孔子作春秋，谓之史学，而不谓之哲学。孔子作春秋，实述旧史，仍守旧法，故史学又与经学通。又谓经史皆是文章，则文学亦与经学史学通。而出于孔子之手，为孔子一家言，则经史子集四部之学，在中国实皆相通，而学者则必称为通人。”① 他又说：“故言学术，中国必先言一共通之大道，而西方人则必先分为各项专门之学，如宗教科学哲学，各可分别独立存在。以中国人观念言，则苟无一人群共通之大道，此宗教科学哲学之各项，又何由成立而发展。故凡中国之学，必当先求学为一人，即一共通之人。而西方人则认人已先在，乃由人来为学，宜其必重一己之创造矣。”②

对于中国学术之“通人”特点与西方近代学术之“专门”特点，钱穆也作过比较，并用中国学人“尚通”的眼光，批评西方近代“分科立学”的“专门之学”：“即就西方近代传授知识之大学言，分科分系，门类彪杂，而又日加增添。如文学院有文学史学哲学诸科系，治文学可以不通史学，治史学可以不通文学。治文史可以不通哲学，治哲学亦可以不通史学文学，各自专门，分疆割席，互不相通。法学院则有政治社会经济外交法律诸科系。进法学院可以不理会文学院诸科，进政治系可以不通文史哲，亦可不通社会经济外交法律诸科。其他各科亦然。……今日西方人竞称自由平等独

① 钱穆：《现代中国学术论衡》，台湾东大图书公司1984年版，第34页。
② 钱穆：《现代中国学术论衡》，台湾东大图书公司1984年版，第38—39页。

立诸口号，其实在其知识领域内，即属自由平等独立，无本末，无先后，无巨细，无深浅，无等级，无次序，无系统，无组织，要而言之，则可谓之不明大体，各趋小节。知识领域已乱，更何论于人事。”①

中国学术内部也有分类，也分为若干科目，但并没有发展成为西方分科性的“专门之学”。尽管中国学问中可以分为若干门类，如孔子曾以“四科”“六艺”授学，儒家后来又有“义理之学”“考据之学”“词章之学”相分，但中国学术所讲求的，仍是各学术门类间的会通。对此，钱穆说得很明白：“孔门四科，德行为首。言语乃国际外交，政事如治军理财，此两科皆为政治用。最后文学一科，则不必为当世用，致意在历史典章之传统上，于后世有大用。是则中国教育非不主用，惟由其各自一己性之近志之所向来作贡献。而四科实以德行为主，虽若分，而实通，未有违于德行而能完成其此下三科之学者。”②

不仅钱穆持此观点，民国以来的很多人均有此共识。杜定友亦曰：“我国学术以儒为宗。儒家尚经，经罗万有，故其后虽有家法，而世不能守。儒所习者博。音乐家不研音律，而儒家习之；算学家不治天算，而儒者习之。故古之学者，于学无所不通，于书无所不读。读书人士可得而数焉。故其门户流别，可得而考也。”③ 这实际上揭示了中国学术注重广博通贯之特色。

---

① 钱穆：《现代中国学术论衡》，台湾东大图书公司1984年版，第86—87页。

② 钱穆：《现代中国学术论衡》，台湾东大图书公司1984年版，第156页。

③ 杜定友：《校雠新义》上册，中华书局1930年版，第2页。

实际上，不仅中国学术具有注重会通的特点，而且中国学术从先秦时，便特别强调博通，并以博学通达为治学的极致，以“致圣”为治学目的，而不以获得具体之知识为满足。“博学”“通达”长期成为以学术名世的中国者追求的理想境界。

许慎《说文解字》曰：“通，达也。”① 何谓达？其解释曰：“达，行不相遇也。”② 因此，“通”之原义是“通达”，后来引申为“知古今”。此种观念在殷周时代便开始出现。《周易·系辞下》云：“《易》穷则变，变则通，通则久，是以自天佑之，吉无不利。”这种观念到春秋战国时期又有了进一步解释和规定。荀子将人分为众人与儒，儒又分为大儒和小儒，其类分标准就在于能否“通”：“志不免于曲私，而冀人之以己为公也；行不免于污漫，而冀人之以己为修也；甚愚陋沟瞀，而冀人之以己为知也，是众人也。志忍私然后能公，行忍情性然后能修，知而好问然后能才，公修而才，可谓小儒矣。志安公，行安修，知通统类，如是则可谓大儒矣。”③ 换言之，大儒区别于众人、小儒之标志乃为“知通统类”。

孔子也将人分为庸人、士、君子、贤人、大圣五等，其分类依据，即为是否“通达”与在多大程度上“通达”。他说：“所谓大圣者，知通乎大道，应变而无穷，辨乎万物之情性者也。大道者，所以变化遂成万物也；情性者，所以理然不取舍也。是故其事大辨乎天地，明察乎日月，总要万物于风雨。”④ 在他看来，大圣贵在“知

① 许慎撰，段玉裁注：《说文解字注》，上海古籍出版社 1981 年版，第 71 页。
② 许慎撰，段玉裁注：《说文解字注》，上海古籍出版社 1981 年版，第 73 页。
③ 荀况：《荀子·儒效篇》，《诸子集成》刊印本，上海书店 1986 年版。
④ 荀况：《荀子·哀公篇》，《诸子集成》刊印本，上海书店 1986 年版。

通乎大道”，“辨乎万物之情性”。孔子曰：“疏通知远，书教也。属辞比事，春秋之教也。”包含的就是“通达”之意。

中国学术从先秦时便注重会通，强调通达、博学、博识，与其为学目的有很大关系。中国学者研讨学问，为学之目的，不仅在于获得对于外界的具体知识，而且在于“通达大道”，成为有道德的圣人君子。《荀子》曰：“礼者，人道之极也。然而不法礼，不足礼，谓之无方之民；法礼，足礼，谓之有方之士。礼之中焉能思索，谓之能虑；礼之中焉能勿易，谓之能固。能虑，能固，加好之者焉，斯圣人矣。故夫天，高之极也；地，下之极也；无穷者，广之极也；圣人者，道之极也。故学者，固学为圣人，非特学为无方之民也。”又曰：“圣也者，尽伦者也；王也者，尽制者也；两尽者，足以为天下极矣。故学者以圣王为师，案以圣王之制为法，治其法以求其统类，以务象效其人。向是而务，士也；类是而几，君子也；知之，圣人也。”[①] 中国学人为学的目标，就是“致圣”，而要致圣，必须通博，否则即为“小儒”“陋儒”。傅斯年所说的“中国学问向以造成人品为目的，不分科的”[②]，是符合客观实际的。

钱穆也认为，中国学者不重视天文、算数、医学、音乐等类知识，将其视为一技一艺，而国家治平，经济繁荣，教化昌明，一切人文圈内事，在中国学者观念中，较之治天文、算数、医药、音乐之类，轻重缓急，不啻霄壤。“因此在中国知识界，自然科学不能

① 荀况：《荀子·解蔽篇》，《诸子集成》刊印本，上海书店 1986 年版。

② 傅斯年：《改革高等教育中几个问题》，《傅斯年全集》第 6 册，台北联经出版公司 1980 年版，第 22 页。

成为一种独立学问。若脱离人文中心而独立，而只当是一技一艺，受人轻视，自不能有深造远至之望。”① 他还指出：“在中国传统知识界，不仅无从事专精自然科学上一事一物之理想，并亦无对人文界专门探求某一种知识与专门从事某一种事业之理想。因任何知识与事业，仍不过为达到整个人文理想之一工具，一途径。若专一努力于某一特殊局部，将是执偏不足以概全，举一隅不知三隅反，仍落于一技一艺。”② 中国学者之治学理想，是治国平天下，而不在于探求一技一艺。

秦汉以后之历代硕学大儒，大多强调博通。班固曰：“圣人者何？圣者通也，道也，声也。”③ 东汉王充对“徒能说经，不晓上古”之儒生进行讥讽，斥之为“盲瞽者”④，赞赏学识通达之通人：“夫通人犹富人，不通者犹贫人也。俱以七尺为形，通人胸中怀百家之言，不通者空腹，无一牒之诵。贫人之内，徒四所壁立也。慕料贫富不相如，则夫通与不通不相及也。世人慕富不荣通，羞贫不贱不贤，不推类以况之也。夫富人可慕者，货财多则饶裕，故人慕之。夫富人不如儒生，儒生不如通人。通人积文，十箧以上，圣人之言，贤者之语，上自黄帝，下至秦汉，治国肥家之术，刺世讥俗之言备矣。”⑤

王充继承荀子、孔子思想，根据是否通达和在多大程度上通达，

---

① 钱穆：《中国知识分子》，《国史新论》，三联书店 2001 年版，第 138 页。
② 钱穆：《中国知识分子》，《国史新论》，三联书店 2001 年版，第 139 页。
③ 班固：《白虎通德论 · 圣人》，《百子全书》刊印本，岳麓书社 1993 年版。
④ 王充：《论衡 · 谢短篇》，《诸子集成》刊印本，上海书店 1986 年版。
⑤ 王充：《论衡 · 谢短篇》，《诸子集成》刊印本，上海书店 1986 年版。

将人分为俗人、儒生、通人、文人、鸿儒五个等级："通书千篇以上，万卷以下，弘畅雅言，审定文读，而以教授为人师者，通人也。杼其义旨，损益其文句，而以上书奏记，或兴论立说，结连篇章者，文人鸿儒也。"又说："故夫能说一经者儒生，博览古今者为通人，采掇传书以上书奏记者为文人，能精思著文连结篇章者为鸿儒。故儒生过俗人，通人胜儒生，文人逾通人，鸿儒超文人。故夫鸿儒，所谓超而又超者也。"① 因此，通览者，世间比有；著文者，历世希然；而鸿儒者更是凤毛麟角。也正因如此，通人、鸿儒更为可贵，是中国学问家努力之目标。

从先秦时起，中国学者在治学时就特别强调博通。司马迁作《史记》自称："究天人之际，通古今之变，成一家之言。"许慎撰《说文解字》，自称："博采通人，至于小大，信而有证。"段玉裁注曰："许君博采通人，载孔子说，楚庄王说，韩非说，司马相如说，淮南王说，董仲舒说，刘歆说，扬雄说，爰礼说，尹彤说，逯安说，王育说，庄都说，欧阳乔说，黄颢说，谭长说，周成说，官溥说，张彻说，宁严说，桑钦说，杜林说，卫宏说，徐巡说，班固说，傅毅说，皆所谓通人也。"② 因此，许氏《说文解字》，乃博采众说的通人之论。

唐人刘知幾在《史通·杂说中》强调，史家必须通古博识："时无远近，事无巨细，必籍多闻，以成博识。"郑樵在《上宰相书》中，更是强调博通："且天下之理，不可以不会，古今之道，

① 王充：《论衡·超奇篇》，《诸子集成》刊印本，上海书店1986年版。

② 许慎撰，段玉裁注：《说文解字注》，上海古籍出版社1981年版，第764页。

不可以不通。会通之义大矣哉。仲尼之为书也，凡典、谟、诰、誓、命之书，散在天下，仲尼会其书而为一（书）。举而推之，上通于尧舜，旁通于秦鲁，使天下无逸书，世代无绝绪，然后为成书。马迁之为书，当汉世挟书之律初除，书籍之在天下者，不过《书》《春秋》《世本》《战国策》数书耳。迁会其书而为一书。举而推之，上通乎黄帝，旁通乎列国，使天下无绝书，世代无绝绪，然后为成书。"①

即使到了晚清时期，康有为也强调中国学术的博学与通才传统，指出："同是学人也，博学则胜于陋学矣；同是博学，通于宙合，则胜于一方矣；通于百业，则胜于一隅矣。"② 将"通天人之故，极阴阳之变"作为学术研究的最高境界。张之洞曰："读书贵博贵精，尤贵通。"具体而言就是："该贯六艺，斟酌百家，既不少见而多怪，亦不非今而泥古，从善弃瑕，是之谓通。若夫偏袒一家，得此失彼，所谓是丹非素，一孔之论者也。必先求博，则不至以臆说俗见为通；先须求精，则不至以混乱无主为通。不通不博不精，通字难言。"③

也正因如此，如果用近代学术分科观念来看中国传统学问，还会发现，中国学者涉足的学术领域是非常广阔的。文史哲兼通、自然科学与社会科学兼通的大儒硕学层出不穷。既通群经擅长考据之学，而又擅长词章之学及史学者，更是非常普通的现象。也正因如

① 郑樵：《上宰相书》，吴怀祺编《郑樵文集》，书目文献出版社 1992 年版，第 37 页。

② 康有为：《长兴学记》，广东高等教育出版社 1991 年版，第 6 页。

③ 张之洞：《輶轩语 · 语学》，《张文襄公全集》卷二〇四。

此，即便汉代经师崇尚专门之学，但并不乏博通之士。西汉的扬雄、刘歆、司马迁即是当时有名的博学通达之士。据《汉书》载，扬雄“少而好学，不为章句，训诂通而已，博览无所不见”[①]。刘歆更是以博学著称。据《汉书·楚元王传》载：“歆字子骏，少以通诗书能属文，召见成帝，待诏宦者署，为黄门郎。河平中，受诏与父向领校秘书，讲六艺传记，诸子、诗赋、数术、方技，无所不究。”

到东汉时，博学通览之士更多，桓谭、王充、班固均以博学著称。桓谭“博学多通，偏于《五经》，皆训诂大义，不为章句”[②]；王充“好博览而不守章句”，“遂博通众流百家之言”；仲长统“少好学，博涉书记，瞻于文辞”[③]；襄楷更是“好学博古，善天文阴阳之术”[④]；至于马融、郑玄等经学大师就更是如此，《后汉书》称马融“博通经籍”，称赞其“才高博洽，为世通儒”[⑤]。

何谓“儒”？阮元界定曰：“通天地人之道曰儒。”[⑥] 正因如此，中国学者一再强调：“一事不知，儒者之耻。”秦汉以后，历代博学大儒不绝如缕，史书记载更是汗牛充栋。北宋学者范仲淹：“泛通六经，长于《易》，学者多从质问，为执经讲解，亡所倦。”[⑦] 南宋学者郑樵在《献皇帝书》中自称：“古今之书，稍经耳目；百家之

① 班固：《汉书·扬雄传》，中华书局1962年版。
② 范晔：《后汉书·桓谭冯衍列传》，中华书局1965年版。
③ 范晔：《后汉书·王充王符仲长统列传》，中华书局1965年版。
④ 范晔：《后汉书·刘焉传》注引《典略》，中华书局1965年版。
⑤ 范晔：《后汉书·马融列传》，中华书局1965年版。
⑥ 阮元：《里堂学算记序》，《研经室集》下册，中华书局1993年版，第681页。
⑦ 脱脱等：《宋史·范仲淹传》，中华书局1977年版。

学，粗识门庭。”[①]《郑樵传》也称赞说：“先生之学，无所不通，奋乎百世之下，卓然以立言为己任，不但如世之所谓博洽而已。”[②]清代学术虽注重专门，但更讲求博通，学者也以博通为尚。关于这一点，只要翻阅清代学者的文集便会一目了然。

段玉裁在为《戴东原集》作序时，称赞戴震云：“先生之治经，凡故训、音声、算数、天文、地理、制度、名物、人事之善恶是非，以及阴阳、气化、道德、性命，莫不究乎其实……用则施政利民，舍则垂世立教而无弊。”[③]阮元称浙儒许宗彦（积卿）曰：“君于学无所不通，探赜索隐，识力卓然，发千年儒者所未发，是为通儒。”[④]他称朱珪：“于经术无所不通，汉儒之传注、气节，宋儒之性道、实践，盖兼而有之。”[⑤]清儒凌廷堪：“君之学，博览强记，识力精卓，贯通群经，而尤深于礼经。”[⑥]扬州焦循：“博闻强记，识力精卓，于学无所不通，著书数百卷，尤邃于经。于经无所不治，而于《周易》《孟子》专勒成书。”[⑦]阮元称赞同时代学者全谢山：“经学、史才、词科，三者得一足以传，而鄞县全谢山先生兼之。”[⑧]

---

① 吴怀祺编：《郑樵文集》，书目文献出版社1992年版，第23页。

② 《福建兴化县志》，吴怀祺编《郑樵文集》，书目文献出版社1992年版，第83页。

③ 段玉裁：《〈戴东原集〉序》，《戴震文集》，中华书局1980年版，第1页。

④ 阮元：《浙儒许积卿传》，《研经室集》上册，中华书局1993年版，第402页。

⑤ 阮元：《太傅体仁阁大学士大兴朱文正公神道碑》，《研经室集》上册，中华书局1993年版，第418页。

⑥ 阮元：《次仲凌君传》，《研经室集》上册，中华书局1993年版，第465—466页。

⑦ 阮元：《通儒扬州焦君传》，《研经室集》上册，中华书局1993年版，第476页。

⑧ 阮元：《全谢山先生经史问答序》，《研经室集》上册，中华书局1993年版，第544页。

江正堂："专治汉经学，而子史百家亦无不通，于《通鉴》读之尤审，就已意所下者抄成《资治通鉴训纂》若干卷，皆取其所采之本书而互证之，引览甚博，审决甚精。"①

正因清人学尚博通，阮元曰："始叹古人精力过人，志趣远大，世之习科条而无学术，守章句而无经世之具者，皆未足与于此也。"② 即便是以文学著名的孙松友，也以博通古今文学演变而著称，阮元云："吾师乌程孙松友先生，学博闻雄，尤深《选》学，挚虞、刘勰，心志实同。夫且上溯初唐，下沿南宋，百家书集，体裁所分，古人用心，靡不观览。"③ 在这种尚博通的学风影响下，"四部之学"愈益博杂。章学诚批评说，明清以后文集日多，即因"学不专家"所致："经学不专家，而文集有经义；史学不专家，而文集有传记；立言不专家（即诸子书也），而文集有论辨。后世之文集，舍经义与传记、论辨之三体，其余莫非辞章之属也。"④

也正是在崇尚通博传统的影响下，史家往往一身数职，既是史学家、地理学家，又是文学家、政治家："夫史官者，必求博闻强识，疏通知远之士，使居其位，百官众职，咸所贰焉。是故前言往行，无不识也；天文地理，无不察也；人事之纪，无不达也。内掌八柄，以诏王治，外执六典，以逆官政。"⑤ 正因如此，清代出现了

① 阮元：《通鉴训纂序》，《研经室集》上册，中华书局1993年版，第556页。

② 阮元：《顾亭林先生肇域志跋》，《研经室集》下册，中华书局1993年版，第674页。

③ 阮元：《旧言堂集后序》，《研经室集》下册，中华书局1993年版，第683页。

④ 章学诚：《文史通义·诗教上》，中华书局聚珍仿宋版印本。

⑤ 魏徵等：《隋书·经籍志》，中华书局1973年版。

一大批博学通达之大儒。张之洞对清儒作了这样的分类："国朝学人极博者，黄（宗曦）毛（奇龄）朱（彝尊）俞（燮）；极精者，阎（若璩）、戴（震）；极博而又极精者，顾（炎武）钱（大昕）；极博极精而又极通者，纪（昀）阮（元）；经学训诂极通者，王氏父子（念孙、引之）。"①

总之，中国尽管有自己的学术分科体系，也有自己独特的专门之学，但并没有出现西方分科性的"专门之学"，更没有把文学、史学、哲学等各分类独立起来，相反，而是注重各学术门类间的相通之处。即便人们在治学上强调从"专攻一学""专攻一经"入门，但当其登堂入室后，追求的还是"博"和"通"，并以会通天、地、人学为最高学术境界。司马迁所谓"究天人之际，通古今之变，成一家之言"，张载所云"为天地立心，为生民立命，为往圣继绝学，为万世开太平"，一直成为中国学人追求的最高人生境界和学术目标。

① 张之洞：《輶轩语》，《张文襄公全集》卷二〇四。

第三章

西方分科观念的传入及早期学术分科

西方近代意义上之分科观念及分科体系，是鸦片战争后随着西学东渐的逐渐深化而传入的。一定时期的学术与教育有着密切联系，近代学术分科演变的历程，与西方新式教育之引入及确立息息相关，从旧式书院到新式学堂学科及课程设置的变化，体现了中国传统学术分化与西方新学术门类初建之情形。分析新式学堂学科及课程的设置，可以从一个侧面反映西方新学术门类在中国创建的情况。同时，既然典籍分类是对一定时期学术分类的反映，是适应当时学术分类而产生的，那么通过考察典籍分类，可以从另一个侧面看出当时学术分科情况。根据这样的思路，本章主要从新式学堂课程设置与译介西书分类两个方面，来考察晚清学术分科情况，说明近代早期（甲午战争以前）中国传统学术分类向近代学术分科演进之情况，借以说明中国传统知识系统发生之微妙变化。

一、经世之学对西学的接引

中国传统学术在晚清发生了剧烈的变动，学术分科便是其外在形式之表现。以“通人之学”为特征的中国学术及以“四部之学”为内容的知识系统，何以会向西方分科性质的“专门之学”及“七科之学”演化？笔者认为，中国传统学术向现代学术的转轨，是在晚清经世思潮盛行、西学东渐潮流深刻影响下发生的。中国传统学术在晚清时期的分化，与经世学风的兴起及西学东渐密切相关；近代学术分科是随着西学的引入、传统学术的衰落开始的，也是随着这样一个过程而逐渐形成的。严重的政治和社会危机，促发了人们对经史无用之学的批判，兴起了经世之学；传统的经世之学仍不足以经世，迫使人们学习西方“有用之学”，引导了西方各种学术科目的引入。所以，“经世之学”的作用，固然表现在对传统学术之“消解”上，但更重要地表现在对西学传播之“引导”上。

梁启超在分析清学衰落原因时曰：“‘鸦片战役’以后，志士扼腕切齿，引为大辱奇戚，思所以自湔拔；经世致用观念之复活，炎炎不可抑。又海禁既开，所谓‘西学’者逐渐输入，始则工艺，次则政制。学者若生息于漆室之中，不知室外更何所有，忽穴一牖外窥，则粲然者皆昔所未睹也。还顾室中，则皆沉黑积秽。于是对外求索之欲日炽，对内厌弃之情日烈。欲破壁以自拔于此黑暗，不得不先对于旧政治而试奋斗，于是以其极幼稚之‘西学’知识，与清初启蒙期所谓‘经世之学’者相结合，别树一派，向于正统派公然举叛旗矣。”①

梁氏之分析是有道理的。清学转变之外部原因固然是西学渐次输入，而促发西学大规模输入之内在动力，则是中国学术内部兴起之“经世致用”思潮。在考察近代中国学术分科问题时，必须充分认识经世思潮对晚清学术演进所产生的深刻而持久影响。

---

① 梁启超：《清代学术概论》，《梁启超论清学史二种》，复旦大学出版社 1985 年版，第 59 页。

“经世之学”的兴起，成为晚清学术转变的内在契机。其作用首先表现在它对传统的经史之学的“消解”上。所谓对经史之学的“消解”，就是使越来越多的学者从考据学走出来，意识到经史之学的空疏与无用，越来越关注与时务有关的“经世之学”，使“经世之学”逐渐成为一门独立的学术门类。魏源在《武进李申耆先生传》中，对乾嘉考据学进行讥讽与批评：“自乾隆中叶后，海内士大夫兴汉学，而大江南北尤盛。苏州惠氏、江氏，常州臧氏、孙氏，嘉定钱氏，金坛段氏，高邮王氏，徽州戴氏、程氏，争治训诂音声……即皆摈为史学非经史，或宋学非汉学，锢天下聪明知慧使尽出于无用之一途。”① 康有为尖锐地指出：“中国千年之士俗，为词章、训诂、考据之空虚，故民穷而国弱。”② 宋恕在《六字课斋卑议(初稿)》中亦批评曰：“礼法之士，刻尚谨严：苦思封建，不披筹海之篇；结想井田，不讲劝农之术；正统、道统，劳无谓之争，近杂、近禅，驰不急之辩。民间切痛，反若忘怀，观行固优，征才无用，视彼汉学，莫能相胜，良可慨也！”③ 因此建议：“订‘汉学师承’之记，不如编‘皇朝经世’之文；校《三礼》字句之异同，不如究《六部则例》之得失。”④

既然词章之学、考据之学、训诂之学不足以经世，那么必然要代之以能够经世的“经世之学”。

近代学者齐思和概括晚清学术时曰：“夫晚清学术界之风气，

---

① 魏源：《武进李申耆先生传》，《魏源集》上册，中华书局1983年版，第358—359页。

② 《康有为序》，《烟霞草堂文集》，三秦出版社1994年版，第1页。

③ 宋恕：《六字课斋卑议（初稿）》，胡珠主编《宋恕集》上册，中华书局1993年版，第11页。

④ 宋恕：《六字课斋卑议（初稿）》，胡珠主编《宋恕集》上册，中华书局1993年版，第10页。

倡经世以谋富强，讲掌故以明国是，崇近文以谈变法，究舆地以筹边防。”经世学术为何会兴起？其分析云：“当此贫弱交困之时代，当时奉为正统学术之汉学，所研究之声音、训诂、名物制度、天算地理，非不邃密博雅，远胜于理学家之空疏。然而此等纯学术的研究，其为无用，则较理学殆尤甚焉。于是一批新兴青年学者，忧时势之急迫，感汉学之迂阔，对于极盛一时之考证学，遂失其信仰，转而提倡经世之学焉。”他进而强调：“而至道、咸之时，世变日亟，忧国之士，慨国事之日非，愤所学之无用，遂提倡经世之学，欲改变学术界之风气，不得不对当时正统学派作猛烈的攻击，又不得不抬出西汉儒学，以明其所言之有本。”①

晚清“经世之学”，经历了两个阶段：首先是从传统学术资源中寻求经世之术，即根据“通经致用”观念，从中国传统经史之学、掌故之学中引申出“经世之道”；随后由于传统“经世之学”仍不足以经世，便将目光逐渐转移到西方“富强之术”及“格致诸学”上。

何为经世？“经世者，经营世事者也。世事即国家之事。以贺编而经营道光壬寅以前之事可也，以葛编经营光绪戊子以前之事可也。”② 阮元亦云：“政事之学，必审知利弊之所从生，与后日所终极，而立之法，使其弊不胜利，可持久不变。盖未有不精于稽古而能精于政事者也。”③ 此处所谓“政事之学”，即“经世之学”。龚自珍认为，在注重经史之学的同时，必须通达“当世之务”，“经史之学”与“经世之学”互相为用。其云：“经史之言，譬方书也；施诸后世之孰缓、孰亟，譬用药也。”“不通当世之务，不知经史施于今日之孰缓、孰亟、孰可行、孰不可行也。”因此，从“经史之

① 齐思和：《魏源与晚清学风》，《燕京学报》第39期，1950年12月。

② 陈忠倚辑：《皇朝经世文三编例言》，宝文书局1898年刊印本。

③ 阮元：《汉读考周礼六卷序》，《研经室集》上册，中华书局1993年版，第241页。

学”中可以寻求“经世之道”。

陈炽曰：“闻岳麓书院山长某公，自道光建元，即以气节、经济、文章立教，瑰玮奇杰之士，咸出门墙。”[①] 这是书院课程转向“经济之学”的一个佐证。张之洞认为，讲求经世之学，一方面要“通晓经术，明于大义，博考史传，周悉利弊，此为根底”，另一方面要通达时务，了解“本朝掌故，明悉当时事势，方为切实经济”。他批评说：“盖不读书者，为俗吏；见近不见远，不知时务者，为陋儒；可言不可行，即有大言正论，皆蹈《唐史》所讥高而不切之病。”[②] 因此，他强调：“读书宜读有用书。有用者何？可用以考古，可用以经世，可用以治身心。”[③] 这仍然是根据有用原则，从传统经史典籍中发掘可以经世之学术资源。

关中大儒刘古愚是晚清注重“经世之学”的代表人物之一。时人称刘氏：“晚睹时变，力黜空言。工、农、兵、刑，并极究心。政、学合一，尤所宗主。遗文紬绎，颇与颜博野、李蠡县‘三物六艺’之说多相契合。”[④] 这就是说，刘氏“经世之学”首先注重发挥清初颜李学派“学术经世”风格。康有为赞曰：“先生则汲汲采西人之新学、新艺、新器，孜孜务农工，以救民生为职志。世尊先生为古之孙明复、近之李刚主，岂先生志哉？”[⑤] 作为关中大儒，刘氏像同时代的儒者一样，更多的是从中国古代学术中寻找经世资源，主张恢复“六艺”以图振兴：“今欲力挽其弊，莫如复六艺之旧。然射御，近人欲易以图枪矣。礼之覆蹈，乐之步伐，皆使娴于周旋、

① 陈炽：《庸书》，《陈炽集》，中华书局1997年版，第32页。
② 张之洞：《輶轩语》，《张文襄公全集》卷二〇四。
③ 张之洞：《輶轩语》，《张文襄公全集》卷二〇四。
④ 《张鹏一序》，《烟霞草堂文集》，三秦出版社1994年版，第3页。
⑤ 《康有为序》，《烟霞草堂文集》，三秦出版社1994年版，第1页。

进退、坐作、起伏之仪，而使强健其身之意少。”①

历史学家吕思勉回忆曰：“甲午战时，予始知读报，其后则甚好《时务报》。故予此时之所向往者，实为旧日所谓经济之学。于政务各门，皆知概略，但皆不深细。”② 又回忆1901年前后学界风气曰：“当时之风气，是没有现在分门别类的科学的，一切政治上社会上的问题，读书的人，都该晓得一个大概，这即是当时的所谓‘经济之学’。我的性质，亦是喜欢走这一路的，时时翻阅《经世文编》一类的书，苦于掌故源流不甚明白。”③

晚清大儒朱一新曰：“经济即在经史中，加以阅历，乃有把握，否则赵括之谈兵而已。时务特经济之一端，亦即史学之一种，分之无可分也。义理之书，转置于后，亦所未喻，读经读史，皆当以义理权之。九经、语、孟即义理之渊薮也。宋五子书与经典相辅而行，岂可分为二事？”④ 他认为，经史之学、义理之学与经济之学是相通的，经史之学中包含经济之学，经学中的典籍（九经、语、孟）是义理之学的素材。他强调：“经济之学，皆在四部中，而读四部之书，又皆须权以义理。经济归史学，特举其多且重者言之，实则古来大经济有外于六经者乎？经济不本于义理，或粗疏而不可行；义理不征诸经济，亦空谈而无所用……今之所谓经济者，兵、刑、河槽诸大端，因革损益，具有成书，愈近则愈切实用。兵法为学问之至精之事，亦儒生分内之事。”⑤ 这段文字，实际上将传统意义上

---

① 《〈幼学操身〉序》，《烟霞草堂文集》，三秦出版社1994年版，第56页。

② 吕思勉：《三反及思想改造学习总结》，《吕思勉先生编年事辑》，上海书店1992年版，第9页。

③ 吕思勉：《三反及思想改造学习总结》，《吕思勉先生编年事辑》，上海书店1992年版，第25页。

④ 朱一新：《无邪堂答问》卷四，第36页。

⑤ 朱一新：《无邪堂答问》卷四，第36—37页。

"经世之学"的内容做了集中概述。经济之学与义理之学相通互用，主要包括"兵、刑、河槽诸大端"。

持此种观点者，并非仅仅朱一新。宋恕亦认为：经学、史学均为"经世之学"，孔门学术，概以经世为旨。其论述曰："理者，经世之的，德行则理学也，孔门莫不学，而颜、闵诸氏所得最较深。数与文者，经世之器，言语、政事则数学也，孔门莫不学数与文，而宰、冉、言、卜诸氏所得最较深。彼颜、闵诸氏，深于经世之理，而于数与文较浅，故不著书，不谈道统，不问国政。彼盖以大道既隐，天下为家，无可谈之道统，无可问之国政，著书徒劳，不如其已，枉尺如见南、拜跖，寓志如《春秋》《尚书》，则又未能，故寂寂然，所谓'至悲无声'者欤！宰、冉诸氏，深于经世之数，而于理与文较浅，故弗能忍，而汲汲焉欲试其言语、政事之长。言、卜诸氏，深于经世之文，而于理与数较浅，故小大毕识，孜孜穷老，功乃反在颜、闵诸氏上。然则四科何一非经世之学也欤?"①

作为经世思潮总汇的《皇朝经世文编》（1825 年版）及后来刊刻的《续编》《三编》《四编》《五编》，集中体现了"经世之学"的精神和风格，体现了它所独有的"文以载道、以经世"之学术主旨，同时也反映"经世之学"内容上的变化。分析《皇朝经世文编》之分目及内在结构，可以从一个侧面折射出晚清"经世之学"内容之变化。

魏源负责编撰的《皇朝经世文编》，收录清代前期各种经世文章，并将其分为八类：一是学术类：原学、儒行、法语、广论、文学、师友；二是治体类：原治、政本、治法、用人、臣职；三是吏政类：吏论、铨选、官制、考察、大吏、守令、吏胥、幕友；四是户政类：理财、养民、疆域、赋役、屯垦、八旗生计、农政、仓储、荒政、漕

---

① 宋恕：《〈经世报〉叙》，《宋恕集》上册，中华书局 1993 年版，第 273 页。

运、盐课、榷酤、钱币；五是礼政类：礼论、大典、学校、宗法、家教、婚礼、丧礼、服制、祭礼、正俗；六是兵政类：兵制、屯饷、马政、保甲、兵法、地利、塞防、山防、海防、蛮防、苗防、剿匪；七是刑政类：刑论、律例、治狱；八是工政类：土木、河防、运河、水利通论、直隶水利、直隶河工、江苏水利、各省水利、海塘。

这八类文章，便是传统意义上的“经世之作”。《皇朝经世文编》将“经世之学”分为六部：原学、儒行、法语、广论、文学、师友。这六部学术，基本上属于中国传统学术之研究范围，并没有太多的近代意义。中国所面临的时代在不断变化，经世学术之内容亦会随其变化。这种变化，在《皇朝经世文续编》中尚无太大反映，因为《续编》之体例仍仿《文编》，而内容也与《文编》大同小异。但到戊戌时期刊刻之《皇朝经世文三编》中，“经世之学”内容则有了比较明显的变化。

在《皇朝经世文三编》中，编辑者认识到：“假使欲图富强，非师泰西治法，不能挽回。”故在传统的经世八类分目之外，专门列上“洋务”类，将当时输入的西学，也纳入传统“经世之学”范围。当时所谓“洋务”，包括了许多前编所未有的内容，如外洋沿革、外洋军政、外洋疆域、外洋邻交、外洋国势、外洋商务、外洋通论等。

《皇朝经世文三编》将“学术类”仍分为“六部”，但无论是名称还是内容，都发生了较大变化，由原学、儒行、法语、广论、文学、师友构成的“经世六部”，变成了新的“六部”：原学、法语、广论、测算、格致、化学。在这六种学术门类中，测算、格致、化学三门是过去所没有的，基本上包括了当时从西方传入的数学、天文学、格致学（声、光、电、重等）、化学等新的学术门类。尽管原学、法语、广论三种门类的名称依旧，但在内容上却有很大不同，增添了许多以前所没有的内容，如“原学”中，增加同文馆、天津中西学堂、官书局、京师大学堂以及西学略序、西学提要总叙等内容；“广论”中增加格致公理、中外刑律、泰西医学等内容。

“经世之学”毕竟是以中国传统“八类分目”为基准的，新兴的“洋务之学”“格致诸学”显然处于从属地位。到了1902年何良栋编辑《皇朝经世文四编》时，经世学术之分类发生了更大变化。在治体类中，以讲变法为主，有变法、变法论、变法当先防流弊论、变法须顺人情论等；在户政类中，设有银行、商务、赛会和农学种植等；在礼政类中，以学校为主，设有新学堂、女学堂、游学、中西学院、公法、约章及议院等；在学术类中，虽然仍有原学、法语等门类，但却以讲学、译学、劝学为主，占主要地位的是新设的书籍、藏书、译著等门类。在学术类中最重要的内容，也已经是格致、算学、测绘、天学、地学、声学、光学、电学、化学、重学、汽学、医学等西学门类。仅仅分析《皇朝经世文四编》之目录分类，就可以看出，此时西方近代自然科学各学术门类已经比较广泛地介绍到中国来，并为中国学人广泛地采用。正因如此，此时“经世之学”在内容上已经与先前的“经世之学”大不相同。这种变化主要体现在：过去“经世之学”主要偏重于从中国传统学术资源中挖掘经世方法和对策，而此时已经更偏重于输入并采纳西方学术作为经世法宝了。

在稍后由求是斋编辑的《皇朝经世文五编》中，经世之学有了更大变化。它分为富强，学术，学校，书院，议院，吏治，兵政、炮台、海军，河工、水利、海防，洋税、厘金、钱粮，农政，工艺，天文、电学（附解释），算学、地舆，铁政、矿务，铁路，商务，圜法、国债、银行，船政、轮船、公司，官书局、报馆，驿传、邮政、电报，边事，各国边防，新政论，日本新政论，英俄政策，各国新政论，养民、机器，集事，策议，变法等32个门类。其中学术类又分为妇学、育才、西书、西法、图籍等科目。

表7　《皇朝经世文编》《续编》《三编》《四编》《五编》《统编》《新编》分类表

书　目	分类目录	基本内容
皇朝经世文编，贺长龄辑（1825年版）	学　术	原学、儒行、法语、广论、文学、师友
	治　体	原治上、原治下、政本上、政本下、法治上、法治下、用人、臣职
	吏　治	吏论、铨选、官制、考察、大吏、守令、吏胥、幕友
	户　政	理财、养民、疆域、赋役、屯垦、八旗生计、农政、仓储、荒政、漕运、盐课、榷酤、钱币
	礼　政	礼论、大典、学校、宗法、家教、婚礼、丧礼、服制、祭礼、正俗
	兵　政	兵制、屯饷、马政、保甲、兵法、地利、塞防、山防、海防、蛮防、苗防、剿匪
	刑　政	刑论、律例、治狱
	工　政	土木、河防、运河、水利通论、直隶水利、直隶河工、江苏水利、各省水利、海塘
皇朝经世文续编，葛士浚辑（1888年版）	学　术	原学、儒行、法语、广论、文学一、文学二（附算学）、文学三（附算学）、文学四（附算学）、师友
	治　体	原治、政本、法治上、法治下、用人、臣职
	吏　政	吏论、铨选、官制、考察、大吏、守令、吏胥、幕友
	户　政	理财上、理财中、理财下、养民、疆域上、疆域下、赋役一、赋役二、赋役三、屯垦、八旗生计、农政上、农政下、仓储、荒政上、荒政下、漕运上、漕运下、盐课一、盐课二、盐课三、盐课四、盐课五、榷酤、钱币上、钱币下
	礼　政	礼论、大典上、大典下、学校上、学校下、家法、家教、昏礼、丧礼、服制祭礼、正俗

续表

书　目	分类目录	基本内容
	兵　政	兵制上、兵制中、兵制下、屯饷上、屯饷下、马政、保甲、兵法上、兵法中、兵法下、地利上、地利下、塞防上、塞防下、山防、海防上、海防下、蛮防、苗防、剿匪上、剿匪中、剿匪下
	刑　政	刑论、律例上、律例下、治狱
	工　政	土木、河防上、河防中、河防下、运河、水利通论直隶水利、直隶河工、江苏水利上、江苏水利下、各省水利上、各省水利下、海塘
	洋　务	洋务通论上、洋务通论中、洋务通论下、邦交一、邦交二、邦交三、邦交四、军政上、军政中、军政下、教务上、教务下、商务一、商务二、商务三、商务四、固围上、固围中、固围下、培才
皇朝经世文三编，陈忠倚辑（1898 年版）	学　术	原学上、原学下、法语、广论上、广论中、广论下（附医理）、测算上、测算中、测算下、格致上、格致下、化学
	治　体	政本上、政本下、原治、变法上、变法中、变法下、臣职、培才、广论
	吏　政	吏政、吏治
	户　政	理财上、理财中、理财下、疆域、赋役、屯垦、商务一、商务二、商务三、商务四、钱币、盐课、养民上、养民下、榷酤上、榷酤
	礼　政	大典、家教、正俗、聘使、约里、学校上、学校中、学校下、交涉
	兵　政	海防一、海防二、海防三、海防四、边防上、边防下、兵械一、兵械二、兵械三、兵械四、粮饷、邮政、操练上、操练下、地利、兵制

续表

书目	分类目录	基本内容
	刑政	治狱、教匪、禁烟、律例
	工政	制造上、制造下、工程上、工程中、工程下、治河、船政、矿务
	洋务	外洋沿革、外洋军政、外洋疆域、外洋邻交、外洋国势、外洋商务、外洋通论一、外洋通论二、外洋通论三、外洋通论四、外洋通论五、外洋通论六
皇朝经世文四编，何良栋编（1902年版）	治体	原治、政本、富强、变法、培才、用人、教养
	学术	原学、法语、儒行、师友、书籍、译著、通论、格致、算学、测绘、天学、地学、声学、光学、电学、化学、重学、汽学、身学、医学
	吏政	吏政、吏治、官制、考察、大吏、言官、铨选、保举、守令、吏胥
	户政	户政、国债、理财、税则、厘捐、赋役、漕运、盐课、仓储、屯垦、钱币、钞法、银行、农功、蚕桑、商务、赛会、鸦片、公司、荒政、疆域、养民、丝茶、
	礼政	礼政、大典、学校、考试、游历、聘使、公法、约章、议院、交涉、训俗、家教、婚礼、丧礼、教务、会章、善举、报馆
	兵政	兵政、兵制、兵法、海军、将士、粮饷、火器、边防、海防、团练、保甲、战和、战具、地利、剿匪、邮政、火政
	刑政	刑政、律例、治狱
	工政	工政、制造、纺织、机器、铁路、矿务、船政、埠政、海塘、水利、河防
	外部	治道、学术、史传、商务、税则、钱币、盟约、游历、交涉、军政、战和、刑律、制造、铁路、矿务、地志、通论

续表

书　目	分类目录	基本内容
皇朝经世文统编，邵之棠辑（1901 年版）	文教部	学术、经义、史学、诸子、字学、译著、礼乐、学校、书院、藏书、义学、女学、师友、教法、报馆
	地舆部	地球时势通论、各国志、地利、风俗、水道、水利、河工、田制、农务、屯垦、种植
	内政部	治术、科举、官制、用人、育才、捐纳、铨选、举劾、吏胥、议院、养民、八旗、生计、正俗、救荒、弭盗、刑律、讼狱、火政
	外交部	交涉、通商、遣使、约章、中外联盟、各国联盟、中外和战、各国和战、教案、外史
	理财部	富国、上午、银行、钱币、蚕桑、茶务、畜牧、公司、国债、厘卡、赋税、漕运、仓储、盐务
	经武部	武备、武试、各国兵制、中国兵制、练兵、选将、战具兵法、防务、边防、海防、海军、船政、团练、军饷、裁兵、弭兵
	考工部	工艺、制造、矿务、铁路、机器、纺织、电报、邮政
	格物部	格致、算学、天文、地学、医学
	通论部	
	杂著部	
皇朝经世文五编，求是斋校辑（1902 年版）	仅一级类目	叙，富强，学术，学校，书院，议院，吏治，兵政、炮台、海军，河工、水利、海防，洋税、厘金、钱粮，农政，工艺，天文、电学（附解释），算学、地舆，铁政、矿务，铁路，商务，圜法、银行、国债，船政、轮船、公司，官书局、报馆，驿传、邮政、电报，边事，各国边防，新政论，日本新政论，英俄政策，各国新政论，养民、机器，集事，策议，变法

续表

书　目	分类目录	基本内容
皇朝经世文新编，麦仲华辑	仅一级类目	通论上、通论中、通论下、君德、官制、法律、学校上、学校下、国用、农政、矿政、工艺、商政、币制、税则、邮运上、邮运下、兵政上、兵政下、交涉上、交涉中、交涉下、外史上、外史中、外史下、会党、民政、教宗、学术上、学术下、杂纂

通过对《皇朝经世文编》目录分类之初步分析，可以看出中国传统“经世之学”在晚清演变的历史轨迹。一方面，“经世之学”的具体内容随着时代的变化而变化，逐步增加了许多过去所没有的新的学术内容①；另一方面，无论这些新内容如何增加，“经世之学”的学术分类，仍然是在中国传统学术范围中打圈子。经世“六部之学”与近代西方分科性质的学术分类，有着比较大的区别。

1897年初，初涉西学的孙宝瑄对传统“经济之学”之弊端提出了批评：“中国无实学，无论词赋讲读，甘蹈无用。即名为治经济家，往往纸上极有条理，而见诸实事，依然无济，不核实之病至此。昨见习斋先生云：自帖括文墨遗祸斯世，即间有考纂经济者，亦不出纸墨见解。悲夫！”②

传统“经术”不足以致用经世，那么第二步，必然是引入西方有用的“经世之学”。在“通经致用”“学以经世”观念支配下，

---

① 从中可以看到西方学术最初引入中国的际遇：被作为“经世之学”纳入中国学术及知识系统中，随后逐步占据主流。参见第七章第三节。

② 孙宝瑄：《忘山庐日记》（上），上海古籍出版社1983年版，第75页。

为了济世，必须寻求有用的“经世之学”，由此将目光逐渐注意于西方“富强之术”及这些方术背后的“格致之学”，便是合乎逻辑之事。对此，刘古愚所倡导的“经世之学”内容之演变，很典型地说明了这一点。对于刘氏经世之学，时人述论曰：“自东西列国环逼吾华汉以来，性理、考证、词章，举不克救危亡之祸。先生愤焉伤之，锐思以其学倡天下，使官、吏、兵、农、工、商各明其学以捍国家，而其事则自关中始。盖其道本诸良知，导诸经术，天地民物一贯以诚。”这些显然是倡导中国传统的“经世之学”，但在“通经致用”观念和“经世”学风促使下，刘氏“不矜古制”，突破传统经世之学范围，不仅“凡列国富强之术，天算、地舆、格致，经纬万端，靡不体诸身，而因以授其弟子”①，而且“灌输新学、新法、新器以救之。以此为学，亦以此为教”②。由倡导传统“经世之学”，转而接受西方新学、新法及新器。

1895 年，刚刚接受西方新知之宋恕致友人函云：“经济之学愈多看西书愈妙，日本人所著《万国史记》不可不细看一过，并宜广劝朋友、门生读之！此书于地球万国古今政教源流，言之极有条理，我国人所不能为也。”③ 又云：“《万国史记》《颜氏学记》皆是极好书。阁下能不厌百回读，见解自必日新月异矣！现又有一部极好新

① 《关中刘古愚先生墓表》，《烟霞草堂文集》附录，三秦出版社 1994 年版，第 8 页。

② 陈三立：《刘古愚先生传》，《烟霞草堂文集》附录，三秦出版社 1994 年版，第 1 页

③ 宋恕：《致贵翰香书》，《宋恕集》上册，中华书局 1993 年版，第 535 页。

书，名曰《泰西新史揽要》，系西士李提君所译，急宜买读也。”①这两段话表明，宋氏所关注“经世之学”的重心，已经是“西书”所包含之新知了。

在经世风气影响下，人们读书务求实用，“书籍期于有用，上之研穷性理，讲求经济，次之博通考据，练习词章，四者，其大较也。近刻种类日繁，备购非易，先择其最有用者购之”②。人们以“有用”与否来判断中西学术，以是否“实用”作为标准来取舍学术，冲破中学与西学之藩篱，于是，很自然地将寻求“经世之学”的资源转向了近代西方学术：“非提倡学术，无人才；非作育人才，无幹济士。生今日，攘臂奋袂，激情风烈，汲汲以转旋大举为己任，而故书雅记，瞠目未睹。凡朝章沿革，郡国利病，与夫时政得失，冥行索埴，茫无头绪，可如何！可如何！予于是议有藏书之举。虽然，学术至今驳甚矣。昔尝怪汉宋两家门户之见，凿枘不相入，今国家中外互市，异言蜂舞，则又别其目曰中学，曰西学，维新守旧，龂龂如也。窃谓学无判中西，择取有用而已。……然惧其鲜见寡闻也，使之浏览载籍，上下千百年，犹惧其泥古未通今也，使之旁涉时务书，兼采西学，亦补所不足。”③“旁涉时务书，兼采西学”，成为晚清学者倡导“经世之学”的必然选择。

恭亲王奕䜣认识到：“识时务者，莫不以采西学、制洋器为自

---

① 宋恕：《致贵翰香书》，《宋恕集》上册，中华书局1993年版，第539页。

② 《大梁书院藏书目·购书略例》，李希泌等编《中国古代藏书与近代图书馆史料》，中华书局1982年版，第73页。

③ 谢元洪：《兴化文正书院藏书序》，李希泌等编《中国古代藏书与近代图书馆史料》，中华书局1982年版，第75页。

强之道。”① 近代学者谢国桢亦云：“然世变日亟，昔日之纯谈考证，已不餍人士之期望，于是治今文之学家起，而谈西学之风兴，此时事所趋，有不得不然者。”② 对于中国学术之“无用”，晚清大儒吴汝纶意识到：“中国之学，有益于世者绝少，就其精要者，仍以究心文词为最切。古人文法微妙，不易测识，故必用功深者，乃望多有新得，其出而用世，亦必于大利害大议论，皆可得其深处，不徇流俗为毁誉也。然在今日，强邻棋置，国国以新学致治，吾国士人，但自守其旧学，独善其身则可矣，于国尚恐无分毫补益也。”③ 因此，中国必须学习西方各种“新学”。

晚清大儒陈黻宸称赞陈虬曰：“先生学问深博无涯矣，于诸子百氏九流之说，皆洞彻源流，得其旨要，汇为一宗，而于经世之学尤所致意，间有制定，悉协情势，非逞奇饰智苟为异同者可比，《报国录》其一也。”④ 这就是说，在经世观念支配下，陈氏注重“经世之学”，开始也是从自己精通的“诸子百氏九流之说”中探得经世旨要，只是由于这些传统学术资源不足以经世，方才转向西学，著《报国录》，视西学为最能济世的“经世之学”。梁启超说得更为明白：“居今日而言经世，与唐宋以来之言经世者又稍异。必深通六经制作之精意，证以周秦诸子及西人公理公法之书以为之经，以

① 奕䜣：《总理事务衙门奕䜣等折》，朱有瓛：《中国近代学制史料》，第1辑上册，华东师范大学出版社1983年版，第14页。

② 谢国桢：《近代书院学校制度变迁考》，沈云龙主编《近代中国史料丛刊续编》第66辑，第17页。

③ 吴汝纶：《答阎鹤泉》，《吴汝纶尺牍》，黄山书社1990年版，第97页。

④ 陈黻宸：《陈蛰庐孝廉〈报国录〉序》，《陈黻宸集》上册，中华书局1995年版，第511页。

求治天下之理；必博观历朝掌故沿革得失，证以泰西希腊、罗马诸古史以为之纬，以求古人治天下之法；必细察今日天下郡国利病，知其积弱之由，及其可以图强之道，证以西国近史宪法章程之书及各国报章，以为之用，以求治今日之天下所当有事。夫然后可以言经世，而游历讲论二者，又其管钥也。”①

人们在经世观念支配下，一方面痛感经学之空疏与无用，将其斥为“无用之学”，力谋从内部发掘有用之经世资源，另一方面则将目光逐渐集中到西方近代“有用之学”上。梁启超曰：“有为、启超皆抱启蒙期‘致用’的观念，借经术以文饰其政论，颇失‘为经学而治经学’之本意，故其业不昌，而转成为欧西思想输入之导引。”② 随着人们对传统“经世之学”自身的局限性认识的深化，越来越多的人认识到传统的“经世之学”不足以经世，必须引入西方近代学术方能经世，因此，便促发了越来越多的学者对西学的追求和向往。

晚清许多中国学人均经历了这种复杂之心路转变。清末诗人范当世：“好言经世……其后更甲午、戊戌、庚子之变，益慕泰西学说，愤生平所习无实用，昌言贱之。”③ 近代大儒章太炎在 1897 年《兴浙会章程》中的这段话，也是颇有代表性的：“经世之学，曰‘法后王’。虽当代掌故，稍远者亦刍狗也。格致诸艺，专门名家；

① 梁启超：《湖南时务学堂学约十章》，《时务报》第 49 册，1897 年 12 月 24 日。

② 梁启超：《清代学术概论》，《梁启超论清学史二种》，复旦大学出版社 1985 年版，第 5 页。

③ 陈三立：《范伯子文集跋》，《散原精舍文集》，台北中华书局 1966 年版，第 279 页。

声光电化，为用无限。而学者或苦于研精覃思，用心过躁，卒无所称。……大抵精敏者宜学格致，驱迈者宜学政法。官制、兵学、公法、商务，三年有成，无待焠掌。且急则治标，斯韦当务。若自揣资性与艺学相远，当亟以政法学为趋向。”① 晚清“经世之学”的内容，已经远远超出了传统“经世之学”的范围，演变为近代西方“新学”诸门类。

关于这一点，不仅从上述《皇朝经世文编》内容变化上明显地体现出来，而且在《皇朝经世文统编》中体现出来。《统编》分为10部：文教部，包括学术、经义、史学、诸子、字学、译著、礼乐、学校等15门；地舆部，包括地球时势通论、各国志、地利、风俗、水道、农务等11门；内政部，包括治术、科举、官制、用人、议院、正俗、刑律、火政等19门；外交部，包括交涉、通商、遣使、约章、中外联盟、中外和战等10门；理财部，包括富国、银行、钱币、茶务、公司、国债、赋税、盐务等14门；考工部，包括工艺、制造、矿务、铁路、机器、纺织、电报、邮政等8门；格物部，包括格致、算学、天文、地学、医学等5门；通论部5门；杂著部3门。在这10部中，值得注意的有：文教部中，学术、经义、史学、诸子、字学、译著、礼乐等门，实际上就是后来经科、历史学、文字学的前身；格物部中的格致、算学、天文、地学、医学等5门新学术，相当于后来数学、物理、化学、天文学、地质学和医学。

① 章太炎：《兴浙会章程》，《经世报》第3册，1897年8月。

这样，晚清时期兴起的“经世之学”，其内容从传统的“通经致用”及“六部学术”体系，逐渐演变为“洋务之学”体系。经世之学对西学输入起到了重要的引导作用。这种引导作用，一方面体现在对传统学术的批评和扬弃上，另一方面则体现在对西方学术的向往和不停顿之介绍上。而西学之大规模输入，自然带来了西方分科观念和分科原则，中国近代意义上的学术分科便随之而起。

二、新式学堂课程及其分科观念

西方近代学术分科体系，是以近代学科为分科标准，以分科设学、分门研习、学务专门为分科原则，建立起来的分为社会科学与自然科学的众多学科门类的知识体系。以近代西方学科为分科标准，是区别于中国传统学术分科的重要标志。因此，中国学术分科在晚清的转变，是西方学术分科观念传入中国后，中国学人按照西方学术分科观念和分科原则，以学科为分科标准，以近代西方学科为参照系对中国传统学术进行分门别类的结果。因此，西方学术分科观念及分科原则的引入，是中国近代意义的学术分科出现的关键所在。正因如此，有必要首先考察西方分科观念是如何引入中国的，中国学人是如何接受近代西方分科观念及原则的。

以近代学科为分科标准、分科设学、学务专门，是近代西方分科观念与分科原则之三项重要标志。所谓西方分科观念之引入，不仅指西方近代意义之各种自然科学与社会科学各学术门类及相应学科逐渐移植中国，而且指按照分科设学、分门研习和学务专门三条重要原则，对这些近代意义之学科进行分门别类，逐渐建立起一套近代意义之学术分科体系。

中国学界在学术分科问题上对西学冲击之回应，最早体现在晚清创办的各类新式学堂的课程上。在这些新式学堂中，西方近代分科性之学术门类，首先以学堂课程的形式被介绍到中国。这样的学术门类与传统中国学术门类是迥然不同的。在这些新式学堂之学科门类设立过程中，西方分科设学、分门研习、学务专门之分科原则得到了体现，西方分科观念逐渐为中国学人知晓。所以，要了解西学传入后中国人的分科观念，进而了解近代中国学术分科情况，必须从考察晚清各种新式学校之课程设置入手。

西方近代最早为中国人知晓的"分科设学"可以追溯到明清之际。西方传教士不仅向中国士大夫介绍西方天文、历法、数学等近代意义的学科，而且对西方"分科设学"之学校制度做了介绍。以"西学"为书名者，有耶稣会士艾儒略所著《西学凡》，此外还有《西学治平》《民治西学》《修身西学》之类。艾儒略撰《职方外纪》曰："欧罗巴诸国皆尚文学，国王广设学校。一国一郡有大学、中学，一乡一邑有小学。小学选学行之士为师，中学、大学又选学行最优之士为师。生徒多者至数万人。其小学曰文科，有四种，一古贤名训，一各国史书，一各种诗文，一文章议论。学者自七八岁至十七八，学成而本学之师儒试之，优者进于中学，曰理科。有三家，初年学落日加（Logica，即逻辑），译言辨是非之法；二年学费西加（Physica，即物理），译言察性理之道；三年学默达费西加（Metaphysica，即哲学）。学成而本学师儒之试之，优者进于大学，乃分为四科，而听人自择。一曰医科，主疗疾病；一曰治科，主习政事；一曰教科，主守教法；一曰道科，主兴教化，皆学数年而后成。学成而师儒又严考阅之。凡试士之法，师儒群集于上，生徒北面于下，一师问难毕，又轮一师。果能对答如流，然后取中。其试一日止一二人，一人遍应诸师之问。如是取中，便许任事。”①

这是目前所见到之最早对欧洲教育制度做介绍的一段文字。其中包含了两方面重要信息：一是介绍西方近代意义上的学科门类，如逻辑学（落日加，Logica）、物理学（费西加，Physica）、哲学（默达费西加，Metaphysica）等以特定领域为研究对象的学科；二是首次介绍了西方近代“分科设学”观念，如小学文科分为古贤名训、各国史书、各种诗文、文章议论等四科，大学分为医、治、教、道等四科。

但艾儒略所介绍之西方近代学科及“分科设学”观念，并没有引起时人注意。纪昀评述《西学凡》曰：“是书成于天启癸亥，《天学初函》之第一种也。所述皆其国建学育才之法，凡分六科：所谓勒铎理加者文科也，斐录所费亚者理科也，默第济纳者医科也，勒义斯者法科也，加诺搦斯者教科也，陡禄日亚者道科也。其教授各有次第，大抵从文入理，而理为之纲。文科如中国之小学，理科则如中国之大学。医科、法科、教科者，皆其事业；道科则在彼法中所谓‘尽性致命之极也’。其致力亦以格物穷理为本，以明体达用为功，与儒学次序略似。特所格之物，皆器数之末，而所穷之理，又支离神怪而不可诘，是所以为异学耳。”② 纪昀虽肯定其在科技上成就，但却否定其学理，将之斥为“支离神怪”之“异学”。西方近代分科观念虽然传到中国，但并没有引起中国学者应有之注意。

鸦片战争后，中国学人开始注意艾儒略的介绍，并建议按照“分科立学”原则创立新式学堂。1845 年，梁廷枏在《兰仑偶说》

---

① 艾儒略：《职方外纪》卷二，《欧罗巴总说》，《万有文库》刊印本。

② 纪昀：《杂家类存目二 · 西学凡》，《四库全书总目提要》卷一二五，商务印书馆 1933 年刊印本。

中介绍英国大学时说："所学亦四科，听人之自择，曰医科，主疗疾病，凡病死，医不得其故者，则剖其骸，以验其病端所在，著书示人；曰治科，主习吏事；曰教科，主守教法；曰道科，主兴教化。"① 这段文字，显然是从艾儒略《职方外纪》而来的，说明欧洲学校"分科立学"做法到此时始为中国学者注意。

最早在中国创办新式学堂并按照西方"分科立学"原则设置课程者，是1839年创办的马礼逊学堂。1843年，该校从澳门迁到香港，其所开课程，也发生了一些变化。它分为英文与中文两科，英文科设有天文、地理、历史、算术、代数、几何、初等机械学、生理学、化学、音乐、作文等课程；中文科设有"四书""易经""诗经""书经"等课程。尽管该学堂传授的西学比较肤浅，多属常识性知识，但相对于中国传统知识系统和学术门类来说，这套知识体系却是新颖的。西方近代数学、历史学、地理学、生理学和化学等学科门类及基础知识，及其包含的"分科立学"观念，开始传入中国。

随后，外国传教士在中国各地设立许多教会学堂。这些学堂除了宣讲基督教义外，也按照西方学校制度设置近代意义上的课程，传授西方当时的西学知识。1884年建立的镇江女塾，所设课程包括算术（笔算、心算）、代数、几何（形学）、动物学、植物学、科学基础知识（格物入门）、人体解剖知识（全体入门）、生理卫生、地理学、世界通史、性学举隅等，同时还研习《三字经》《百家姓》《千字文》及"四书"、《诗经》、《左传》等儒家经典，基本上是以西学为主、兼顾中学。登州文会馆学制分备斋、正斋两个阶段，所

---

① 梁廷枏：《兰仑偶说》卷四，《海国四说》之一，1845年木刻本，第14页。

设课程从门类上说，与镇江女塾大同小异，西学有算术、代数、几何、格物、化学、天文、地理、动物学、植物学、测绘学、航海学、人体解剖学、富国策等课程；中学则讲授“四书”、“五经”、唐诗、中国通史（二十一史）等课程。①

从镇江和登州两所办得较好之教会学堂的课程设置看，外国传教士设立的这些学校，都是按照西方“分门立学”原则组织教学的；其所讲授的课程，主要是西方当时各种自然科学和基本的史地知识。当时西方存在之许多学术门类，通过这些课程或多或少地介绍到了中国，尽管这种介绍是不自觉的，也是比较肤浅粗糙的。大致说来，19 世纪 80 年代以前教会学堂传授、介绍的近代意义的学术门类，主要有数学、物理学、化学、天文学、地理学、生物学等西学科目。这些学术门类，与中国传统学术门类显然是不同的。其中最大的不同，是分科标准之差异：近代西方以学科为分科标准，而中国则不是；介绍到中国的近代西方学科，多为中国所缺乏，或在中国未能独立成科者。

1862 年，清政府在京师创办同文馆，恭亲王奕䜣开始仿效西方“分科设学”做法，在创办《章程》中规定“分设教习以专训课”“设立提调以专责成”“分期考试以稽勤惰”等办学原则，分别学习英、法、俄、德四国文字。1866 年，他认为洋人制造机器、火器，以及行船、行军，“无一不自天文、算学中来”，请求开办同文馆天文算学馆，“延聘西人在馆教习，务期天文、算学，均能洞彻根源，斯道成于上，艺成于下”，以便研求“推算格致之理，制器尚象之

① 熊月之：《西学东渐与晚清社会》，上海人民出版社 1994 年版，第 293 页。

法”，探求“中国自强之道”。[①] 1870 年以前，京师同文馆课程主要是外文与中文，学生除了学习四国文字外，还研习天文、算学等科目。

1876 年，总教习丁韪良按照西方“分科立学”原则，制定新课程表。他所制定之课程表，分为两种，一种是八年制课程，另一种为五年制课程。八年制课程为：第一年：认字写字、浅解辞句、讲解浅书；第二年：讲解浅书、练习文法、翻译条子；第三年：讲各国地理、读各国史略、翻译选编；第四年：数学启蒙、代数学、翻译公文；第五年：讲求格物、《几何原本》、平三角、弧三角、练习译书；第六年：讲求机器、微分积分、航海测算、练习译书；第七年：讲求化学、天文测算、《万国公法》、练习译书；第八年：天文测算、地理精石、《富国策》、练习译书。其五年制课程为：第一年：数理启蒙、九章算法、代数学；第二年：学四元解、《几何原本》、平三角、弧三角；第三年：格物入门、兼讲化学、重学测算；第四年：微分积分、航海测算、天文测算、讲求机器；第五年：《万国公法》、《富国策》、天文测算、地理金石。

这两个课程表，都体现了西方“分科立学”观念和分科原则。它所传授的知识，除了中学的经学外，主要是西学课程。这些课程，包括外国语言文字（认字写字、浅解辞句、讲解浅书、练习文法、翻译条子、翻译选编、练习译书等），算学（数学启蒙、代数学、《几何原本》、平三角弧三角、微分积分等），天文测算，格致学，化学，公法与《富国策》，地理学，金石矿物学等。这些课程，大致分属这样几个近代意义的学科：数学、天文学、化学、格致学、

---

① 奕䜣：《奏请在同文馆添设天文算学馆折》，《筹办夷务始末》同治朝卷四六。

地理学、经济学等。其中，格致学和数学分类很细，在学科之内分为若干门类，如格致学分为力学、水学、声学、气学、火学、光学、电学等七门，动、植物学也归此类；数学则包括代数、几何、三角、微积分等分支门类。不仅如此，这两个课程表明确规定："天文、化学、测地诸学，欲精其艺者，必分途而力求之；或一年，或数年，不可限定。"① 此处所谓"分途而力求"，显然包含着西方"分门研学"之精神。

值得说明的是，京师同文馆虽采取西方"分途研习"做法，算术、天文及各国语言文字的程度也"逐渐加深"，但并未实现造就有用人才之目的。1896 年，陈其璋在《请整顿同文馆疏》中，认为其原因就在于这些课程"仍属有名无实，门类不分，精粗不辨"，即贯彻西方"分科设学"原则并不彻底。因此，必须对同文馆加以整顿，另订章程，"于天文、算学、语言文字之外，择西学中之最要者，添设门类，俾学生等日求精进，逐渐加功，庶经费不致虚糜，而人才可冀蔚起矣"②。也就是说，根据"分科设学"原则，除了设立天文、算学、语言文字外，还要增添更多的西学门类，使学科门类更加细密。这种情况说明，中国学者对于西方"分科立学"与"分门研习"之近代分科观念已经有了较深体会。

1863 年，上海同文馆建立（1867 年改为上海广方言馆），监院冯桂芬拟订《试办章程十二条》，课程设置分为经学、史学、算学和词章四大门类，"以讲明性理敦行立品为之纲"，分课学习，基本上是中

---

① 《京师同文馆课程表》，陈学恂主编《中国近代教育史教学参考资料》上册，第 31 页。

② 陈其璋：《请整顿同文馆疏》，陈学恂主编《中国近代教育史教学参考资料》上册，第 30 页。

学与西学并立，但中学占的比重较大。时人认为："西人制器尚象之法，皆从算学出，若不通算学，即精熟悉西文亦难施之实用。"因此除了西文外，其中最重要的课程便是算学，并规定"算学与西文并须逐日讲习，其余经史各类，随其资禀所近分习之。专习算学者，听从其便"①。1868年以后拟订之《课程十条》和《开办学馆事宜章程十六条》，课程设置尽管也是中学、西学并举，但其分科类目更为详细：习经，先讲《春秋左传》；习史，先读《资治通鉴》，再读《通鉴外纪》《续通鉴》等；讲习小学诸书，先读《养正遗规》《朱子小学》，再读《近思录》《性理精义》等；习算学，先从加减乘除开方入手，以西方几何、代数为主，兼习重学。该馆分上、下两班，下班学习外国公理公法，并学习有关算学、代数、对数、几何、重学、天文、地理等基础知识，成绩优异者进入上班专学一艺。上班分为七门，内容包括：(1）辨察地产，分炼各金，以备制造之材料；(2）选用各金材料以成机器；(3）制造各种木、铁产品等。这个课程设置，由过去一般性地培养外语人才，转变为入学一年后即确定专业，培养专门科技人才。这样，它所包括之中西学科，除了中学方面之经义、史鉴掌故和小学外，主要是西学中"格致诸学"和工艺制造等科目。

1878年，张焕纶会同沈成浩、徐基德等人在上海创办正蒙书院（后改为梅溪学校），分设七科，即国文、舆地、经史、时务、格致、数学、诗歌。这是中国第一所私人创办之新式"分科立学"学堂。对于张氏创办该校动机，其后人述曰："先君素抱经世之志，以吾国人才多汩没于虚浮无用之学，慨然以改良教育为己任。"说

① 《上海同文馆试办章程十二条》，陈学恂主编《中国近代教育史教学参考资料》上册，第54页。

明张氏是在经世学风影响下，认为传统学术为“虚浮无用之学”而力谋改良的结果。该书院所设七门学科，是张氏认为当时的“有用之学”。从张氏兴办书院的思想来源看，既是效法宋儒胡安定“分斋立学”的结果，同时也是依据西方“分科立学”原则的结果。张氏“生平服膺宋儒胡安定立教分经艺、治事两斋，故校中奉安定先生遗像，岁时瞻拜”①。该书院所设立之七门学科，基本上是兼采中西、糅合中西学术以后的学术分科。中国学术主要指：国文、舆地、经史、歌诗等科；西方学术主要指：时务及格致学。这种分科思路，是在中国固有的学术门类中，增加一些西方“格致学”内容。

1867 年，左宗棠在福建创办福建船政学堂，“延致熟习中外语言文字洋师，教习英、法两国语言文字、算法、画法，名曰求是堂艺局”，该局“所重在学造西洋机器以成轮船，俾中国得转相授受，为永远之利”。对于学堂课程，其规定：“艺局之设，必学习英、法两国语言文字，精研算学，乃能依书绘图，深明制造之法，并通船主之学，堪任驾驶。”②

1885 年，李鸿章创办天津武备学堂，认识到：“独是泰西武备之学，皆从天算、舆地、格致而来，欲造其极诣，必先通其语言文字，乃能即事穷理，洞见本源。”③ 故首先学习西国语言文字，然后研习西方天算、舆地、格致诸学。因此，李氏规定之武备学堂课程，

---

① 张在新：《上海张经甫先生兴学事实汇录》，《中华教育界》，第 3 年（1903 年）第 11 号。

② 左宗棠：《奏呈船政事宜折》，《左文襄公全集·奏稿》卷二〇，《近代中国史料丛刊续编》影印本，第 62—65 页。

③ 李鸿章：《创设天津武备学堂折》，《李文忠公全书·奏稿》卷五三，光绪乙巳（1905 年）金陵木刻本，第 43 页。

包括“兵法、地利、军器、炮台、算法、测绘等学”①。1887年，张之洞亦云：“外洋诸国，于水陆两军皆立专学。天文、海道、轮算、驾驶、炮械、营垒、工作、制造分类讲求，童而习之，毕生不徙其业，是以称霸海上。”② 此处所谓“分类讲求”之观念，虽然说仍然源自中国，而“天文、海道、轮算、驾驶、炮械、营垒、工作、制造”等科目之设置，则来自近代西方武备学堂的课程。

1887年，张之洞创立水陆师学堂，其所定的课程，被称为“洋务五学”——矿学、化学、电学、植物学和公法学。为什么要分科研习这五种学问？张之洞解释道：“查外国以开矿为富国首务，以中国地产至蕃，而铜、铁、铅、煤之属多从洋购，其招商开矿者择之不精，取之不尽，理之又不得其人，往往亏本无效，视为畏途。将来铁路创兴，用铁益广，轮船日富，用煤益多，纵一时未能远销外国，总当使中国之材足供中国之用，此矿学宜讲也。提炼五金，精造军火，制作百货，皆由化学而出，今各省开局制造之事甚繁，而物料之涉于化学，不能自制自修者，仍必须取资外洋，且不通其理，则必不尽其用，此化学宜讲也。电之为用，若电线、电灯、电发雷炮之属，最裨军政，今各省用电之事甚多，而生电之机、发电之气、制电之药亦皆仰给外洋，此电学宜讲也。”③

张氏继续解释云：“圣人教民树艺，后世抑为农家，西人窃其绪余而推阐之，遂立植物一学，析其物类性质，辨其水土宜忌，勒为成书，天时之穷济人力，人力之穷辅以机器，于是国无弃地，地

---

① 李鸿章：《北洋武备学堂学规》，中国社会科学院近代史研究所藏本。

② 张之洞：《创办水陆师学堂折》，《张文襄公全集》奏议二十一，中国书店1990年版。

③ 张之洞：《增设洋务五学片》，《张文襄公全集》奏议二十八，中国书店1990年版。

无遗力。农桑为生民之本业，方今生齿日多，灾殄时有，岂可不亟为经营，此植物之学宜讲也。泰西各国以邦交而立公法，独与中国交涉恒以意要挟，舍公法而不用，中国亦乏深谙公法能据之以争者，又凡华民至外洋者，彼得以其国之律按之，而洋人至中土者，我不得以中国之法绳之，积久成愤，终滋事端。夫中外之律，用意各殊，中国案件命盗为先而财产次之，泰西立国畸重商务，故其律法凡涉财产之事论辩独详，及其按律科罪，五刑之用，轻重之等，彼此亦或异施。诚宜申明中国律条参以泰西公法，稽其异同轻重，衷诸情理至当著为通商律例，商之各国，颁示中外。如有交涉事出，无论华民及各国之人在中土者咸以此律为断，庶临事有所依据，不致偏枯。顾欲为斯举，非得深谙中外律法之人不可，此公法之学宜讲也。"① 可见，张氏所谓"洋务五学"，是根据"有益自强之务"、参酌中西学术后确定的。

1890 年，曾国荃拟订《江南水师学堂简明章程》，对学堂课程作了规定：除了英文文法外，还有几何、代数、平三角、弧三角、中西海道、星辰部位、升桅帆缆、划船泅水、枪炮步伐、水电鱼雷、重学、微积、驾驶、御风测量、绘图诸法、轮机、理要、格致、化学等，"凡为兵船将领应知应能之事，均应学习"②。这些课程，体现了"分科立学"原则，并且也是按门考试的，其考试科目为："各门学内有行船法、天文学、汽机学、画图学、数学、代数学、集合学、平弧三角法、地志学、英文文法与翻译与诵读与默书与解字，并写英字作英文。"③

---

① 张之洞：《增设洋务五学片》，《张文襄公全集》奏议二十八，中国书店 1990 年版。

② 《江南水师学堂简明章程》，《万国公报》第 22 册，1890 年 11 月。

③ 《南洋水师学堂考试纪略》，《格致汇编》，第 7 年第 3 卷。

与上述新式学堂不同，徐寿与英国人傅兰雅在上海创立的格致书院（1874 年），则以“讲习格致各科学”为宗旨，基本没有设置中学门类的课程。这个学堂，是近代中国第一个传播和讲习西方近代科学的书院。兴办书院之目的是：“欲华人得悉泰西各学之门，且冀彼此较相亲近，勿视为远方不相识之人也。”① 正因创办此书院旨在“欲令中国便于考究西国格致之学，工艺之法，制造之理”②，所以，它的课程设置包括两类：一是格致诸学，如化学、矿学及“格致学理”，并由南北洋大臣及各关道分期命有关格致之题，对学生进行课艺；二是工艺制造之术。书院讲习的格致之学，门类繁多，包括“天文、算法、制造、舆图、化学、地质等事”，从学者“即可各习一门，以期专精”。很显然，这是仿效西方“分科立学”“分门研习”原则来讲求“格致之学”的。

格致书院所讲习之西学科目非常细密，这可以从傅兰雅为格致书院设计的一套内容相当全面的“西学课程提纲”中窥知。傅兰雅所设计的西学课程，包括矿务、电务、测绘、工程、汽机、制造等六类学术，每一门类又设置几门到几十门课程。例如：电务类设置了数学、代数学、几何与三角学、重学略法、水重学、静水学、气学、热学、连规画图法、汽机学、材料坚固学、机器重学、锅炉学、配机器样式法、电气学、用电各器等 17 门电务全课；另设有数学、代数学、几何三角学、重学略法、热学、运规画图法、画各体法、材料坚固学、电气学、用电各器、配吸铁机器样式法等 12 门电气专门课程。这样，六大类学术便包括了上百门课程。

---

① 《宏文书院》，《申报》，1873 年 3 月 25 日。

② 《格致书院第一次记录》，《万国公报》第 357 卷，1875 年 10 月 9 日。

表8 傅兰雅《格致书院西学课程》分类表

科　目		课程目录
矿务学	全课目录（17课）	1. 数学；2. 洞内通风法（分为气质化学课、防火灯课、测风器具课、通风理法课、岔通风法课等）；3. 煤之地学；4. 求美各法；5. 开煤井煤洞法（分为开井开洞开煤各法课）；6. 开各金类矿法；7. 测绘煤与各金类矿井洞法（分为几何略法课、指南针测绘课、经纬仪测绘课、水平仪测绘课、测井法课、测煤洞法课、测全类矿洞法课）；8. 机器学（分为重学略课、助力器课、配机器样式课、器具材料坚固课、汽机锅炉课、起重牵重课、用空气与压紧空气器具课、静水学课、动水学课等）；9. 画图法（分为画图器料课、运规各法课、画各物体课）；10. 立医伤害初用各法；11. 开煤开矿各国律例；12. 开煤开矿管账法；13. 吹火筒辨试各矿法；14. 矿学；15. 试验各矿法（分为备矿法课、天平砝码课、熔炉课、试矿药料课、试验金银法课、锅内炼矿法课、骨灰分银法课、试验铅矿法课、试水验铁法课、试验矽养二法课等）；16. 金类矿之地学（分为地学略课、金之地学课、银之地学课、铅之地学课、锌之地学课、铁之地学课、煤与火油之地学课、锡之地学课、汞等地学课）；17. 相地求矿法
	专课目录（分3门）	第一门开煤课：1. 数学；2. 通风法；3. 防火灯；4. 煤之地学；5. 求煤法；6. 开井法；7. 开煤法；8. 测绘煤洞法；9. 重学略法；10. 材料坚固法；11. 锅炉学；12. 汽机学；13. 牵重机器；14. 起重机器；15. 起水机器；16. 钻器凿器；17. 压紧空气传力法与电气传力法；18. 通风机器；19. 备煤块、大小分等法；20. 医受伤初用法；21. 开煤律例；22. 开煤洞管账法； 第二门开金类矿课：1. 数学；2. 测绘开金类矿洞法；3. 吹火筒法；4. 矿学；5. 试矿法；6. 各矿地学；7. 相地求矿法；8. 开井法；9. 开矿法；10. 重学略法；11. 材料坚固；12. 锅炉学；13. 汽机学；14. 起重机器；15. 起水机器；16. 压紧空气传力法；17. 电传力法；18. 凿矿机器；19. 轧矿分矿机器；20. 医伤初用法；21. 开矿管账法；

续表

科　目		课程目录
		第三门矿务机器课：1. 数学；2. 重学略法；3. 机器重学；4. 配机器样式法；5. 材料坚固法；6. 锅炉学；7. 汽机学；8. 起重牵重机器；9. 起水机器；10. 压紧空气传力法；11. 用电气传力法；12. 通风机器；13. 钻与凿机器；14. 分煤块大小机器；15. 轧碎各矿与分类机器；16. 画各机器图法
电务学	全课目录（17 课）	1. 数学；2. 代数学；3. 几何与三角学；4. 重学略法；5. 水重学（分为静水学课、动水学课）；6. 气学；7. 热学；8. 运规画图法；9. 汽机学；10. 材料坚固学；11. 机器重学；12. 锅炉学；13. 配机器样式法；14. 电气学（分为电气根源课、通电阻电料课、记电数法课、吸铁气课、电与吸铁之显力课、测电法与器具课）；15. 用电各器（分为发化电器课、电报课、吸铁磨电器连通法课、吸铁磨电递更反正法课、电气机器连通法课、炭条等电灯课、电镀金类法课、电焊金类法课）；16. 吸铁电机器配式样尺寸法（分为电力与器具之相关课、卸轮课、造卸铁法课、通断电气轴课、聚引电气帚课、电气吸铁器课、电气吸铁圈造法课、吸铁器零件课、十五马力电机器图与推算及绕线各法课）；17. 通电燃灯或传力法（分为总房各事课、安排电线各法课、电车铁路法课）
	专课目录（分 2 门）	第一门电气机器课：1. 数学；2. 代数学；3. 几何三角学；4. 重学略法；5. 水重学；6. 气学；7. 热学；8. 运规画图法；9. 画各体法；10. 汽机学；11. 材料坚固学；12. 机器重学；13. 锅炉学；14. 配机器样式法；15. 电气课；16. 用电各器；17. 配吸铁电机器样式法；18. 电线通光传力法； 第二门电业课：1. 数学；2. 代数学；3. 几何三角学；4. 重学略法；5. 热学；6. 运规画图法；7. 画各体法；8. 材料坚固学；9. 电气学；10. 用电各器，11. 配吸铁机器样式法；12. 电线通光传力法

续表

科　目		课程目录
测绘学	全课目录（10课）	1. 数学；2. 代数学；3. 几何学（分为几何学、三角学课、量法学课）；4. 重学略法；5. 水重学（分为静水学课、动水学课）；6. 气学；7. 运规画图法；8. 测量各法（分为测量总理课、指南针测量法课、经纬仪测量法课、水平仪测量法课、细测小地面法课、测水面法课）；9. 测国分地界法；10. 画地图各法
工程学	专课目录（分2门，全课目录同）	第一门开铁路工程课：1. 数学；2. 代数学；3. 几何学（分为几何学课、三角学课、量法学课）；4. 重学略法；5. 水重学（分为静水学课、动水学课）；6. 气学；7. 静重学画图法；8. 材料坚固学；9. 测量各法（分为测量总理课、指南针测量法课、经纬仪测量法课、水平仪测量法课、细测小地面法课、测水面法课）；10. 画地图各法；11. 开铁路定方向法；12. 开铁路各工法；13. 安铁条各工法；14. 铁路建造各务法； 第二门造桥工程课：1. 数学；2. 代数学；3. 几何学（分为几何学课、三角学课、量法学课）；4. 重学略法；5. 水重学（分为静水学课、动水学课）；6. 气学；7. 运规画图法；8. 绘画桥图法；9. 静重学画图法；10. 推算桥各处任力法；11. 材料坚固课；12. 配材料尺寸法；13. 造桥各件尺寸与样式法
汽机学		二者因课程纲目并未编妥，未能得见其内容
制造学		

资料来源：傅兰雅：《格致书院西学课程》，光绪二十一年（1895年）上海格致书院印本。

这种课程设置，充分体现了西方"分科立学"原则和"学务专门"的特点，对当时中国学人了解和接受西方分科观念具有很大影响。据时人称，格致书院创办后，"四方好事者造请无虚日，算术、格致、矿路、制造之属，随事指陈，各满其意而去，以故通达者众，风气为之大开”[①]。

林乐知等人1881年创办之中西书院，其宗旨是中西学术并重。林乐知的中国助手沈毓桂认为，当今之世“专尚中学固不可也，要必赖西学之辅之；专习西学亦不可也，要必赖中学以襄之”[②]。林乐知在《中西书院规条》中曰：“余拟在上海设立书院，意在中西并重，特为造就人才之举。”中西书院在课程设置上严格遵“中西并重”原则，半天中学，半天西学。中学主要是讲解古文、作诗造句、写对联、学书法、熟读“五经”等。西学课程是这样安排的：第一年，认字写字、浅解词句、讲解浅书；第二年，讲解浅书、练习文法、翻译字句；第三年，数学启蒙、各国地图、翻译选编、查考文法；第四年，代数学、格致学、翻译书信；第五年，天文、勾股法则、平三角、弧三角；第六年，化学、重学、微分、积分、讲解性理、翻译诸书；第七年，航海测量、《万国公法》、全体功用、翻译作文；第八年，《富国策》、天文测量、地学、金石类考。另外，从第一年至第八年，习学西语即外语口语是必修课程。[③]

中国学人对西方“分科立学”、分门研习学问等近代分科观念及原则之理解程度，也可以从格致书院每年的课艺试卷中略窥一斑：“泰西各国学问，亦不一其途，举凡天文、地理、机器、历算，医、化、矿、重、光、热、声、电诸学，实试实验，确有把握，已不如空虚之谈。而自格致之学一出，包罗一切，举古人学问之芜杂一扫

---

① 杨模：《锡金四哲事实汇存》，转引自熊月之《西学东渐与晚清社会》，第362页。

② 海滨隐士：《上海中西书院记》，《万国公报》第60册，1894年1月。

③ 林乐知：《中西书院课程规条》，《万国公报》第14年第666卷，1881年11月26日。

而空，直足合中外而一贯。盖格致学者，事事求其实际，滴滴归其本源，发造化未泄之苞符，寻圣人不传之坠绪，譬如漆室幽暗而忽燃一灯，天地晦冥而皎然日出。自有此学而凡兵农礼乐政刑教化，皆以格致为基，是以国无不富而兵无不强，利无不兴而弊无不剔。”① 从这段文字可知，到 19 世纪 80 年代，中国学人对于西方“格致诸学”内部分科体系及西方“分科立学”原则已经有了较准确把握。

总之，最早将“分科立学”“分科治学”观念传入中国者，是在中国创办教会学堂的外国传教士。他们在自己创办的这些新式教会学堂中，开始按照西方“分科立学”原则，将西方分科性质的课程引入到这些在中国创办的教会学堂中。这种教会学堂的课程设置，包含着西方近代分科观念。随后，晚清中国人创办的各种新式学堂，也逐步采纳了这种“分科立学”做法。这样，西方近代意义上的各种学科陆续介绍到中国，与此相伴之学术分科观念也逐步传播开来。

三、西书翻译与最初的西学门类

中国人对西学的了解，更多的还是通过翻译西书方式得到的。19 世纪 40—50 年代最早的一批西学书籍是由西方传教士与中国最早一批接触西方学术的学者（如李善兰、徐寿、王韬等）合作翻译的，英华书院、墨海书馆成为翻译西书较为著名的机构。中国最早接触西学的一批学者，或直接翻译西书，或

① 《王佐才答卷》，《格致书院课艺》第 1 册，转引自熊月之《西学东渐与晚清社会》，第 368 页。

阅读西书而接触了西方近代学术，逐步接受了西方近代分科观念。分析这些早期传入中国之西学书籍，可以知道究竟哪些西方近代意义上的学术门类被介绍到了中国。

有人统计，从1843年到1860年，香港及开放的五口出版的西方书籍达434种，其中纯属宗教类的329种，占75.8%；属于天文、地理、数学、医学、历史、经济等方面的有105种，占24.2%。①李善兰和伟烈亚力等人合作，从1852年7月续译《几何原本》开始，先后翻译了6种西方几何学、代数学、微积分、力学、天文学、植物学著作，这样，西方近代数学、物理学（当时称“格致学”）、化学、天文学（当时称“天学”）、地理学、植物学等一批重要著作传入中国，并在西学东渐史上创下很多重要记录：《代数学》（1859年），第一部符号代数学译著；《代微积拾级》（1859年），第一部微积分学译著；《重学》（1858年），第一部力学译著；《植物学》（1859年），第一部植物学译著；《谈天》（1859年），第一部近代天文学译作；《光论》和《光学图说》，最早的光学译作；《声论》，最早的声学译作；《六合丛谈》（1857年），可称近代化科技期刊的雏形。

表9　19世纪后期译书科目及语种（1850－1899年）

语文与国别									
科目	英	美	法	德	俄	日	其他和不详	总计	百分比
哲学	5	1	—	—	—	—	4	10	1.8
宗教	3	1	—	—	—	—	1	5	1.0
文学	1	1	—	—	—	—	1	3	0.5

① 熊月之：《西学东渐与晚清社会》，上海人民出版社1994年版，第8页。

续表

语文与国别									
科目	英	美	法	德	俄	日	其他和不详	总计	百分比
艺术	1	—	—	—	—	—	1	2	0.3
史地	25	10	1	1	2	16	2	57	10.0
社会科学	23	5	2	6	—	6	4	46	8.1
自然科学	96	26	3	2	—	32	10	169	29.8
应用科学	123	33	6	16	—	29	23	230	40.6
杂录	9	5	1	4	—	3	23	45	7.9
总计	286	82	13	29	2	86	69	567	
百分比	50.5	14.5	2.3	5.1	0.3	15.1	12.2		100
附注：表中数字系代表种数，杂志上刊登的翻译文章未包括在内。									

资料来源：[美] 钱存训：《近世译书对中国现代化的影响》，《文献》1986 年第 2 期。

从 1844 年到 1860 年，墨海书馆翻译出版 171 种西书，其中有 138 种为宣传基督教内容的，占整个译书的 80.7%，属于近代数学、格致、天文、地理、历史等学科的西书，仅 33 种。[①] 这 33 种西学书籍，比较重要者为：数学方面有伟烈亚力、李善兰等人合译之《数学启蒙》(1853 年)、《续几何原本》(1857 年)、《代数学》(1859 年)、《代微积拾级》(1859 年) 等；格致学方面有《重学浅说》(1858 年)、《重学》(1859 年)；天文学方面有《谈天》(1859 年)；

① 熊月之：《西学东渐与晚清社会》，上海人民出版社 1994 年版，第 188 页。

地理学方面有《地理全志》(1853 年) 和《大英国志》(1856 年);植物学方面有《植物学》(1859 年);医学方面则有合信所著的《西医略论》(1857 年)、《妇婴新说》(1858 年) 和《内科新说》(1858 年) 等;介绍西学的综合性书刊有《中西通书》《格物穷理问答》《科学手册》和《六合丛谈》等。在与西人合作译书过程中,李善兰、王韬等人对西学有了较深了解。人们在评价李善兰译介西书影响时说:"李氏之前,所习皆偏于历数心性,而李氏则专注于工艺历史。观制造局之译书,可以见李氏宗主之所在矣。李氏而后,译学日新,时局大变,于是言西学者,又舍工艺而言政法。而西方之学术,于是大输于中华。"①

王韬参与翻译《中西通书》《格致新学提纲》及《西国天学源流》等西书,并单独撰写了《西学图说》《西学原始考》及《泰西著述考》等介绍西学的书籍。《西学原始考》对西方诸如数学、物理学、化学、天文、地理、地质、生物、医学、农学、哲学、法学等近代科学各方面的发现历程做了概述,为国人提供了一套迥异于中国传统学术体系的知识系统,对开阔人们的学术视野、更新学者的知识结构起了很大作用。

京师同文馆在其存在之 40 年间,先后译著西书 26 种。这些西书的翻译,多以洋教习为主,同文馆学生参与。同文馆的许多课程,便是以翻译而来的西书为名称的,如"万国公法""各国史略"及"富国策"等。如果将这些译著用近代分科观念加以分类,它们大

① 邓实:《古学复兴论》,《国粹学报》第 1 年第 9 号。

致分为八类：一是法律学之译著，包括《万国公法》《法国律例》《公法便览》《公法会通》《中国古世公法论略》《星轺指掌》《新加坡律例》7种；二是历史学之译著，包括《各国史略》《俄国史略》2种；三是经济学之译著，即《富国策》；四是格致学之译著，包括《格物入门》《化学指南》《化学阐原》《格物测算》《电理测微》《全体通考》6种；五是算学之译著，包括《算学课艺》《弧三角阐微》《分化津梁》3种；六是天文学之译著，包括《星学发轫》《中西合历》《坤象究原》《同文津梁》4种；七是医学之译著，即《药材通考》；八是学习西方语言之工具书2种，即《汉法字汇》《英文举隅》。概括地说，同文馆所译之8类书籍，主要包括国际公法、历史学、天文学、数学、格致学、化学等西方近代学科。

从1871年开始，江南制造局翻译馆正式刊刻西书，到1880年共刊刻了98种。傅兰雅的《江南制造总局翻译西书事略》（1880年）所录书目分类，主要包括兵法工艺、造船、天文行船、汽机船、汽机等16类。到1899年，江南制造局翻译馆出版西书126种，陈洙编辑的《江南制造局译书提要》（1909年）共收录160种江南制造局翻译的西书。这些西书，按种类多少大致分为：一是兵学21种；二是工艺18种；三是兵制12种；四是医学11种；五是矿学10种；六是农学9种；七是化学8种；八是算学7种；九是交涉7种；十是史志6种；十一是船政6种；十二是工程4种。此外还有政治、学务、商学、地学及格致诸学（格致、电、声、光等学，共9种）。

表10 陈洙《江南制造局译书提要》分类统计表

类别	史志	政治	交涉	兵制	兵学	船政	学务	工程	农学	矿学	工艺	商学	格致
种数	6	3	7	12	21	6	2	4	9	10	18	3	3
类别	算学	电学	化学	声学	光学	天学	地学	医学	图学	补遗	附刻	总计	
种数	7	4	8	1	1	2	3	11	7	2	10	160	

从《江南制造局译书提要》之学科分类可知，翻译馆所出160种西书，绝大多数属于应用科学和工艺制造方面的译著，政法、史志、商务、学务等社会科学方面的译著仅有33种。它们所包括的近代西方学科主要有：一是近代数学，主要译著有《代数术》《算式集要》《微积溯源》《三角数理》《数学理》《代数难题》《算式解法》和《合数术》等西书；二是近代物理学，包括电学、声学、光学在内，主要译著有《电学》《通物电光》《声学》《光学》等；三是近代化学，主要译著有《化学鉴原》《化学鉴原续编》《化学鉴原补编》《化学分原》和《化学考质》等；四是近代天文学，主要译著有《谈天》《测候丛谈》等；五是近代地质学，主要译著有《地学浅释》《金石识别》等；六是近代医学，主要译著有《儒门医学》《西药大成》《内科理法》《法律医学》与《保全生命论》等；七是制造工艺，主要译著有《汽机发轫》《汽机新制》《汽机必以》《兵船汽机》等；八是近代兵学，主要译著有《制火药法》《克虏伯炮法》《炮法求新》《兵船炮法》《营城揭要》《水师操练》《行军指要》等；九是近代船政，主要译著有《行船免撞章程》《航海章程》《航海通书》《行海要术》等；十是近代矿学，主要译著有《开煤要法》《冶金录》《银矿指南》《求矿指南》《探矿取金》《矿学考质》

等；十一是近代农学，主要译著有如《农学初级》《农务化学问答》《农务化学简法》《农学津梁》《农务全书》等。①

从同文馆、江南制造局翻译馆及其他翻译机构出版之西书目录看，19世纪50－80年代翻译的西书，以应用科学、工程技术方面的书籍所占比重最大，包括工艺、兵学、船政、工程、矿学等；其次则是所谓"格致诸学"，至于政法、史志等社会科学书籍，则比较少。这种情况说明，中国学人在接触西方学术时，是抱着"经世致用"之观念，首先"采"的是西方"有用之学"，是"富强之术"。后人评曰："北京同文之馆、上海制造之局，稍从事于译述，顾独详兵学、化学、算学、医学诸门，他皆略焉。……英人之《格致须知》，美人之《格物入门》，具体而微号称善本，而《格致汇编》及近译之《广学类编》《科学丛书》，皆为新学家所圭臬。"②

傅兰雅、徐寿等人创办的《格致汇编》，前后共刊60期，论题内容包罗西方近代科学技艺新知。对此，有人研究后总结说："以科学知识而言，则广泛介绍科学理论、科学方法、科学仪器、天文、自然现象、物理、化学、数学、计算机、动物学、植物学、昆虫学、地质学、地理学、地形学、水力学、潮汐、医学、药物学、生理学、电学、机械学等。以工艺技术而言，则广泛介绍蒸汽机、炮船、开矿技术、钻地机、纺织机、制糖、打米、制陶、造砖、造玻璃、弹棉花机、制皮革、制冰机、造啤酒、造汽水机、造扣子机、造针机、火车、铁路、农业机器、打字机、印刷机、造纸、炼钢铁、造水泥、

① 陈洙：《江南制造局译书提要》，江南制造局1909年刊印本。
② 渐斋主人：《新学备纂》，光绪二十八年天津开文书局石印本。

造桥梁、榨油机、造火柴、照相机、幻灯机、潜水技术、电灯、电报、电话、渔获养殖、制图等。以上各项论题，俱占主要分量。除此以外，并作中西人物小传，亦颇生动有趣。”①

何谓格致学？梁启超之解释比较有代表性。其云：“吾中国之哲学、政治学、生计学、群学、心理学、伦理学、史学、文学等，自二三百年以前皆无以远逊于欧西，而其所最缺者则格致学也。夫虚理非不可贵，然必藉实验而后得其真。我国学术迟滞不进之由，未始不坐是矣。近年以来，新学输入，于是学界颇谈格致。又若舍是即无所谓西学者。然至于格致学之范围，及其与他学之关系，乃至此学进步发达之情状，则瞠目未有闻也。……学问之种类极繁，要可分为二端。其一，形而上学，即政治学、生计学、群学等是也；其二，形而下学，即质学、化学、天文学、地质学、全体学、动物学、植物学等是也。吾因近人通行名义，举凡属于形而下学皆谓之格致。”② 也就是说，中国人所理解之“格致学”，实际上就是“形而下”的“器物之学”。

何以工程、格致诸学最先引起中国人的注意并加以介绍？徐寿云：“所谓格致之有益于人而可施诸实用者，如天文、地理、算数、几何、力艺、制器、化学、地学、金矿、武备等，此大宗也。”③ 1883年，颜永京亦解释曰：“何者为最有用之学？其答惟一，曰格致学耳。或保全生命或绵延寿算，或使身体无病，其最不可少之学，

---

① 王尔敏：《上海格致书院志略》，香港中文大学出版社1980年版，第32页。

② 梁启超：《格致学沿革考略》，《饮冰室合集》文集之十一，中华书局1936年版。

③ 雪村徐寿：《格致汇编序》第1年第1卷，1876年2月。

乃格致也。或得谋生之计，其最着重之学，亦是格致。或尽为父母之责，其训导人以尽者，惟格致学。或民察国家。自古迄今光景时势之日异，以尽为民之责，其阐明之者，亦惟格致学。或启迪人创造各项雅艺，或令人见雅艺而鉴赏之，惟此格致学或启心才，或激天良总总，琢磨人心，其最有益之学，仍为格致学。不拘为何用，格致学最为汲汲耳。”① 这段文字，非常生动地将中国学人格外关注西方“格致诸学”的原因表述了出来。正因格致学是“最有用之学”“最着重之学”“最有益之学”，中国学人才如此急切地将其介绍到中国来。

19 世纪 80 年代以前中国人究竟对西学了解的程度如何？中国人所知道的西学主要门类有哪些？从当时刊刻的《格致书院课艺》中，可以找到一些答案。1879 年，格致书院课艺时，上海道台龚照瑗出了一道评价中国翻译西书的问卷，获得超等第一名的孙维新，用近万字的篇幅，评述了当时译书界情况，评论了 140 种西书。这些西书，主要包括算学、重学、天学、地学、地理、矿学、化学、电学、光学、热学、水学、气学、医学、画学、植物学、动物学等各个学科。②

对西方格致学的发源及分类，钟天纬是这样理解的：“考西国理学，初创自希腊，分有三类：一曰格致理学，乃明征天地万物形质之理；一曰性理学，乃明征人一身备有伦常之理；一曰论辩理学，

① 颜永京译：《肄业要览・全书总结》，光绪八年刊刻本。

② 《孙维新答卷》，《格致书院课艺》第 1 册，转引自熊月之《西学东渐与晚清社会》，第 367 页。

乃明征人以言别是非之理。其初创此学者，后人即以其名名其学，而阿卢力士托德尔实为格致学之巨擘焉。……综其平生，无一种学问不为思虑所到，可谓格致之大家、西学之始祖已。"① 有些格致书院学生从"义理"与"物理"之区别上，说明中西格致学的差异：儒家所谓格致"乃义理之格致，而非物理之格致也。中国重道轻艺，凡纲常法度、礼乐教化，无不阐发精微，不留余蕴，虽圣人复起，亦不能有加。惟物理之精粗，诚有相形见绌者"②。又曰："格致之学，中西不同。自形而上者言之，则中国先儒阐发已无余蕴；自形而下者言之，则泰西新理方且日出不穷。盖中国重道而轻艺，故其格致专以义理为重；西国重艺而轻道，故其格致偏于物理为多。此中西之所由分也。"③

陈炽在《庸书》中曰："今则轻养炭气，考原质之所成，水土木金，悉化分之，何自耳目无偶遗之物，山川无不泄之藏！动植飞潜，察形声之变异，金石骨角，化朽腐为神奇，订山经地志之伪，开格物致知之学，此物产之新理也。"④ 这就是说，陈氏将西方自然科学视为"格致学"，意为"格物致知之学"，其目的在于探究"物产之新理也"。其上述所论，包含了物理学、化学、生物学、地理学、地质学等近代西方学科门类。

---

① 《钟天纬答卷》，《格致书院课艺》第 4 册，转引自熊月之《西学东渐与晚清社会》，第 365 页。

② 《王佐才答卷》，《格致书院课艺》第 4 册，转引自熊月之：《西学东渐与晚清社会》，第 371 页。

③ 《钟天纬答卷》，《格致书院课艺》第 4 册，转引自熊月之：《西学东渐与晚清社会》，第 372 页。

④ 陈炽：《庸书》，《陈炽集》，中华书局 1997 年版，第 75—76 页。

19 世纪 80—90 年代，中国学者对西学的了解已经有了相当深度，尤其是对西方近代“格致学”门类及其相互关系有了很深的理解，对自然科学知识体系有了比较准确的把握。关于这一点，不妨以陈炽为例略作分析。

陈炽认为，数学、重学、化学是工艺制造之基础：“泰西工艺之精，根之于化学，及其成也，裁之于重学。其铢铢而校，寸寸而度，出门合辙，不爽毫厘，推行而尽利也，又要之于算学。”① 他又指出：“夫数学者，初学之功而非耄学之事也，为众学之体又必兼通众学以施诸用也。故西人布算，专求简便，不欲用心于无用之地，以耗其神明。”他认为数学是“众学之体”，一般学生“知天地万物之公理，持筹握笔，布算无讹”后，才能“就其资性之所近者，各授一学”，即数学是研习天文、地舆、化学、重学、光学等格致学之基础。他强调云：“夫书者，所以通天下之理也，体也；数者，所有周天下之事也，用也。”②

对于西方自然科学内部各学科间之关系，陈炽亦有相当深刻之体认：“西人之言天文者详矣。天学之不足，辅以地学；地学之不足，明以化学；化学之不足，考以光学；光学之不足，证以重学；重学之不足，通以电学。”③ 这样，陈氏将西方近代天文学、地理学、化学、光学、重学及电学等格致诸学之逻辑关系，做了精辟论述。这似乎是当时中国学者对西学内部关系所做最为系统之阐述。

---

① 陈炽：《续富国策》，《陈炽集》，中华书局 1997 年版，第 206 页。
② 陈炽：《续富国策》，《陈炽集》，中华书局 1997 年版，第 204 页。
③ 陈炽：《续富国策》，《陈炽集》，中华书局 1997 年版，第 192 页。

不仅如此，陈氏对格致学之各门具体学科内部的分类及其功用，也理解得比较深刻。他在《化学重学说》中，对近代西方化学也分门别类做了介绍，认为近代化学分为动物化学、植物化学、地产化学等分支。他说："所谓动物化学者，源流医学，导生人性命之源，以咸臻寿考者也。"又云："有植物化学焉，天下之百草、百木、百果、百蔬、百谷、百药以至水萍、苔藓、寄生菌耳之类，凡地面之所有者，皆辨其种类，剖其质体，审其性味，表其功能，知其何以生，何以长，何以养，何以蕃。其效用于人者，孰短孰长，孰巨孰细，孰利孰害，孰宜孰不宜，温带、寒带、热带之殊方，在水、在山、在陆之异地。所谓植物化学者，综于医学农学，切生人日用饮食起居之事，为古昔山虞泽虞之所掌者也。"① 他强调说："有地产化学焉，凡水火之功用，雨露、雷电、冰霜、雾霰之所由来，地中所蕴沙石、煤土、金、银、铜、铁、锡、铅、镠、汞、铋、锑、铝、镍、钾、钙、硫黄、石膏、石灰、硼砂、砒霜、雄黄、朱砂、云母、钟乳，金类非金类各质，以及金刚、钻石、碧犀、翠玉、白玉、水晶、玛瑙、红蓝白绿紫黑各色宝石，无不识其矿，析其质，化其气，别其物，究其形，殊其称，异其用。所谓物产化学者，兼切于医学、农学、工学、商学。"② 因此，西方"格致诸学"所包含之各种具体学科间是相通的。在《光学电学说》中，陈炽对西方近代光学、电学也作了介绍："比来欧美各国，老师宿儒，皆归宗于电学，出各学最精之器，罄各家独得之奇，立学堂，开学会，刊学报，专考电

① 陈炽：《续富国策》，《陈炽集》，中华书局 1997 年版，第 205 页。

② 陈炽：《续富国策》，《陈炽集》，中华书局 1997 年版，第 205—206 页。

与天地人物相关之理”，又云：“夫光学者，工师之所由入圣而超凡也；电学者，工艺之所以登峰而造极也。”①

1888年刊印的《西学大成》，专门为“有志泰西经济之学者，苦无门径可寻”而编辑，将翻译而来的“泰西经济之学”分为12门（55种西书）：算学10种：《勾股义》《圆容载义》《平三角法举要》《堆垛求积术》《少广缒凿》《代数几何》《借根方勾股细草》《周幕知载》《造表简法》《教学拾遗》；天学9种：《经天》《该揆日候星纪要》《五星纪要》《弧三角举要》《斜弧三边求角补术》《椭圆正术》《测圆求周术》《测圆密率》《天学启蒙》；地学6种：《地学全志》《地学举要》《绘地法原》《航海简法》《西使纪程》《铁路纪略》；史学6种：《英国志》《联邦志略》《列国岁计政要》《列国海战记》《万国公法》《星轺指掌》；兵学6种：《陆操新义》《火器略说》《海战指要》《艇雷纪要》《爆药纪要》《营垒图说》；化学4种：《化学启蒙》《化学初皆》《化学分原》《化学鉴原续编》；矿学2种：《井矿工程》《开煤要法》；重学3种：《重学图说》《重学入门》《重学汇编》；汽学3种：《汽机入门》《汽机新创》《汽机发报》；电学4种：《电学源流》《电学纲目》《电学入门》《电学问答》；光学2种：《光学》《量光力器图说》；声学1种：《声学》。

这12门西学书籍，基本上是19世纪80年代以前传入中国之西学内容，即近代西方之数学、天文学、地理学、历史学、军事学、

① 陈炽：《续富国策》，《陈炽集》，中华书局1997年版，第209页。

化学和物理学的各门类（重学、汽学、电学、光学、声学等），而西方之政治学、社会学、法学等社会科学各门类则没有太多涉及。

由此可见，到19世纪90年代初，中国学人所了解之西方学术门类，主要有天文学、算学、重学、天学、地学（地质学）、地理、矿学、化学、电学、光学、热学、水学、气学、医学、画学、植物学、动物学等，也就是后来的数学、物理学、化学、天文学、地质学、地理学、医学等近代学科。

四、中国学人接受的西方分科观念

西学之特点是分科精细、分门别类，不似中国传统学术文史哲不分家，故中国采西学，自然带来了这样的变化：一是研习西学，必须分门研习，专攻一艺，专学一门，做到学有专攻；二是在教学上，必须分门立学，分科讲授，从而形成了如两湖书院、时务学堂那样“分门教习”制度，并出现了如浙江求是书院那样的分班教学法；三是在西学书籍上，采用西方图书分类法，突破四部分类体系，改按学科为类分标准对典籍进行重新分类。

西方分门别类式之近代工艺、格致学的传入，无疑开阔了中国学人的眼界，使他们在中国固有学术分类观念基础上，不仅逐步接受了西方分科观念及分科原则，而且逐渐加深了对西方近代分科性质的学术门类之了解。

晚清时期较早接受并介绍西方学术分科观念者，是著名翻译家李善兰、王韬等人。李氏翻译《代数学》《重学》时，开始体悟到西方学术注重“分科研习”之特点。在为《重学》所作的《序》

中，他将重学分为“静重学”和“动重学”两科；在为花之安之《德国学校论略》（1873 年）所作之《序》中，李氏介绍了西方学校注重“分门立学”特点：“盖其国之制，无地无学，无事非学，无人无学。”何为“无事无学”？他解释云：“文则有仕学院，武则有武学院，农则有农政院，工则有技艺院，商则有通商院，四民之业，无不有学已。其他欲为师，则有师道院，欲传教，则有宣道院，又如实学院，格物院，船政院，丹青院，律乐院，凡有一事，必有一专学已教之，虽欲不精，不可得也。”① 这部介绍德国学校的书籍，在晚清影响很大。人们通过这本书所介绍的德国学校“分科立学”情况，以及李善兰“无事不学”的概括，了解到了西方注重学术分科、注重“专门之学”的特点。

薛福成在《治术学术在专精说》一文中，认识到西方学问“分之愈多，术乃愈精”，并对西方学者重视学术专研现象做了描述：“士之所研，则有算学、化学、电学、光学、声学、天学、地学，及一切格致之学，而一学之中，又往往分为数十百种，至累世莫殚其业焉。工之所习，则有攻金攻木攻石攻皮攻骨角攻羽毛，及设色博埴，而一艺之中，又往往分为数十百种。即如选炮，攻金之一事也，而炮膛、炮门、炮弹、炮架，所析不下数十件，各有专业而不相混焉。造船，攻木之一事也，而船板船桅船轮船机，所分不下数十事。各有专家而不相侵焉。所以近年订购船炮，每由承办之一厂，向诸厂分购各料，汇集成器，而其器乃愈精。余谓西人不过略师管

① 花之安：《德国学校论略》，同治十二年刻本，羊城小书会真宝堂藏板。

子之意而推广之，治术如是，学术亦如是，宜其骤致富强也。”①

1883 年，王韬在《论宜去学校积弊以兴人才》中，开始用近代西方分科观念，批评传统学术不重分科之弊端，提出了应该仿照西方近代分科方法，鼓励人们专攻一门或几门“有用之学”。其云：“古者人专学一事，学成而仕，终身不易其任，……故其为事专而功莫不成。汉儒治专门之学，伏生于书，申公于诗，二戴于礼，皆以毕生之力。专治一经，故其为说深微，非后世所及。近也不然，方其学也，兼习诸经，涉猎杂书，散漫无纪，或搜抉异闻，徒供谈柄。”改革这种弊端的办法就是“使士专治一经、专学一事”，发展“专门之学”。② 王韬这种“专治一经、专学一事”观念，尽管是借“汉儒专经”而言，实际上是受到西方“分科立学”观念影响之结果。

19 世纪 70—80 年代的学术分科观念，开始为一些先进的中国学人所了解和接受。1883 年左右，彭玉麟在《广学校》中指出，中国所要建立的“大学院”，应该包括效仿欧洲国家的学科设置，分为经、法、智、医四科。其曰大学院：“学分四科：曰经学、法学、智学、医学。经学者，第论其教中之事，各学所学，道其所道，无足羡也。法学者，考论古今政事利弊及出使通商之事。智学者，讲求格物性理，各国言语语文系统之事。医学者，先考周身内外部位，次论经络表里功用，然后论病源，制药品以至于胎产等事。更有技艺院、格物院，均学习汽机电报织造采矿等事。又有算学、化学，

---

① 薛福成：《治术学术在专精说》，《庸庵海外文编》卷三，光绪乙未孟秋刊印本。
② 王韬：《论宜去学校积弊以兴人才》，《皇朝经世文统编》卷八，1898 年刻本。

考验极精。算学兼天文地球勾股测量之法，化学则格金石植物胎经卵化之理。”①

李提摩泰在《论不广新学之害》中介绍西方国家的大学院时亦云：“学分四科：曰经学、法学、智学、医学。经学者，皆论教化之事，各学其所学，道其所道也。法学者，考论古今政事利弊及出使通商之事。智学者，讲求格物性理，各国言语文字之事。医学者，考论部位经络表里功用，考究病源、制配药品之事。”②

黄遵宪在1887年撰著的《日本国志》中，通过考察日本明治以后效仿欧西兴学情况，向中国学界介绍了西方“分科设学”原则和具体做法。其曰：“明治三年设立文部省，寻颁学制于各大学区，分设诸校。……有小学校，其学科曰读书、曰习字、曰算术、曰地理、曰历史、曰修身，兼及物理学、生理学、博物学之浅者，益矣画图唱歌体操。”此外，还介绍其中学、师范学校、专科学校及应用专科学校的情况：“有工部大学校，以教电信铁道矿山之术。有海陆军兵学校，以教练兵制器造船之术。有农学校以教种植；商学校以教贸易；工学校以教技巧；女学校以教妇职。”在介绍日本东京大学的学科设置时，其云：“有东京大学校，分法学、理学、文学三学部。法学专习法律，并及公法。理学分为五科，一化学科，二数学物理学及星学科，三生物学科，四工学科，五地质学及采矿学科。文学分为二科：一哲学（谓讲明道义）、政治学及理财学科，

① 彭玉麟：《广学校》，陈忠倚编《皇朝经世文三编》卷四一，宝文书局1898年刊印本。

② 李提摩泰：《论不广新学之害》，陈忠倚编《皇朝经世文三编》卷四一，宝文书局1898年刊印本。

二和汉文学科。其东京医学校并隶于本校焉。”①

应该看到，无论郑观应、王韬、王之春，还是彭玉麟，都介绍过西方“学分四科”之情况，提出应该仿效西方学校中“分科立学”“分门授业”做法。而他们这种观念之产生及强化，与德国人花之安所著《德国学校论略》一书之影响颇有关系。

1874年出版的《德国学校论略》（后来也有以《西国学校》为名刊印），详细介绍了西方近代学校制度，提到了近代学术分科问题。这部著作对当时人们了解西方学校“分科立学”和学术分科，影响巨大。晚清很多学者正是通过阅读该著，逐步了解并接受西方学校制度和分科观念的。关于这一点，只要将该著介绍之西方大学四科分类，与当时很多人提出之四科分类做一比较，便不难看出。在介绍西方太学院时，《德国学校论略》将之分为经学、法学、智学和医学四科："此院乃国中才识兼优，名闻矢者方能职膺掌。”经学分两种，曰耶稣教，天主教。法学分两种，“一曰教事，二曰政事。教事则归于教会，政事则论古往今来国政所异所同之法”。智学分八课，一课学话，二课性理学，三课灵魂说，四课格致学，五课上帝妙谛，六课行为，七课如何入妙之法，八课智学名家。② 在介绍技艺院（后来的工学院）时，该著特别注意其详细具体之专门分类。其学科设置之精微细致，使人们体会到了西方学术崇尚专门的特点：“一科课金类，二科课陶炼，三科课石作，四科课营造，

① 黄遵宪：《日本国志》卷三二，《学术志一》，上海图书集成印书局1898年刊印本。

② 花之安：《德国学校论略》，同治十二年刻本，羊城小书会真宝堂藏板。

五科课配合归当之法，六科课炼各种引火之物。”① 如此专门地分科学习和传授各门学术，无疑令阅读该书的中国学人非常惊奇，他们从中体会到了西方学术分工细密的特点。

稍后出版的《西学课程汇编》（出洋肄业局译，沈郭和校订），主要介绍了英、法等国学校课程设置情况。其中所录之《英国格林书院课程》为：数学三种、几何、代数、微分、积分、平差、变差、数学致用、动学、力学、镜学、声学、光学、热学、电学、吸铁学、制造学、机器各法、御舟天文学、总训法、测海、海疆志、测气候、绘海图、格致试验、声学、光学、电学、吸铁学、化学、锻学、水军交涉公法、引证律学、水军律法、水军阵法、各国语言、导生学。在《法国沙浦制造官学堂课程单》中，对西方技艺学术分工之细、分类之专门再次做了细致介绍：不仅分汽轮、船身、杂学、劲学、热力学、海务等科，而且各科分设数十门课程，如论汽机五十课，论船身四十六课，论制造船身五十课，杂学四十八课，论劲学三十五课，论军火十六课，论热力学十六课，海务章程十课。②西方学校设学如此详细、分科如此专门，的确给中国学者留下深刻印象，使他们对西方学术注重分科、“学务专门”的特点有了直观体认。

陈炽在《续富国策》中，对西方学校制度亦作了介绍：“西人于通商辟埠之区皆安家业，长子孙，设商学。其学之浅者，本国语言文字、外国语言文字、算数会计而已矣；其深者则天文地舆、测

---

① 花之安：《德国学校论略》，同治十二年刻本，羊城小书会真宝堂藏板。

② 出洋肄业局译、沈郭和校订：《西学课程汇编》，光绪丁酉年（1897 年）刻本。

量绘画、文事武备、光重化电诸学，无不循序渐进，深思力索，务底于成，略视其天资之高下以为断，此总学也。至日后传习何业，则又分设学堂，如轮船公司，则有管轮学堂也，驾驶学堂也，必由管轮学堂考验给凭，而后汽机之利弊周知，始可以为大副矣；必由驾驶学堂考验给凭，而后海道之情形熟悉，始可以充船主矣。轮车则有铁路学堂也，电报则有电报学堂也，丝业则有蚕桑学堂也，制茶、制糖、制磁、制酒、制一切食用各物，无不有学堂，开煤炼钢则有煤铁学堂也，纺纱织布则有织作学堂也。每创一业必立学堂，是以造诣宏深，人才辈出，凡一材一艺之微，万事万物之赜，无不考求整顿，精益求精，遂能创开大利之源，尽夺华民之业。"①

有人撰《中西学异流同源论》，对西方近代分科作了这样的介绍："西学规例极详，学分四科，曰经学、法学、智学、医学。经学者，第论其教中之事，道器所道，无足羡也。法学者，考古今政事利弊及出使通商之事。智学者，讲求格物理性、各国语言文字之事。医学者，先考周身内外部位，次论经络表里功用，然后论病源制药品以至于胎生等事。更有技艺院、格物院，均学习汽机电报造采矿等事。又有算学化学为考验极精。算学兼天文、地球、勾股测量之法；化学则金石动植胎湿卵化之理。"② 这种对西学分科之认识，即便现在看来也是比较准确的。

分科与分类观念，在中国产生得比较早。随着西方近代学术分

---

① 陈炽：《续富国策》，《陈炽集》，中华书局 1997 年版，第 271—272 页。

② 《中西学异流同源论》，《皇朝经世文五编》，中西译书会 1903 年刊印本，第 252 页。

科观念的传入，中国固有学术分类观念在西方分科观念之刺激下复活，从而使分科观念逐渐成为中国学人的基本观念。如果分析晚清学人的分科观念，便会发现，他们开始时之分科观念，还是中国传统式的，但这种传统式之分类观念，是接受西方近代分科观念的思想基础。正因有这方面的深厚观念和思想基础，所以，中国学人接受西方近代分科观念并没有遇到太大的心理障碍。所需要改变的，是将分类标准从中国式之按照学术主体来分科，变为按照学术客体即“学科”进行分科；由过去崇尚“博通之学”，逐步转变为注重“专门之学”。

陈炽在1894年所撰之《庸书》中，讲养民教民之法时云：“谓宜详稽古制，参以自古迄今养民教民之法，分门别类，明著为令，饬各省牧令实力奉行。”① 在讲整顿武备时，主张设立海署：“平时职掌，应以海图、防务、饷章、兵制为四大宗，建置专司，分门别类，若网在纲，有条不紊矣。”② 这里所谓“分门别类”观念，很难说完全是接受自西方的，因为这是中国固有之分类观念，只是在西方“分科立学”观念刺激下，中国学者特别强调而已。他提出“期以十年，分类学习，仍以半日温经读史”③，这里所谓“分类学习”，看到了西学“分类设科”“分类立学”特点。

在《庸书》“电学”篇中，陈炽认识到：“三百年来，泰西之智士致知格物，精究天人，窃我绪余，成其绝诣，遂有天学、地学、

---

① 陈炽：《庸书》，《陈炽集》。中华书局1997年版，第20页。
② 陈炽：《庸书》，《陈炽集》，中华书局1997年版，第65页。
③ 陈炽：《庸书》，《陈炽集》，中华书局1997年版，第77页。

化学、重学、光学诸科，咸竟委穷原，因此达彼良工利器，益国便民，而四海之气象规模，焕然为之一变。各学源流授受，经纬分明，尽屏虚无，归诸实测，即深远难知之理，皆耳目之所共见而共闻，造极登峰已有止境矣。”① 在他看来，西方近代学科门类，虽“窃我绪余”，但毕竟与中国传统学术迥然不同的，是学术分化之结果。陈炽建议：“中国既自有太医院矣，谓宜略仿西制，优给俸糈，精选世医，考校充补，各省郡县分设医官，治验定方，岁稽得失，专门立学，总贯中西，毋许庸妄者流滥竽充数。”② 此处所谓“专门立学”，显然是接受西方近代分科观念的结果。陈炽对分科设学、专门立学之西方近代学术分科观念是非常赞同的，他提出“光增女塾，分门别类，延聘女师”主张，即为效法西方分科原则之体现。

西方学术分科设立、务求专门的特点，是晚清许多人都看到的。郭嵩焘提出在通商口岸开设学馆，求为“征实致用之学”。其主要办法为：“一曰分堂以立为学之程，二曰计时以示用功之准，三曰名定规则以使有依循，四曰分别去留以使知劝戒。”③ 这里所谓的“分堂以立为学之程”，显然是要仿效西方近代学校“分科设学”。陈炽在《庸书》“公法”篇中，认为西方之“公法学”值得中国借鉴，“宜将公法一学，设立专门，援古证今，折衷至当”④。这显然是“分科设学”观念之体现。陈炽在《请开艺学科说》中，对西方“专门之学”格外推崇，“夫学，非专习不经心，非专用不锐事，非

① 陈炽：《庸书》，《陈炽集》，中华书局1997年版，第124页。
② 陈炽：《庸书》，《陈炽集》，中华书局1997年版，第128页。
③ 郭嵩焘：《致沈幼丹制军》，《郭嵩焘诗文集》，岳麓书社1984年版，第196页。
④ 陈炽：《庸书》，《陈炽集》，中华书局1997年版，第112页。

专科不重我”，而中国科举制度除了“文以制艺取士，武以弓石量才，此外别无专科”。因此应该效仿西学分科，学务专门。他认为：“夫以天下之人，不乏精思奇巧之士，习其性之所近，以专名而名家，诚使宏开特科，号召招致，度必有挟尺持寸载规怀矩奔走求显于世者，然后仿古时百工居肆之意，荟萃智巧之士，参究西法，穷原竟委，翻陈出新，事事必突过其前，毋若学步之孩，常欲藉提挈，如是行之十年，必有宏效大验，以破中国数千百年未泄之奇，而他邦之人，咸欲慕而不敢侮慢矣。”① 这种分科观念，显然也是来自近代西方，并非中国传统之学术分科观念。

在 1884 年所作之《考试》一文中，郑观应开篇即云：“泰西取士之法，设有数科，无不先通文理算学，而后听其所好，各专一艺，武重于文，水师又重于陆路。”这段文字，表明郑氏不仅对西方学术分科观念有了很深的理解，而且接受了西方“各专一艺”的分科观念及“分科立学”的原则。他不仅肯定西方“各精一艺、各专一业”做法，而且提出了在文、武正科以外，“特设专科以考西学”主张，认为当考之“西学”为天文、地理、农政、船政、算化、格致、医学等类，以及各国舆图、语言、文字、政事、律例等。为此，他提出必须“各分各科，人得以就其质之所近专习一业”②，明确地接受了西方“分科立学”“学务专门”思想。正因有了西方近代分科观念，所以郑氏在提出改革科举方案时，建议另立一科，专考西

① 陈炽：《请开艺学科说》，《陈炽集》，中华书局 1997 年版，第 334 页。

② 郑观应：《盛世危言·考试下》，《郑观应集》上册，上海人民出版社 1982 年版，第 300 页。

学："拟请分立两科，以广登进。一、考经史以觇学识。二、策时事以征抱负。三、判例案以观吏治。首科既毕，挂牌招考西学：一试格致、化学、电学、重学、矿学新法。西学虽多，以上数种，是当今最要者。二试畅发天文精蕴、五洲、地舆、水陆形势。知天文者必知算学。三试内外医科、配药及农家植物新法。"①

按照郑观应的意思，科举取士应分两步进行，首科仍以中国传统的经史之学为主，而次科则以西学为主。中国当务之急是学习"切时之学"，而要达此目的，必须"既于文武岁科外另立一科，专考西学"。郑氏所谓"西学"，重点是上述之"格致、化学、电学、重学、矿学新法"，但还包涵更广的内容。这可以从其所要延请的教习看出来："遴选精通泰西之天文、地理、农政、船政、算化、格致、医学之类，及各国舆图、言语、文字、政事、律例者数人为之教习"。②

这就是说，中国当时所要采纳之西学，就是指天文、地理、农政、船政、算化、格致、医学之类，以及各国舆图、言语、文字、政事、律例者等。这基本上就是20世纪初期的数学、物理、化学、地理学、医学、政治学等学科，相当于1902年大学分科方案中之格致科、文学科、农科、医科、工科的雏形。

---

① 郑观应：《盛世危言·考试上》，《郑观应集》上册，上海人民出版社1982年版，第292页。

② 郑观应：《盛世危言·考试上》，《郑观应集》上册，上海人民出版社1982年版，第295页。

五、中国学者早期的分科方案

西学及西方分科观念的输入，使中国最早接触西方学术知识之中国学人开始意识到中国学术之空疏与粗陋。他们开始对中国传统的学术进行自觉的批评，特别是对传统科举制下所从事的“无用之学”进行批评。1883 年，陈启泰奏请“特设一科，专取博通掌故、练达时务之士，无论举贡生监皆准赴考，试以有用之学”①。1884 年，潘衍桐奏请开设“艺学科”，主张“宜略分数场，以制造为主，而算学舆图次之”②。左宗棠亦指出，“窃艺事系形而下者之称，然志道据德，依仁游艺，为形而上者所不废，经称‘工执艺事以谏’，是其有位于朝，与百尔并无同异”③，建议开设艺学科。正是在批判科举、改革书院的呼声中，冯桂芬、王韬、郑观应、康有为等对西学有所了解的中国学人，依据他们刚刚接受的西方“分科立学”“分科治学”观念，初步形成了一些关于中国学术分科之方案。

冯桂芬根据自己对西学的了解，认为“至西人之擅长者，历算之学，格物之理，制器尚象之法”④，而这三方面，正是中国学术所短缺的。所以，冯氏在 1861 年所作的《采西学议》中，提出了采

---

① 陈启泰：《奏陈扩充海防管见折》，陈学恂主编《中国近代教育史教学参考资料》上册，第 213 页。

② 潘衍桐：《奏请开艺学科折》，陈学恂主编《中国近代教育史教学参考资料》上册，第 215 页。

③ 左宗棠：《艺学说帖》，陈学恂主编《中国近代教育史教学参考资料》上册，第 219 页

④ 冯桂芬：《上海设立同文馆议》，《戊戌变法》（一），上海人民出版社 1961 年版，第 38 页。

纳西方这三方面学问的主张，并且综合西学和中学，提出了中国近代最早的学术分科方案。

在介绍西学时，他认为，当时中国所翻译的数十种西方著作中，最值得注意的是讲求“历算之学”与“格物之理”的几门学问：“此外如算学、重学、视学、光学、化学等，皆得格物至理；舆地书备列百国山川、阨塞、风土、物产，多中人所不及。”他主张“采西学”，在上海等地设一翻译公所：“聘西人课以诸国语言文字，又聘内地名师，课以经史等学，兼习算学。（一切西学皆从算学出，西人十岁外无人不学算，今欲采西学，自不可不学算，或师西人，或师内地人之知算者俱可。）”他又说：“由是而历算之术，而格致之理，而制器尚象之法，兼综条贯，轮船火器之外，正非一端。”①从这些文字可以看出，冯氏所要“采”的西学，主要包括两类：“历算之学”与“格致之理”。“历算之学”包括天文、历算等学；“格致之理”包括算学、重学、视学、光学、化学、舆地学（地理学）等。

在同时所撰的《改科举议》中，冯桂芬对科举制提出改革意见：“宜以经解为第一场，经学为主。凡考据在三代上者皆是，而小学算学附焉。经学宜先汉而后宋，无他，宋空而汉实，宋易而汉难也。以策论为第二场，史学为主。凡考据在三代下者皆是。以古学为第三场，散文骈体文赋各体诗各一首。”② 通过这段文字可以看

① 冯桂芬：《采西学议》，《戊戌变法》（一），上海人民出版社 1961 年版，第 27 页。

② 冯桂芬：《改科举议》，《戊戌变法》（一），上海人民出版社 1961 年版，第 20—21 页。

出，冯氏理解的中国学术，应该包括三大类：经学（包括小学、算学），史学（策论），古学（词章之学、散文、骈体、文赋、各体诗）等。三类“中学”加上两类“西学”，便构成了新的学术分科门类。但中学与西学如何配置？冯桂芬提出的方案是“以中国之伦常名教为原本，辅以诸国富强之术”①。这实际上就是通常所说的“中体西用”说。冯桂芬的意思也的确如此，以经史古学为本，算学天文格致为辅。“课以经史等学，兼习算学”一语，集中概括了采纳“西学”后中西学术配置的原则。

冯桂芬之分科方案，是力图在传统的学术门类之外，增加一些新的西方学术门类。这些新的学术门类，虽然来自西方，但在中国旧有学术中也是有一定根基的，如天文、算学等。中国传统学术中所缺乏者，实际上仅为“格致之理”。当然，冯氏所谓的天文算学，与中国传统“天文算学”名称虽同，但内容却有一定变化，主要指近代西方的数学和天文学成就。

王韬在 1883 年所作的《变法自强中》一文，对科举制下的中国学者“所习非所用，所用非所长”之现象提出了批评，极力倡导“以有用之时，讲有用之学”。他也按照西方“分科立学”原则和学术分科观念，将引入之西学和传统学术门类加以融合，提出了“文学、艺学”之“十科分学”方案：“至所以考试者，曰经学、曰史学、曰掌故之学、曰词章之学、曰舆图、曰格致、曰天算、曰律例、曰辩论时事、曰直言极谏，凡区十科，不论何途以进，皆得取之为

① 冯桂芬：《采西学议》，《戊戌变法》（一），上海人民出版社 1961 年版，第 28 页。

士，试之以官。”①

王韬所列十科，可以归结为两大类学术：“文学”和“艺学”。何谓“文学”？他解释说：“其一曰文学，即经史掌故词章之学也。经学俾知古圣绪言，先儒训诂，以立其基。史学俾明于百代之存亡得失，以充其识。掌故则知今古之繁变，政事之纷更，制度之沿革。词章以纪事华国而已。此四者，总不外乎文也。”这就是说，“文学”类主要包括经学、史学、掌故之学和词章之学等四科，基本属于中国传统学术门类。何谓“艺学”？他解释说：“其二曰艺学，即舆图格致天算律例也。舆图能识地里之险易，山川之阨塞。格致能知造物制器之微奥，光学化学悉所包涵。天算为机器之权舆。律例为服官出使之必需，小之定案决狱，大之应对四方，折冲樽俎，此四者，总不外乎艺也。”② 这就是说，“艺学”主要包括舆图之学、格致之学、天算之学和律例之学等四科，实际上就是当时所传入中国之“西学”科目。很显然，王韬将中西学术分为“文学”四科与“艺学”四科之分类方案，是在西方学术分科观念支配下，杂糅中西学术门类而形成的。

1892年，宋恕在《六字课斋卑议（初稿）》中，提出科举考试应该变通，其办法是在传统之经、史两科外，增加西学、律学两科：“官师课题，改分经、史、西、律四门。经题出诸《十三经》及《内经》《水经》；史题出诸周秦以后编年、纪传各史，及国朝掌故、

① 王韬：《变法自强中》，《戊戌变法》（一），上海人民出版社1961年版，第139页。

② 王韬：《变法自强中》，《戊戌变法》（一），上海人民出版社1961年版，第140—141页。

外国记载；西题出诸近译西国天文、地理、光声化电各书；律题出诸《大清律例》《洗冤录》、通商条约、万国公法。”① 在随后该著之刊印本中，宋氏将“经学”科改为“性理”科，将“史学”科改为“古事理”，将“西学”科改为“物理科”，将“律科”改为“今事理”科：“课题改分性理、古事理、今事理、物理四科：性理题出诸孔、孟、老、庄及印度、波斯、希腊、犹太诸先觉师徒经论；古事理题出诸内外史传；今事理题出诸现行律例、现上章奏及外国现行律例，年、季、旬、日各新闻纸；物理题出诸新译欧美人所著各种物理书。”② 这显然是宋氏兼采中西学术门类而设计的自感最理想之科目。

何启、胡礼垣在《新政真诠》中，将“宏学校以育真才”列为七项改革之一。他们依据西方学校“分科立学”原则，将引入中国之“西学”及中国固有的学术糅合在一起，提出了关于在中国建立新学制的规划方案。这个新学制规划方案，同时也可视为一个新学术分科方案：“各府州县俱立学校……所学先以中国文字为一科，凡欲学以下各科者，必先学此。此后则以外国文字为一科，以万国公法为一科，以中外律例为一科，以中外医道为一科，以地图数学为一科，以步天测海为一科，以格物化学为一科，以机器工务为一科，以建造工务为一科，以轮船建法为一科，以轮船驾驶为一科，以铁路建法为一科，以铁路办理为一科，以电线传法为一科，以电

---

① 宋恕：《六字课斋卑议·变通篇》《宋恕集》上册，中华书局 1993 年版，第 15 页。

② 宋恕：《六字课斋卑议·变通篇》，《宋恕集》上册，中华书局 1993 年版，第 134 页。

气制用为一科，以开矿理法为一科，以农务树畜为一科，以陆军练法为一科，以水师练法为一科。”①

他们规划之新式学校，按科设学，分科立学，分门授业。这 20 门科目，比较全面地涵盖了当时传入中国之西学各种科目，是以西学为主要研习内容的分科方案。中国学术主要体现在中国文字、外国文字、中外律例、中外医道等科目上。而其他科目，如万国公法、地图数学、步天测海、格物化学等，属于“西学”中之数学、物理学、化学、法学、测量学范围。至于机器工务、建造工务、轮船建法、轮船驾驶、铁路建法、铁路办理、电线传法、电气制用、开矿理法、农务树畜、陆军练法、水师练法等科目，则属于“西学”中之实用部分，即“洋务”之学，或“工艺制造”，相当于“西学”中的工科各学科。这 20 科目，概括起来，包括了西方近代政法学、医学、数学、物理学、化学、矿物学以及工科的诸专业，不仅体现了近代学术以专业分科为基础之特点，而且包涵了近代自然科学的主要各学科门类，标志着中国学人对西方学术分科认识之深化。

陈虬在《治平通义》中也提出了变革学校科目问题，并意识到科目之变法是“纲中之纲”。据此，他提出了“五科分立”方案：“夫科目者，人材之所出，治体之所系也。今所习非所用，宜一切罢去，改设五科：曰艺学科，曰射、曰算，射取中的，算试九章。曰西学科，分光学、电学、汽学、矿学、化学、方言学六门，试以图说翻译。曰国学科，颁大清会典、六部则例、皇朝三通，试以疏

① 何启、胡礼垣：《新政真诠》，《戊戌变法》（一），上海人民出版社 1961 年版，第 193 页。

判。曰史学科，取御批通鉴集览，当另刊皇朝新史，颁行学官，试以策论。曰古学科，经则五经、周礼、语、孟八经，子则管、孙、墨、商、吕氏五家，试以墨义。备五场者始得录。"①

陈虬提出的分科方案，是将中西学术分为五科：艺学科、西学科、国学科、史学科、古学科。这套"五科分立"方案，是杂糅了中西学术后之综合性学术分类法。西学科属于西方学术，包括了当时传入之"西学"主要内容，即格致诸学及化学（光学、电学、汽学、矿学、化学、方言学），而艺学科、国学科、史学科及古学科等四科，基本上属于中国传统学术门类，是其认为中国传统学术中的"有用之学"。

郑观应按照西方"分科立学"原则，将中西学术杂糅在一起，分为"文学"与"武学"两大类，"文学"分为六科："凡文学分其目为六科：一为文学科，凡诗文、词赋、章奏、笺启之类皆属焉。一为政事科，凡吏治、兵刑、钱谷之类皆属焉。一为言语科，凡各国言语文字、律例、公法、条约、交涉、聘问之类皆属焉。一为格致科，凡声学、光学、电学、化学之类皆属焉。一为艺学科，凡天文、地理、测算、制造之类皆属焉。一为杂学科，凡商务、开矿、税则、农政、医学之类皆属焉。"这便是郑观应提出的著名的"文学六科"分类。"武学"分两科，陆军科与海军科："一曰陆军科，凡枪炮、利器、兵律、营制、山川险要及陆战攻守各法皆属焉。一曰海军科，凡测量、测星、风涛、气候、海道、沙礁、驾驶及海战

---

① 陈虬：《经世博议·变法三》，《治平通议》卷一，光绪十九年瓯雅堂刊印本。

攻守各法皆属焉。"①

郑观应的"文学六科"，是颇值得重视之分科方案。其所谓"文学科"实际上就是传统的"词章之学"，也就是后来的中国文学科；"政事科"实际就是传统的兵刑政务科，就是后来的政科，即法科，或政治科；"言语科"主要学习西方的语言文字，实际就是后来的外语外文科，但也包括一些西方政治、法律常识；"格致科"主要是西方的理科，相当于后来的理科；"艺学科"相当于后来的工科；"杂学科"相当于后来的农、经、医学科。所以，"文学六科"基本上是后来张百熙提出的"七科之学"的雏形，带有从传统学术分类向近代学术分科转变过程中不可避免的杂乱和含糊。同时，郑观应的这个分科方案，基本标准是着力于"有用之学"，是从对中国有用的角度来进行分类设计的。故"文学六科"中各种学科门类，是郑氏从中学与西学众多的学术门类中挑选出来之"有用"学问，是杂糅中学与西学之结果。

康有为对经学、史学等四部之学研习日久，功底深厚。梁启超云，康有为在研习中国传统旧学期间："尽读中国之书，而其发明最多者为史学，究心历代掌故，一一考其变迁之迹，得失之林，下及考据词章之学。当时风靡一世者，虽不屑屑，然以余事及之，亦往往为时流所莫能及。又九江之理学，以程朱为主，而间采陆王。先生则独好陆王，以为直捷明诚，活泼有用。故其所以自修及教育

① 郑观应：《盛世危言·考试下》，《郑观应集》上册，上海人民出版社 1982 年版，第 299—300 页。

后进者，皆以此为鹄焉。既又潜心佛典，深有所悟。”① 这就是说，康有为研习之中国传统学术门类，除了今文经学外，还包括传统历史学、考据学、词章学、宋明理学、陆王心学和中国佛学。

在19世纪80年代，康有为开始接触西方学术。据梁启超云：“彼时所译者，皆初级普通学，及工艺、兵法、医学之书，否则耶稣经典论疏耳。于政治哲学，毫无所及。”如此看来，康氏所读的西学书籍，主要是工艺学、兵法、医学和基督教义，基本上是工艺制造之学，也有少量的格致学，对近代政治学、哲学等并无太多了解。但即使这些粗浅的西学常识，却对康有为的学术思想产生了较大影响，令其从中创出一些新的学术境界来：“先生以其天禀学识，别有会悟，能举一以反三，因小以知大，自是于其学力中，别开一境界。”② 康氏亦自称：“故仆所欲复者，三代、两汉之美政，以力尊祖考之彝训，而邻人之有专门之学、高异之行，合于吾祖者，吾亦不能不节取之也。”③ 这种对“邻人之有专门之学、高异之行”采取“节取”之态度，对康氏早年接受西方学科体制及西学新知起了重大影响。

1891年，康有为在南海长兴万木草堂讲学：“乃尽出其所学，教授弟子。以孔学、佛学、宋明学为体，以史学、西学为用，其教旨专在激励气节，发扬精神，广求智慧。中国数千年无学校，至长兴学舍，虽其组织之完备，万不逮泰西之一，而其精神，则未多让

---

① 梁启超：《南海康先生传》，《饮冰室合集》文集之六，中华书局1936年版。

② 梁启超：《南海康先生传》，《饮冰室合集》文集之六，中华书局1936年版。

③ 康有为：《与洪右臣给谏论中西异学书》，《康有为全集》第1集，上海古籍出版社1987年版，第537页。

之。其见于形式上者，如音乐至兵式体操诸科，亦皆属创举。”① 康有为所讲之学问，主要是“以孔学、佛学、宋明学为体，以史学，西学为用”。在中西学术配置上并没有超出“中体西用”之范围，但其学术分科开始突破传统“四部”分类体系。康有为将学术分为四科（义理之学、经世之学、考据之学、词章之学），自称来源于“孔门四科”，也是对清代“儒学四门”的继承。其云：“周人有‘六艺’之学，为公学；有专官之学，为私学，皆经世之学也。汉人皆经学，六朝、隋、唐人多词学，宋、明人多义理学，国朝人多考据学，要不出此四者。三代既远，学术日异。……今因先正遗说，立此四目，以为通学。”②

通过“长兴学记”之分科宗旨可以看到，“西学”在康有为分科体系中占有之地位是相当有限的，只是在分科之具体内容中包含了“西学”成分，如“义理之学”中的“泰西哲学”，“考据之学”中的“万国史学”“数学”和“格致学”；“经世之学”中的“政治学原理”“万国政治严格得失”“政治实用学”及“群学”等。“义理之学”“考据之学”“经济之学”和“文字之学”四类分科，显然是从传统的“孔门四学”（德行、言语、文学、政治）和儒家四学（义理之学、考据之学、词章之学和经济之学）来的；而在二级学科分类中，则基本是沿袭“中学”分类体系，而少有“西学”学科分类之特征。“西学”内容被融化在新建构之中学体系内，尚不具有独立存在之意义。

---

① 梁启超：《南海康先生传》，《饮冰室合集》文集之六，中华书局 1936 年版。
② 康有为：《长兴学记》，广东高等教育出版社 1991 年版，第 35 页。

第四章

分科观念普及与“七科之学”奠立

甲午战争以后，随着西书翻译增多和西学传播规模增大，西方近代分科观念及分科原则为越来越多的中国学人接受。在创办新式学堂和变革旧式书院课程过程中，越来越多的中国学人按照西方“分科立学”“分门研习”及“学务专门”等分科原则，将西方自然科学和社会科学各学术门类介绍到中国，并在综合中西学术科目基础上，逐渐建构起一套近代西方式的学术分科体系及知识系统。这套近代意义上之分科体系及知识系统，在新式学堂课程设置上得到集中体现。“七科之学”学科体系之形成，便是这套学术分科体系及知识系统建立之标志。本章重点考察甲午战争以后学术分科观念的变化，以及近代意义上的中国学术分科体系建立之情况。

一、从西书分类看分科观念变化

鸦片战后传入中国之西学内容，首先是“格致诸学”，即所谓

"科学""工艺"等，随后才是"法政诸学"等所谓"文学"。有人指出："适当欧亚交通黄白相见之际，其始也，西国之科学既稍稍输入，其继也，西国之文学更益发见。"① 之所以会出现这种先工艺、再科学、后文学的情况，是由于中国人对西学态度及认识深化所致："其始以为天下之学尽在中国，而他国非其伦也；其继以为我得形上之学，彼得形下之学，而优劣非其比也；其后知己国既无文学更无科学，然既畏其科学之难，而欲就其文学之易，而不知文学、科学固无所谓难易也。"②

甲午前后，随着西书翻译和出版之增多，西学得到大规模传播。对于当时读西书、求西学的情况，梁启超在《西学书目表序例》中指出："海禁既开，外侮日亟，曾文正开府江南，创制造局首以翻译西书为第一义，数年之间成者百种，而同时同文馆及西士设教会于中国者，相继译录，至今二十余年，可读之书略三百种。……故国家欲自强，以多译西书为本，学子欲自立，以多读西书为功。"③

随着西学的输入，甲午以后中国学人对西学之理解更为深刻。此时人们所理解之"西学"，已经不是70—80年代以工艺制造为主的"洋务之学"，也不仅仅是以西方自然科学为主的"格致之学"，而是西方社会科学为主之"西政"。

郑观应在1892年所作的《西学》中，借西人之口，对洋务时期学习"西文""西艺"而忽视"西政"偏向提出严厉批评，并指

① 《论文学与科学不可偏废》，《大陆》第3期，1903年2月7日。

② 《论文学与科学不可偏废》，《大陆》第3期，1903年2月7日。

③ 梁启超：《西学书目表序例》，《中西学门径书七种》，上海大同译书局光绪二十四年石印本。

出："论泰西之学，派别条分，商政，兵法，造船，制器，以及农渔牧矿诸务，实无一不精，而皆导其源于汽学、光学、化学、电学。以操御水、御火、御风、御电之权衡，故能凿混沌之窍，而夺造化之功。方其授学伊始，易知易能，不以粗浅为羞，反以躐等为戒，迨年日长，学日深，层累而上，渐沉浸于史记、算法、格致、化学诸家，此力学者之所以多，而成名者亦弥众也。"①

由此可见，郑观应较朦胧地看出西方学术分科之层次性：西学分为商政、兵法、造船、制器，以及农渔牧矿诸务，这在当时被称为"洋务"，实际上就是"西艺"，是西方学术中的皮毛之学。在它们的背后，有更深层的学问，这便是"格致学"，包括"汽学、光学、化学、电学"等，即近代数学、物理学、化学等。在他看来，西学中的格致制造是本，而语言文学文字是末；格致之学是本，而制造之术则是末。对此，他在《西学》上之一段话颇有代表性："故泰西之强，强于学，非强于人也。然则欲与之争强，非徒在枪炮战舰也，强在学中国之学，而又学其所学也。今之学其学者，不过粗通文字语言，为一己谋衣食，彼自有其精微广大之处，何尝稍涉藩篱？故善学者必先明本末，更明所谓大本末而后可言西学。分而言之，如格致、制造等学其本也（各国最重格致之学，英国格致会颇多，获益甚大，讲求格致新法者约十万人），语言文字其末也。合而言之，则中学其本也，西学其末也。主以中学，辅以西学，知

① 郑观应：《盛世危言·西学》，《郑观应集》上册，上海人民出版社 1982 年版，第 274 页。

其缓急，审其变通，操纵刚柔，洞达政体。”①

认识到西方工艺制造精巧后面有“格致之学”存在者，并非仅仅郑观应一人，1890年代之许多学者都或多或少意识到了这一点。像梁启超这样对西学领悟比较深刻者，逐渐将关注之重心转移到了西学中的“西政”，而不是“西艺”。梁启超所谓“西艺”，指格致学及制造之术；而“西政”，则主要是指西方政治学和法学。这显然又比郑观应之认识深化了一步。

梁启超在致张之洞函中，对此做了明确表达。在他看来，西方学校分科“条理极繁”，“而惟政治学院一门，于中国为最可行，而于今日为最有用”。何以它对中国最为有用？梁氏看重的是西方“政治学院”中之学科设置：“以公理（人与人相处所用谓之公理）公法（国与国相交所用谓之公法，实亦公理也）为经，以希腊罗马古史为纬，以近政近事为用。”他认为这是培养“治天下之道及古人治天下之法，与夫治今日之天下所当有事”的专门人才之处，也是西方“政本之大法”。如果不研习此门学问，而仅开设方言、算学、制造、武备等馆以研习西方洋务之学，则无异于本末倒置。其批评曰：“所谓学其所用，用其所学，以故逢掖之间无弃才，而国家收养士之效。中国向于西学，仅袭皮毛，震其技艺之片长，忽其政本之大法，故方言、算学、制造、武备诸馆，颇有所建置，而政治之院曾靡闻焉……士夫不讲此学，则市侩弄舌而横议之；中国不

① 郑观应：《盛世危言·西学》，《郑观应集》上册，上海人民出版社1982年版，第276页。

讲此学，则外夷越俎而代谋之。”① 梁氏认为必须采取西方设立“政治学院”之意，广采这方面之西学，将西方政治学、法学等学科引到中国来。其建议曰：“以《六经》、诸子为经（经学必以子学相辅然后知《六经》之用，诸子亦皆欲以所学治天下者也），而以西人公理公法之书辅之，以求治天下之道；以历朝掌故为纬，而以希腊罗马古史辅之，以求古人治天下之法；以按切当今时势为用，而以各国近政近事辅之，以求治今日之天下所当有事。”②

稍后，梁启超继续发挥“政学为主，艺学为辅”设想：“启超谓今日之学校，当以政学为主义，以艺学为附庸；政学之成较易，艺学之成较难；政学之用较广，艺学之用较狭。”在他看来，无政学之艺才，终为无用之才，必须在“考据、掌故、词章”旧学三大门类外，引进西方“政学”：“泰西诸国，首重政治学院。其为学也，以公理公法为经，以希腊罗马古史为纬，以近政近事为用，其学成者授之以政，此为立国基第一义。”③

当然，将西学分为“西艺”与“西政”，强调必须学习“西政”而非“西艺”，也不仅仅是梁启超一人如此主张，像严复、张元济这样的中国学人，均有了此种认识；甚至连张之洞、盛宣怀等洋务派代表，也接受了梁启超等人对西学之深刻理解。张之洞在《劝学篇》中明确将西学分为“西艺”与“西政”，显然是受其影响之结果。

---

① 梁启超：《上南皮张尚书书》，《饮冰室合集》文集之一，中华书局 1936 年版。
② 梁启超：《上南皮张尚书书》，《饮冰室合集》文集之一，中华书局 1936 年版。
③ 梁启超：《与林迪臣太守书》，《饮冰室合集》文集之三，中华书局 1936 年版。

中国学人甲午以后对西学认识之深化，不仅引发了西方各种“西政”之学被大规模介绍和“西政”之书的翻译出版，而且使已经传入中国的“西艺”门类更加细密，对越来越多的中国学人接触和接受西方学术分科观念，无疑具有极大的推动作用。

1896年，梁启超在《西学书目表》中，将当时翻译到中国之西书做了分类。关于《西学书目表》之分类方法，梁启超解释曰：“西学各书，分类最难。凡一切政，皆出于学，则政与学不能分，非通群学不能成一学，非合庶政不能举一政，则某学某政之各门不能分。今取便学者，强为区别，其有一书可归两类者，则因其所重。”其又云：“门类之先后：西学之属，先虚而后实；盖有形有质之学，皆从无形无质而生也。故算学、重学为首；电、化、声、光、汽等次之；天、地、人（谓全体学）、物（谓动植物学）等次之；医学、图学全属人事，故居末焉。西政之属，以通知四国为第一义，故史志居首；官制、学校，政所自出，故次之；法律所以治天下，故次之；能富而后能强，故农、矿、工、商次之；而兵居末焉。农者地面之产，矿者地中之产，工以作之，作此二者也；商以行之，行此三者也。此四端之先后也，船政与海军相关，故附其后。”①

正是根据这种分类方法，梁氏将西学分为三大类：一是“西学”类，相当于自然科学门类；二是“西政”类，相当于后来的社会科学门类；三是“西教”类，主要是西方宗教书籍。除了“西教”类书目不录外，梁氏将“西学”和“西政”两大类细分为28

---

① 梁启超：《西学书目表序例》，《中西学门径书七种》，上海大同译书局光绪二十四年石印本。

个小类。梁氏之西书分类，并不是专门的学术分类，但因为梁氏之分类，基本上是按照典籍所属之学科性质进行，所以其分类标准，已经不同于《四部全书》之“四部”分类。这样，梁氏之西书分类，比较真实地反映了当时传入中国之西学学科分类。分析梁氏西书分类，既可以知晓当时传入中国之西书之大致情况，也可以窥出梁氏对“西学”所作之分科设想。

梁启超《西学书目表序例》曰：“译出各书，都为三类：一曰学，二曰政，三曰教。今除教类之书不录外，自余诸书，分为三类：上卷为西学诸书，其目曰称算学、曰重学、曰电学、曰化学、曰声学、曰光学、曰汽学、曰天学、曰地学、曰全体学、曰动植物学、曰医学、曰图学；中卷为西政诸书，其目曰史志、曰官制、曰学制、曰法律、曰农政、曰矿政、曰工政、曰商政、曰兵政、曰船政；下卷为杂类之书，其目曰游记、曰报章、曰格致总、曰西人议论之书、曰无类可归之书。”①

按照梁氏之分类，当时传入中国之西学书籍，一是“西学”部，包括算学、重学、电学、化学、声学、光学、汽学、天学、地学、全体学、动植物学、医学、图学等 13 个门类；二是“西政”部，包括史志、官制、学制、法律、农政、矿政、工政、商政、兵政、船政等 10 个门类；三是“杂类”，包括游记、报章、格致总、西人议论之书及无类可归之书等 5 类。在梁氏的西书分类体系中，学、政、杂三大类几乎与后来的自然科学、社会科学、综合性图书

① 梁启超：《西学书目表序例》，《中西学门径书七种》，上海大同译书局光绪二十四年石印本。

三大部相同。“西学”部图书，包括之近代学术门类有：数学、物理学（重学、声学、光学、汽学、电学）、化学、天文学、地理学、动植物学、医学和生理学；“西政”类图书包括的西方近代学术门类有：历史学、政治学（官制）、教育学（学制）、法学、农学、经济学（商政、工政、矿政等）、军事学（兵政、船政）等。可以肯定地说，梁启超之典籍分类体系，基本上是按照西方图书分类和学术分科原则，对当时传入中国的西书所作之分类。对此，有人评曰：“在分类方面，创立了新的分类体系，尽管还有一些可以商榷的地方，但大体上是切合西书翻译出版的情况的。而且这一分类表一直影响着十进法未输入以前新书目录的分类工作。”①

梁氏《西学书目表》中对当时输入中国的学术门类及知识系统之分类，显然是创建近代中国知识系统之较早尝试。

1898 年春，康有为刊印《日本书目志》，对日本出版之西学书目也做了分类性介绍。他在《自序》中说：“然泰西之强，不在军兵炮械之末，而在其士人之学、新法之书。凡一名一器，莫不有学：理则心伦、生物，气则化、光、电、重，蒙则农、工、商、矿，皆以专门之士为之，此其所以开辟地球，横绝宇内也。”② 中国“四部”分类法主要是以体裁来作为分类标准，近代西方图书分类则以学科为分类标准。康有为之《日本书目志》，基本上也是以学科为分类标准，同时考虑图书之体裁。他不仅将日本书目分为 15 个门

① 吕绍虞：《中国目录学史稿》，丹青图书有限公司 1986 年版，第 232 页。

② 康有为：《日本书目志 · 自序》，《康有为全集》第 3 集，上海古籍出版社 1992 年版，第 583—584 页。

类，而且更进一步将这15门书籍分为若干科目。其所分之15门类包括：生理门、理学门、宗教门、图史门、政治门、法律门、农业门、工业门、商业门、教育门、文学门、文字语言门、美术门、小说门、兵书门。

表11 康有为《日本书目志》分类表

门 类	科 目
生理门	生理学、生理学学校用、生理学通俗、解剖学（组织学附）、卫生学、药物学、药局方、处方、调剂、药用、药用动植物、医用化学及分析书、病理学、诊断学、内科学、治疗书、微菌学、诸病说、外科学、皮肤病及微毒学、眼科学、儿科学、齿科学、产科学
理学门	理学总记、理科学学校用、物理学、横文物理学、理化学、化学、横文化学、分析书、天文学、历书、气象学书、地质学、矿学（矿泉附）、地震学、博物学书、生物学书、人类学、动物学、植物学、哲学、论理学、横文论理学、心理学、伦理学
宗教门	宗教总记、佛教历史、佛书、神道书、杂教类
图史门	地理总记、地理杂记、万国地理、各国地理、地理小学校用、地文学、地图小学校用、日本地图、东京地图、府县及分国图、北海道图、亚细亚地图、万国地图、万国历史、各国历史、日本史（小学历史附）、传记、本邦历史考证、年代记、年表、记行、名所记、旅行案内及道中记、类书
政治门	国家政治学、政体书、议院书（外国议院附）、岁计书、政治杂书、行政学、警察书、监狱法书、财政学（财政杂书附）、社会学、风俗书、经济学、横文经济学、移住殖民书、统计学、专卖特许书、家政学（料理法、裁缝书附）
法律门	帝国宪法、外国宪法、法理学、外国法律书、法律历史、法律字书、现行法律、刑法书、外国刑法、民法、外国民法、商法、外国商法、诉讼法、外国诉讼法、民事诉讼法、治罪法、裁判所构成法、判决例、国际法、条约、府县制郡制、市町村制、登记法及公证人规则书

续表

门　类	科　目
农业门	农学总记、农业经济书、农业杂书、农政书、农业化学书、土壤类、肥料书、农具书、稻作书、果树栽培书、圃业书、烟草类、材木书、害虫书、农历书、畜牧书（蜜蜂附）、蚕桑书、茶业书、渔产书
工业门	工学总记、土木学、雏形类、机器学、电气学、建筑书、测量学、匠学书、手工学书、染色书、酿造书
商业门	商业历史、商业地理学、商业书、银行书、贸易书、交通书、度量衡书、相场书、簿记书（《怀中日记》附）
教育门	道德修身学、格言集类、敕语书、教训教草修身杂书类、修身书小学校用、言行录、礼法书、教育学书、实地教育、幼稚女学、小学读本挂图、报告书、教育历史、教育杂书、小学读本（中学读本附）、少年教育书、汉文书（教育小说附）
文学门	文学、作诗及诗集、诗集、新体诗、歌学及歌集、歌集、俳书及俳谐集、俳人传记、俳谐集、戏文集、唱歌集、俗歌集、戏曲（义太夫稽古本附）、谣曲本、脚本、习字本、习字帖小学校用、往来物
文字语言门	和文学、作文书、作文书学校用、记事文、用文章、女用文章、言语学、文典及假名遣、修辞演说、辞书、伊吕波引、字引杂书、读书字类、速记法
美术门（方技附）	美术书、绘画书、模样图式、书画类、书法及墨场书、书手本学校用、音乐及音曲、音曲、演剧、体操书、游戏书、插花书、茶汤书（围棋附）、将棋书、占筮书、方鉴书、观相书、大杂书
小说门	小说（少年书类随笔附）
兵书门	马政书、航海书、铳猎书、兵书（战记附）

资料来源：康有为：《日本书目志》，《康有为全集》第3集，上海古籍出版社1992年版，第583—1291页。

如此精细的图书分类，如此专门的分门别类，说明以康有为为代表之许多晚清学人，不仅已经接受了西方学术分科观念，而且开始按照初步掌握的分科方法来对传统典籍分类法进行改造了。

1897 年编辑刊印的《续西学大成》，不仅所列门类增加到了 18 类（78 种西书），而且增加了《西学大成》所忽视之西学门类书籍。该丛书所分之 18 门类及开列之西学书目为：（1）算学 5 种：《数学启蒙》《西学新法直解》《曲线数理》《曲线发明》《微积数理》；（2）测绘学 6 种：《绘地法原》《绘图理法》《测绘器说》《画器体用》《行军测绘》《丈田绘图章程》；（3）天学 6 种：《天文西说》《西法天算求原》《天文捷算》《日月测算》《诸星测算》《天文设问列表》；（4）地学 2 种：《地学总论》《地质全志》；（5）史学 9 种：《中西交涉通论》《中西近事图说》《交涉通商表》《中西记载》《中西大局论》《中西通商原始记》《中国寻访记》《西域回教考略》《中国新政录要》；（6）政学 3 种：《富国精言》《富国养民策》《富国理财说》；（7）兵学 3 种：《西法练兵说》《英国水师律例》《德国军制述要》；（8）农学 4 种：《养民新说》《化学农务》《染布西法》《蔗糖西法》；（9）文学 9 种：《西国学校》《泰西实学精义》《新学刍言》《西学渊源记》《心智略论》《思辨学》《心学公理》《心才实用》《西国行教考》；（10）格致学 4 种：《格物启蒙》《格致总论》《格致小引》《高厚求原》；（11）化学 2 种：《化学要略》《气球考》；（12）矿学 4 种：《矿学要领》《矿产兴利论》《矿石图说》《炼钢新说》；（13）重学 5 种：《重学数理》《重学探源》《静重学》《动重学》《重学说器》；（14）汽学 2 种：《气学条理》《水学要端》；（15）电学 2 种：《电学考》《电学新理》；（16）光学 5 种：《光学入门》《光学新理》《光学新法图论》《光学释器远镜说》《光学释器显微镜说》；（17）声学 3 种：《声学条论》《声学精理》

《声学新理》；（18）工程学4种：《行军铁路工程》《铁路利益论》《制造述略》《练石编》。

《续西学大成》所列西学总目包括之学科主要有：数学（算学）、测绘学、天文学、地理学、历史学、政学（实际上是经济学）、军事学、文学、格致学、化学、矿学、工程学和物理学各门类（重学、汽学、电学、光学、声学等）。这18种科目中，新增加的6门科目：测绘学、工程学、矿学、格致学、政学、文学。其中最值得注意的是政学和文学两科目。政学类收录的3种书籍（《富国精言》《富国养民策》《富国理财说》），属于西方经济学著作；文学类收录的9种书籍（《西国学校》《泰西实学精义》《新学刍言》《西学渊源记》《心智略论》《思辨学》《心学公理》《心才实用》《西国行教考》）则比较复杂，既有介绍西方学校制度者，又有介绍西学渊源者，还有属于近代心理学和逻辑学者。这种情况说明，西方近代经济学、近代逻辑学、近代心理学及教育学，在此时开始传入中国。

这样，此时中国人所了解之西学，就不仅仅是数学、物理学、化学、天文学、地理学、军事学、矿学、工程学等西方自然科学和工程应用性学科，而且包括了西方近代历史学、政治学、经济学、逻辑学、心理学及教育学等属于人文、社会科学之学科门类。

二、近代分科观念的逐渐普及

甲午以后，西方学术分科观念在中国学界传播比较迅速，并为越来越多的中国学人接受。郑观应、康有为、梁启超、严复等人对西方分科观念的认识也有所强化，甚至连张之洞、张百熙、李端棻等人也接受了西方分科体系，并用这种刚刚接受之分科观念，提出了自己的分科方案。

郑观应在1892年所作之《学校》篇中，对西方分科之认识进一步深化，已经认识到西方近代学术专门化的发展趋势。他非常赞赏西方中等学校以上学习和研究各门学术的做法，“穷究各学，分门别类，无一不赅”，提倡西方“精益求精”之治学方法和精神。他进而对当时中国仅注重西方制造之事，而不注重西方制造之道的误区，提出了严厉批评，认为中国不仅要学习西方技术，更要学习西方科学：“今中国既设同文方言各馆，水师武备各堂，历有年所，而诸学尚未深通制造，率仗西匠，未闻有别出心裁，创一奇器者，技艺未专，而授受之道未得也。诚能将西国有用之书，条分缕晰，译出华文，颁行天下各书院，俾人人得而学之。”① 郑观应所说的“条分缕晰”，是非常值得注意的观念，说明西方分科观念已经深深地为他接受。他对西方分科观念的接受，显然来自对西方学校“分门设学”情况的了解。他在介绍日本大学“六科分学”情况时说：“校中分科专习，科分六门，即法、文、理、农、工、医六者，但较预科为专精耳。”②

在长兴学堂讲学时，康有为对西学之理解还是很有限的。到甲午以后，他对西学和西方分科观念有了较深刻认识，越来越重视西方学术分科方法，不仅强调学术分科之重要性，而且提倡“分科研习”各门西学。1895年，他在《公车上书》中，提出了改武科为艺科、分门立学之建议：“凡天文、地矿、医律、光重、化电、机器、

① 郑观应：《盛世危言·学校》，《戊戌变法》（一），上海人民出版社1961年版，第46页。

② 郑观应：《盛世危言·学校上》，《郑观应集》上册，上海人民出版社1982年版，第266页。

武备、驾驶，分立学堂，而测量、图绘、语言、文字皆学之。”① 鼓励人们从事“专门之业”，研习“专门之学”。康有为草拟《强学会章程》中，也列举了中西学术众多门类：“入会诸君，原为讲求学问。圣门分科，听性所近，今为分门别类，皆以孔子经学为本。自中国史学、历代制度、各种考据、各种词章、各省政俗利弊、万国史学、万国公法、万国律例、万国政教理法、古今万国语言文字、天文地舆、化重光声、物理性理、生物、地质、医药、金石、动植、气力、治术、师范、测量、书画、文字减笔、农务、牧畜、商务、机器制造、营建、轮船、铁路、电线、电器制造、矿学、水陆军事，以及一技一艺，皆听人自认，与众讲习。”②

到1898年时，康有为不仅看到了西方学术“注重专门”与“分科治学”的特点，而且特别强调创设于研读“专门之学”的重要性。只有“条理至详”，才能“科学至繁”，学术发展的最高处在于“专门”，即所谓“夫学至于专门止矣”。在1898年《请开学校折》中，康氏介绍英美大学分科之制云：“英大学分文、史、算、印度学、阿拉伯学、远东学，于哲学中别自为科。美则加农工商于大学，日本从之。夫学至于专门止矣，其所谓大学者，不过合各专门之高等学多数为之，大聚天下之书图仪器，以博其见闻；广延各国之鸿博硕学专门名家，以得其指导；而群一国之学者，优游渐渍，

---

① 康有为：《上清帝第二书》，《康有为全集》第2集，上海古籍出版社1990年版，第95页。

② 康有为：《上海强学会章程》，汤志钧编《康有为政论集》（上），中华书局1981年版，第175—176页。

讲求激厉，而自得之。”① 在《请广译日本书派游学折》中，他抨击了传统的八股试帖等中国学问之无用，建议效仿西方及日本学术分科办法，设译书局，“专选日本政治书之佳者，先分科程并译之”，对于中国向来没有之新学术，如哲学、军事、化学、物理学、农、工、商、矿、工程、机器等门类，分科学习。他说：“自哲学、海陆军、化电、光重、农工、商矿、工程、机器，皆我所无，亟宜分学，每科有二三百人矣。”②

康有为对西方“分科立学”“分科治学”“学务专门”认识之深化，比较典型地代表了19世纪90年代中国学者们对西方学术分科之态度。这种情况表明，西方的学术分科观念已经比较普遍地流行于中国学术界。这样看来，张之洞在《劝学篇》中强调分科设学、学贵专门：“西艺必专门，非十年不成；西政可兼通数事，三年可得要领。”盛宣怀认为自己创办的头等学堂“功课必须四年，方能造入专门之学”③，也就不足为奇了。

当时人们比较普遍地接受西方分科观念，还可以通过一些“反证”来说明。正是因为人们已经有了西方这种分科观念，所以他们才会用当时已经接受的西方学术分科观念来看待先秦时期的诸子学，并认为近代西方许多学术门类，远在先秦时期便有了。关于这一点，只要分析谭嗣同之下述文字便会一目了然：

---

① 康有为：《请开学校折》，《戊戌变法》（二），上海人民出版社1961年版，第218页。

② 康有为：《请广译日本书派游学折》，《戊戌变法》（二），上海人民出版社1961年版，第224页。

③ 盛宣怀：《拟设天津中西学堂章程禀》，《皇朝经世文新编》卷五，大同译书局1898年刊刻本。

"盖儒家本是孔教中之一门，道大能博，有教无类。太史公序六家要旨，无所不包，是我孔子立教本原。后世专以儒家为儒，其余有用之学，俱摈诸儒外，遂使吾儒之量反形狭隘，而周、秦诸子之蓬蓬勃勃，为孔门支派者，一概视为异端，以自诬其教主。殊不知当时学派，原称极盛：如商学，则有《管子》《盐铁论》之类；兵学，则有孙、吴、司马穰苴之类；农学，则有商鞅之类；工学，则有公输子之类；刑名学，则有邓析之类；任侠而兼格致，则有墨子之类；性理，则有庄、列、淮南之类；交涉，则有苏、张之类；法律，则有申、韩之类；辨学，则有公孙龙、惠施之类。盖举近来所谓新学新理者，无一不萌芽于是。"①

这种议论，可以视为西方分科观念传入后，中国学人用近代分科观念来界定和整理中国传统学术比较普遍之现象。

正是因为戊戌时期人们已经接受了西方分科观念，所以当总结西学传入中国20年间未取得实质性成效的原因时，便将"学术不分科""学不专门"列为重要原因。梁启超于1896年所撰《变法通议》曰："今之同文馆、广方言馆、水师学堂、武备学堂、自强学堂、实学馆之类，其不能得异才何也？言艺之事多，言政与教之事少。其所谓艺者，又不过语言文字之浅，兵学之末，不务其大，不揣其本，即尽其道，所成已无几矣。又其受病之根有三：一曰科举之制不改，就学乏才也。二曰师范学堂不立，教习非人也。三曰专

① 谭嗣同：《论今日西学与中国古学》，《谭嗣同全集》（增订本），中华书局1981年版，第399页。

门之业不分，致精无自也。”①

梁启超有这样的观点，孙家鼐、李端棻等人又何尝不是如此？1896年7月，孙家鼐在《议覆开办京师大学堂折》中尖锐地指出：“京外同文方言各馆，西学所教亦有算学格致诸端，徒以志趣太卑，浅尝辄止，历年既久，成就甚稀，不立专门，终无心得也。”② 李端棻将“学术不分科”作为此前20年教育失败之原因：“夫二十年来，都中设同文馆，各省立实学馆，广方言馆，水师武备学（堂）、自强学堂，皆合中外学术相与讲习，所在而有。而臣顾谓教之之道未尽，何也？……格致制造诸学，非终身执业，聚众讲求，不能致精。今湖北学堂外，其余诸馆，学业不分斋院，生徒不重专门，其未尽二也。”③ 宋恕也尖锐地批评道：“按此馆初创时系分洋文、算学二途，听诸生认习洋文或认习算学，但均须兼习汉文。定章者自以为兼中西矣，实则所谓‘中学’者不过村学究帖括之业，所谓‘西学’者不过英文、算学，于中西实学课程未有一二，陋不可言！昔年学生尚易有出路，为实学计则不好，为谋生计却好。”④

将学习西学成就甚少之原因归为“不立专门”“学业不分斋院”“生徒不重专门”，从一个侧面说明，戊戌时期中国学界已经普遍接受了西方“分门立学”原则和“分科治学”观念。

---

① 梁启超：《变法通议》，《饮冰室合集》文集之一，中华书局1936年版。

② 孙家鼐：《议复开办京师大学堂折》，《戊戌变法》（二），上海人民出版社1961年版，第427页。

③ 李端棻：《请推广学校折》，《皇朝经世文新编》卷五，大同译书局1898年刊刻本。

④ 宋恕：《致孙仲恺书》，《宋恕集》下册，中华书局1993年版，第686页。

甲午以后，受西方“学务专门”影响，人们格外注重着“专门之学”，即便是研习经学，也注意分科、分门研习：“毋作辍，毋寒曝；毋助长，毋求速化；专治一业未精，毋迁徙他业；专攻一艺未竟，毋涉猎他艺。”[①] 1898 年《湖州崇实学堂广购图籍》曰：“择中西有用之学，分门讲习，严定课程，以期精进，广购图籍，以备研求。远师安定经义、治事之遗规，近法校邠，采西益中之通义。”[②] 人们对西方分科观念渐有认识：“于是非变法改制，效法欧西，博闻强识，学有专科，不足以图存，爰有康梁新说之奋兴焉。”[③]

宋恕通过研读新译西书，体认到日本大学分门设置专科之法：“盖彼国自立大学以来，经史诸子各置专科。”其介绍云：“群经及《淮南》以上诸子列为支那哲学科正课书，史学别为一科，卒业考取者号文学士，又进一等号文学博士，为科名之巅。博士、学士虽分六号，曰：文、法、理、农、工、医，而文学出身最重于国人焉。”[④]

值得注意的是，桐城派大儒吴汝纶也对西方分科观念表示了特别浓厚的兴趣。1898 年，吴汝纶从报端看到了法国预定 1900 年赛会章程，专门做了笔录。该章程分物类为 18 门：一教育，凡六种；二技艺工作，凡四种；三文学与各西艺之器具及试验之法之大宗，凡八种；四制造机器与行动要法，凡四种；五电气，凡五种；六营

① 《安徽于湖中江书院尊经阁记》，李希泌等编《中国古代藏书与近代图书馆史料》，第 70 页。

② 《湖州崇实学堂广购图籍》，《中外日报》第 3 号，光绪二十四年（1898 年）8 月 29 日。

③ 谢国桢：《近代书院学校制度变迁考》，沈云龙主编《近代中国史料丛刊续编》第 66 辑，第 20 页。

④ 宋恕：《上曲园师书》，《宋恕集》上册，中华书局 1993 年版，第 599 页。

造与转运之法，凡七种；七农务，凡八种；八栽治花园，凡六种；九囿林、猎务、渔务、采摘花果茶叶等事，凡六种；十粮食，凡七种；十二矿苗与五金制炼法，凡三种；十二公所居处、焕饰、器物，凡十种；十三纺织丝纱绸布与衣饰，凡十三种；十四化学功用，凡五种；十五各种造作，凡九种；十六社会章程、医道与施济贫病等，凡十二种；十七招工垦荒之法，凡三种；十八水陆军务，凡六种。吴氏认为，这个《章程》"所分门类能概括新学大要，中国立学可略依之"①，表明他已经接受了西方"分科设学"原则。不仅如此，时人对西方近代学科的内在体系的认识也是比较到位的。如晚清大儒俞樾云："间尝涉猎西书，揆其大旨，算学为经，重学化学为纬，天学机学隶重学，地学矿学隶化学，水学气学热学电学及火器水师等学又兼隶重学，化学外，此如声学光学乃气学热学之分支，似非重学化学所可隶者。"②

与吴氏有着相似情况者，还有孙宝瑄。其 1897 年 5 月 17 日之日记，对近代西方分科观念及西学知识系统的关系，做了自己的观察和理解。他写道："动万物者，莫疾乎雷，声学也。燥万物者，莫炽乎火，光学、热学及化学也。挠万物者，莫疾乎风，气学也。润万物者，莫润乎水。说万物者，莫说乎泽，水学也。终万物、始万物者，莫盛乎艮，予谓重学、力学近之。神也者，妙万物而为能者，心灵学也。电学亦足当之。各种之理及能力，本自然具于太虚中，以变化成万物，惟人不能精思其理，精求其学，故不能得其大

① 吴汝纶：《桐城吴先生日记》（下），河北教育出版社 1999 年版，第 541 页。
② 俞樾：《格致古微叙》，《格致古微》，光绪二十二年吴县王氏刊印本，第 2 页。

益。泰西人惟能精之，遂成种种新器、新机，以夺造化。精之者谁何？曰：心灵耳。心灵即神之别名，故曰神也者，妙万物而为能也。”[①] 孙氏将声学、光学、热学、化学、电学与重学、力学之间的关系，及其与心灵学之关系，作了比较准确的概述，从一个侧面体现了时人对西方“格致学”理解之程度。

20 世纪初期，西方近代分科观念进一步普及，“分科立学”“分科治学”观念已经为更多的中国学人所接受。一时间，提倡分门设学、分门立学、分门治学之议论，成为整个时代的呼声；“专门之学”“分科授学”“分科”“专门之书”的术语，载满当时之报章奏折。

盛宣怀在 1901 年 7 月上奏的《请专设东文学堂片》中云：“译书宜兼通中外之学，而尤以专门为贵。”又曰：“惟西国专门之学，必有专字，门类极繁”。[②] 在 1902 年之《奏陈南洋公学翻辑诸书纲要折》中，他将要翻译的“专门之书”分为天算、制造、政治、史学、学校、科举、理财、练兵等许多门类。康有为则看到，未来的学术必然是学科越来越专门、学科分化越来越精细。他于 1902 年撰写之《大同书》明确指出：“大同之时，无一业不设专门，无一人不有专学，世愈文明，分业愈众，研求愈细，究辨愈精。故大学分科之多，备极万有，又于一科之中擘为诸门，一门之中分为诸目，皆各有专门之师以为教焉而听人自择。其门目之多，与时递增，不

① 孙宝瑄：《忘山庐日记》（上），上海古籍出版社 1983 年版，第 107 页。

② 盛宣怀：《请专设东文学堂片》，《愚斋存稿初刊》卷五，思存楼藏版刊刻本，第 38 页。

须今日为之预定，至千万年后，其门目之多，牛毛茧丝不能比数。”① 正是在这种强烈之分科观念支配下，他理想中之大学，应包括农学、工学、商学、法学、医学、矿学、渔学、政学、文学、动物学、植物学等学科门类。

张謇对西方近代“分科立学”原则也同样有着深刻体认。其于1901年所撰之《变法平议》曰：“必无人不学，而后有可用之人；必无学不专，而后有可用之学。”变革科举，他主张“学堂主学，而科举主文”。正是按照西方分科观念和分科原则，他提出，学堂文科、理科所要开设的学术门类有12门：“如史学、哲学、地理、伦理、社会、教育、经济、财政、政治、数学、农、商十二学已译成者，令各肄业。”②

1901年，张之洞在介绍西方各国的小学制度时，认识到小学便开始分科讲授“文理、算法、史事、格致之属”，到中学阶段，“所学门类甚多，名曰普通学，如国教、格致、算学、地理、史事、绘图、体操、兵队操、本国行文法、外国言语文字行文法等事，皆须全习”。到了大学阶段更是“习专门之学”。他认为，东西各国大学所习“专门之学”略有分别：“英分经、教、法、医、化、工六科，又另设专门农商矿学。法与英略同。德又另设专门工学。日本高等学校亦分六门：一法科、二文科、三工科、四理科、五农科、六医科，每科所习专业，各有子目，其余专门各有高等学校。”他提出：

① 康有为：《大同书·去家界为天民》，《中国近代教育史资料汇编·教育思想》，第156页。

② 张謇：《变法平议》，《张季子九录·政闻录》卷二，中华书局1931年版。

“窃惟今日育才要指，自宜多设学堂，分门讲求实学，考取有据，体用兼赅，方为有裨世用。”① 张之洞主张“分门讲求实学”，表明其接受并领悟了西方“分科治学”原则。也正是抱有如此深刻之西方分科观念，张氏才会参照西方大学制度，以日本大学分科体制为蓝本，制定出分科大学之具体方案。

对西方近代分科性学术认识最深刻者，当属严复。严复既认识到西方学术根本之所在，也找到了研究西学之秘密：西学最大特色，在于其分科细密，只要从分类学入手，便容易研习西学。其云：“治他学易，治群学难。政治者，群学之一门也。何以难？以治者一己与于其中不能无动心故。心动，故见理难真。他学开手之事，皆以分类为先。如几何，则分点、线、面、体、平员、椭员。治天学，则分恒星、行星、从星、彗星。政治学之于国家，何独不然，雅里斯多德之为分也，有独治、贤政、民主等名目。此法相沿綦久，然实不可用。分类在无生之物皆易，而在有官之物皆难。西国动植诸学，大半功夫存于别类。类别而公例自见，此治有机品诸学之秘诀也。”②

戊戌以后，许多中国学人用已经接受之分科观念来反观中国传统学术，从另外一个侧面反映分科观念深入的情况。张百熙云：“第考其现行制度，亦颇与我中国古昔盛时良法大概相同。……其科目则唐有律学、算学、书学诸门，宋因唐制，而益以画学、医学，虽未及详备，亦与所谓法律、算学、习字、图画、医术各学科不甚

---

① 张之洞等：《变通政治人才为先遵旨筹议折》，《张文襄公全集》奏议五十二，中国书店 1990 年版。

② 严复：《政治讲义》，《严复集》第 5 册，中华书局 1986 年版，第 1254 页。

相殊。自司马光有分科取士之说，朱子《学校贡举私议》，于诸经、子、史及时务皆分科限年，以齐其业。外国学堂有所谓分科、选科者，视之最重，意亦正同。”① 有人用近代分科观念看中国先秦学术时曰：“吾国当成周之末，为学界大放光彩时代，若儒家、若法家、若农家、若名家，类皆持之有故，言之成物，蔚然成为专门之学，何尝不可见诸实用。”② 又云：“考吾国当周秦之际，实为学术极盛之时代，百家诸子，争以其术自鸣。如墨荀之名学，管商之法学，老庄之神学，计然百圭之计学，扁鹊之医学，孙吴之兵学，皆卓然自成一家言，可与西土哲儒并驾齐驱也。”③ 这些显然是以近代西方学术分科观念及学科分类，来“附会”先秦学术之体现。

蔡元培读《颜氏学记》后，也开始用所接触之西方近代学术分科观念，对清初大儒颜习斋所讲“四教三事六府”等内容做了近代学科意义上的阐释。其云：“其释格物为学三事，即以此为学程，证之以四教三事六府，盖即今所谓普通学者也。由是而推置之于兵农礼乐为专门学，则偏重政治学，于哲学则未遑及也。”他认为，颜氏所讲“六德”，相当于心理学；“六行”相当于伦理学；“六艺”之中，“礼”相当于法学；“乐”相当于美术；“射”“御”相当于体操；“书”相当于名学；“数”相当于算术。④ 将传统之“六德”“六行”及“六艺”对应为近代意义之学科，从一个侧面反映出时人所受西方近代学科观念影响之强烈。

---

① 张百熙等：《进呈学堂章程折》，《钦定学堂章程 · 上谕奏折》，1902 年刊印本。

② 张继熙：《叙论》，《湖北学生界》第 1 期，1903 年 1 月 29 日。

③ 邓实：《古学复兴论》，《国粹学报》第 1 年第 9 号。

④ 高平叔：《蔡元培年谱长编》第 1 卷，人民教育出版社 1999 年版，第 211 页。

对于这种用近代分科观念来看待先秦学术并进行学科比附现象，时人批评曰："某于世俗之言新学者，往往以欧美之新理引古人之一二言以相附会，以为吾国固亦有此，一若欧美今日误解，均为吾国昔日之历史者然，以是为足以投合吾国好古之心，而冀其说之行，某最不喜此。某以为欧美之新法新理，大都为近世纪之产物，以进化之理推之，吾国古代不宜有此无疑。即文字上有相类似者，其意义与其实质必大相悬殊也。"①

也正是因为看到了西方近代学术注重学术分科与学术分门研习的特点，关中大儒刘古愚提出了大兴"专门之学"的主张："大学则讲求政、兵、刑、商务、边防之事。大学之师即知府。专门之学则各延其名家。教兵者即将也；讲法律者即士师也；讲家桑以及工商各事，即司农、度支等官，今之户部、工部、通商大臣也。"② 因此，当人们将中西学术做了比较后，自然会得出这样的结论："中国大利未兴，百端待理，患在专门之学未精，专门之才太少，若不研究高等之学术，即不能得应用之人才，而富强之图，终鲜实济。此专门教育所以亟宜筹备者也。"③ 这段议论，表达了清末中国学人对西方"专门之学"超乎寻常之重视。

---

① 攻法子：《敬告我乡人》，《浙江潮》第2期，1903年3月18日。

② 刘古愚：《行周礼必自乡学始说》，《烟霞草堂文集》，三秦出版社1994年版，第18—19页。

③ 《学部奏分年筹备事宜折》，李希泌等编《中国古代藏书与近代图书馆史料》，中华书局1996年版，第125页。

三、新式学堂课程及学术分科

西方学术分科观念在中国学术界流行后，不仅新建的西式学堂按照西方“分科立学”原则和“分科治学”观念设置课程，而且传统的书院也按照“分斋设学”“分斋治学”原则，开始变革旧课程、开辟新科目。通过分析新式学堂和旧式书院的课程设置，可以窥出戊戌时期学术分科之大致情况。

1895 年，盛宣怀在天津创办中西学堂，分头等学堂和二等学堂两种。头等学堂课程分普通学和专门学两类，普通学包括几何学、三角勾股学、微分学、格物学、重学、化学、地学、金石学、天文工程学、绘图学、各国史鉴、万国公法、理财富国学及英文翻译等科目；实际上包括了近代数学、物理学、化学、地质地理学和历史学的基础知识；专门学分为工程学、电学、矿务学、机器学、律例学等 5 门，实际上就是近代工科中的诸学及近代法律学。[①]《头等学堂功课》规定，工程学“专教演习工程机器，测量地学，重学，汽水学，材料性质学，桥梁房顶学，开洞挖地学，水力机器学”；电学“深究电理学，讲究用电机理，传电力学，电报并德律风学，电房演试”；矿务学“深奥金石学，化学，矿务房演试，测量矿苗，矿务略兼机器工程学”；机器学“深奥重学，材料势力学，机器，汽水机器，绘机器图，机器房演试”；律例学“大清律例，各国通

① 盛宣怀：《拟设天津中西学堂章程禀》，《皇朝经世文新编》卷五，大同译书局 1898 年刊刻本。

商条约，万国公法等”。[①]

1897 年 8 月，杭州筹办中西学堂，廖寿丰《奏设杭州求是中西书院折》云：“泰西各学，门径甚多，每以兵农、工商、化验、制造诸务为切于时用，而算学则其阶梯，语言文字乃从入之门，循序以进，渐有心得，非博通格致，不得谓之学成。”因此规定：“每日肄业之暇，令泛览经史、国朝掌故及中外报纸，务期明体达用，以孔、孟、程、朱为宗旨，将有得之处撰为日记，按旬汇送查考。每月教习以朔日课西学，总办以望日课中学，年终由臣通校各艺，分别等第。”[②] 经史之学与西学同时并进，以期有所成效。

1897 年，湖南巡抚陈宝箴在长沙设立时务学堂，聘请梁启超主持学务。陈氏在《招考新设时务学堂学生示》中，对时务学堂功课做了明确规定：“中学：《四子书》《左传》《国策》《通鉴》《小学》《五礼通考》《圣武记》《湘军志》各种报及时务诸书，由中文教习逐日讲传。西学：各国语言文字为主，兼算学，格致，操演，步武，西史，天文，舆地之粗浅者，由华人教习之精通西文者逐日口授。”[③] 陈氏所开列之中学门类，主要是经学、史学和时务之学；西学则主要是西文西语、算学、格致诸学、历史学、天文学和地理学等。陈氏这个中西学术分科方案，尚停留于 19 世纪 80 年代王韬、郑观应等人之分

① 《天津头等二等学堂章程》，《皇朝经世文新编》卷五，大同译书局 1898 年刊刻本。

② 廖寿丰：《奏设杭州求是中西书院折》，陈学恂主编《中国近代教育史教学参考资料》上册，第 249—250 页。

③ 陈宝箴：《招考新设时务学堂学生示》，《时务报》第 43 册，光绪二十三年（1897 年）10 月。

科水平上，远不如梁启超、严复等人分科之细密。

作为时务学堂之总教习，梁启超不仅规定其立学之10项宗旨（立志、养心、治身、读书、穷理、学文、乐群、摄生、经世、传教），而且规定了时务学堂讲授课程。他将时务学堂“所广之学”分为两种：一为“溥通学”，二为“专门学”。“溥通学之条目有四：一曰经学，二曰诸子学，三曰公理学，四曰中外史志及格算诸学之粗浅者。”专门学之条目有三：一曰公法学，二曰掌故学，三曰格算学。①

梁氏从中国传统学术中选取了四种门类：经学、诸子学、掌故学和历史学；从西方学术中也选择了四种门类：公理学、公法学、历史学、格算诸学。经学、史学和掌故学，是中国传统学术门类中最主要者，也是当时公认之“中学”，梁氏选取它们实属自然；但将“诸子学”也作为中国学术门类纳入“溥通学”中供学生研读，表明此时之“诸子学”在中国传统学术系统中正处于上升地位。格致诸学和西方史学，是当时公认之西学主要门类，梁氏选取它们当属自然；但他将“公理学”和“公法学”作为西学之重要门类供学生研读，则表明梁氏对西学认识的深化：关注于西学中的“西政”，而不是“西艺”。从梁启超为时务学堂确定的课程门类中可以看到，“中学”中之“诸子学”及“西学”中之“公理学”“公法学”逐渐引起中国学术界的重视。

与梁启超有着相似认识者，还有张元济等人。张元济认为，西方近代学术具有注重“专门”的特点，应该效仿西方设立“专门之

---

① 《时务学堂功课详细章程（附第一年读书分月课程表）》，《湘报》第102号，1898年7月4日。

学”。其曰：“又其推算之学，格物之理，制器尚象之法，体国经野之规，各有专门，足资借镜，而非博通中国古今之沿革，亦无由考求而得其会通。”1897年8月，张元济等人创办通艺学堂，“现在定立课程，先习英文暨天算、舆地，而法、俄、德、日诸国以次推及。其兵、农、商、矿、格致、制造等学，则统俟洋文精熟，各就其性质之所近，分门专习。”① 在“专讲泰西诸种实学”宗旨指导下，张氏拟开设文学、艺术两大学术门类课程。文学门开设9门课程：舆地志、泰西近史、名学（即辨学）、计学（即理财学）、公法学、理学（即哲学）、政学（即西名波立特）、教化学（西名伊特斯）、人种论；艺术门开设10门课程：算学、几何（即形学）、代数、三角术（平弧并课）、化学、格物学（水火电光者重在内）、天学（历象在内）、地学（即地质学）、人身学、制造学（汽机、铁轨在内）。②

通艺学堂课程体现出之学术分科，纯粹是西学分科，并没有将中学包括在内。文学门相当于1902年“七科之学”中的文学科，艺术门相当于后来的格致科（理工科）。艺术门包括的学科，主要有数学、物理学、化学、天文学、地质学、生理学和工科的制造学。此两类分科，是后来“七科之学”中文学科和格致科之雏形。

值得注意的是，张元济文学门开设课程中，有名学（即辨学）、计学（即理财学）、公法学、理学（即哲学）、政学（即西名波立特）、教化学（西名伊特斯）、人种论等科目。名学就是近代西方逻

---

① 张元济等：《请设立通艺学堂文》，陈学恂主编《中国近代教育史教学参考资料》上册，第384页。

② 张元济：《通艺学堂章程》，璩鑫圭等编《中国近代教育史资料汇编·教育思想》，第363页。

辑学；计学就是近代经济学；公法学就是西方近代法学中之国际公法；理学就是近代西方哲学；政学就是近代西方政治学；教化学就是近代西方伦理学；人种学就是近代西方民族学。这些西方近代学科，在过去还鲜为人知。在晚清中国人开办的学校中分科立学，专门讲授这些学科并加以研习，无疑还是第一次。这样看来，文学门包括的学科，除了人们通常知晓的西方地理学、历史学外，还包括西方近代逻辑学、经济学、哲学、政治学、伦理学、法学和人种学等所谓"法政诸学"。

1898 年 4 月，梁肇敏、邓家仁等人在广州发起创设时敏学堂。该学堂分为大学、小学两种，"大学授修身、国文、地理、宗教、政治、格致、算学、英文、日文、体操等科。小学则减宗教、政治、格致、日文"①。此外，该校所购书籍，"一以经济之书为主，中学之书，除《四书》《五经》人所共有外，若历代地理，历朝掌故，本朝掌故，近代名臣奏议，及时贤新著之书，不嫌博采。其经史子集，但取其有关经济者购之。西学之书：曰天算、曰地舆、曰格致、曰制造、曰政书、曰史志、曰交涉、曰公法、曰农矿工商兵刑诸书，分类广购，以扩见闻，而资讲习"②。内容不仅涉及"格致诸学"，还包括了政治、外交等所谓"法政诸学"。

1899 年，蔡元培等人创办浙江绍兴中西学堂，其课程有国学（包括经学或叫哲学、史学、词学或叫文学），算学（代数、几何），物理

---

① 邬伯健：《记时敏学堂》，黄炎培《清季各省兴学史》，《人文月刊》第 1 卷第 8 期。

② 《广州创设时敏学堂公启章程》，《知新报》第 53 册，1898 年 5 月 20 日（光绪二十四年四月初一）。

或叫理科（包括动植物学、化学等），外国语（英文、法文、日文），体操等。蒋梦麟回忆当时就学情形云："中西学堂的课程，大部分还是属于文科方面的：国文、经书和历史。"又云："教的不但是我国旧学，而且还有西洋学科，这在中国教育史上还是一种新尝试。虽然先生解释得很粗浅，我总算开始接触西学了。"①

宋恕在《自强报》中，辟"文史""新学"诸纲目，实际上包括了中国旧学与西方新学两方面内容。"文史"纲分为十目："一、谈心性之文。二、诂群经之文。三、说诸子之文。四、有韵之文。五、区中明以前史学。六、皇朝史学。七、域外史学。八、兼中外史学。九、舆地学。十、官制学（舆地、官制为史学中两大端，以繁重别立目）。""新学"纲亦分十目："一、天文学。二、地文学（雨露之属为地文）。三、地质学（矿学为地质学之一门）。四、动植学。五、人类学。六、养生学（医学为养生学之一门）。七、三业学（农、工、商）。八、三轻学（光、热、电）。九、化学。十、乐学。"②

1896 年，孙家鼐在《议覆开办京师大学堂折》中，本"中学为主、西学为辅"宗旨，接受过去同文方言各馆"不立专门"之教训，仿效西方"学问宜分科"原则，将京师大学堂课程分为十科："一曰天学科，算学附焉；二曰地学科，矿学附焉；三曰道学科，各教源流附焉；四曰政学科，西国政治及律例附焉；五曰文学科，各国语言文字附焉；六曰武学科，水师附焉；七曰农学科，种植水利附焉；八曰工学科，制造格致各国附焉；九曰商学科，轮舟铁路

---

① 蒋梦麟：《西潮·新潮》，岳麓书社 2000 年版，第 47—48 页。

② 宋恕：《（自强报）序》，《宋恕集》上册，中华书局 1993 年版，第 258—259 页。

电报附焉；十曰医学科，地产植物各化学附焉。”①

这十门科目，尽管是综合中学和西学之各门学科后确定的，但却是以西学各科目为主的。尽管孙氏在“分科立学”时尽量使用中国传统术语（天、地、道、政、文、武、农、工、商、医）来为各科命名，但这些科目之主要内容，多为西学。如天学科，包括了近代天文学、数学；地学科，包括了近代地理学和地质学；政学科，包括近代政治学和法学；至于兵、农、工、商医诸学科，更属于西方近代学科。只有“道学科”“文学科”，中国旧学的成分多些。

值得注意的是，孙氏提出之大学“十科分学”，与1902年张百熙提出之大学“七科分学”，有着比较密切的联系。孙氏提出之政、农、工、商、医五科，与张百熙“七科之学”中的政、农、工、商、医相同；差别较大者为天、地、道、文、武五科。张氏设置文学科，以包容人文社会科学诸学科门类，设置格致科，以包容自然科学各门类，实际上就是将孙氏天、地、道、文四科归并到文学和格致两科中，将武学科从分科大学中分离出来，另设武备专门学校。

正因孙氏“十科分学”并不严谨，故其随后便提出“中西学分门宜变通”之修改方案：“查原奏普通学凡十门，按日分课，然门类太多，中才以下，断难兼顾。拟每门各立子目，仿专经之例多寡，听人自认。至理学可并入经学为一门，诸子文学皆不必专立一门，子书有关政治经学者，附入专门，听其择读。又专门学内有兵学一门，查西国兵学，别为一事，大率专隶于武备学堂；又阅日本使臣

① 孙家鼐：《议覆开办京师大学堂折》，《戊戌变法》（二），上海人民出版社1961年版，第427页。

问答，亦云兵学与文学不同，须另立学堂，不应入大学堂内，拟将此门裁去，将来或另设武备学堂，应由总理衙门酌核请旨办理。”①这就是说，经学宜立一门，理学并入；撤掉诸子文学门和武学门。

1901 年，盛宣怀创办南洋公学，并开设特班。南洋公学特班之学科门类，据马叙伦回忆：“其门类就此时所忆及，为政治、法律、外交、财政、教育、经济、哲学、科学——此类分析特细。文学、论理、伦理等等，每生自认一门或二门，乃依次书目次序，向学校图书馆借书，或自购阅读。”② 在这些新学科课程中，学生所研习之课题，既有西方近代西学课程，又有传统之经史内容，但均赋予了其新的内涵，可以视为用新理发明旧学以增新知之尝试。如政治史既有《论土耳其受保护于英之利弊》，也有《论信陵、平原、孟尝、春申四君与其国之关系》《论秦汉重农抑商》等；法律学既有《论刑逼招供之非理》《论英国保护土耳其之得失》，又有《殷法刑弃灰于道辨》《论监禁与放流两刑用意之异同》等；道德学既有《日本维新名士多出于阳明学派说》，又有《说恕》《游侠平议》《程正叔论寡妇再醮之非谓饿死事小失节事大然再醮即失节乎以公理断之》等；哲学既有《希腊苏格拉第有知即德之说试申引之》，又有《宋儒论性有义理气质两种然否》《欲以孔子之说组织一祖先教试条其大义》等③。前者均为近代西学知识，后者均为中国旧学之内容。

---

① 孙家鼐：《奏筹办大学堂大概情形折》，《戊戌变法》（二），上海人民出版社 1961 年版，第 436 页。

② 高平叔：《蔡元培年谱长编》第 1 卷，人民教育出版社 1999 年版，第 215 页。

③ 高平叔：《蔡元培年谱长编》第 1 卷，人民教育出版社 1999 年版，第 221—226 页。

1901年，山东巡抚袁世凯创办山东大学堂，课程分为备斋、正斋、专斋三项。备斋以两年为毕业之限，温习中国经史掌故，并授以外国语言文字、史志、地舆、算术等各种浅近之学。正斋以四年为毕业之限，授普通学，分政、艺两门。政学门分为三科：中国经学、中外史学、中外治法学。艺学门分为八科：算学、天文学、地质学、测量学、格物学、化学、生物学、译学。专斋则以两年至四年为毕业之限，共分10门：中国经学、中外史学、中外政治学、方言学、商学、工学、矿学、农学、测绘学、医学。袁氏显然对西方"分科设学""学务专门"有较深了解，特别强调"学者各专一门"，并规定："凡入专斋肄业者，俾各认习一门，以征实用而备器使。"①

在中西学术门类之配置上，袁氏认为："西学、中学名虽区别，理仍一致。各国学堂亦以伦理为重，其研求伦常性理诸学，复甚精备，而恪守国宪，尤为学中要义。在堂诸生未有不知尊君亲上之义者，盖以从学士子，皆国家培养之人，其义固相属也。"② 故其办学宗旨及学术配置，仍然体现了"中学为体、西学为用"之学术配置模式。

四、书院课程变革中的"六斋之学"

鸦片战争以后，中国学术界对封建科举制度开始进行抨击，发出了变革科举制度、改革书院课程的呼声。1884年，潘衍桐请开艺科，交阁部会议，因无恰当试官，举子不及额，礼部作了变通，改艺科为算科，

---

① 袁世凯：《奏办山东大学堂折》，陈学恂主编《中国近代教育史教学参考资料》上册，第625页。

② 袁世凯：《奏办山东大学堂折》，陈学恂主编《中国近代教育史教学参考资料》上册，第626页。

以20名中1名为额，但成效不大。陈炽认为，欲变通科举，“非增设艺学科不可”；“而欲增艺学科，非预有以教之、养之不可”①。

甲午之后，这种呼声更为强烈。对于其中之原因，严复指出：“逮甲午东方事起，以北洋精练而见败于素所轻蔑之日本，于是天下愕眙，群起而求其所以然之故，乃恍然于前此教育之无当，而集矢于数百千年通同取士之经义。”② 严复在《救亡决论》中，以犀利文笔对科举制进行了异常深刻之揭露：“八股取士，使天下消磨岁月于无用之地，堕坏志节于冥昧之中，长人虚骄，昏人神智，上不足以辅国家，下不足以资事畜。破坏人才，国随贫弱，此之不除，徒补苴罅漏，张皇幽渺，无益也。虽练军实，讲通商，亦无益也。”③ 康有为也对科举制下之中国学术进行了批评，认为其除了“学八股试帖，读‘四书’‘五经’而外，无他学矣”。中国号称博学方闻之士，所研究之学术门类，只有“义理、考据、掌故、词章、舆论、金石诸学”，对于“新世五洲之舆地、国土、政教、艺俗，盖皆茫然无睹，瞪目挢舌，若罔闻知”，根本无法与西方各国的学术（即“各国之新法新学新器”）相对抗。④ 正因如此，必须改革科举制度，变革书院课程。

在变革科举制度、改革传统书院课程中，人们在“兼采中西”“分斋立学”原则下，提出了许多变革方案，其中谭嗣同、梁启超、

---

① 陈炽：《庸书》，《陈炽集》，中华书局1997年版，第79页。

② 严复：《论教育与国家之关系》，《东方杂志》第3年第3期，1906年4月18日。

③ 严复：《救亡决论》，《严复集》第1册，中华书局1986年版，第43页。

④ 康有为：《请广译日本书派游学折》，《戊戌变法》（二），上海人民出版社1961年版，第222页。

刘古愚、秦绶章、张之洞等人的方案较具代表性。

1894年，谭嗣同在《报贝元征》中专门讨论变革科举制度问题，并对中国旧学与西方新学，进行了一番“分门别类”式梳理，提出了自己的学术分科方案。其分科思路，是在基本保留传统学术门类的同时，增加一些西方新学术门类。其曰：“中国之经史性理，诵习如故，尊崇如故，抑坐定为人人应有而进观其他，不当别翘为一科而外视之也。即考据词章八股试律，亦听其自为之，不以入课程，不以差高下，皆取文理明通而已，以其可伪为也。”① 这就是说，应该保存中国固有的学术门类，如经学、史学、义理之学、考据之学、词章之学等。

但谭嗣同认为这些中国固有的学术并不足以“经世”，必须增加一些西方近代学术门类。这些新增加的西学门类，主要是西方“实用之学”。其云：“如考算学即面令运算，船学面令驾船，律学面令决狱，医学面令治病，汽机学面令制造，天文、测量面令运用仪器……考政学文学者观内部，考算学理财者官户部，考兵学者官海军陆军部，考法律者官刑部，考机器者掌机局，考测绘者掌舆图，考轮船者航江海，考矿学者司煤铁，考公法者充使臣，考农桑者列农部，考医学者入医院，考商务者为商官。余或掌教，或俟录用，或再考。”②

从这段文字中可以看出，谭氏所谓西学，主要包括算学、船学、

① 谭嗣同：《报贝元徵》，《谭嗣同全集》（增订本），中华书局1981年版，第209页。

② 谭嗣同：《报贝元徵》，《谭嗣同全集》（增订本），中华书局1981年版，第209页。

律学、医学、汽机学、天文测量，此外还有政学、文学、理财学、兵学、机器制造、测绘学、矿学、公法学、农桑、医学、商务等西学门类。他还说："西人分舆地为文、质、政三家。……故西学子目虽繁，而要皆从舆地入门。不明文家之理，即不能通天算、历法、气学、电学、水学、火学、光学、声学、航海绘图、动重、静重诸学；不明质家之理，即不能通化学、矿学、形学、金石学、动植物诸学；不明政家之理，即不能通政学、史学、文学、兵学、法律学、商学、农学、使务、界务、税务、制造诸学。"① 谭嗣同所提及的这些西方学术门类，基本包括了当时中国学人所能理解之西学内容。

1895 年，在《味经创设时务斋章程》中，刘古愚给时务斋学生开列了一个读书目录，将所要研读之中西学术典籍做了初步分类。这个"读书分类"，与近代意义之"学术分类"比较相合。其曰："《易经》《四书》，儒先性命之书，为道学类，须兼涉外洋教门风土人情等书。《书经》、《春秋》、历代正史、《通鉴》、《纲目》、《九朝东华录》等书，为史学类，须兼涉外洋各国之史，审其兴衰治乱，与中国相印证；《三礼》《通志》《通典》《通考》《续三通》《皇朝三通》及一切掌故之书，为经济类，须兼涉外洋政治、万国公法等书，以与中国现行政治相印证。《诗经》、《尔雅》、《十三经注疏》及《说文》、儒先考据之书，为训诂类，须兼涉外洋语言文字之学以及历算，须融中西地舆，必遍五洲。制造以火轮舟车为最要，兵事以各种枪炮为极烈，电气不惟传信，且以作灯；光镜不惟测天，且以焚敌。化学之验物

① 谭嗣同：《报贝元徵》，《谭嗣同全集》（增订本），中华书局 1981 年版，第 219—220 页。

质，医学之辨人体，矿学之察动脉，气球以行空，气钟以入水，算学为各学之门径，重学为制造之权舆。”①

可见，刘古愚创办时务斋之学科设置，基本上以中学为主、西学为辅。他将学生应当研习之“中西学术”分为五类，即道学类、史学类、经济类（经世类）、训诂类和诸艺类。他所谓的“诸艺”，基本上是当时传入中国的西学各门类：舆地、制造、兵学、电气、化学、医学、矿学（地质学）、算学（数学）、重学等。他强调，“诸艺皆天地自泄之奇，西人得之以眈我中国，我中国不收其利将受其害，可不精心以究其所以然乎？凡此诸技，均须自占一门，积渐学去（各学均有专用之器，均积渐购置，见其器则各学均易学矣）”，鼓励对“诸艺”进行专门研习。

刘氏又强调：“前有拟定学规章程，以经学、史学、经济、考据、艺学分门。诸生自审志力，愿占何门，入斋学习，誓求精进，互相保结，力除空言无实之积习，庶不负立斋之意。”② 此处所谓经学、史学、经济、考据、艺学“五门”，与《章程》所列举之道学、史学、经济、训诂、诸艺等“五类”学问是一致的。

1896 年 5 月，张汝梅、赵惟熙等人在陕西创建崇实书院，分设“四斋”课士：一曰致道斋，以《周易》《四书》《孝经》为本，先儒性理诸书附之，兼考外国教务风俗人情，而致力于格致各学，以储明体达用之材；二曰学古斋，以《书经》《春秋三传》为本，历

① 刘古愚：《味经创设时务斋章程》，《烟霞草堂文集》，三秦出版社 1994 年版，第 334 页。

② 刘古愚：《谕味经诸生》，《烟霞草堂文集》，三秦出版社 1994 年版，第 331 页。

代史鉴纪事附之，兼讲外国古今时局政治并一切刑律公法条约，以备奉使折冲之选；三曰求志斋，以三礼为本，正续三通及国朝一切掌故之书附之，兼及外国水陆兵法、地舆、农学、矿务，以培济世经邦之略；四曰兴艺斋，以《诗经》《尔雅》为本，周秦诸子及训诂考据诸书附之，兼习外国语言文字，并推算测量，及汽化声光各学，以裕制器尚象之源。① 这种"分斋设学"思路，虽然宋代胡安定在湖州设学时已经采用，但此时将新设书院课程分"四斋"传授，显然是受到西方"分科立学"观念影响所致。

1896 年，梁启超在《变法通议》中专门讨论了变革科举问题，认为兴学校、养人才，以强中国，"惟变科举为第一义"。为此，他提出了上、中、下三策。上策是合科举于学校，广设学校，取消科举；中策则是在保留帖括一科同时，"多设诸科"，将传统之旧学和西方引进之新学综合起来，分 10 个门类研习："今请杂取前代之制，立明经一科，以畅达教旨，阐发大义，能以今日新政证合古经者为及格；明算一科，以通中外算术，引申其理，神明其法者为及格；明字一科，以通中外语言文字，能互翻者为及格；明法一科，以能通中外刑律，斟酌适用者为及格；使绝域一科，以能通各国公法、各国条约章程，才辩开敏者为及格；通礼一科，以能读《皇朝三通》《大清会典》《大清通礼》，谙习掌故者为及格；技艺一科，以能明格致制造之理，自著新书，制新器者为及格；学究一科，以能通教学童之法者为及格；明医一科，以能通全体学，识万国药方，

① 魏光焘等：《会奏办理学堂情形折》，陈学恂主编《中国近代教育史教学参考资料》上册，第 244—245 页。

知中西病名证治者为及格；兵法一科，以能谙操练法程，识天下险要，通船械制法者为及格。”①

概括而言就是：设立明经科（经学科）、明算科（通中外算术）、明字科（通中外语言文字）、明法科（通中外刑律）、使绝域科（通各国公法、条约章程），通礼科（习掌故）、技艺科（明格致制造之理）、学究科（通教学童之法、师范教育）、明医科（通全体学、识万国药方、知中西病名诊治）、兵法科等十科。梁启超提出的这十科学术，中国旧学有两科（经科、通礼科），中外兼习的有两科（明算科、明字科），西方学术有六科（明法科、使绝域科、技艺科、学究科、明医科、兵学科）。梁氏所设之十科，与 1903 年正式确立之“八科”有着一定的关联。②

1897 年 12 月，贵州学政严修上奏清政府，请求速设经济专科：“目前所需，则尤以变今为切要，或周知天下郡国利病，或熟谙中外交涉事件，或算学律学，擅绝专门，或格致制造，能创新法，或堪游历之选，或工测绘之长，统立经济之专名，以别旧时之科举。”经济专科应考核六事：“一曰内政，凡考求方舆险要、郡国利病、民情风俗诸学者隶之；二曰外交，凡考求各国政事条约、公法、律例、章程诸学者隶之；三曰理财，凡考求税则、矿产、农功、商务诸学者隶之；四曰经武，凡考求行军布阵、驾驶测量诸学者隶之；五曰格物，凡考求中西算学、声光化电诸学者隶之；六曰考工，凡

---

① 梁启超：《变法通议》，《饮冰室合集》文集之一，中华书局 1936 年版。

② 明经科相当于“经科”，明法科相当于“法科”，技艺科相当于“格致科”和“工科”，明医科相当于“医科”，明字科相当于“文学科”，明算科相当于格致科中的数学门，学究科相当于大学师范科。

考求名物象数、制造、工程诸学者隶之。”①

严修上奏后，光绪即谕令总理衙门会同礼部妥议具奏。1898 年 1 月 27 日，总理衙门具奏，议定以“内政”“外交”“理财”“经武”“格物”“考工”六事合为经济特科；同时还建议“特科”与“岁科”不可合办，特科无年限，“或十年一举，或二十年一举，候旨举行，不为常例”②。同日，光绪允准总理衙门所议，责令各省督抚学政，务将新增算学、艺学各学院学堂，切实经理，随时督饬院长教习，认真训迪，精益求精；该生监等亦当思经济一科，与制艺取士并重，争自濯磨，力图上进。

严修请设“经济特科”得旨允行，使“天下人之心思耳目，为之一新”，在社会上引起很大震动。梁启超称“经济特科”之提出，“足稍新耳目盖实新政最初之起点”。《申报》亦刊文称：“自特科之设，文武兼资，网罗海内人才，国家自强之本其立于此乎”。《湘报》甚至建议：“专以经济为科举，不必再事时文，庶几心无泛骛，学有根底，数年而后，人才得以崛起也。”

1896 年，胡聘之等人上书清廷，提出变通书院章程。他们认为，书院不仅要“延硕学通儒，为之教授，研究经义，以穷其理，博综史事，以观其变”，而且要“参考时务，兼习算学，凡天文、地舆、农务、兵事，与夫一切有用之学，统归格致之中，分门探讨，

① 严修：《贵州学政严奏请设经济专科折》，《知新报》第 46 册，1898 年 3 月 13 日。

② 《总理衙门、礼部会奏遵议贵州学政严修请设经济特科疏》，《中国近代教育史教学参考资料》上册，第 276 页。

务臻其奥"①。这就是说，除了"研究"传统的经史之学外，必须"分门探讨"格致诸学。稍后，翰林院侍讲秦绶章进而提出，整顿旧式书院首先要"定课程"，在学科设置及研习上，应该将传统的"四部之学"进行分类，并加以扩充。为此，秦氏提出了一个兼采中西学术之"六斋分科"方案："宋胡瑗教授湖州，以经义、治事分为两斋，法最称善；宜仿其意分类为六：曰经学，经说、讲义、训诂附焉；曰史学，时务附焉；曰掌故之学，洋务、条约、税则附焉；曰舆地之学，测量、图绘附焉；曰算学，格致、制造附焉；曰译学，各国语言文字附焉……制艺试帖未能尽革，每处留一书院课之已足。"② 这就是说，书院课程应该包括经学、史学、掌故之学、舆地之学、算学、译学等六大门类。

秦氏提出的这六门学问，应该"分斋讲习"，故这六种学问，可简称为"六斋之学"。经学、史学仍为旧学，掌故、舆地、算学、译学四者中容纳了西学。为什么要如此设置？秦氏解释说："盖经学为纲常名教之防，史学为古今得失之鉴；掌故之学，自以本朝会典律例为大宗，而附以各国条约等，则折冲樽俎亦于是储其选焉。舆地尤为今日之亟务，地球图说实综大要；其次各府州县，以土著之人随时考订其边界、要隘、水道、土宜，言之必能加详，再授以计里开方之法，绘图之说，选成善本，尤能补官书所未备。算学一门，凡天文、地理、格致、制造，无不以此为权舆。译学不独为通

① 胡聘之等：《请变通书院章程折》，《皇朝经世文新编》卷五，大同译书局1898年刊刻本。

② 《礼部议复秦学士整顿各省书院预储人才折》，《时务报》第22册，1897年4月2日。

事传言，其平日并可翻译西学书籍以资考证。”①

秦绶章提出的“六斋之学”方案，很快便由礼部议覆之后颁行各省实行。“六斋之学”成为清末各级书院所研习的主要科目。当然，“六斋之学”在各地书院具体实施时，会因各地情况有所损益。张之洞在湖北创办之两湖书院和经心书院课程设置，比较典型地说明了这一点。

张之洞在广州创设的广雅书院，课程为经学、史学、理学、经济四门，兼习词章。他创设湖北自强学堂，其主要课程是方言、格致、算学、商务四科，每科分斋讲授，共设四斋；又在武昌设立两湖书院，其课程分为经学、史学、理学、文学、算学和经济等六门。这些课程的设置，都程度不同地接受了西方“分科设学”观念，从内容上看，均为兼采中学与西学。在清廷决定改革书院课程后，张之洞上书清廷，说明了自己所创办的湖北两书院的课程设置情况。他说：“两湖书院分习经学、史学、地舆学、算学四门，图学附于地舆。每门各设分教，诸生于四门皆行兼通。……经心书院分习外政、天文、格致、制造四门，每门亦各设分教，诸生于四门皆须兼通，四门分年轮习，无论所习何门，均兼算学。……两书院所习八门，皆系学人必应讲通晓之事。”② 张氏废除传统之理学、文学两门，保留经学、史学，另加舆地、时务，形成“新四门”；后又增设天文、地理二门，成为“新六门”。到1899年时，两湖、经心书院基

---

① 《礼部议复秦学士整顿各省书院预储人才折》，《时务报》第22册，1897年4月2日。

② 张之洞：《两湖、经心两书院改照学堂办法片》，《张文襄公全集》奏议四十七，中国书店1990年版。

本实行以近代分科为特征之课程体系，增设了兵法、兵法史略学、兵法测绘学、兵法制造学、格致学、天文、算学等近代实用学科。

张之洞除了主张研习原来分习的四门中国传统学术（经学、史学、地舆学、算学）外，还主张研习外政、天文、格致、制造四门西学。这样便将书院的学术门类扩为“八门”。这八门学问，仍然是“中学为体、西学为用”之学术配置模式：“因专门分教一时难得多人，故于两书院分习之大指，皆以中学为体，西学为用，既免迂陋无用之讥，亦杜离经叛道之弊。”①

五、京师大学堂分科方案

近代以来，大学既是培养高深专业人才之基地，也是汇集专家学者研究高深学问的处所。所以，它所设置的课程和所设立的学科，体现着近代学术研究之基本科目，影响并主导着学术研究之范围和方向。当清廷决定仿效西方教育制度设立大学时，其学科设置和课程配置，更引人瞩目，因为它更直接地反映着中国近代性的学科设立情况，反映着中国“四部”为框架之知识系统逐渐融入近代分科性知识系统的情况。换言之，大学分科及课程设置，不仅直接体现着当时学术分科及各门近代性质之学科建立情况，而且体现着中国接纳西方近代知识系统情况。正因如此，研究晚清学术分科及近代知识系统建立问题，便不能不对清末分科性大学科目设置情况作认真分析。

早在1896年时，孙家鼐便提出了设立京师大学堂建议，并制定

① 张之洞：《两湖、经心两书院改照学堂办法片》，《张文襄公全集》奏议四十七，中国书店1990年版。

了章程，拟分“十科立学”。经过庚子之乱，筹建中之京师大学堂遭到破坏。1901 年，清廷决定推行新政，并将废科举、兴学校作为一项重要措施推行。创办京师大学堂、制定章程，再次提到日程上来。1901 年，张之洞等人，在综合英、法、德、日各国大学分科设置的基础上，以日本“六科分立”制为蓝本，提出了大学分设经学、史学、格致学、政治学、兵学、农学、工学等“七科分学”方案。对此，他说：“拟参酌东西学制分为七专门：一经学，中国经学、文学者皆属焉；二史学，中外史学、中外地理学皆属焉；三格致学，中外天文学、外国物理学、化学、电学、力学、光学皆属焉；四政治学，中外政治学、外国律法学、财政学、交涉学皆属焉；五兵学，外国战法学、军械学、经理学、军医学皆属焉；六农学；七工学，凡测算学、绘图学、道路、河渠、营垒、制造、军械火药等事皆属焉。共七门，各认习一门，惟人人皆须兼习一国语言文字，此学亦必设兵队操场。”①

张之洞提出之“七科分学”方案，实际上就是后来“八科分学”的雏形。在这个分科方案中，值得注意者有四。一是经学列为诸学科之首，体现了“中学为体、西学为用”的分科指导思想。二是“七科”中未设医学科。他解释不设置的原因：“然西医不习风土，中医又鲜真传，止可从缓。惟军医必不可缓，故附于兵学之内。”三是在大学中设有兵学科，显然与 1896 年孙家鼐提出的十科方案中有武学科有关。四是未设商学科，故在“七科”之外，另设“农工商矿四专门

① 张之洞等：《变通政治人才为先遵旨筹议折》，《张文襄公全集》奏议五十二，中国书店 1990 年版。

学校”；史学科范围略小，故后来演变为文学科。

张之洞“七科分学”方案，将中西学术条分为经学、史学、格致学、政治学、兵学、农学、工学等七门科目，既体现了他在《劝学篇》中提出的“中体西用”原则，又贯彻了“新旧兼学”“政艺兼学”精神。在“七科分学”知识系统中，属于中学范围者有经学科（包括中国经学和文学）、史学科和政学科中的一小部分科目（中外史学、中外地理学、中外天文学、中外政治学），而“七科”之主要科目，则属于西学范围。不仅“农工商矿专门四学”完全是西学，而且史学、政治学、格致学、兵学、农学、工学等科，其主干也属于西学范围。

清政府决定学制改革后，命张百熙为管学大臣，负责制定各级各类学堂章程。1902 年，张氏负责制定《钦定京师大学堂章程》《钦定高等学堂章程》等，在高等学堂和京师大学堂学科及课程设置上，提出了与张之洞等人有很大区别的“七科分学”方案。张百熙以日本大学分科为效仿对象，将大学分为“七科”。其曰：“今略仿日本例，定为大纲分列如下：政治科第一，文学科第二，格致科第三，农业科第四，工艺科第五，商务科第六，医术科第七。”①

张百熙的“七科分学”，并没有单独将经学列为一科。政治科包括 2 门学科：一是政治学，二是法律学。文学科包括 7 门学科：经学、史学、理学、诸子学、掌故学、词章学、外国语言文字学。格致科包括 6 门学科：天文学、地质学、高等算学、化学、物理学、

① 张百熙：《钦定学堂章程·钦定大学堂章程》，1902 年刊印本。

动植物学。农业科包括4门学科：农艺学、农业化学、林学、兽医学。工艺科包括8门学科：土木工学、机器工学、造船学、造兵器学、电气工学、建筑学、应用化学、采矿冶金学。商务科包括6门学科：簿计学、产业制造学、商业语言学、商法学、商业史学、商业地理学。医术科包括2门学科：医学、药学。

表12　张百熙所拟《钦定高等学堂章程》《钦定京师大学堂章程》分科表

学堂类型	科目	课程科目
高等学堂	政科	伦理、经学、诸子、词章、算学、中外史学、中外舆地、外国文、物理、名学、法学、理财学、体操
	艺科	伦理、中外史学、外国文学、算学、物理、化学、动植物学、地质及矿产学、图画、体操
预备科	政科	伦理、经学、诸子、词章、算学、中外史学、中外舆地、外国文、物理、名学、法学、理财学、体操
	艺科	伦理、中外史学、外国文学、算学、物理、化学、动植物学、地质及矿产学、图画、体操
大学分科	政治科	政治学、法律学
	文学科	经学、史学、理学、诸子学、掌故学、词章学、外国语言文字学
	格致科	天文学、地质学、高等算学、化学、物理学、动植物学
	农业科	农艺学、农业化学、林学、兽医学
	工艺科	土木工学、机器工学、造船学、造兵器学、电气工学、建筑学、应用化学、采矿冶金学
	商务科	簿计学、产业制造学、商业语言学、商法学、商业史学、商业地理学
	医术科	医学、药学

资料来源：《钦定学堂章程·钦定大学堂章程》，1902年刊印本。

这样看来，张百熙设计之“七科分学”方案，与张之洞 1901 年提出之“七科分学”方案有很大差异：一是没有专门设置经学科，仅仅在文学科中设立经学目，没有将经学提升为一个专门的经学科；二是专门设立了医术科；三是所设立之文学科，既包括张之洞“七科分学”中之经学、史学两科，还包括了理学、诸子学、掌故学、词章学等；四是基本上是以西学为主、中学为辅，是一个西学分科，再加上中学之经学和史学而已。同时，将经学与史学、诸子学并列，在形式上体现出一种学术平等精神。

高等学堂，实际上就是大学预科。张百熙拟订的高等学堂学科及课程设置，基本上是与大学“七科”配套的。在 1902 年草拟之《钦定高等学堂章程》中，张氏将高等学堂分为两科：政科与艺科。他的分科蓝本，是参照日本的学术分科而来的。其云：“日本高等学堂之大学豫科分三部，其第一部为入法科文科者而设，第二部为入理科工科农科而设，第三部为入医科者而设。今议立大学分科，为政治、文学、格致、农业、工艺、商务、医术七门，则政科为豫备入政治、文学、商务三科者治之，艺科为预备入格致、农业、工艺、医术四科者治之。”① 在张百熙设计的高等学堂课程门目表中，政科科目有 13 种：伦理、经学、诸子、词章、算学、中外史学、中外舆地、外国文、物理、名学、法学、理财学、体操。艺科科目有 10 种：伦理、中外史学、外国文学、算学、物理、化学、动植物学、地质及矿产学、图画、体操。

---

① 张百熙：《钦定学堂章程·钦定高等学堂章程》，1902 年刊印本。

表13　张百熙拟定大学预备科、仕学馆、师范馆课程分年表

学堂类型	学科阶级	课程要旨
预备科	政科第一年	伦理（考求三代汉唐以来诸贤名理，宋元明朝学案，及外国名人言行，务以周知实践为归）、经学（《书》《诗》《论语》《孝经》《孟子》，自汉以来注家大义）、诸子（儒家、法家、兵家）、词章（中国词章流别）、算学（代数、级数、对数、三角）、中外史学（中外史制度异同）、中外舆地（外国欧美非洲各境、群岛各境）、外国文（讲读文法、翻译、作文）、物理（声光热力学）、名学（大意）、体操（兵式）
	政科第二年	伦理（同上学年）、经学（《三礼》《尔雅》自汉以来注家大义）、诸子（杂家、术数家、道家）、词章（同上学年）、算学（解析几何、三角）、中外史学（中外史治乱得失）、中外舆地（地质学大概）、外国文（同上学年）、物理（同上学年）、名学（同上学年）、法学（通论）、理财学（通论）、体操（兵式）
	政科第三年	伦理（同上学年）、经学（《春秋三传》《周易》自汉以来注家大义）、诸子（考诸子名理派别）、词章（同上学年）、算学（曲线）、中外史学（中外史治乱得失、商业史）、中外舆地（地文学大概）、外国文（同上学年）、物理（实验）、名学（演绎）、法学（同上学年）、理财学（同上学年）、体操（兵式）
	艺科第一年	伦理（同政科）、中外史学（同政科）、外国文（同政科）、算学（代数、级数、对数、三角）、物理（物性论、力学、声学）、地质及矿产学（地质之材料、矿物之种类）、图画（用器画、射影图法、图法几何）、体操（兵式）
	艺科第二年	伦理（同政科）、中外史学（同政科）、外国文（同政科）、算学（解析几何、测量、曲线）、物理（热学、光学、磁气）、化学（无机化学）、动植物学（种类与构造）、地质及矿产学（地质之构造与发达、矿物之形状）、图画（用器画、射影图法、阴影法、远近法）、体操（兵式）

续表

学堂类型	学科阶级	课程要旨
	艺科第三年	伦理（同政科）、中外史学（同上学年，入工农科者授工农业史）、外国文（同政科）、算学（微分、积分）、物理（静电气、动电气）、化学（有机化学）、动植物学（同上学年）、地质及矿产学（矿物化验）、图画（用器画、阴影法、远近法、器械图）、体操（兵式）
仕学馆	第一年	算学（加减乘除比例开方）、博物（动植物形状及构造）、物理（力学声学浅说）、外国文（音义）、舆地（全球大势、本国地理）、史学（外国典章制度）、掌故（国朝典章制度沿革大略）、理财学（通论）、交涉学（公学）、法律学（刑法总论分论）、政治学（行政法）
	第二年	算学（平面几何）、博学（生理学）、物理（热学光学浅说）、外国文（翻译）、舆地（外国地理）、史学（外国史典章制度）、掌故（现行会典则例）、理财学（国税、公产、理财学史）、交涉学（约章使命交涉史）法律学、（刑事诉讼法、民事诉讼法、法制史）、政治学（同上学年）
	第三年	算学（立体几何、代数）、博物（矿物学）、物理（电气磁气浅说）、外国文（文法）、舆地（地文地质学）、史学（考中外治乱兴衰之故）、掌故（考现行政事之利弊得失）、理财学（银行、保险、统计学）、交涉学（通商传教）、法律学（罗马法、日本法、英吉利法、法兰西法、德意志法）、政治学（国法、民法、商法）
师范馆	第一年	伦理（考中国名人言行）、经学（考经学家家法）、教育学（教育宗旨）、习字（楷书）、作文（作记事文）、算学（加减乘除、分数、比例、开方）、中外史学（本国史典章制度）、中外舆地（全球大势、本国各境、兼仿绘地图）、博物（动植物之形状及构造）、物理（力学、声学、热学）、化学（考质、求数）、外国文（音义）、图画（就实物模型授毛笔画）、体操（器具操）

续表

学堂类型	学科阶级	课程要旨
	第二年	伦理（考外国名人言行）、经学（同上学年）、教育学（授教育之原理）、习字（楷书行书）、作文（作论理文）、算学（账簿用法、算表成式、几何面积、比例）、中外史学（外国上世史、中世史）、中外舆地（外国各境兼仿绘地图）、博物（同上学年）、物理（热学、光学）、化学（无机化学）、外国文（句法）、图画（就实物模型、帖谱手本授毛笔画）、体操（器具操）
师范馆	第三年	伦理（考历史学案、本朝圣训，以周知实践为主）、经学（同上学年）、教育学（教育之原理及学校管理法）、习字（楷书、行书、篆书）、作文（学章奏、传记、词赋诗歌诸体文）、算学（代数、加减乘除、分数、方程、立体几何）、中外史学（外国近世史）、中外舆地（地文地质学）、博物（生理学）、物理（电气磁气）、化学（同上学年）、外国文（文法）、图画（用器画大要）、体操（兵式）
	第四年	伦理（授以教修身之次序方法）、经学（同上学年）、教育学（实习）、习字（行书、篆书、草书，并授以教习之次序方法）、作文（考文体流别）、算学（代数、级数、对数，并授以教算学及几何之次序方法）、中外史学（外国近世史，并授以教史学之次序方法）、中外舆地（授以教地理之次序方法）、博物（矿物学）、物理（授以教理科之次序方法）、化学（有机化学）、外国文（文法）、图画（授以教图画之次序方法）、体操（兵式，并授以教体操之次序方法）

资料来源：《钦定学堂章程·钦定高等学堂章程》，1902年刊印本。

关于大学分科原则，张百熙在《全学纲领》中做了说明："中国圣经垂训，以伦常道德为先；外国学堂于智育体育之外，尤重德育，中外立教本有相同之理。今无论京外大小学堂，于修身伦理一门视他学科更宜注意，为培植人才之始基。”① 这就是说，要以中国“伦常道德”为分科立学的宗旨。但在具体分科方案中，张百熙并没有完全体现这一宗旨，不仅没有将经学单独列为一科，而且明显地表现出接受近代分科体系之倾向，尝试将中国传统“经史之学”纳入到近代“七科之学”系统中。因此，张百熙“七科分学”方案，自然受到了朝野守旧者的反对。连张之洞也对这种取消经学科（实际上是将经学降低为与其他学科平等的地位）的做法表示不满。因此，《钦定京师大学堂章程》尽管颁布了，但并没有执行。1903年5月，清帝谕旨：“京师大学堂为学术人才根本，关系重大，着即派张之洞会同张百熙、荣庆将现办大学堂章程一切事宜，再切实商订，并将各省学堂章程，一律厘定，详悉具奏。”这样，张之洞、荣庆便奉命会同张百熙对《钦定大学堂章程》重新修订。

张之洞会同荣庆、张百熙等人，“博考外国各项学堂课程门目，参酌变通，择其宜者用之，其于中国不相宜者缺之，科目名称之不可解者改之，其有过涉繁重者减之”②，终于在1903年制定了一系列关于大学堂、高等学堂、通儒院等各种新式学堂的章程，并奏请清廷，以《奏定京师大学堂章程》《钦定高等学堂章程》等为名公布实施，建构了一套新式学制。

在《学务纲要》中，张之洞等人对大学分科原则和指导方针做了原则性规定。这个原则就是：将经学立于各门学术之尊地位，不

① 张百熙：《钦定学堂章程·钦定大学堂章程》，1902年刊印本。

② 张之洞：《厘订学堂章程折》，《张文襄公全集》奏议六十一，中国书店1990年版。

仅大学分科中专列经学科研究经学各门，而且各级中小学也要“注重读经”。为什么要将经学立于群学之尊？因为经学是中国学术的“本”，没有经学，则成为“无本之学”。张之洞解释曰：“若学堂不读经书，则是尧舜禹汤文武周公孔子之道，所谓三纲五常者尽行废绝，中国必不能立国矣。学失其本则无学，政失其本则无政。其本既失，则爱国爱类之心以随之改易矣。安有富强之望乎？故无论学生将来所执何业，在学堂时经书必宜诵读讲解。”① 他为中学开列之必读经书，有《孝经》《四书》《易》《书》《诗》《左传》《礼记》《周礼》《仪礼》等十部。

与尊经学、重读经相适应，各级学堂必须重视中国文学。张氏规定：“今拟除大学堂设有文学专科，听好此者研究外。至各学堂中国文学一科，则明定日课时刻，并不妨碍他项科学，兼令诵读有益德性风化之古诗歌，以代外国学堂之唱歌音乐。”其《奏定学堂章程》云：“大学堂分为八科：一、经学科大学分十一门，各专一门，理学列为经学之一门。二、政法科大学分二门，各专一门。三、文学科大学分九门，各专一门。四、医科大学分二门，各专一门。五、格致科大学分六门，各专一门。六、农科大学分四门，各专一门。七、工科大学分九门，各专一门。八、商科大学分三门，各专一门。”② 可见，张之洞提出的大学分科方案，是在“七科分学”基础上改进的“八科分学”，其改进之处，就是在原来的“七科”外

---

① 张之洞等：《奏定学堂章程·学务纲要》，湖北学务处1903年刊印本。

② 张之洞等：《奏定学堂章程·大学堂章程（附通儒院章程）》，湖北学务处1903年刊印本。

特设经学科。

为什么要设立“八科”？主要是根据日本大学分科做法而改定的。对此，张之洞说：“日本国大学止文、法、医、格致、农、工六门，其商学即以政法学科内之商法统之，不立专门。又文科大学内有汉学科，分经学专修、史学专修、文学专修三类。又有宗教学，附入文科大学之哲学科国文学科，汉学科史学科内。今中国特立经学一门，又特立商科一门，故为八门。”①

张之洞不仅将大学分科列为“八科”，而且具体规定了各分科大学所包括之学科门类（计45门）。经学科包括：周易学门、尚书学门、毛诗学门、春秋左传学门、春秋三传学门、周礼学门、仪礼学门、论语学门、孟子学门、理学门。政法科大学包括：政治学门、法律学门。文学科大学包括：中国史学门、万国史学门、中外地理学门、中国文学门、英国文学门、法国文学门、德国文学门、俄国文学门、日本国文学门。医科大学包括：医学门、药学门。格致学门包括：算学门、星学门、物理学门、化学门、动植物学门、地质学门。农科大学包括：农学门、农艺化学门、林学门、兽医学门。工科大学包括：土木工学门、机器工学门、造船学门、造兵器学门、电气学门、建筑学门、应用化学门、火药学门、采矿及冶金学门。商科大学包括：银行及保险学门、贸易及贩运学门、关税学门。

张之洞不仅规定了各学科包括之学术门类，而且具体规定了各门课程讲授的内容及讲授方法。关于这一点，仅仅分析一下经学科

① 张之洞等：《奏定学堂章程·大学堂章程（附通儒院章程）》，湖北学务处1903年刊印本。

各门所开课程，便非常清楚。在《大学堂章程》中，张氏将经学科大学分11门，包括周易学门、尚书学门、毛诗学门、春秋左传学门、春秋三传学门、周礼学门、仪礼学门、礼记学门、论语学门、孟子学门、理学门。

周易学门科目主课为“周易学研究法”；尚书学门科目主课为“尚书学研究法”；毛诗学门科目主课为“毛诗学研究法”；春秋左传学门科目主课为“春秋左传学研究法”；春秋三传学门科目主课为“春秋左氏公羊谷梁学研究法”；周礼学门科目主课为“周礼学研究法”；仪礼学门科目主课为“仪礼学研究法”；礼记学门科目主课为“礼记学研究法”；论语学门科目为“理学研究法、程朱学派、陆王学派、汉唐至北宋周子以前理学诸儒学派、周秦诸子学派”。这些门类的补助课为：尔雅学、说文学、钦定四库全书提要经部易类、御批历代通鉴辑览、中国古今历代法制考、中外教育史、外国科学史、中外地理学、世界史、外国语文。①

从张之洞所定经学科和文学科各门类及所设课程看，其分科之细、科目之专、课程之详，在当时确实是空前的。王国维评价曰：“观此二科之章程内，详定教授之细目及其研究法，肫肫焉不惜数千言，为国家名誉最高学问最深之大学教授言之，而于中学小学，国家所宜详定教授之范围及其细目者，反无闻焉。吾人不能不服尚书之重视此二科，又于其学术上所素娴者，不惮忠实陈其意

① 张之洞等：《奏定学堂章程·大学堂章程（附通儒院章程）》，湖北学务处1903年刊印本。

见也。”①

张之洞“八科分学”方案之最大特点，是将经学列为群学之首，不仅单独开辟了经学科，并在经学科设置了11个门类，强化了经学之研究门类，而且在高等学校及中小学校，将“经学大义”“伦理道德”列为必修科目。这种顽固坚持尊经之保守态度，尽管赢得了守旧势力拥护，也受到了清廷赞许（清廷将张氏奏定章程通令全国执行），但却不可避免地受到学术界有识之士的批评。

与“尊崇经学”相适应，张之洞在中国旧学中，极力贬低先秦诸子学，无视晚清诸子学复兴的现实，拒绝将诸子学列为一门来研究。关于这一点，王国维批评说：张之洞不仅对外国哲学持排斥态度，而且对中国之哲学抱警戒之心，他不仅摈弃了周秦诸子之学，而且将“宋儒之理学”，“独限于其道德哲学之范围内研究之”。②

与“尊崇经学”和“贬抑诸子学”相适应，张之洞废弃了西方很重要的一门学科——哲学。他不仅没有像西方大学那样设哲学科，而且也没有像日本大学各科中讲授“哲学概论”之类的课程。张之洞为什么拒绝设置哲学科？王国维作了分析，认为他之所以废弃哲学科，主要基于三个原因：一是“必以哲学为有害之学也”，哲学上的“自然主义”是导致政治上的“自由革命之说”的原因；二是“必以哲学为无用之学也”；三是“必以外国之哲学与中国古来之学术不相容也”。张之洞废哲学科的理由，“此恐不独尚书一人之意见

① 王国维：《奏定经学科大学文学科大学章程书后》，《东方杂志》第3年第6期，1906年7月16日。

② 王国维：《奏定经学科大学文学科大学章程书后》，《东方杂志》第3年第6期，1906年7月16日。

为然，吾国士大夫之大半，当无不怀此疑虑者也”①。所以，张氏废弃哲学科，自然会引起像王国维这样的对西方学术有很深理会的中国学者的批评和驳难。

尽管张之洞在经学科、文学科的设置上存在着不少需要批评的谬误，但“八科分学”方案，不仅初步奠定了近代中国新学制之基础，而且初步奠立了中国近代学术分科的基础，大致划定了近代中国学术的研究范围。中国传统学术中的经学、史学、文学在经学科和文学科中得到保存，晚清时期引入之各种西学，在政法科、格致科、农科、工科、医科和商科中确定下来。中国以经、史、子、集为骨架的“四部之学”知识系统，被包容到以西方学科分类为主干之“八科之学”新知识系统之中。

六、“七科之学”的确立

在张之洞“八科分学”方案提出之同时，不少人也根据自己对西方分科观念和分科原则的理解，提出了自己的“分科立学”方案。如梁启超在1902年的《教育政策私议》中提出：大学院（自由研究，不拘年限）下设实科和文科，实科包括理科大学、工科大学、农科大学、商科大学；文科包括文科大学、法科大学、医科大学。梁氏实际上也是仿照日本学制提出的“七科分学”，但他与张之洞分科方案的最大差异，就是不设经学科。

王国维在看到张之洞“八科分学”方案后，提出了激烈的反对

① 王国维：《奏定经学科大学文学科大学章程书后》，《东方杂志》第3年第6期，1906年7月16日。

意见。1904 年，他在《教育偶感·大学及优级师范学校之削除哲学科》中，对张之洞废哲学科方案提出了批评。1906 年，他在《奏定经学科大学文学科大学章程书后》中，进一步提出了自己的分科方案。

王国维认为，张之洞提出的分科大学章程中最宜改善者，是经学、文学二科；其根本之误“在缺哲学一科而已”。在王氏看来，欧洲各国大学无不以神、哲、医、法四学为分科基础；日本大学虽易哲学科为文科，但在其文科所属的九种科目中，哲学科列为首位，而其他八种科目无不以《哲学概论》《哲学史》为其基本学科。而张之洞“八科分学”方案中，经学科虽附设理学门，但其范围仅限于宋以后的哲学，并且宋代哲学中的《太极图说》《正蒙》等都在摈斥之列。因此，王氏指出：“异日发明光大我国之学术者，必在兼通世界学术之人，而不在一孔之陋儒固可决也。然则尚书之远虑及此，亦不免三思而惑者矣。”①

王氏认为，除了不设“哲学科”这一根本谬误外，张之洞之分科方案中，尚有两大谬误：一是经学科与文学科不能“分为而二”。经、文相通，是中国学术的传统，张之洞在文学科之外另设经学科，“则出于尊经之意，不欲使孔孟之书与外国文学等侏儒之言为伍也”。王国维认为，尊崇孔孟之道，莫若发明光大之；而发明光大之道，又莫若兼究外国之学说。今徒于形式上置经学于各分科大学之首，而不问内容之关系如何，断非所以尊之也。他提议：若为尊

① 王国维：《奏定经学科大学文学科大学章程书后》，《东方杂志》第 3 年第 6 期，1906 年 7 月 16 日。

经之故，则置文学科于大学之首可耳，不必效西洋之神学科，以自外于学问。二是“群经不可分科”。王国维认为，“不通诸经，不能解一经”是古人至精之言，张氏将经学分为11科，分经而治，显然违背了治经的起码原则；同时，正是由于在文学科外另设经学科的缘故，使经学科所设的11门，与其他大学分科中之各科相比较，出现“相形见少”的现象，因此应该将经学科合并到于“文学科”中。三是应该将文学科中的地理学门，合并到格致科中的地质学门中。

在批驳了张氏分科方案后，王国维提出了对经、文两科改造之分科意见：“由余之意，则可合经学科大学与文学科大学中，而定文学科大学之各科为五：一、经学科，二、理学科，三、史学科，四、国文学科，五、外国文学科（此科可先置英德法三国，以后再及各国）。”① 这就是说，废弃“八科”中之经学科，改为“七科”，将经学科合并到文学科中，成为其中的经学门，与文学科中之史学、中国文学、外国文学等门处于平等地位。王国维这个方案，在民国成立后之新学制中得到了采纳。

哲学是否应该专门立为一科？王国维并没有仿效西方大学专门立哲学科，而是参考日本大学的做法，在文学科所当授之科目中，加进了哲学概论、中国哲学史、西洋哲学史等科目。他所拟订文学科中之经学科（实际上就是“经学门”）包括10门科目：哲学概论、中国哲学史、西洋哲学史、心理学、伦理学、名学、美学、社

---

① 王国维：《奏定经学科大学文学科大学章程书后》，《东方杂志》第3年第6期，1906年7月16日。

会学、教育学、外国文。理学科包括11门科目：哲学概论、中国哲学史、印度哲学史、西洋哲学史、心理学、伦理学、名学、美学、社会学、教育学、外国文。史学科包括12门科目：中国史、东洋史、西洋史、哲学概论、历史哲学、年代学、比较语言学、比较神话学、社会学、人类学、教育学、外国文。"中国文学科"包括11门科目：哲学概论、中国哲学史、西洋哲学史、中国文学史、西洋文学史、心理学、名学、美学、中国史、教育学、外国文。"外国文学科"包括11门科目：哲学概论、中国哲学史、西洋哲学史、中国文学史、西洋文学史、某国文学史、心理学、名学、美学、教育学、外国文。

表14　王国维"文学科大学"分科方案

学科	科目
经学科	哲学概论、中国哲学史、西洋哲学史、心理学、伦理学、名学、美学、社会学、教育学、外国文
理学科	哲学概论、中国哲学史、印度哲学史、西洋哲学史、心理学、伦理学、名学、美学、社会学、教育学、外国文
史学科	中国史、东洋史、西洋史、哲学概论、历史哲学、年代学、比较语言学、比较神话学、社会学、人类学、教育学、外国文
中国文学科	哲学概论、中国哲学史、西洋哲学史、中国文学史、西洋文学史、心理学、名学、美学、中国史、教育学、外国文
外国文学科	哲学概论、中国哲学史、西洋哲学史、中国文学史、西洋文学史、某国文学史、心理学、名学、美学、教育学、外国文

资料来源：王国维《奏定经学科大学文学科大学章程书后》，《东方杂志》第3年第6期，1906年7月16日。

从王国维所拟定之文学科各科应授科目中可以看出，尽管没有专门设立哲学科，但哲学科所包括之各种科目，如哲学概论、中国哲学史、西洋哲学史、印度哲学史、心理学、伦理学、名学、美学、社会学、教育学都包括进来了，虽无哲学科之名，却有哲学科之实。实际上他所拟订的经学科和理学科，就是西方近代意义上的哲学科，1912 年以后所设立的哲学门，就是直接裁并经学科和理学科而成的。不仅如此，在经学科、理学科、中国文学科和外国文学科中，王国维将哲学概论科目置于群学之首，足见他对哲学学科的重视。更重要的是从王国维为文学科拟订的各种科目，除了中国哲学史、中国文学史、中国史三门属于中学范围外，其他各科目，完全是西方各种学术门类。即便是属于中学的上述三门科目，也是以西方近代的学术观念和方法整理的中国学术门类，属于改造后的、近代意义的中国学术。无论是形式上还是内容上，王国维的学术分科宗旨及设想，与张之洞的分科原则及方案都有着很大区别。

1912 年 10 月，蔡元培为总长的中华民国教育部颁布《大学令》，明令大学不再以“经史之学”为基础，应以教授高等学术为宗旨。1913 年初，教育部公布《大学令》《大学规程》，对大学所设置的学科及其门类做了原则性规定：“大学以教授高深学术、养成硕学闳材、应国家需要为宗旨。”① 大学取消经学科，分为文科、理科、法科、商科、医科、农科、工科等七科，这是一次学制上的重大变革，标志着在近代中国学科建设上，开始摆脱经学时代之范

① 《教育部公布大学令》，《教育杂志》第 4 卷第 10 号，1913 年 1 月。

式，探索创建近代西方式的学科门类及近代知识系统。

1913年颁布的“七科之学”方案，基本上是在1903年张之洞“八科分学”和王国维分科方案基础上形成的。文科、理科、法科、商科、医科、农科、工科等七科，是沿袭张氏“八科分学”方案中的文学科、格致科、政法科、商科、医科、农科、工科而来的。大学文科分为哲学、文学、历史学和地理学四门：（1）哲学门下分2类，一是中国哲学类，包括的科目有中国哲学、中国哲学史、宗教学、心理学、伦理学、论理学、认识论、社会学、西洋哲学概论、印度哲学概论、教育学、美学及美术史、生物学、人类及人种学、精神病学、言语学概论等16个科目；二是西洋哲学类，包括西洋哲学、西洋哲学史、宗教学、心理学、伦理学、论理学、认识论、社会学、中国哲学概论、印度哲学概论、教育学、美术及美术史、生物学、人类和人种学、精神病学、言语学概论等16个科目。（2）文学门下分8类，包括国文学类、梵文学类、英文学类、法文学类、德文学类、俄文学类、意大利文学类、言语学类。（3）历史学门下分2类，包括中国史及东洋史学类和西洋史学类。（4）地理学门，包括地理研究法、中国地理、世界各国地理、历史地理学、海洋学、博物学、殖民学及殖民史、人类及人种学、统计学、测地绘图法、地文学概论、地质学、史学概论等科目。

大学法科分为法律学、政治学和经济学3门：（1）法律学门，包括的科目有：宪法、行政法、刑法、民法、商法、破产法、刑事诉讼法、民事诉讼法、国际公法、国际私法、罗马法、法制史、法理学、经济学、比较法制史、刑事政策、国法学、财政学等。（2）

政治学门，包括的科目有：宪法、行政法、国家学、国法学、政治学、政治学史、政治史、政治地理、国际公法、外交史、刑法总论、民法、商法、经济学、财政学、统计学、社会学、法理学、农业政策、工业政策、商业政策、社会政策、交通政策、民政策、政党史等。(3) 经济学门，包括的科目有：经济学、经济学史、经济史、经济地理、财政学、财政史、货币论、银行论、农政学、林政学、工业经济、商业经济、社会政策、交通政策、殖民政策、保险学、统计学、宪法、民法、商法、经济行政法、政治学、行政法、刑法总论、国际公法、国际私法等。此外，商科分为银行学、保险学、外国贸易学、领事学、关税仓库学、交通学等6门；医科分为医药和药学等2门；农科分为农学、农艺化学、林学、兽医学等4门；工科分为土木工学、机械工学、船用机关学、造船学、造兵学、电气工学、建筑学、应用化学、火药学、采矿学、冶金学等11门。[①]

这套以文、理、法、商、医、农、工为骨干建构的“七科之学”知识系统，不仅迥异于经、史、子、集为骨架的“四部之学”，而且与清末“八科之学”知识系统也有很大区别。中国传统学术体系中最重要的经史之学，被消融在文科之中，西方近代重要学科门类，均被确立在这套学制体系中。“七科之学”是以西方近代分科观念及分科原则，依照西方学科门类及知识体系建构起来之新知识系统。“四部之学”被纳入到“七科之学”知识系统之中，不仅标志着中国传统学术开始融入近代西方学科体系中，而且标志着中国

① 《教育部公布大学规程》，《教育杂志》第5卷第1号，1913年4月。

知识系统开始转向西方近代知识系统之轨道上来；标志着以注重通、博的中国传统“四部之学”知识系统，在形式上完成了向近代分科性质的“七科之学”知识系统的转变。

总之，中国传统学术向近代学术的转轨，是在晚清“经世”思潮盛行、西学东渐大潮深刻影响下发生的。中国传统学术在晚清时期的分化，与经世学风的兴起及西学东渐密切相关；近代学术分科是随着西学的引入、传统学术的衰落开始的，也是随着这样一个过程而逐渐形成的。严重的政治和社会危机，促发了人们对经史是无用之学的批判，兴起了经世之学；传统的经世之学仍不足以经世，迫使人们学习西方有用之学，引导了西方各种学术的引入。所以，经世之学的作用，一方面表现在对传统学术的消解和分化上，但更重要地表现在对西学传播的引导上。正是在经世思潮的引导下，人们将目光逐渐移向西学，促进了西学的引入。因此，经世之学对西学的引导作用，集中体现在促发人们对西方学术的向往和不停顿的介绍上。而西学的大规模输入，自然带来了西方分科观念和分科方法，中国近代意义上的学术分科，便随之而起。

西学输入，首先体现在西书的翻译上，西书翻译是西学输入的主要方式。学术分科观念及分科原则，是在西书翻译中逐渐传入中国并为中国学人所知晓、所接受的。也正是在翻译西书、改革科举及兴办新式学堂过程中，中国学人提出了初步的分科方案。而分科方案的日趋成熟，则又是与西学传播同步的。西书翻译及传播的深入，很大程度体现在中国学者的学术分科方案上。从某种意义上说，早期英华书院、墨海书院及外国传教士翻译的西书，产生了冯桂芬、王韬、郑观应等人初步的学术分科方案；同文馆、江南制造局翻译馆所刊西书，产生了康有为、梁启超、严复等人比较详细的学术分科方案；戊戌以后东西方西学书籍的大规模翻译出版，特别是日本著述的大批西学书籍的出版流行，促使了20世纪初的“八科分学”方案的形成。应该指出的是，晚清中国学术分科，是与对培育中国传统学术的载体——科举制的批判过程同步的。在对传统学术门类的不断批评和改造过程中，在批判科举、提倡兴办新学、改革书院制度的过程中，人们逐步形成了新的学术分科方案。

中国近代学术分科的日益专门化并最后定型为“七科”之学，经历了一个长期演化的过程。晚清中国学术分科，经历了传统“四部”分类向经世“六部”的转变，然后又从经世“六部”向近代“七科分学”转变，随后又在1902—1903年前后经历了从“七科分学”向“八科分学”之演变过程，最终在1913年定型为“七科之学”。这个过程是比较复杂的，经过了很多尝试和探索。从冯桂芬、王韬、郑观应到康有为、梁启超、严复、张元济，再到吴汝纶、张百熙、张之洞、王国维等人，都先后提出过各种各样的分科方案。最后经过“七科分学”还是“八科分学”之激烈争论，在晚清最初确立者为“八科分学”，但到1913年最终废除经学科，从而确立了“七科之学”学科体系及知识系统的基本框架。

第五章

近代“格致学”诸门类的移植

要弄清近代中国学术分科及知识系统的建立问题，除了纵向考察从“四部之学”向“七科之学”的演化过程外，还必须从横向考察中国近代学术门类在晚清时期之创立过程。笔者认为，中国近代意义上之学术门类，是经过两个渠道创立起来的：一是“移植之学”，即直接将西方学术门类移植到中国来，这主要是那些中国传统学术中缺乏之学术门类，如自然科学中之数、理、化、生、地等门类，及社会科学中之政治学、经济学、社会学、逻辑学、法学等；二是“转化之学”，即从中国传统学术中演化而来的，这主要是那些中国学术传统中固有之学术门类，如文学、历史学、考古学、哲学、文字学等。在传统学术门类向现代学术门类转型过程中，中国学术必须从两方面进行学科整合：一是文史哲分家，自然科学与社会科学分离；二是引进西方近代学术门类，创立中国近代新学科。西方近代分科性质的日益专门化的学术，代表着中国近代学术发展的方向和趋势。这个学术转型及学科整合的过程，从19世纪60年代开始，到20世纪初期基本形成。本章主要从西学“移植”和中学“转化”的角度，揭示晚清时期中国近代意义上的自然科学各学术门类初建的情景。

文史哲融为一体，学科分类不明显，自然科学与社会科学交织在一起，是中国传统学术之明显特色。中国传统学术内部虽然也有分类，但并不是以研究对象为分科标准，而是以研究性质作为分类的标准。中国传统学术从性质上主要分为义理之学、考据之学、辞章之学、经世之学。这四类学问，以经史之学为主，包括了经学、史学、诸子学、小学、天文历算之学、算学、地舆学等。

西方近代学术，大致分为自然科学和社会科学两大门类。自然科学主要包括数学、物理学、化学、天文学、地理学、地质学、生理学、生物学等学科，社会科学主要包括文学、历史学、哲学、政治学、法学、经济学、逻辑学、社会学、伦理学和教育学等学科。这些近代西方的学科门类，与中国传统的学术门类之间，存在着较大的差异——中国传统的学术门类主要有经学、小学、史学、算学、天文历法、舆地学、词章学，以及所谓“儒学四门”（义理之学、考据之学、辞章之学、经世之学）。两者间既有相似的学科门类，也有不同的学科门类，更有许多彼此互缺的学科。中国之算学、天文、舆地、史学，与西方之数学、天文学、地理学、历史学比较相似，有着进一步发展成为近代数学、天文学、地理学、史学的学术基础。实际上，当西方近代数学、天文学、地理学、历史学“移植”到中国后，很快便在这些中国传统学术门类上找到了结合点和嫁接点，使传统的算学、天文学、舆地学、史学发展为近代数学、天文学、地理学和历史学。当然，这种“结合”和“嫁接”，更多的不是以中国传统的学术为主干，而是以西方近代学科为主干的。

但在西方近代学术门类中，却有不少中国传统学术门类中没有的学科，如近代物理学、化学、生理学、生物学、地质学、政治学、经济学、社会学等，也有一些中西学术根本不同的学科，如哲学、逻辑学等。对此，近代西人在翻译西方格致诸书时曾说：“况近来西国所有格致门类甚多，名目尤繁，而中国并无其学，与其名焉，能译妥诚属不能越之难也。”① 如果没有西学的传入，仅仅靠中国传统学术自身的演变，能否创化出这些中国所缺乏的学术门类？答案显然是否定的。对此，梁启超指出，清代学者之研究法，近于“科学的”，但并没有发展为近代科学。其解释其中之原因曰：“凡一学术之兴，一面须有相当之历史，一面又乘特殊之机运。我国数千年学术，皆集中社会方面，于自然界方面素不措意，此无庸为讳也。而当时又无特别动机，使学者精力转一方向。”②

正因如此，当西方学术在近代传入时，这些中国所没有的学术门类，是通过翻译西书，逐步地“移植”到中国来，使中国增添了这些新学术门类。这些新学术门类，无论是形式上还是内容上，都来自西方，是被西方传教士和中国学者以翻译西书、开设课程、设置学科科目等方式“移植”到中国来的。换言之，中国近代意义上

---

① 傅兰雅：《江南制造局翻译西书事略》，《格致汇编》1888 年刊印本。

② 梁启超：《清代学术概论》，《梁启超论清学史二种》，复旦大学出版社 1985 年版，第 24 页。

的物理学、化学、生理学、生物学、地质学、政治学、经济学、社会学等学科门类，不是中国学术自身发展演变的产物，而是西学东渐之结果，是从西方“移植”而来的。

正因如此，考察中国近代意义上学术门类之建立，便不能不考察西学东渐的情况；而要考察晚清西学东渐，就必须从考察西书在中国之翻译刊印入手。一方面要看晚清时期都翻译了哪些学科的西书，这些西书翻译，给中国学术界增添了哪些新学术门类；另一方面要考察这些学科的西书对中国近代性学科门类之初建产生了怎样的影响，中国人是如何接触、接受、消化这些西学，并按照西方学术分科逐渐建立中国近代学术门类的。

鸦片战争后，西方传教士在华开设的教会学校及主持翻译的西书中，最早将西方近代学术分科观念及各种学术门类介绍到中国。19世纪40年代以后传教士介绍之西学门类，可以从伟烈亚力在《六合丛谈》上所写之《小引》中略窥一斑：

“比来西人学者，精益求精，超前轶古，启名哲未解之奥，辟造化未泄之奇，请略举其纲：一为化学，言物各有质，自能变化，精识之士，条分缕析，知有六十四元（即元素），此物未成之质也；一为察地之学，地中泥沙与石，各有层累积无数年岁而成，细为推究，皆分先后，人类未生之际，鸿蒙甫辟之时，观此朗如明鉴，此物已成之质也；一为鸟兽草木之学，举一骨即能辨析入微，知全体形状之殊异，植群卉即能区别其类，如列国气候之不同；一为测天之学，地球一行星耳，与他行星同，远地球者为定星（即恒星），定星之外，则有星气，星气之说，昔认为天空之气，近以远镜窥之，始知系恒河沙数之定星所聚而成，今之谈天者，其法较密于古，中国古时有天元术诸法，今泰西代数最深者惟微分法，认之推算天文，无不能处调然矣；一为电气之学，天地人物之中，其气之精密流动者曰电气，发则为电，藏则隐含万物之内，昔人避之，以其能杀人也；今则聚为妙用，以代邮传，顷刻可通数百万里；别有重学流质端以及听视诸学，皆穷极毫芒，精研物理。”①

伟烈亚力的这段文字，基本涵盖了近代早期传入中国之西学范围。这个学术范围，主要是近代西方自然科学各门类的学科，即西方近代化学、地质学（察地之学）、动植物学（鸟兽草木之学）、天文学（测天之学）、数学（代数、微积分）、物理学（即格致学，电气之学、重学）等。实际上，从 19 世纪 40 年代以后的半个世纪，输入中国的西学，主要是这些学科门类的知识。

一、从传统术数之学到近代数学

中国数学的起源甚早。在甲骨文中便有从一到十各数字，并使用十进位制。殷周之时，“数”成为“六艺”一门重要学科。春秋时代，筹算与九九乘法表开始流传使用。汉初，张苍、耿寿昌均以善算闻名，并完成《九章算术》；刘歆、张衡、马援、郑玄等人均精通算术。《周髀算经》作为中国算学之重要典籍，也在东汉初年完成。魏晋南北朝时，赵爽注《周髀》，并撰著《勾股圆方图注》，扩充勾股算法；刘徽注《九章算术》，发明“出入相补原理”，又创

① 伟烈亚力：《六合丛谈小引》，《六合丛谈》第 1 号，1857 年 1 月 26 日。

立《割圆术》，求圆周率的近似值为3.14；祖冲之撰有《缀术》《九章术义注》《重差注》等书；甄惊曾为《周髀算经》《九章算术》《数术记遗》《三等数》《孙子算经》《五曹算经》《五经算术》《夏侯阳算经》《张丘建算经》九种算学典籍作注。宋元时期，秦九韶著《数书九章》，把《孙子算经》中“韩信点兵”问题之解法系统化，杨辉著有《详解九章算法》《日用算法》《杨辉算法》等书，李治撰有《测圆海镜》《益古演段》，倡用“天元术”，并提出列方程式之方法。这种情况表明，中国传统算学在明清时代已经相当发达。

西方数学，在明清之际开始传入中国。利玛窦不仅与徐光启合作翻译了欧几里得《几何原本》（前六卷），而且还与李之藻合作翻译《同文算指》，将西方几何学和笔算学介绍到中国。康熙直接主持编撰西方数学输入之集大成著作《数理精蕴》，刺激了中国学者研究数学的兴趣，出现了像梅文鼎、李光地等著名算学家。陈炽对清初研习西方数学的情况做了这样的描述：“我圣祖仁皇帝学贯天人，御制历象，考成数理，精蕴诸书，综括中西，权量今古，周详该备。海内向风，遂有王锡阐、梅文鼎、戴震、李善兰诸君，绝学经师，后先辉映，亦已极一时之盛矣。”① 但在中国学者看来，传统术数之学是“一家之学”，除颁朔授时外，与“民生国计无关”，因此，传统术数之学被置于子部之中，在中国知识分类系统中远远低于经史之学。

---

① 陈炽：《续富国策》，《陈炽集》，中华书局1997年版，第203页。

鸦片战争后，西方近代数学再次被介绍到中国。1852 年，英国传教士蒙克利在香港出版《算法全书》，是第一部在中国境内出版的用西方数学体系编成的数学教科书。李善兰和伟烈亚力等人合作，从 1852 年 7 月起续译《几何原本》《代数学》（1859 年）等著。其中《代数学》是晚清时期第一部符号代数学译著；《代微积拾级》（1859 年）是第一部微积分学译著。1873 年，傅兰雅、华衡芳合译《代数学》；次年，傅兰雅与华衡芳合译《微积溯源》，对西方数学中最为深奥难懂的微积分做了介绍。1878 年两人合译《三角数理》；1877 年傅兰雅与江衡合译《算式集成》，列举了各种线面算式、体积算式、圆锥曲线算式和地面测算法；1879 年傅氏与赵元益合译《数学理》，“为数学中说理最精之书，其深处已寓微分之理”。1879 年傅、华合译《代数难题》，1899 年两人合译《算式解法》。益智书会出版和审定合乎学校使用之书籍共 98 种，其中数学方面比较重要者为《笔算数学》（狄考文译，邹立文述，3 册），梁启超评论此书曰：“用俗语教学，童蒙甚便，惟习问太繁。”此外还有《形学备旨》（狄考文译，邹立文述，2 册）、《圆锥曲线》（求德生译，刘维师述）。据统计，到 1902 年，被介绍到中国的算学各门类译著达 42 种，其中包括数学、形学、代数、三角、八线、曲线、微积分等分支科目。①

近代西方数学与中国算学有相通之处，因此中国接受西方数学并没有遇到太大困难。有人统计，晚清译印西方格致书籍约 400 余

① 徐维则、顾燮光著：《增补东西学书录》，光绪二十八年十二月刊印本。

种，数学类有160余种，占全数三分之一。[①] 西算传入中国后，中国学者通过对它的介绍和研习，逐渐有了研究心得，出现了李善兰、华衡芳这样的数学大家。据1902年徐维则等撰《增版东西学书录》所载，此时的数学著作达299种，其中多为晚清中国算学家所撰。其中比较著名的有，华衡芳著《西算初阶》《算法须知》《开方别术》《诸乘方别式》《配数算法》《积较数》《积较客难》《数根术解》《平三角测量法》《学算笔谈》《算草丛存》等，有李善兰的《截球解义》《对数探原》《考数根法》《弧矢启秘》《方圆阐幽》《测圆海镜图表》《椭圆正术解》《椭圆新术》等，有黄庆澄的《几何浅释》、冯桂芬的《西算新法直解》等。这些数学著作，内容涉及笔算、口算、代数、几何、三角、八线、圆周、微积分等近代数学的各分支门类，说明中国学者对西方传入的西方数学的领悟和理解已经到了很深地步。

在晚清学者看来，算学是西方格致学之基础，引入西方近代各种实学，必须从学习西方算学入手。对此，奕䜣、李鸿章、陈炽等人均有相似认识。冯桂芬在《上海同文馆十二条章程》中认为："西人制器尚象之法，皆从算学出，若不通算学，即精熟西文亦难施之实用。"故将算学作为四类学问令学生专习。1887年4月，有人上书清廷，认为"西法虽名目繁多，要权舆于算学。洋务以算学入，于泰西诸学，虽不必有身兼数器之能，而测算既明，自不难按

① 郭廷以：《近代科学与民主思想的输入》，《大陆杂志》第4卷第1期。

图以索。"[①] 陈炽亦云："夫数学者，初学之功而非耄学之事也，为众学之体又必兼通众学以施诸用也。故西人布算，专求简便，不欲用心于无用之地，以耗其神明。"他强调："夫书者，所以通天下之理也，体也；数者，所有周天下之事也，用也。"[②]

连桐城派大儒吴汝纶也认识到，算学是学习西学的基础和入门，是提倡西学的首务："今议欲开西学，西学重专门，而以算学为首务，他学必以算学为从入之阶，明算而后格致诸学循途而致。今既不得通外国语言文字，则学算亦本务矣。"[③] 因此，吴氏呼吁："今方开倡西学，必以算学为开宗明义弟一章。"[④]

西方近代数学之所以引起中国学者重视，除了认识到数学乃是西方格致学之入门外，更重要的原因是数学在中国"有本"（有基础）。清人阮元指出："数为六艺之一。而广其用，则天地之纲纪，群伦之统系也。天与星辰之高远，非数无以效其灵。地域之广轮，非数无以步其极。世事之纠纷繁颐，非数无以提其要。通天地人之道曰儒，孰谓儒者而可以不知数乎！自汉所来，如许商、刘歆、郑康成、贾逵、何休、韦昭、杜预、虞喜、刘焯、刘炫之徒，或步天路而有验于时，或著算术而传之于后。凡在儒林类能为算后之学者，喜空谈而不务实学，薄艺事而不为，其学始衰。降及明代，浸以益微，间有一二士大夫留心此事，而言测圆者不知天元，习回回法者

---

① 陈琇莹：《奏请将明习算学人员归入正途考试量予科甲出身折》，陈学恂主编《中国近代教育史教学参考资料》上册，第221页。

② 陈炽：《续富国策》，《陈炽集》，中华书局1997年版，第204页。

③ 吴汝纶：《与贺松坡》，《吴汝纶尺牍》，黄山书社1990年版，第101页。

④ 吴汝纶：《答贺松坡》，《吴汝纶尺牍》，黄山书社1990年版，第103页。

不知最高，谬误相仍，莫能是正，步算之道，或几乎息矣。我国家稽古右文，昌明数学，圣祖仁皇帝御制《数理精蕴》，高宗纯皇帝钦定《仪象考成》诸编，研极理数，综贯天人，鸿文实典，日月昭垂，固度越乎轩辕、隶首而上之。以故海内为学之士，甄明度数，洞晓几何者，后先辈出。专门名家则有若吴江王晓庵锡阐、淄川薛仪甫凤祚、宣城梅徵君文鼎。儒者兼长则有若吴县惠学士士奇、婺源江慎修永、休宁戴庶常震。莫不各有撰述，流布人间。盖我朝算学之盛，实往古所未有也。"① 这段议论，将中国算学发展沿革做了简要阐述，基本符合历史事实。

算学在中国传统学问中有一定根基，晚清许多人均强调这一点。1875 年，礼部奏请考试算学的奏折曰："臣等查算学一门，权舆隶首，而详于周官之九数。周末畴人子弟失官分散，书籍更遭秦火，中原之典章既多阙佚，海外之支流反得真传，此西学之所以有本也。洪维我圣祖仁皇帝聪明天亶，荟萃中西算法，御纂《数理精蕴》一书，加减乘除，凡多寡轻重、贵贱盈朒无遗数；比例分合，凡方圆大小、远近高深无遗理。征其用则测天地之高深，审日月之交会，察四时之节候，较昼夜之长短，以至协律度，同量衡，通食货，便营作，无所不统。于雍正元年镌行颁行，以为天下万世良法。以算学所系，理奥数深，学者束发受书，即当从事于此，以渐进于广大精微之域，而为国家异日有用之才。故其时并不另立科目，致令分门别户，专为一家言也。"② 正因如此，道光二十三年（1843 年），

① 阮元：《里堂学算记序》，《研经室集》下册，中华书局 1993 年版，第 681 页。
② 《礼部奏请考试算学折稿》，《万国公报》第 7 年第 327 卷，1875 年 3 月 13 日。

两广总督祁𡎴奏请开制器通算一科；1861 年，贡生黎庶昌请开绝学之科；1875 年，礼部再次奏请特开算学科。

中国学者接受西方近代数学的一个重要表现，是开始在各种新式学堂及变通中的书院中，按照“分科设学”原则，开设算学课程，在中算基础上采纳西算，将近代数学学科的各分支门类陆续创建起来。京师同文馆设有数学启蒙、代数学、《几何原本》、平三角、弧三角、微分、积分等近代数学分支课程，较早在新式学堂中设立了算学科。随后，上海同文馆（广方言馆）、正蒙书院、格致书院、湖北自强学堂、天津水师学堂、天津武备学堂、江南水师学堂等均开设算学课程，或深或浅地传授西方近代数学知识。如张之洞创设的湖北自强学堂，专设算学斋，将中西算学作为“专门之学”加以研习；曾国荃创设的江南水师学堂，将几何、代数、平三角、弧三角等列入“兵船将领应知应能之事”加以学习。对此，谭嗣同云：“道、咸之际，海禁大开、西人旅华者，挈其格致算术以相诱助，是时学者渐知西算为有用之学，特延西士广译西书，现在刊刻行者不下百数十种。而京师之同文馆、上海之广方言馆、湖北之自强学堂，均以算学课士。”①

甲午以后，中国各地掀起“兴算”热潮，不仅新式学堂普遍开设算学课程，而且许多旧式书院在“崇尚实学”风尚引导下，纷纷添设算学科，兴办算学馆。谭嗣同曰：“考西国学校课程，童子就傅，先授以几何、平三角术，以后由浅入深，循序精进，皆有一定

① 谭嗣同：《上江标学院》，《谭嗣同全集》（增订本），中华书局 1981 年版，第 181 页。

不易之等级。故上自王公大臣，下逮兵农工贾，未有不通算者，即未有通算而不出自学堂者。盖以西国兴盛之本，虽在议院、公会之互相联络，互相贯通，而其格致、制造、测地、行海诸学，固无一不自测算而得。故无诸学无以致富强，无算学则诸学又靡所附丽。"① 吴汝纶亦云："今议欲开西学，西学重专门，而以算学为首务，他学必以算学为从入之阶，明算而后格致诸学循途而致。今既不得通外国语言文字，则学算亦本务矣。"② 因此，近代西方数学因时势之需要得到广泛传播。

在介绍、研习和传授西方近代数学过程中，中国学者对西方近代数学及其各分支门类的关系已经有了很深了解，对此，只要分析戊戌时期各地兴算办学的章程，并会一目了然。

浙江绍兴中西学堂设立算学馆，专门研习近代数学，在《绍郡中西学堂规约》中，明确规定了研习数学之步骤和门径："凡入算学馆，先习数学，已通数学者习几何，已通几何者习代数，然后讨论三角八线对数诸曲线之理，以进于微分积分。"它指出："学者既习算学，必求通代微积而后已，否则亦必通代数而可。"研习数学，选用华衡芳的《算法须知》，伟烈亚力辑《数学启蒙》，狄考文辑《笔算数学》等书"专为授蒙之用"；研习几何，以《几何原本》为教本。代数，先授狄考文所辑《代数备旨》，再授傅兰雅所译《代数术》；习微积，"宜先习伟烈亚力所译《代微积拾级》，再习傅

① 谭嗣同：《上江标学院》，《谭嗣同全集》（增订本），中华书局 1981 年版，第 181 页。

② 吴汝纶：《与贺松坡》，《吴汝纶尺牍》，黄山书社 1990 年版，第 101 页。

兰雅所译《微积术》”①。这样，从初级数学、几何、代数、对数，直到微分、积分，近代数学学科体系基本完备。

不仅如此，人们对数学在整个近代学科体系及知识系统中之重要位置，也有较深领悟：“按数学为一切学之基础，与书学同。非专为工学之基础。今文明国道德、政法之学亦皆远胜古人，亦皆由于数学日精、基础日固。我国述西常语每侧重数学于工学，此亦宋、元后禅毒，学者轻视数学之旧脑影也。”② 1898 年，上海算学书局刊印了《古今算学丛书》，收录了从中国古代典籍《周髀算经》到晚清《代微积拾级》在内的 97 种著作，成为晚清时期规模最大的一套数学丛书。1903 年学制改革后，数学作为格致科之一门，正式纳入近代中国学科体系中，初步完成了从传统算学到近代数学学科之转变。

二、从天文历算之学到近代天文学

中国是最早发展天文历算学的国家之一，天文历算取得的成就也很高。“天文”一词出乎《周易》。《周易·系辞传》曰：“仰以观于天文，俯以察于地理，是故知幽明之故。”《淮南子》曰：“文者象也。”③ 故天文即指天象，中国天文学是从观测天象而逐渐发展起来的一门学问。《尚书·洪范》《大戴礼记·夏小正》均记载了先秦时期天文学方面的成就。司马迁在《史记》八书中，以《天官

---

① 《绍郡中西学堂规约》，《知新报》第 28 册，1897 年 8 月 18 日。

② 宋恕：《〈周礼政要〉读后》，《宋恕集》上册，中华书局 1993 年版，第 610 页。

③ 刘安：《淮南子·天训篇》，《诸子集成》刊印本，上海书店 1986 年版。

书》专记天象，以《历书》专记历法。天文是历法之基础，历法是天文学之应用，中国天文与历法是密切结合在一起的。《史记》后之历代史书，均有天文历法部分。因天文学主要是观测性的学问，与算学密切相关，故中国天文、历法与数学是缠连在一起的学问，凡讲天文观测，必涉及历法及推算，因此中国传统天文学，被称为“天文历算之学”。

阮元《畴人传》曰：“天文算术之学，吾中土讲明而切究者，代不乏人，自明季不务实学而此业遂微，西人起而乘其衰，不得不矫然自异然，但可云明算不如泰西，不得云古人皆不如泰西也。”①明末清初西学东渐时，利玛窦、阳玛诺、汤若望等传教士编译有《圜容较义》《乾坤体义》《天问略》《西洋新法历书》等，将当时西方“推算之术”传入中国。尤其是《西洋新法历书》，除了介绍西方天文学的日月星辰，还对哥白尼的“日心体系”作了介绍。因为西洋传教士介绍的天文历算之学比中国原有天文历算学推算天象更为准确，因此得到迅速传播，出现了王英明之《历体略》、薛凤祚之《天学会通》、王锡阐之《晓庵新法》等会通中西历算学的著作，产生了徐光启、王锡阐等精通天文历算的大师，推动了中国天文历算学的发展。对此，阮元《畴人传》赞曰：“自利氏东来，得其天文、数学之传者，光启为最深。”又称赞王锡阐：“考正古法之误而存其是；择取西说之长而去其短。”②

鸦片战争后，西方传教士再次将西方天文历算之学介绍到中国。

---

① 阮元：《畴人传》卷四十四，商务印书馆 1925 年版。

② 阮元：《畴人传》卷三十四，商务印书馆 1925 年版。

1849年，英国人合信出版了鸦片战争后第一部系统介绍西方近代天文学著作——《天文略论》，介绍了19世纪40年代以前之西方天文学成就，内容论及行星、潮汐、彗星、地球等方面知识，并客观介绍了伽利略的“日心说”和“地动说”。同年，美国传教士哈巴安德在宁波出版《天文问答》，分22回，每回包括若干问题，不仅介绍当时西方天文学普通常识，而且介绍一些属于地理学、物理学范围的内容。其关于宇宙结构学说、万有引力理论、日蚀月蚀缘由、风雨成因、彗星等知识的介绍，对中国学术界具有一定启蒙意义。1853年，传教士在香港创办的《遐迩贯珍》杂志上，刊登了一些如《彗星说》《地球转而成昼夜论》《英年月闰日歌诀》等介绍西方天文、历法以及公历各月天数和置闰规律的文章：“英年十二月，其数同中原。四六九十一，卅日皆圆全。余月增一日，此数亦易言。惟逢第二月，二十八日焉。四岁二月闰，廿九日回还。”①

1857年，王韬与伟烈亚力合作，翻译《西国天学源流》，系统地介绍西方天文学发展史。王韬不赞同“西学中源说”，认为西方近代天文学比中国天文历算学精密，是由于“用心密而测器审”之结果。其曰：“西国历法虽始于周末，而递加更改，历代以还，岂无可考，其转精于中国者，由用心密而测器审也。其所云‘东来法’者乃欧洲之东天方国耳，非指中国言之也。”② 1859年，伟烈亚力与李善兰合作，翻译了英国天文学家侯失勒所著、战后传入中国之最重要的西方天文学著作——《谈天》，对中国近代天文学的

① 《英年月闰日歌诀》，《遐迩贯珍》，1855年12月号。

② 伟烈亚力译，王韬述：《西国天学源流》，1889年刊印本，第29页。

形成发展产生重要影响。该书共18卷，伟烈亚力、李善兰分别撰写了序言。伟烈亚力在序言中介绍了西方天文学说从托勒密“地心体系”到哥白尼“日心说”体系之演变，并通过比较中西天文学说，认为中国传统天文学存在着“测器未精，得数不密”缺陷，应该接受西方近代天文学的最新成果。该书对中国学者了解西方近代天文学起了很大促进作用。梁启超称此书极为“精善”，是中国学者“不可不急读”的、“群书中所罕见”著作①。

1877年，华衡芳与金楷理合作翻译了侯失勒的另一部天文学著作——《测候丛谈》，介绍西方气象学的知识。全书分4卷，第一卷论日光为热之源，空气的成分、性质；第二卷论风、雨、霜、露、雾、雹、雪、雷电；第三卷论推算天气变化的各种因素；第四卷论空气含水量、气压与风向的关系等。该书是当时介绍西方气象学最重要的西书，梁启超称赞说：“地文之书，《测候丛谈》最足观。”②这样，不仅西方天象学知识被介绍到中国，而且西方气象学也被介绍过来了。西方近代天文学的两大门类开始为中国学者知晓。

1874年以后创刊的《万国公报》，先后刊载慕维廉的《天文地理》、丁韪良的《彗星论》、潘慎文的《彗星略论》、林乐知的《论日蚀》、韦廉臣的《星学举隅》和《天文图说》等关于西方近代天文学的文章。此外，京师同文馆先后翻译刊印《星学发轫》《中西合历》《坤象究原》《同文津梁》等4种西方天文学著作；英国人骆

① 梁启超：《读西学书法》，《中西学门径书七种》，上海大同译书局1898年石印本。

② 梁启超：《读西学书法》，《中西学门径书七种》，上海大同译书局1898年石印本。

克优著、林乐知翻译的《天文启蒙》，对地球、月球、太阳系诸星系及恒星等方面的知识作了叙述，“所言简明易晓，确有至理，为启悟初学要书”①。傅兰雅主编的《格致须知》丛书，也有《天文须知》，介绍了近代西方日、月、星、辰的测算之法。1896年，美国人李安德著《天文略解》，由刘海澜翻译刊印，“前卷记各国言天文之源流稍略，后卷记日月地球日会五星诸行星小星、日月食、天王海王二星、飞星彗星、黄道光、潮汐，皆采集诸书而成，颇详备”②。此外，益智书会出版的《天文图说》《天文揭要》，也是介绍西方天文学的重要著作。

据1902年徐维则等所著《增版东西学书录》载，当时所翻译的天文学方面的西书达13种。西方近代天文学最新成果，在清末陆续被介绍到中国。

三、从传统舆地学到近代地理学

中国近代地理学是从传统舆地学发展而来的，不是简单地从西方“移植”来的，因而带有较浓的中国特色。但西方地理学的传入对传统舆地学转化为近代形态起了决定性作用，也是不争之事实。明清之际，西方舆地测绘之学开始传入中国。利玛窦编制《万国舆图》《万国图记》，艾儒略撰《职方外纪》，南怀仁编撰《坤舆全图》，向中国学者介绍了地球上五大洲、万国地志等世界地理知识。

① 徐维则辑，顾燮光补：《增版东西学书录・天学第十九》，光绪二十八年十二月印行本。

② 徐维则辑，顾燮光补：《增版东西学书录・天学第十九》，光绪二十八年十二月印行本。

中国传统舆地学由于受乾嘉汉学之影响，“逐渐成为一种以内地十八行省为基本范围、以诠经读史为基本内容、以文献考据为基本方法的‘古’地理学研究”①。嘉道之际，传统舆地学研究的重心由内地转向边疆、由古代转向当代，西北边疆地理、中俄边疆地理及东南海疆地理研究开始起步。但真正促使“舆地学”向近代地理学转变的契机，还是西方近代地理学的传入。

鸦片战争后，传教士在香港创办的《遐迩贯珍》杂志上，刊登了一些介绍西方地理学方面的文章，如《地形论》（1853 年 9 月）、《地质略论》（1854 年 3 月）、《地理撮论》（1855 年 6 月）、《地理全志节录》（1856 年 2 月）等。1848 年，祎理哲编撰的《地球图说》出版（1856 年易名《地球说略》再版）。这是一部关于世界地理的简明读物，主要内容包括：地球圆体说、地球图说、大洲图说、大洋图说、亚细亚图说、欧罗巴洲图说、亚非利加洲图说、澳大利亚图说、亚美理驾洲图说和北亚美利驾洲图说。书中附图多幅，有火轮船、合众国国旗、美国华盛顿议事公堂和各种奇禽异兽的图片。该书介绍了世界各主要国家和地区的位置、人口、物产、风俗等内容，图文结合，扼要可读，在晚清知识界颇有影响。1854 年，英国人慕维廉撰著的《地理全志》由上海墨海书馆刊印，上卷主要为政治地理，下卷为地貌地理和历史地理，对世界各国的风土民情均做了详细介绍。

1855 年，英国传教士罗存德在香港编辑出版《地理新志》一

---

① 郭双林：《西潮激荡下的晚清地理学》，北京大学出版社 2000 年版，第 77 页。

书，介绍了西方关于地球、地转、昼夜等方面知识。1856 年，慕维廉翻译出版了另一部地理学著作《大英国志》（由墨海书馆刊印），对英国历史、社会、政治、文化等方面的制度、概况做了介绍。从 1872 年 8 月起，英国人包尔腾撰写的《地学指略》先后在《中西闻见录》上连载。美国人李安德著《地势略解》（1893 年出版，共 20 章），对海洋、陆地、火山、冰川、风雨、时令形成原因做了介绍。蔡尔康撰写的《八星之一总论》，是一本关于世界地理的通俗小册子，不仅介绍地圆说，地球的体积、面积，各大行星的运行轨道、周期及其在太阳系中的位置，而且依次介绍地球生物与日光的关系，地球五大洲、五大洋概况，世界人种分布，基督教、印度教、伊斯兰教、儒教、犹太教等各大宗教分布与人数等内容。时人评曰："其中言地不及言天之详，而言天又不及言地之畅。论种族异同宗教流派极可观。"此书 1892 年在《万国公报》上连载，5 年后由广学会出版单行本发行，影响颇大。此后，介绍西方地理学的著作相继问世。据徐维则、顾燮光 1902 年所著《增版东西学书录》载，其中所列地学类西书，共 52 种，包括地理学 10 种，地志学 42 种。① 其中重要的有林乐知翻译的《地理启蒙》，艾约瑟翻译的《地学启蒙》《地志启蒙》，傅兰雅著的《地学须知》《地理须知》《地志须知》《地学稽古论》，玛高温翻译的《地学浅释》，慕维廉翻译的《地学举要》，卜济舫翻译的《地理初桄》等。

20 世纪初，从日本传入的地理学著作有：佐藤传藏著《万国新

① 梁启超所著《西学书目表》所列"地学"类西书有 9 种，徐著所列 52 种，除了西方地理学书籍外，还包括了 20 世纪初日本学者所撰之地理学书籍。

地理》，富山房出版的《地理学新书》《日本地理问答》《世界地理问答》《地文学新书》《地文学问答》等。这些西学著作的翻译出版，标志着西方近代地理学、地质学基本“移植”到中国。

西方近代地理学著作的传入，使中国人对近代地理学的研究范围、理论及方法有了认识，已经逐渐与中国传统舆地学区分开来。对此，陈黻宸1902年所作《地史原理》，对近代地理学做了这样的定义：“地理者，统斯民之种类习俗性情德行学术以合而成焉者也。”① 他认为，司马迁《史记》及杜佑《通典》中关于中国地理之记述，“可谓择焉必精、语焉必详者矣”，与近代西方地理学之精神相合，“隐隐为千百年后言新舆地学者道其先声”。因此，尽管地理学是近代西方的产物，但并不等于中国没有与此相当的学问。陈氏将近代地理学称为“新舆地学”，以与中国传统“舆地学”相区别。他说：“据我旧闻，证彼新得，未可谓我中国之无学也。”但中国今日所要创建的新地理学，是所谓“合历史学、政治学、人类学、物理学、心理学，及一切科学、哲学、统计学而为地理学者”②，也就是按照西方地理学理论和方法创建的新地理学。陈氏建议“新地理史”要做到调查贵实、区划贵小、分类贵多、比例贵精等项，注意用近代统计法研究地理，列户口表、宗教表、族类表、学校表、职业表、疾病表、罪人表、儒林表、文明原始表、历代君主表等，以示地理学研究趋向精深。

1901年，张相文分别在上海南洋公学和兰陵出版社出版《初等

① 陈黻宸：《地史原理》，《陈黻宸集》上册，中华书局1995年版，第586页。
② 陈黻宸：《地史原理》，《陈黻宸集》上册，中华书局1995年版，第591页。

地理教科书》和《中等本国地理教科书》。这是中国人编写地理教科书的开始，也是创建中国近代地理学学科体系之开始。张氏《中等地理教科书》，首列地球诸说，继以中国概说及各省，脉络相通，前后相应。屠寄的《中国地理教科书》，先亚洲，次中国，次地文，次人文，次政治，次地方志。凡山川、形势、险要、风俗、物产，大半得之目睹，故言之颇详。马晋羲的《中国地理课本》，“先通说，次地文，次人文，次各省，于形势险要，最为注重，《形势志》门，述有军事地理，亦中国地理诸书中，崎径之特辟者也”①。中国学人在编撰地理教科书时，对近代西方地理学的定义及学科均有了较深认识。谢洪赉说：“地理学者，研究大地一切之学问也。”玉涛认为，地理学“专就地球表面而意各种方面考论其与人事密切关系之一种科学也”②。邹代钧指出：“地理学者，发明人类所居地球表面一切情形之学，详言之，则为区别水陆之位置及气候形势之异同，人与动植矿物播布之学也。”③

不仅如此，对于近代地理学之学科分支，时人也有较准确的把握。谢洪赉认为，地理学可分为三类，“一曰算术地理，论地之形体大小。二曰地文地理（或曰地势学），论水陆山川之位置，气候生物之殊异，及一切天然之事。三曰政治地理，则详郡国人民、土产贸易、户口风俗等。”④ 邹代钧认为，地理学包括：“一曰数理地

① 陈学熙：《中国地理学家派》，《地学杂志》第2年第17号，1911年10月11日。

② 玉涛：《地理学》，《学报》第1年第1号，1907年2月13日。

③ 邹代钧：《京师大学堂中国地理讲义》，转引自郭双林《西潮激荡下的晚清地理学》，北京大学出版社2000年版，第143页。

④ 谢洪赉：《瀛环全志·总论》，商务印书馆1907年刊印本。

理学，此科论地球之形状与天体之关系，及其运动而成四时昼夜之变化，并确定地球表面各地位之方法，谓之天文地理者是也。二曰自然地理学，此科论海陆自然之区别，空气气候并动植矿物之播布者，即今所谓地文地理，此地理中最重要者也。三曰政治地理学，此科论各邦国及各部落之位置境界，居民文野之程度，政体、风俗、宗教、种族、言语之不齐，即所谓人文地理者是也。”①

臧励龢在《新体中国地理》中亦云：“地理学之区分有三大类：一曰天文地理学，二曰地文地理学，三曰人文地理学。天文地理学，又称数理地理学，研究地球之发生构造及位置形状运动区划是也。地文地理学，又称自然地理学，研究地球上陆水气三界之区分，动植矿各物之分布是也。人文地理学，又称政治地理学，研究地球上人类构造之现象，如人为之区划，人类之职业，开化之程度，政治及宗教人种语言之异同也。”② 可见，将近代地理学分为天文地理、地文地理、人文地理，是晚清中国学者的共识。

西方近代地理学，在1903年清政府确立的新学制中得到最后确定。该学制不仅规定地理学及其各门类的具体内容，而且对各科目的、讲解方法和内容做了具体规定，如地理研究范围包括：中国与外国之关系、地理与气候之关系、财政与地理之关系、海陆交通与地理之关系、历史与地理之关系、植物与地理之关系、文化与地理之关系、军政与地理之关系、风俗与地理之关系、工业与地理之关

① 邹代钧：《京师大学堂中国地理讲义》，转引自郭双林《西潮激荡下的晚清地理学》第144页。

② 臧励龢：《新体中国地理》，第1编第2页，商务印书馆1908年版。

系等。这样，作为近代意义上的地理学学科，在清末民初逐渐创建起来。

四、从传统格致学到近代物理学、化学

西方物理学，是中国学术门类中所缺乏的学科，但却是用中国传统术语涵盖时间最长的门类。早在明清之际第一次西学东渐时，外国传教士与晚清学者借用《礼记·大学》上“格物在致知，物格而后知至”，对应西方物理学，因此出现了“格致学”一词。格致学有广义和狭义之分。广义上的格致学，指近代自然科学，而狭义上的格致学则指西方近代物理学。西方物理学传入中国后，中国人在较长时间内是用“格致学”来含括它，而“物理学”一词是在20世纪初从日本翻译而来的。同时，近代格致学包括范围较广，举凡声学、光学、电学、汽学等，均含其内，因此通常称为“格致诸学”。

中国古代不乏对自然科学的研究，但终未能成为一门独立学科。程子曰：“格，致也，言穷至物理也。”又说：“物理须是要穷。若言天地之所以高深，鬼神之所以幽显。若只言天只是高，地只是深，只是已辞，更有甚?”① 元人朱震亨《格致余论》自序：“古人以医为吾儒格物致知之一事，故特以名书。”明人胡文焕的《格致丛书》，清人陈元龙的《格致镜原》，晚清王仁俊的《格致古微》，徐建寅的《格致启蒙》，均用此义。中国学者也使用过“物理”一词，

---

① 程颐：《入关语录》，《河南程氏遗书》卷十五，《二程集》，中华书局1981年版，第157页。

如晋人杨泉撰《物理论》、明人方以智撰《物理小识》，但并非近代意义之物理学，而是泛指一切事物之道理。

中国学者对格致的理解，与西方近代格致学是有很大区别的。刘古愚曰："古之格致，合理数而一之；今之格致，分理数而二之。理外于数，则理遁于虚。虚元之说，清淡之习，皆将杂焉。"① 刘氏重视西方格致实学，力谋创造中国的格致之学——"以伦理为本"之格致学。他说："格物之说，当以身心、国家、天下为大纲，而仍依之为定序。举凡天下之物，有益于身心、家国、天下者，无不精研其理，实为其事，俾家国、天下实获其益，则天下生物以供人用者，皆得显其用。是为物格，是为尽物之性。其赞化育处、耒耜、杼、机、舟、车、弓、矢最要，而西人声、光、化、电之学无不该其中矣。西人驱使无情之水、火、轮船、铁路、电线、汽机、照相、传真，真夺造化之奇。然夺造化而参赞造化也，若无益生人之用，则为奇技淫巧，愈神异，吾中国愈可不格。故中国格物之学，必须以伦理为本，能兼西人而无流弊也。"②

鸦片战争后，西方物理学以"格致学"名目再度被介绍到中国。1855年出版之《博物新编》分3集，第一集含地气论、热论、水质论、光论、电气论等篇。地气论介绍了空气、气机桶、风雨针、寒暑针、风、养（氧）气、淡（氮）气、炭、磺强水、硝强水、盐强水、轻（氢）气球、物质物性等。热论介绍了热的种类、热的产

① 刘古愚：《〈时务斋课稿丛钞〉序》，《烟霞草堂文集》，三秦出版社1994年版，第53页。

② 刘古愚：《〈大学〉"格致"说》，《烟霞草堂文集》，三秦出版社1994年版，第14—15页。

生、热的性能、热的利用、蒸汽机、轮船、火车等原理；水质论介绍水的成分、水的性能、水的化合与分解、浮力、比重、潜水器、却水衣、海水、山水等；光论介绍光源种类、光的性质、光的分解。值得注意的是，物质物性论第一次将物质不灭定律、万有引力定律等西方近代物理学说介绍进中国："夫宇宙之内，由气而化成为物，由物而复化为气，凡物成物败，曾不能灭其质，但目力不及见，人自以为完尽耳。"《博物新论》第三集为《鸟兽略论》，不仅将鸟兽分类论述，如猴论、象论、犀论、虎类论、豹论、犬类、熊罴论、马论、骆驼论、胎生鱼论、鹰类论、五翼禽论和涉水鸟论等，而且介绍了动物分类方法：脊骨之属下分胎生、卵生、鱼类等。

林乐知主编的《中国教会新报》（1868 年 9 月创办，1872 年 8 月 31 日改称《教会新报》），刊载了许多介绍西方"格致诸学"的文章。从第 4 期至 43 期，连载了丁韪良著《格物入门》，并发表《华友评阅丁韪良著〈格物入门〉一书》等相关评论。1871 年 2 月至 4 月，该刊发表艾约瑟的《格致新学提纲》，列举西方近代以来科学技术的重要发现和发明；1873 年 1 月至 1874 年 12 月，该刊连载了英国人韦廉臣的《格物探原》，介绍天文、地理、地质、生物、人体结构等多种方面的知识。此外，益智书会编撰出版了有关格致学的多种教科书，其中最具规模、最有影响者，为傅兰雅编写之《格致须知》和《格物图说》两套丛书。《格物须知》计划编写 10 集，每集 8 种。1890 年，第一、二、三集自然科学类教科书编成出版。第一集包括天文、地理、地志、地学、算法、化学、气学、声学；第二集包括电学、量法、画器、代数、三角、微积、曲线、重学；第三集包括力学、水学、光学、热学、矿学、全体、动物、植物。《格物图说》是教学挂图的配套读物，至1890年，傅兰雅译编出版了天文地理图、全体图、百鸟图、百兽图、百虫图、光学图、化学图、电学图、矿石图、水学图等29种。

晚清时期所谓格致学，包括范围很大，基本上是自然科学的各门类。这一点，不仅可以从格致书院举办之考课上获知，而且可以从当时的报刊上得知。1886年到1887年，在这11年间考课题目非常广泛，包括晚清时期中西学术的各种知识：一是论国策，涉及政治、文化、教育、法律、军事、外交等方面的方针政策；二是经济开发，如铁路、邮政、矿藏、蚕丝、金融管理、银行等；三是格致之学，分为天文历学、气象、物理、化学、医学、测量、地学等类。

徐寿等人编撰的《格致汇编》，所刊内容大致分为4类：一是格致专著、专论，如《格致略论》，有301款（条），每款讲一个问题，包括天文、地理、物理、化学、动物、植物、人体生理和心理学等方面的自然科学基础知识；二是格致杂说，摘译西方新知识、新工艺、新消息；三是互相问答，回答读者提出的有关科技方面的各种问题；四是算术奇题，提出许多有趣的疑难算术题，启发读者思考，内容涉及西方近代天文、数学、化学、动植物学、地理学、水力学、潮汐、医学、药物学、生理学、电学和机械学等，甚至连蒸汽机、炮船、开矿、纺织、制糖、制陶、造砖、造玻璃、制皮革、造啤酒、汽水、火车、铁路、农业机器、炼钢铁、造水泥、造桥梁、印刷机、幻灯机、电灯、电报、电话和制图等方面知识也一起介绍。

1898年创刊的《格致新报》更是系统介绍近代科学的重要阵

地。朱开甲在《格致新报缘起》中说："格致二字，包括甚宏，浅之在日用饮食之间，深之实富国强兵之本，谓余不信，请历陈之。一曰性理，探道之大原，辨理之真伪者也；一曰治术，论公法律例，条约税则者也；一曰象数，究恒星天文、测量制造者也；一曰形性，分为四项：声光气电水热力重诸事，隶于物性；金银木炭鸟兽血肉诸事，隶于物理；质点凝动变化分合诸事，隶于化学；药性病状人体骨架诸事，隶于医学。至史传地志，户口风俗，足以见世故之得失，政教之成败者，另归纪事一门。条分缕析，包举靡遗。"① 姜颛在《格致初桄序》中也说：此处所谓的"格致"，包括"动物学、植物学、矿学、化学、形性学、知觉学"②。因此，格致学在晚清时期是比较宽泛的概念，除了力、热、光、电等近代物理学分支学科外，还包括生物学、物理学、化学、地理学、地质学等自然科学及工艺技术的内容。

据统计，到 1902 年，翻译到中国的纯属西方近代物理学的西书达 50 种之多，包括力学、重学、光学、电学、气学、火学等分支科目。重学、力学类西书有 9 种，包括艾约瑟与李善兰合译的《重学》，傅兰雅著《重学须知》《力学须知》《重学图说》《重学器》，伟烈亚力译的《重学浅说》，丁韪良著《力学入门》《力学测算》等。电学类有 9 种，包括丁韪良著《电学入门》《电学测算》，傅兰雅著《电学须知》，傅所译《电学》《电学纲目》《电学图说》等。

① 朱开甲：《格致新报缘起》，《格致新报》第 1 册，光绪二十四年（1898 年）二月廿一日。

② 姜颛：《格致初桄序》，《格致新报》第 1 册，光绪二十四年（1898 年）二月廿一日。

声学类有傅兰雅著《声学须知》，丁韪良著《声音学测算》，傅兰雅译《声学》，赫士译《声学揭要》等5种。光学则有傅兰雅著译的《光学须知》《光学图说》《量光力器图说》，丁韪良著译的《光学测算》《光学入门》，金楷理译的《光学》，赫士译《光学揭要》等10种。气学则包括傅兰雅译《气学须知》《气学丛谈》《气学器》，丁韪良的《气学入门》《气学测算》等6种。水学包括有傅兰雅的《水学图说》《水学须知》《水学器》及丁韪良的《水学入门》《水学测算》等6种。火学则包括傅兰雅的《热学须知》《热学图说》，丁韪良的《火学入门》《火学测算》等5种。这样，西方近代物理学的各门类，如重学、水学、热学、声学、光学、磁学等均介绍到中国。①

晚清时期翻译的格致学书籍多为通俗性读物，体现了普及西方科学知识之译书趣旨。戊戌时期所译著的23种物理学书籍，按性质可为学术、应用、通俗读物和教科书4类。学术类只有1种，应用类仅为2种，而通俗读物类竟有11种，同属普及读物的教科书为9种。如果把这两种通俗类书籍合计在一起，那么，当时投向社会以期发挥启蒙作用的物理学译著就占85%以上。② 这些普及性读物，对晚清中国学者产生了相当大的影响。关于这一点，从孙宝瑄研读《重学须知》一书可窥一斑："览《重学须知》毕，知机器诸动力之所以然。其大要：运他力以助力、增力。其所用之器有六：曰杆、曰轮、曰滑车、曰斜面、曰劈、曰螺旋。又云重学与化学不同，重

① 徐维则辑，顾燮光补：《增版东西学书录》1902年刊印本。

② 李恩民：《戊戌时期科学书籍的编译及其特点》，《中州学刊》1989年第6期。

力加于体质，只能使之移动，变其形状，改其方位，而不能令本质变化。若化学，则能化本体之质，能改换物之形性。”① 正是从这些通俗性西学书籍中，人们受到了近代自然科学的最初洗礼。

19 世纪末，从日本传入之“物理学”一词，逐渐取代了“格致学”一词。1899 年 12 月，宋恕在介绍日本学校制度时，开始使用“物理学”一词：“物理学即我国所谓格致，在日本为全国男女普通学，不为高等之学，而我国以此为西学之极品，可笑甚矣！然物理学亦有深者，非我国号称格致者所能梦见。”② 他尖锐批评说：“按我国译人用‘格致’二字，既背古训，且谬朱谊，远不如日人用‘物理’二字之为雅切。按今日本于大学立理学一科，用课声、光、电、天、地、动、植诸学，‘理’字深合字谊。而我国虽名士犹多习于洛、闽以性为理之谬说，反斥其用字不妥者，可慨甚矣！按声、光、电所谓‘三轻’，为自性物；化必待分合，为非自性物。我国常语称‘声、光、化、电’，不类。”③

1900 年，日本藤田丰八把饭盛挺造编著的《物理学》，由王季烈翻译，在江南制造局刊印。该书确立了诸如“物理学”“物理实验”等词汇，为清末学界广泛采用。1901 年 7 月，蔡元培等人拟设绍兴二级学堂时，课程中有物理学，其内容“以《西学启蒙》中之生理学、地质学、动植物学、化学为课本，略购仪器”④。此处物理学，是广义之格致学，非狭义之物理学。1903 年，京师大学堂译书

---

① 孙宝瑄：《忘山庐日记》（上），上海古籍出版社 1983 年版，第 101 页。
② 宋恕：《与孙仲恺书》，《宋恕集》下册，中华书局 1993 年版，第 694 页。
③ 宋恕：《〈周礼政要〉读后》，《宋恕集》上册，中华书局 1993 年版，第 609 页。
④ 高叔平：《蔡元培年谱长编》第 1 卷，人民教育出版社 1999 年版，第 210 页。

局翻译之物理教科书，有《小物理学》《物理学》《气学》《热学》《光学》等。可见，到20世纪初，格致学逐渐被从日本翻译来之新名词——物理学所代替。

化学是令近代中国学者特别感兴趣之西方学术门类。但近代化学并不出自中国，而是从西方传入的。化学一词，是从英文Chemistry翻译而来，但英文中Chemistry一字，实由希腊字Khemia转来，而Khemia一字，乃希腊文中埃及之古国名，系指该国土地为黑色而言，意为埃及学或神秘学之意，最初是指埃及的炼丹术。因此，近代化学是从欧洲中世纪之炼丹术演化而来。

中国古代虽有化学工艺，道家也注重炼丹术，但并没有发展为近代化学。这门学科1789年始创于西欧，鸦片战争后作为格致学之一种被介绍到中国来。1855年出版之《博物新编》谈到空气的组成，氧（养气、生气），氢（轻气、水母气），氮（淡气），一氧化碳（炭气），硫酸（磺强水、火磺油），硝酸（硝强水、火硝油）及盐酸（盐强水）的性质和制法，也有物质三态、磷光及电解现象等。这是目前所知道的最早对近代西方化学进行之介绍。1856年，英国人韦廉臣《格物探原》曰："读化学一书，可悉其事。"① 这是晚清时期最早使用"化学"一词。1857年10月发行之《六合丛谈》，伟烈亚力多次提到"化学"一词。其云："化学中之变化，俱能生热。"又曰："一论化学，言新得一物，其宝贵如金刚石。金刚石有二物同质，而皆寻常物也。"还说："按化学之力于重学之力不

① 韦廉臣：《格物探原》卷三，1880年赵庄庚辰活字板本。

同，能强加于他物者，谓重学之力，二者是以别之。”他解释云：“一方面论物质之性质，一方面论其变化：则质学（或物质学）与‘化学’两种译名，均系译意，且系各注重其一方面，其恰当之程度亦约略相等，颇为明显。惟‘化学’现为习见之名词、则一般读者，未免觉其甚惯耳。”① “化”在汉语中指“变化”，如庄子曰：“北冥有鱼，其名为鲲……化而为鸟，其名为鹏。”② 因此，把 Chemistry 按含义译为“化学”，是比较恰当的。

由于化学与兵工制造关系密切，故洋务时期中国学者重视对西方化学之介绍。1867 年，丁韪良撰写《格物入门》，其第六卷为《化学入门》，专门介绍近代西方化学知识。1870 年，嘉约翰口译、何瞭然笔述之《化学初阶》出版，成为近代中国第一部化学教科书。何氏在《凡例》中介绍曰：“余少游西医合信之门，既卒业，旁及数理、几何、光、热、电、重、植物诸学，然化学之为化，未之穷也。己巳（1869 年）春，美国嘉医师讲学于广州，余得以日坐春风，备聆诸理，因请略为翻译，俾同学有所持循，先生欣然，特为授馆，自以口译，命余笔传。”③

1873 年，法国传教士、同文馆化学教习毕利干翻译之《化学指南》（10 卷，16 册）出版，这是近代化学传入中国之重要译著，毕尔干也因此书之翻译被尊为“中国近代化学之父”。其另一译著《化学阐原》（15 卷，19 册）序言云：“是书为分求矿类而设……阐

① 伟烈亚力：《英格兰大公会会议》，《六合丛谈》1857 年第 11 号，上海墨海书馆活字本。

② 《庄子·逍遥游》，《诸子集成》刊印本，上海书店 1986 年版。

③ 嘉约翰口译，何瞭然笔述：《化学初阶》，1873 年重刊本。

矿类之原，是书与《化学指南》参观（互相参考），盖《指南》讲配合各质之法，而《阐原》指分析各质之法。《指南》为入门之书，而《阐原》为深造之学也。”故《化学指南》与《化学阐原》在内容上是互相衔接的。

1868 年江南制造局翻译馆成立后，徐寿与傅兰雅合作，翻译了《化学鉴原》《化学鉴原补编》《化学鉴原续编》《化学考质》《化学求数》《物体遇热改易记》《化学分原》等 7 部化学名著，比较系统地引进了西欧近代化学之各分支：无机化学、有机化学、定性分析化学、定量分析化学、物理化学以及化学实验、仪器操作使用等。《化学鉴原》在介绍了无机化学中的定比定律、物质不灭定律、道尔顿原子论等基本原理以及原子、分子、化合物、单质、元素、金属、非金属等基本概念后，重点阐述了 64 种元素之存在、性质、用途、重要化合物、制备方法及发现史，并编译中国近代化学译著中第一张《中西名元素对照表》。《化学鉴原续编》则是中国第一部有机化学教材，主要介绍有机化合物的性质，有机物的分馏法、蒸馏法以有机分析方法。

1876 年 2 月，徐寿和傅兰雅创办《格致汇编》，主要介绍西方近代科技知识。由于徐寿擅长化学，傅兰雅也重视化学，所以介绍近代西方化学、化工之文章竟达 70 多篇，并长篇连载了许多化学专著，如《格致略论》《化学卫生论》《格致释器》等。《化学卫生论》又名《日用化学》，英国化学家真司腾原著，傅兰雅译，栾学谦述，初载于 1880 年的《格致汇编》，后傅、栾对原书重新修订，于 1890 年再版。该书共 33 章，主要是从化学角度，研究呼吸、饮食、抽烟等事与人体健康的关系。它不仅详细论述了人的生命与食物营养和所处环境的关系，而且讨论了呼吸的空气、饮用的水、种植物的土壤以及人所食之粮食五谷等与人体的关系，并对工业发展造成的环境污染也有涉及。傅兰雅在再版序言中说："近之侈谈格致者，动曰机器之巧人所宜知，化学之精人所宜明，声热光电之奥人当讲求，地矿金石之益人当讨论，殊不知此皆身外之学，犹其末也。而寻常日用之端，无非大道，居处饮食之事，要有至理，由其道则人强而寿，违乎理则人弱而夭，于此诸事，知所趋避，即所谓卫生之道矣。惟卫生之理，非由积习俗见、人云亦云，非藉忆度虚拟、我是则是，要本确凿之据，出乎自然，取诸造化之奇，合乎天性，则卫生之理始信而不虚矣。欲如斯者非出自化学不可。"① 这揭示了研究化学与人的健康之间的关系。

此外，林乐知还翻译了英国学者罗斯古之《化学启蒙》，艾约瑟译《化学启蒙》，傅兰雅编著《化学须知》《化学易知》《化学材料中西名目表》《化学器》等。据统计，到 1902 年，翻译到中国的西方近代化学书籍有 23 种。尽管这些书籍多为介绍性质，谈不上高深的研究，但正是通过它们，西方近代化学始为国人知晓并接受。

五、植物学、生理学等学科的引入

中国古代学者也有对植物之研究，并写出了像《本草纲目》这样杰出的有关植物之著作。但中国学者多以识别植物种类、明其实

---

① 傅兰雅：《重刻〈化学卫生论〉叙》，《化学卫生论》卷首，格致书室 1890 年刊印本。

用价值为宗旨，与近代意义上之植物学有较大区别。1859 年，由韦廉臣、艾约翰与李善兰合作翻译，英国植物学家林德利所著的《植物学基础》一书，由墨海书馆刊印，改名为《植物学》。这是中国近代第一部介绍西方近代植物学的著作。此书的翻译，对中国近代植物学的形成产生重大影响。据《东西学书录》载，到 1902 年，介绍到中国的西方动植物学书籍有：厚美安著《活物学》，傅兰雅著《植物须知》《动物须知》《植物图说》《西国名菜佳花论》《禽鸟简要编》《兽有百种论》《虫学论略》，傅兰雅译《植物学》，艾约瑟与韦廉臣合著《植物学》，艾约瑟译《动物学启蒙》等 19 种。厚美安著《活物学》是一步初学者的入门书，共 8 章，将植物分为单株、众株、上长、内长、外长 5 类，提出了动植物间“大同小异”的观点。1903 年以后，从日本输入之译著，主要有《中等植物教科书》《植物教科书》《普通植物学教科书》等。其中樊炳清译、松村任三著《中等植物教科书》和亚泉学馆译《普通植物学教科书》，是李善兰译《植物学》以来最为完备的植物学译著，在清末影响很大。

生理学是近代西方很重要的一门科学。早在明清之际，耶稣会传教士邓玉函在《泰西人生说概》中对于人体结构已加以介绍，在当时中国医学界产生了一定影响。1851 年，英国人合信出版了中国近代第一部系统介绍西方人体解剖学著作——《全体新论》。全书分 3 卷，第一卷是身体略论、全身骨体论、面骨论、脊骨肋骨论、手骨论、足骨论、肌肉功用论、脑为全体之主论；第二卷为眼官部位论、眼官妙用论、耳官妙用论、手鼻口官论、脏腑功用论、胃经、小肠经、大肠经、肝经、胆论等；第三卷为心经、血脉管回血管论、血脉运行论、血论、肺经、肺经呼吸论、人身真火论、内肾经、膀胱论、溺论、全体脂液论、外肾经、胎论、胎盘论、乳论、月水论等。《全体新论》将人体的主要器官和系统，包括运动系统、消化系统、呼吸系统、循环系统、泌尿系统、内分泌系统、神经系统和生殖系统，均作了介绍。这样，西方近代医学及生理学，最初便以“全体学”名义传入中国。

在西方近代生理学、卫生学介绍方面，傅兰雅做出了突出贡献。他翻译出版的《化学卫生论》《居宅卫生论》《延年益寿论》《孩童卫生编》《幼童卫生编》《初学卫生编》和《治心免病法》等书，对中国人了解西方近代生理学起了很大影响。栾学谦说明翻译《化学卫生论》之意图时云：“此书之作，所以辟人之聪明，示人以利害，所裨诚非鲜矣。即其中土物人情不无小异，而引申之亦不在远。”① 时人评论该书曰：“所发明者，日用饮食之理，修学治家，无不宜读。文笔清晰，图画精良，犹其余事。”② 傅兰雅独自译编之《居宅卫生论》，论述了居住环境、房屋结构与人体健康的关系，包括居室地址的选择、室内通风要求、取暖装置、用水要求、城镇垃圾的清理、厕所的设置。书中介绍了西方室内的自来水厕和槽形厕，从构造图形上看，类似于抽水马桶。时人评论，此书“论造屋之宜，通风之理，泄污之法，俱甚详备，居家者不可不读。图亦清

① 琴隐词人：《序》，《化学卫生论》卷首，格致书室 1890 年刊印本。

② 《中国学塾会书目》，美华书馆 1903 年刊印本，第 4 页。

晰”①。

傅兰雅译之《延年益寿论》系英国伦敦名医爱凡司所著，初载于《格致汇编》，1892 年出版单行本，内容以免疫为主，延年为宗，论述人衰老之原因，饮食与寿命之关系，从营养学角度说明什么样的食物结构才是适当的。时人赞此书云：“所论平实可听，亦西人养生之要书。”《孩童卫生编》《幼童卫生编》原属美国戒酒卫生学丛书，傅兰雅将其译出时，均结合中国实际情况，增加了关于鸦片和缠足危害健康之内容。他说明增加这些内容之理由时云：“夫卫生之学，一在保养身体，康健以延年；一在审察风俗，祛弊而远害。考西国之害，饮酒为最；中华之害，鸦片为烈。西国之俗，女尚扎腰，中华之俗，女尚裹足，皆非卫生之道，大违上天生人之本心。何则？盖酒与鸦片，天生毒物，害人实深。如中外各国，能忽灭绝其种，则生民苦患，可十去八九矣。故卫生学内，不可不指陈其弊，痛言其恶，谆谆劝戒，不妨言之复言。凡属国家，应严加禁除，以免其累。凡属父母，应训戒子女，以远其毒。至于扎腰裹足，为害虽轻，然伤残身体，人易病弱，国难强盛，日久害深，大非苍生之福。今中华学塾，尚未教授此种卫生之学，甚觉可惜。故特译此书，以为养蒙之先导。”②

傅兰雅的《延年益寿论》及《居宅卫生论》等书，受到晚清中国学者的关注和称赞。1896 年 10 月，宋恕在致友人之书信中赞曰：“此二书卷帙虽不多，译笔虽不甚雅驯，然极切于用，又有许多新

---

① 《中国学塾会书目》，美华书馆 1903 年刊印本，第 9 页。

② 傅兰雅：《序》，《孩童卫生编》卷首，格致书室 1893 年刊印本。

理，为中国数千年来所未曾有，实世间第一等好书也。”①

傅兰雅翻译的《治心免病法》也同样在当时的学术界产生了较大影响。傅氏指出，人生分为人体和人心况两方面，人之生病，病根在心，因此，治病要义治心为本。该书用当时西方学术界流行之“以太说”解释治病原理：“近泰西考知万物内必有一种流质，谓之以太，无论最远之恒星，中间并非真空，必有此以太满之，即地上空气质点之中，亦有此以太，即玻璃罩内用抽气筒尽其气，亦仍有之，盖无处无之，无法去之。如无此以太，则太阳与恒星等光，不能通至地面。……空气传声，以太传思念，同一理。不问路之远近，与五官能否知觉之事物，凡此人发一思念，则感动以太，传于别人之心，令亦有此思念。一遇同心，则彼此思念和合；如遇相反，则厌之而退。虽不觉思念有形声，然实能感通人心……人心思念，既可令身生病，又可令身治病，其理法颇似用电。”②

宋恕向晚清大儒俞樾推荐该书，并劝他对译文再做润色：“别后得异书一种，曰《治心免病法》（可向格致书室买），美人乌特亨利所著，英人傅兰雅所译，为白种极新心性学家之论，微妙不可思议，直是《楞严外传》，案头不可不置一部。但恨笔者词不达意，不能以名言述精理。如得房君修润，则此书之幸，亦黄种之幸也，非子孰任，岂有暇乎？”③ 1898 年出版的《中西普通书目表》，认为《治心免病法》立意良善，道理深刻：“此书专教人培养心术，非特

① 宋恕：《致孙仲恺书》，《宋恕集》下册，中华书局 1993 年版，第 689—690 页。
② 傅兰雅：《治心免病法》上卷，益智书会 1896 年刊印本，第 13 页。
③ 宋恕：《与俞恪士书》，《宋恕集》上册，中华书局 1993 年版，第 559 页。

空言其理，且显证其法。其精确处实非古人所已道过。周、程复生，不能不为之心折。夫形上为道，形下为器，近儒皆谓泰西明于形下，昧于形上，读此书，当自慧失言也。此书文笔宜再加润饰，因尚有未达处也。”① 徐维则等编撰之《东西学书录》亦评论该书说：“所言之理，与寻常西医书截然不同。其分无形之格致为三级，一为心灵变化层，二为神灵变化层，三位性始层，分析甚清，惟其于治心之要，未能明确其理。”②

据统计，到1902年，“全体学”方面之西书有14种，其中较著名者有艾约瑟译《身体启蒙》，傅兰雅之《全体须知》《人与微生物争战记》，柯为良之《全体阐微》以及英国人德贞著《全体通考》等，西方近代生理学、卫生学等学术门类，逐渐被介绍到中国。

中国古代有“心理思想”，而无心理学。陶潜诗曰“养色含精气，粲然有心理”中所谓的“心理”，与近代意义上的“心理”含义基本相同。刘勰《文心雕龙·情采》曰：“是以联辞结采，将欲明经理；采滥辞诡，则心理愈翳。”王廷相《慎言·潜心篇》云：“心理贵涵蓄，久之可以会通。”这里所谓“心理”，也类似于近代意义之“心理”一词。

中国古籍中虽有“心理”，但尚未发现“心理学”一词。近代心理学是19世纪中期在德国创建的。1879年，德国哲学家冯特在出版《生理心理学纲要》后，接着在莱比锡大学建立了世界上第一个心理

① 黄庆澄：《中西普通书目表》，1898年木刻本，第11页。

② 徐维则辑，顾燮光补：《增版东西学书录·医学第二十三》，光绪二十八年刊印本。

学实验室，将自然科学之实验方法运用于心理学研究，使心理学成为一门独立的实验科学。近代心理学在西方创建后不久，便开始传入中国。1889 年，颜永京翻译出版了美国学者约瑟·海文的著作《心理哲学：包括智、情、意》一书。因该著开头讲“人为万物之灵”和“人有心灵”，故颜氏将该书译称《心灵学》。

该书作者海文是美国心理学家，先后在阿姆赫斯特学院和芝加哥神学院任教，原著书名 *Mental Philosophy*，初版于 1857 年。颜永京所译为原书的上半部，内容包括论心灵学的重要性、论内悟（意识）、论专意（注意）、论专想（概念）、思索（思维）、汇归（综合）、分覆（分析）等。这是近代中国翻译的第一部西方心理学著作，许多译名都是颜永京创造的。晚清学者孙宝瑄在 1897 年曾反复阅读此书，认为通过此书，可以看出西方格致家治学已从事于心性之学，这是抓住了学问之根本，并认为书中所述人心之运用，大要不外思、悟、辨别、记、志、感等类，“其言精密”，“语为我国人所未经道”。①

“心理学”一词，最早是日本近代学者西周创译的。1875 年，西周在翻译出版奚般氏的《心理学》中，使用了“哲学”和“心理学”两词。日本心理学界公认“心理学”一词是西周从性理学改译而来的。大约在 1896 年前后，中国开始直接从日本借用心理学这一名称。1902 年日本久保田贞著的《心理教育学》在中国出版，1903 年又出版日本大濑甚太郎和立柄教俊著《心理学教科书》。此后，

① 孙宝瑄：《忘山庐日记》上册，第 98 页，上海古籍出版社 1983 年版。

“心理学”一词在中国通行起来。故“心理学”一词实则由日本引入的。

到19世纪末，西方近代心理学开始为中国学者注意，如谭嗣同在《仁学》中说：“格致即不精，而不可不知天文、地舆、全体、心灵四学，盖群学群教之门径在是矣。”① 心理学作为近代哲学的重要辅助科目，在清末创办的新式大学堂中列为重要讲授课程而得到确认。随着新式学堂的设立，心理学课程逐步在大学、师范学校中开设。如日本服部宇之吉担任京师大学堂师范馆心理学教习，并于1901年印行《京师大学堂心理学讲义》。1902年，王国维翻译了日本元良勇次郎著《心理学》，1907年又翻译出版了丹麦海甫定著《心理学概论》。1910年，王国维翻译、美国禄尔克著《教育心理学》出版。1906年，江苏师范编写了中国第一部《心理学》教材。据统计，到1902年，传入中国之西方心理学著作，主要有傅兰雅著《人秉双性说》，美国人海文著、颜永京译《心灵学》，慕维廉著《知识五门》，丁韪良著《性学举隅》等4种，而到1911年，国内出版的有关心理学译著达30余种。

六、格致学学科体系的形成

1877年，在华基督教传教士组织“学校教科书委员会”（也称“益智书会”），决定编写初、高级两套教材。初级由傅兰雅主编，高级由林乐知负责，其具体内容包括：直观教学用具，简单的和高

---

① 谭嗣同：《仁学·仁学界说》，《谭嗣同全集》（增订本），第293页，中华书局1981年版。

级的各一套；初二、三年级发蒙课本；算术、几何、代数、测量学、博物学和天文学课本；地质学、矿物学、化学、植物学、动物学、解剖学和生理学课本；自然地理学、政治和描述地理学、犹太地理和自然史课本；古代史、现代史概要、中国史、英国史、美国史课本；西方工业技术课本；语言学、语法学、逻辑学、精神哲学、道德哲学和政治经济学课本；声乐、器乐、绘画；教学地图、动植物学教学挂图各一套。到 1890 年，该书会编撰了 50 种书籍，并审定合乎学校使用之书 48 种，计 98 种。其中算学类 8 种，科学类 45 种，历史类 4 种，地理类 9 种，道学类（包括哲学和宗教）19 种，读本类 1 种，其他 12 种。这些教科书主要涉及数学、天文、测量、地质、化学、动植物、历史、地理、语文、音乐等科目。①

大致说来，到 19 世纪 90 年代，中国学人所了解的西方近代学术门类，主要有天文学、算学、重学、天学、地学（地质学）、地理、矿学、化学、电学、光学、热学、水学、气学、医学、画学、植物学、动物学等，也就是后来的数学、物理学、化学、天文学、地质学、地理学、医学等学科。

通过翻译西书，中国学者接触并接受了西方近代学术分科观念和分科原则，也逐渐知晓了西方近代学术分科门类。但西方近代学术门类能否在中国形成，不仅要看这些门类的西书流传情况，更重要的还要看两方面情况：一是中国学者理解、接受的程度，是否认

---

① 王树槐：《基督教教育会及其出版事业》，陈学恂主编《中国近代教育史教学参考资料》下册，人民教育出版社 1987 年版，第 103—105 页。(《“中央研究院”近代史研究所集刊》第 2 期，第 371—372 页，1971 年 6 月。)

同这些学术门类，并仿效而力图建立中国近代意义的学术门类；二是中国学者认同西方学术门类以后，是否开始为设置这些新的学术科目和学术门类而努力。前者表明中国人在接受西学后是否有所心得并创新，后者则表现为是否在学堂中设置新学科和新课程。只有当这两方面都完成时，中国现代学术门类才谈得上建立起来。

对于这些西方学科和学术门类，中国学者不仅认同，而且努力仿效，通过变革科举、改革书院课程、兴办西方式的新式学堂等手段，尝试将西方这一套近代分科性质的学术门类“移植”到中国。关于这一点，只要分析王韬、郑观应等人的一些论述，就可以明显地看出。王韬在1883年所作的《变法自强》中说：“至所以考试者，曰经学、曰史学、曰掌故之学、曰词章之学、曰舆图、曰格致、曰天算、曰律例、曰辩论时事、曰直言极谏，凡区十科，不论何途以进，皆得取之为士，试之以官。”① 艺学类主要包括舆图之学、格致之学、天算之学和律例之学等4科，基本属于近代西方学术门类。在1884年所作的《考试》一文中，郑观应提出应该“遴选精通泰西之天文、地理、农政、船政、算化、格致、医学之类，及各国舆图、语言、文字、政事、律例者数人为之教习”②。这就是说，中国当时所要采纳之“西学”，就是指：西方的天文、地理、农政、船政、算化、格致、医学以及各国舆图、言语、文字、政事、律例等科目。

---

① 王韬：《变法自强中》，《戊戌变法》（一），上海人民出版社1961年版，第139页。

② 郑观应：《盛世危言·考试上》，《郑观应集》上册，上海人民出版社1988年版，第295页。

从鸦片战争到到甲午战争的50余年间，传入中国的西方自然科学的各门类（如数学、物理学、化学、地质学、天文学、动植物学等），不仅已经为中国学者接受，而且也为新式学堂接受，新式学堂努力仿照西方分科原则“移植”西方学术门类，这可以从当时创办的新式学堂的学科设置和课程安排上略窥一斑。1862年，清政府在京师创办同文馆。1876年，总教习丁韪良按照西方“分科立学”原则，制定了新的课程表。这些课程，包括外国语言文字（认字写字、浅解辞句、讲解浅书、练习文法、翻译条子、翻译选编、练习译书等），算学（数学启蒙、代数学、《几何原本》、平三角弧三角、微分积分等），天文测算，格致学，化学，公法与富国策，地理学，金石矿物学等。这些课程，大致分属这样几个学科：数学，天文学，化学，格致学，地理学，经济学等。其中，格致学和数学分类更细，格致学分为7门，即力学、水学、声学、气学、火学、光学、电学等，动植物学也归此类；数学则包括代数、几何、三角、微积分等分支门类。徐寿与英国人傅兰雅在上海创立的格致书院，其课程设置是以讲授西方的科学技术为主：一是格致诸学，如化学、矿学及“格致学理”；二是工艺制造之术。

在西方近代学术门类输入过程中，中国学者通过对西方学术的介绍和研习，逐渐有了研究心得。据1902年徐维则等人编著的《增版东西学书录》记载，中国人撰著的西学书籍，涉及格致总学（即自然科学概论）、算学、格致诸学（重学、电学、化学、声学、光学）、天学、地学、生理学（全体学）、医学、图学和理学（即哲学）等方面，而真正有研究心得者，主要集中在中国固有的算学、天文学和舆地学方面。

算学类，有华衡芳著《西算初阶》《算法须知》《开方别术》《诸乘方别式》《配数算法》《积较数》《积较客难》《数根术解》《平三角测量法》《学算笔谈》《算草丛存》等，有李善兰的《截球解义》《对数探原》《考数根法》《弧矢启秘》《方圆阐幽》《测圆海镜图表》《椭圆正术解》《椭圆新术》等，有黄庆澄的《几何浅释》，冯桂芬的《西算新法直解》等。据统计，到 1902 年，徐维则等撰《增版东西学书录》共收录了数学著作达 299 种，其中多为晚清中国数学家所著。内容涉及笔算、口算、代数、几何、三角、八线、圆周、微积分等近代数学的各方面。这说明中国学者对传入的西方数学的领悟和理解，已经到了很深的地步，出现了如李善兰、华衡芳这样的数学大家。

在天文学方面，中国学者的撰述较多，收录了 143 部中国学者撰写的天文学著作。其中有王韬的《西学图说》、冯桂芬的《咸丰元年中星表》、冯征的《读谈天》《历学杂识》、李善兰的《天算或问》、贾步纬的《交食引蒙》《恒星图表》、郑伯奇的《赤道南北恒星图》、张作楠的《交食细草》《新测中星图表》《新测恒星图表》，以及同文馆编印的《中西合历》《天文略论》等。内容涉及地球、恒星、日食、历法等方面。此外，地理学方面，中国学者的著述也颇为可观，计有 73 种。①

而在格致诸学、医学、地质学等方面，中国学者撰写的著作远

① 徐维则辑，顾燮光补：《增版东西学书录》，光绪二十八年刊印本。

没有数学、天文、地理学方面丰富。除了直接翻译西方物理学的中国学者外，一般的中国学者尚没有多少研究心得，即使是像张福禧、郑伯奇等撰写的著作（如张福禧著《光论》、郑伯奇著《格术补》、王平纂《电气问答》，以及《电学源流》《电学问答》等），也以介绍为主，还谈不上有多少新见解和新发明。这也从一个侧面反映了中国近代“格致学”落后的现实，揭示了这些刚刚从西方“移植”而来的格致诸学发展缓慢的情景。

应该看到，无论是西方传教士与中国学者合作翻译的西书，还是中国学者自己独立撰写的介绍和研习西方近代学术的书籍，都是非常肤浅的。传入中国之西学书籍，除了少数包涵高深的西方学术知识外，大多数属于概论、须知、入门性质的科普读物。这些科普性质的入门读物，尽管将西方“分科立学”的观念及西方当时的自然科学各门类介绍到了中国，并且中国学者也开始仿照西方模式创建中国近代意义上的学科，但并没有形成成形的学科体系及所属科目。同时，无论是学科之知识内容还是形式，都是从西方移植而来的。不仅西方各科书籍是外国传教士主持翻译的，而且新式学堂的学科设置和课程安排也是外国学者制定的。从教习到教科书，都是西方式的，是从西方“移植”来的。所以，中国学者对这些传入中国的西方学科还缺乏必要的整合。最先“移植”到中国学术界并为中国学人注意并接受者，是西方自然科学各学科门类，作为西方近代学术体系中之社会科学各学术门类，在甲午之前基本上还没有输入，连像自然科学各学科这样的“移植”也谈不上。

如果说戊戌以前中国主要是效仿西方、从西方直接“移植”近代各种学术门类的话，那么，到戊戌以后，中国主要是通过日本渠道，“移植”日本的西学体系，将已经传入日本并逐步日本化的西方各种学术门类间接地“移植”到中国。日本版西书的大规模传入，涉及的面很广，内容也远比以前深入。

表15 20世纪初期译书科目及语种（1902—1904年）

语种和国别									
科　目	英	美	法	德	俄	日	其他和不详	总数	百分比
哲　学	9	2	—	1	—	21	1	34	6.5
宗　教	1	—	—	—	—	2	—	3	0.6
文　学	8	3	2	—	2	4	7	26	4.8
史　地	8	10	3	—	—	90	17	128	24.0
社会科学	13	3	3	7	2	83	25	136	25.5
自然科学	10	9	5	—	—	73	15	112	21.0
应用科学	3	3	3	14	—	24	9	56	10.5
杂　录	5	2	1	2	—	24	4	38	7.1
总计	57	32	17	24	4	321	78	533	
百分比	10.7	6.1	3.2	4.5	0.7	60.2	14.6		100

资料来源：顾锡广：《译书经眼录》（杭州，1935）2册；［美］钱存训《近世译书对中国现代化的影响》，《文献》1986年第2期。

1900年，杜亚泉在上海创办《亚泉杂志》，通过日本渠道介绍西方自然科学各学科门类，并先后出版了《日本理学书目》《化学定性分析》《化学原质新表》《化学周期律》等书。1901年成立于上海的教育世界出版社，翻译出版了日本人藤井健次郎之《近世博物教科书》、松井任三与斋田功太郎合著之《中等植物教科书》、大幸勇吉的《近世化学教科书》、五岛清太郎的《普通动物学》、木村骏吉的《新编小物理学》等在20世纪初影响很大的教科书，对中国近代物理、化学、动物学、植物学等学科体系的建立起了较大作用。

1903年，范迪吉翻译出版了一套包含百种书籍之《普通百科全书》。这套全书，主要从日本中学教科书和大专程度参考书编译而来，内容涉及社会科学各学科及数学、物理、化学、植物学、地质学、星学、矿物学、地理学、生理学等自然科学各学科。例如，数学有富山房出版的《数理问答》《初等算术新书》《初等代数学新书》《初等几何学新书》，物理学有富山房出版的《物理学问答》，化学有富山房出版的《化学问答》、井上正贺著《日用化学》、内藤游等著《分析化学》等，动植物学则有富山房出版的《动物学问答》《植物学问答》《植物学新书》等，地质学和矿物学则有佐藤传藏著《地质学》、富山房出版的《矿物学问答》《矿物学新书》等。

日本近代自然科学著作的大规模翻译，对中国近代意义上之学科形成与奠立起了非常重要的影响。这主要表现为：一是近代各学科如数学、化学等知识得到了更新和深入；二是增加了一些过去注意不够的学科门类，如心理学、地质学等；三是各学科开始进行整合，如格致学逐渐为物理学取代，并将声学、电学、光学、汽学等归并到物理学的名称之下。

在西方“格致诸学”输入并移植过程中，“科学”及其包含的一套近代自然科学知识系统逐步为中国学人知晓，并在20世纪初逐渐取代格致学而流行起来。严复在1897年开始翻译之《原富》中，已经把“格致”与“科学”并用。1898年春康有为编撰的《日本书目志》的“理学门”中，列有《科学入门》《科学之原理》两书，直接将日文汉字变为中文“科学”，正式使用了“科学”一词。除康有为、严复外，梁启超、蔡元培、鲁迅等都用过“科学”一词，含义涉及新学、一切学科、自然科学三个层面。“科学”一词逐渐取代“格致”一词而在中国学术界流行。民国初年商务印书馆出版之《辞源》云：“以一定之对象为研究之范围，而于其间求统一确实之知识者，谓之科学。”这个定义，与近代意义上之“学科”相近，强调了分科之学在于专门知识的系统化和知识的真实性。“科学”与“学科”相近，意谓“分科之学”，反映出清末中国学人对西方近代分科性学术之崇尚，也体现了时人对“科学”含义之直观理解。

大致说来，到20世纪初，近代意义上的自然科学各学科门类开始在中国确立下来。其最重要标志，便是这些学科门类在清末颁定的新学制中得到明文确定。1898年，京师大学堂分为溥通学、专门学两类。溥通学包括经学、理学、中外掌故、诸子学、初级算学、初级格致学、初级政治学、初级地理学、文学、体操学等10门。专门学包括高等算学、高等格致、高等政治学（法律学归此门）、高等地理学（测绘学归此门）、农学、矿学、工程学、商学、兵学、卫生学（医学归此门）等15门。①

张之洞在《奏定大学堂章程》中提出“八科分学”方案，其中

① 《军机大臣、总理衙门遵筹开办京师大学堂折》，陈学恂主编《中国近代教育史教学参考资料》上册，人民教育出版社1986年版，第438页。

格致科分为6门：算学、星学、物理学、化学、动植物学、地质学。算学包括微分积分、几何学、代数学、函数论、整数论等分支科目；星学包括球面星学、实地星学、天体力学、光学等分支科目；物理学则包括理论物理学、数理结晶学、应用力学、物理实验法、气体论、音论、电磁学、电气学等分支科目；化学则包括无机化学、有机化学、分析化学、应用化学、化学平衡论、物理化学等分支科目；动植物学则包括普通动物学、骨骼学、普通植物学、植物分类学、人类学、霉菌学、组织学及发生学、生理学、寄生动物学等分支科目；地质学则包括岩石学、矿物学、古生物学、晶象学、矿床学等分支科目。

表16　张之洞《奏定大学堂章程》格致科课程分类表

科　目	必修课	补助课
算　学	微分积分、几何学、代数学、算学演习、力学、函数论、方程式论、部分微分、代数学及整数论	理论物理学初步、理论物理学演习、物理学实验
星　学	微分积分、几何学、球面星学、算学演习、星学与最小二乘法、实地星学、力学、函数论、方程式论、部分微分、天体力学、光学	理论物理学初步、理论物理学演习、物理学实验
物理学	物理学、力学、天文学、物理化学、数理结晶学、应用力学、最小二乘法、化学实验、物理实验法、气体论、音论、电磁光学论、电气学、毛管作用论、理论物理学演习、应用电气学、星学实验、物理星学	微积分、几何学、微分方程式论及椭圆函数论、球函数、函数论
化　学	无机化学、有机化学、分析化学、化学实验、应用化学、理论及物理化学、化学平衡论	微积分、算学演习、物理学、物理学实验

续表

科目	必修课	补助课
动植物学	普通动物学、骨骼学、动物学实验、普通植物学、植物识别及解剖实验、植物分类学、植物学实验、有脊动物比较解剖、植物解剖及生理实验、人类学、霉菌学实验、组织学及发生学实验、寄生学实验	地质学、生理化学、矿物及岩石实验、生理学、古生物学实地研究
地质学	地质学、岩石学、矿物学、岩石学实验、矿物学实验、化学实验、古生物学、古生物学实验、晶象学、景象学实验、地质学实验、矿床学、地质学及矿物学研究	普通动物学、骨骼学、动物学实验、植物学、植物学实验

资料来源：《奏定学堂章程·大学堂附通儒院章程》，湖北学务处1903年刊印本。

这样，晚清时期“移植”到中国之自然科学主要学术门类（数学、物理学、化学、天文学、地质学和动植物学）及其所属的学术科目，便正式确立下来。中国近代“格致诸学”之知识系统也逐渐成形。

第六章

近代“法政诸学”各门类的初建

相比于自然科学各学科门类来说，西方近代社会科学各门类（晚清时称为“法政诸学”，也就是真正近代意义上的中国学术门类）之“移植”比较晚。但这并不意味着甲午战争以前西方社会科学各门类的西书没有传入中国，只是与“格致学”各门类相比，其所占比重很少，并没有引起中国学者应有的重视而已。

甲午以前所传入之“法政诸学”书籍，并没有产生太大的影响，更没有像移植“格致诸学”那样形成较明确之学术门类，这与时人对西学的了解程度有很大关系。因为在甲午以前，人们所理解之西学，仅仅是以工艺制造为主的“洋务之学”和以西方自然科学为主的“格致之学”。甲午以后，随着西书翻译和出版的增多，时人所理解之西学，主要是西方社会科学为主的“西政”，而将“格致诸学”称为“西艺”。所以，甲午以后，中国人更多地将关注的西学集中于西方的政治、经济制度等所谓“西政”，着力介绍之西学是西方政治学、经济学、法学、社会学等社会科学各学术门类。

近代中国“法政诸学”各学科门类之建立，既是西学“移植”的结果，又是传统经史之学转化之结果。经学衰微与历史学获得近代形态，是“法政诸学”建立之重要契机。因此，考察晚清时期“法政诸学”各学科门类之创建，便不能不首先考察中国传统“经史之学”在近代的演化。

一、经学地位之动摇

经学，是中国传统学术门类中最重要、最有影响力的学问，但在西方近代学术门类中，并没有相应之学科。乾嘉以后，经学开始衰微，经学之正统地位开始动摇。促成经学开始衰微的原因，除了外部环境的影响，经学内部汉宋之争及古文与今文之争，也是非常重要的因素。在内外双重因素促使下，经学在晚清发生了较大变化。传统经学在晚清时期之转化，最重要标志是从“古文经学”向“今文经学”转变。人们逐渐跳出乾嘉考据学之藩篱，着重发挥今文经学之“微言大义”，借用其“三世”“三统”说，为晚清政治变革作理论依据。

1891 年，康有为在所著之《新学伪经考》大胆陈言：“夫‘古学’所以得名者，以诸经之出于孔壁，写以古文也；夫孔壁既虚，古文亦赝，伪而已矣，何‘古’之云！后汉之时，学分今古，既托于孔壁，自以古为尊，此新歆所以售其欺伪者也。今罪人斯得，旧案肃清，必也正名，无使乱实。歆既饰经佐篡，身为‘新’臣，则经为‘新学’，名义之正，复何辞焉！后世汉、宋互争，门户水火，自此视之，凡后世所指目为汉学者，皆贾（逵）、马（融）、许（慎）、郑（玄）之学，乃新学，非汉学也；即宋人所尊述之经，乃多伪经，非孔子之经也。”① 康氏之观点，对于当时沉浸于经学中的中国学者之震撼作用是不言而喻的，对于动摇经学之正统地位也产生了巨大影响。

对于该著之特点及影响，梁启超述云：“一、教人读古书，不当求诸章句训诂名物制度之末，当求其义理。所谓义理者，又非言心言性，乃在古人创法立制之精意。于是汉学、宋学，皆所吐弃，为学界别辟一新殖民地。二、语孔子之所以为大，在于建设新学派（创教），鼓舞人创作精神。三、《伪经考》既以诸经中一大部分为刘歆所伪托，《改制考》复以真经之全部分为孔子托古之作，则数千年来共认为神圣不可侵犯之经典，根本发生疑问，引起学者怀疑批评的态度。四、虽极力推挹孔子，然既谓孔子之创学派与诸子之创学派，同一动机，同一目的，同一手段，则已夷孔子于诸子之列。所谓‘别黑白定一尊’之观念，全然解放，导人以比较的研究。”②

《新学伪经考》刊印后，朱一新致函康有为，认为把古文经学说成是“伪经”，势必会“启后生以毁经之渐”，就像把一座房舍打通了后壁一样，一发而不可收，必定会将整个房子拆垮，这对于经学之存在将是致命的。其云：“自伪古文之说行其毒中于人心，人心中有一六经不可尽信之意，好奇而寡识者，遂欲黜孔学而专立今

---

① 康有为：《新学伪经考》，姜义华等编《康有为全集》第 1 集，上海古籍出版社 1987 年版，第 573 页。

② 梁启超：《清代学术概论》，《梁启超论清学史二种》，复旦大学出版社 1985 年版，第 65 页。

文。夫人心何厌之有！六经更二千年，忽以古文为不足信；更历千百年，又能必今文之可信耶？欲加之罪，何患无辞？秦政既未焚书，能焚书者岂独秦政？此势所必至之事，他日有仇视圣教者为之。吾辈读圣贤书，何忍甘为戎首？”他又写道：“窃恐诋讦古人之不已，进而疑经；疑经之不已，进而疑圣；至于疑圣，则其效可睹矣！”① 御史文悌认为康有为“明似推崇孔教，实则自申其改制之义”②。原吏部主事叶德辉亦惊呼“六经既伪，人不知书，异教起而乘其虚”③，指责康氏“其貌则孔也，其心则夷也”④。正因如此，有人请光绪皇帝“当斩康有为、梁启超以塞邪慝之门，而后天下人心自靖，国家自安。否则恐天下之祸不在夷狄而在奸党也”⑤。

经学在中国学术体系及知识系统中之所以处于最重要之地位，不仅在于它是一种专门性学问，而且在于它同时也是一种官方意识形态。对19世纪下半期之中国士子来说，儒家经典及经学之独尊地位是不能动摇的。有人指出：“经之所以熏陶万士，涵养德性，磨砻器业，别黑白而定一尊也。然经者所以立天地之心，正群伦之命，揣物轻重若权度，灼知吉凶若蓍龟，抉众理之精义以入神，操万事

① 朱一新：《朱侍御答康有为第三书》，《翼教丛编》卷一，光绪二十四年（1898年）武昌重印本。

② 文悌：《严参康有为折》，《翼教丛编》卷二，光绪二十四年（1898年）武昌重印本。

③ 叶德辉：《叶吏部与南学会皮鹿门孝廉书》，《翼教丛编》卷六，光绪二十四年（1898年）武昌重印本。

④ 叶德辉：《叶吏部与刘先瑞、黄郁文两生书》，《翼教丛编》卷六，光绪二十四年（1898年）武昌重印本。

⑤ 曾廉：《应诏上封事》，《戊戌变法》（二），上海人民出版社1961年版，第493页。

之要领以应务，犹之布帛菽粟，百姓日用衣食而不可须臾离也。至于史籍、三通、舆地、形势，与夫九流、诗赋、兵家、阴符、数术、方伎，尽古今之变，通庶事之赜，苟可观采，圣人勿绝。若能修六艺之术，而复博取众流之言，舍短取长，乃足以通万古之略。……经之所以旁推交通，博涉多优，探赜隐，尽情伪，致广大而逾尊也。"① 因此，经学的废除在当时的士子看来，根本是不可想象的。

然而，当康有为《新学伪经考》刊布后，经学在学术界及士子们心中之地位迅速下降。对于康氏《新学伪经考》对晚清学术界的影响，梁启超在 1902 年撰著之《论中国学术思想变迁之大势》中指出："挽近学界，对于孔子而试挑战者，颇不乏人。若孔子之为教主与非教主也，孔子在三千年来学界之功罪也，孔子与六家九流之优劣比较也，孔子与泰西今古尊哲之优劣比较也，莽然并起，为学界一大问题。顾无论或推尊之，或谤议之，要之其对于孔子之观念，以视十年前，划若鸿沟矣。何也？自董仲舒定一尊以来，以至康南海《孔子改制考》出世之日，学者之对于孔子，未有敢下评论者也。恰如人民对于神圣不可侵犯之君权，视为与我异位，无所容其思议。而及今乃始有研究君权之性质，拟议其长短得失者。夫至于取其性质而研究之，则不惟反对焉者之识想一变，即赞成焉者之识想亦一变矣。所谓脱羁轭而得自由者，其几即在此而已。"②

经学是社会稳定之利器，当国家遇到危难时，它往往受到诋毁。

---

① 《安徽于湖中江书院尊经阁记》，李希泌等编《中国古代藏书与近代图书馆史料》，中华书局 1982 年版，第 69 页。

② 梁启超：《论中国学术思想变迁之大势》，《饮冰室合集》文集之七，上海中华书局 1936 年版。

20世纪初人们在接受西学后，不仅“经学”之内涵发生了很大变化（如认为“经学者，包伦理、论理、心理、哲学，大约偏于理论者”[①]），而且人们对经学之功用表示怀疑，“废经”之声渐起，甚至出现“烧经”的极端做法。对此，有人云：“环海通道，学术之自彼方至者，新义迥出，雄视古今，则又皆我经所未道者也。”故经术世界面临着“一大变动”。偏激者“烧经”理由有三：一是认为“祸我中国者，经也”[②]。二是认为经学向来是帝王将相的工具，无益于天下：“夫自有经可名以来，而群天下之帝、之王、之卿相、之士大夫、之农工商、之非农非工非商，信之奉之，尸而祝之，六七弱龄，负书入塾，穷年累月，皓首不衰，天下何负于经哉？而以人之信经奉经，尸祝经，因而有训诂之学，章句之学，记诵之学，而并有决科之学，经何益于天下哉？经之可烧久矣。”[③] 三是认为经学成为复古守旧者自欺欺人之借口：“而今之读经者则以其经也，死守其说而不变，于是有自大之病。白种当途，周孔却步。彼之所言，非我六经所能言也。彼之所行，非我古圣人所能行也。而自大者则亦其非经也，用夏变夷，喃喃满口，半部《论语》，坐致天平。以迂远不切事情之旧说，日出其所诵习所依傍者，悍然与欧美诸巨子相抗衡于学术大竞争之世。”正因如此，他们认为中国历来尊称之“经”应该烧掉，“经学”应该废弃。他们断言：“非并今之所谓经者而去之，不足以新我中国。烧经哉，斯乃变法之一大奇

---

① 高叔平：《蔡元培年谱长编》第1卷，人民教育出版社1999年版，第213页。

② 陈黻宸：《经术大同说》，《陈黻宸集》上册，中华书局1995年版，第546页。

③ 陈黻宸：《经术大同说》，《陈黻宸集》上册，中华书局1995年版，第547页。

想也。"①

这种言论，固然是少数人偏激之见，但对于经学之生存影响巨大。这实际上揭示出一个重要问题：经学如何应对晚清变动着的新环境。1902 年，面对"烧经"的偏激做法，陈黻宸发表《经术大同说》，将"烧经之说"斥为"瞽说""妄论"，为"经"及经学辩护："吾虽剖我心，碎我骨，粉我身，并万死以争之，我不惜，我不惧。呜呼！我中国其真亡哉！经何罪？古圣人何罪？以今中国之大，以今中国民四万万之众，而能读经者几人？能读经而有得于古圣人之学者几人？"② 他认为"中国未尝尊经，经未尝祸中国"③，他指出："故言行新法，必首骂经，必首骂圣人，此亦数十年揣摩八股开门见山之旧手段也。"④ 陈氏对"朱明氏所以挟制义以愚天下士、率天下而群奔走于经术专制之一途"尤为痛恨，认为经书所保存的儒家民主思想为"专制政体之大劲敌"，故主张"信经、爱经、尊经、重经"，促使经学从"专制"时代进入"大同"时代。陈氏断定，经学与西学并不矛盾，"存经"与"欧化"亦不冲突："夫经者，所以启万世天下之人之智，而逼出其理想精神以用之于其时者也。夫人惟患其不智，惟患其无理想，惟患其无精神，而欧学者，又以启万世天下之人之智，而逼出其理想精神以用之于其时者也……故以善于学经之人，而出其理想精神之用，以求所谓欧学者，

---

① 陈黻宸：《经术大同说》，《陈黻宸集》上册，中华书局 1995 年版，第 549 页。
② 陈黻宸：《经术大同说》，《陈黻宸集》上册，中华书局 1995 年版，第 549 页。
③ 陈黻宸：《经术大同说》，《陈黻宸集》上册，中华书局 1995 年版，第 550 页。
④ 陈黻宸：《经术大同说》，《陈黻宸集》上册，中华书局 1995 年版，第 554 页。

其心思必易入，其觉解必易开，其把握必易定，其措置必易当。”① 他坚信：“经果不亡，即欧学亦行，此理之必无可疑者。”②

面对西学输入后经学面临消亡之窘象，张之洞等人在拟定新学制时，特别强调“崇经重道”，予“经学”以崇高地位。《学务纲要》明文规定：“中小学堂宜注重读经义存圣教。”张氏认为：“中国之经书，即是中国之宗教。若学堂不读经书，则是尧舜禹汤文武周公孔子之道，所谓三纲五常者，尽行废绝，中国必不能立国矣。学失其本则无学，政失其本则无政。其本既失，则爱国爱类之心亦随之改易矣，安有富强之望乎？故无论学生将来所执何业，在学堂时，经书必宜诵读讲解。各学堂所读有多少，所讲有浅深，并非强归一致。极之由小学改业者，亦必须曾诵经书之要言，略闻圣教之要义，方足以定其心性，正其本源。”但经学奥博，即使经学大师，也罕有兼精群经者，故张氏规定：“计中学堂毕业，皆已读过《孝经》《四书》《易》《书》《诗》《左传》，及《礼记》《周礼》《仪礼》节本，共计读过十经（《四书》内有《论语》《孟子》两经），并通大义。较之向来书塾书院所读所解者，已为加多。”③ 他认为，小学、中学皆有读经之课，高等学有讲经之课，大学堂、通儒院则以精深经学列为专科，自然会达到“尊崇圣道”“保存古学”的目的。

不仅如此，在他设计之大学堂学制中，专门设有“经学科”，

---

① 陈黻宸：《经术大同说》，《陈黻宸集》上册，中华书局1995年版，第552页。
② 陈黻宸：《经术大同说》，《陈黻宸集》上册，中华书局1995年版，第553页。
③ 张之洞等：《奏定学堂章程·学务纲要》，湖北学务处1903年刊印本。

并将“经学专门化”推向极致。张之洞将大学经学科分为 11 门，即周易学门、尚书学门、毛诗学门、春秋左传学门、春秋三传学门、周礼学、仪礼学门、礼记学门、论语学、孟子学门、理学门，并对各门类讲授的科目及讲授法作了详细的规定。如张氏规定，周易学门科目主课为周易学研究法，补助课为尔雅学、说文学、钦定四库全书提要经部易类等。经学研究法略解如下：“通经所以致用，故经学贵乎有用；求经学之有用，贵乎通，不可墨守一家之说，尤不可专各考古。研究经学者务宜将经义推之于实用，此乃群经总义。”“经学以国朝为最精，讲专门经学者宜以注疏及国朝诸家之书为要，而历朝诸儒之说解亦当参考，其应用各书学堂中皆当储备。”[①] 清政府编审新式学堂教科书时，将《四书集注》《明监本五经》《古注十三经》《经典释文》及洪亮吉《传经表》《通经表》《皇清经解》等书列为经学门教材，供学生研习。[②]

尽管如此，经学在新式学堂课程中所占比重仍然有限，故此，张之洞等人力谋设立“存经”学堂。1906 年，湖南巡抚庞鸿书上奏清政府，认为“学堂科目赅括中西，其于经学、史学、理学、词章学，皆未暇专精，窃恐将来中学日微”[③]，请求将湘省达材、成德、景贤、船山各学堂改为专门研习中国固有学问的学堂，并将“首尊经学”列为章程第一条。1907 年，张之洞上奏清廷，将湖北经心书

---

① 张之洞等：《奏定学堂章程·奏定大学堂章程》，1903 年刊印本。

② 国民政府教育部编：《教科书之发刊概况》，《第一次中国教育年鉴·戊编》，传记文学出版社 1971 年影印本，第 118 页。

③ 《护理湖南巡抚庞学政支：会奏改设学堂以保国粹而励真才折》，《东方杂志》第 3 年（1906 年）第 3 期。

院故址改为“存古学堂”，专门研习经学、史学等传统学科。为什么要创立“存古学堂”专门研习经史诸古学？张之洞解释曰：“若中国之经史废，则中国之道德废；中国之文、理、词章废，则中国之经史废；国文既绝，而欲望国势之强、人才之盛，不其难乎？”①因此，存古学堂重在“保存国粹”。

1911年4月，清政府学部颁布《奏修订存古学堂章程》，将经学、史学、词章三门旧学定为“存古学堂”主要学科，并对“经学门”研习科目作了规定：“中等科前二年讲读《周易》《尚书》《春秋左传》三经，以符中学堂学生必须读完五经之通例，而预培综贯群经之根底。后三年讲明群经要义，大略先看御纂八经一遍，传说义疏均须依篇点阅，次看有关群经总义诸书（如《经典释义》叙录、传经表、通经表、历代正史艺文志、经籍志之经部、《四库全书提要》经部、历代正史儒林传、惠栋《九经古义》、余萧客《古经解钩沉》、王引之《经传释词》、《经义述闻》、陈礼《东塾读书记》经类，自《九经古义》以下各举数部，此外类推）。高等科第一、二年治专经之学，总以一人能治一大经兼治一中小经为善（大率每星期中，以一日研究古注疏，以五日研究国朝人经说）。点阅所习本经注疏，每星期四小时，点阅所习本经、国朝人著述（如孙星衍《周易集解》、胡渭《易图明辨》、阎若璩《古文尚书疏证》、孙星衍《尚书今古文注疏》、胡渭《禹贡锥指》、陈奂《毛诗传疏》、马瑞辰《毛诗传笺通释》、胡承珙《毛诗后笺》、顾栋高《春

① 张之洞：《创立存古学堂折》，《张文襄公全集》奏议六十八，中国书店1990年版。

秋大事表》、梁履绳《左传补释》、顾炎武《左传杜解补正》、惠栋《春秋左传补注》、马宗梿《春秋左传补注》、沈钦韩《左传补注》、孔广森《公羊通义》、钟文烝《谷梁补注》、王鸣盛《周礼军赋说》、沈彤《周官禄田考》、江永《周礼疑义举要》、程瑶田《沟洫疆理小记》、《考工创物小记》、段玉裁《周礼汉读考》、孙诒让《周礼正义》、胡培翚《仪礼正义》、《金榜礼笺》、孔广森《礼学卮言》、段玉裁《仪礼汉读考》、郑珍《仪礼私笺》、朱彬《礼记训纂》、刘宝楠《论语正义》、焦循《孟子正义》、郝懿行《尔雅义疏》、王念孙《广雅疏证》之类，以上凡关于本经者皆须点阅，此举其最精要者，并非以此数种为限，如能博综，可以类推)，每星期十四小时。此外，仍宜择学海堂刻《皇清经解》、南菁书院刻《皇清经解续编》中之精粹者，与诸名家经说中有与本经相涉者，以及《古经解汇函》《小学汇函》皆可参考。第三年须参考所习本经外之他经，及子部史部可以证明本经要义者，并考求本经自古及今之实效见于史传群书者。高等科专经者，其经文皆须背诵全文。其汉以前授受师承，一、南北朝至今解经派别，二、本经要义，三、历代经师诸家于经文经义紧要处之异同，四、皆须能应对纯熟、解说详明无误，以此为考核等第之实据。毕业时必令呈出所习专经之心得、著述、札记。义理之学，当与训诂并重。应授宋儒理学源流，及诸家学案之大略。”①

清政府对研习“经学”诸门类之规定不可谓不细密，但在清末

① 《学部奏修订存古学堂章程折》，《政治官报》第 1249 号，宣统三年（1911 年）3 月 26 日。

西学大潮冲击下之中国经学，毕竟无法适应近代新式学堂讲授及学科整合的需要，因而日益受到人们的冷落。张之洞等人设计之大学“经学科”，也受到人们的讥讽和猛烈抨击。1912 年民国成立后，“经学科”正式从分科大学中取消，经学及其所属之典籍，被分解归并到文、史、哲等近代学科体系中，经学因失去其必要的生存空间而渐趋衰亡。

二、从传统史学到新史学

中国自古便有重视历史的传统，史学著作异常丰富。历史学在清代已经发展为一门独立学科，出现了黄宗羲、万斯大、万斯同、章学诚等著名史学家。清人王昶将史学分为4 类：“有纪传之学，自《史记》《汉书》至《明史》，所谓二十二史是也；有编年之学，《通鉴纲目》是也；有纪事之学，袁枢《纪事本末》各书是也；有典章之学，《通典》《通志》《通考》《续通考》是也。”因此，即便到了晚清时期，史学仍是各种书院和新式学堂研习之重要科目。康有为在万木草堂讲学时，主张学生在学习程序上先读史，以史为中心而及于制度、文章、经义。张之洞为广雅书院设置之课程，除经学、理学外，特别强调研习史学，并提出史学以贯通今古为主，不取空论。

梁启超在对中西学术有了初步了解后断定：“于今日泰西通行诸学科中，为中国所固有者，惟史学。”① 也就是说，史学是中国学

① 梁启超：《新史学》，《饮冰室合集》文集之九，中华书局 1936 年版。

术门类中与西方近代学术门类中最切近之学科。故当西方近代学科体系引入中国后，中国传统史学与西方近代历史学比较容易找到结合点，中国传统历史学演变为近代历史学，似乎是最为容易之事。但由于中西历史观之差异，当西方历史著作及其历史观介绍到中国后，中国传统史学面临着向近代史学转化的问题——必须按照近代西方史学模式重建近代意义上之历史学。这一学科转化历程，并不像人们想象的那样简单。

中国传统史学在近代的转化，主要体现在两个方面：一是接受西方历史进化论观念，并用这种新历史观检讨、批评传统历史观，倡导“新史学”，变“君史”为“民史”，促使传统历史学在内容上变革，如梁启超、章太炎、陈黻宸、严复等人所为；二是接受近代西方撰史体例，从中国传统史籍体裁，变为近代西方章节体裁，如夏曾佑、陈黻宸、刘师培等人之尝试。

鸦片战争后，西方近代历史学著作陆续翻译到中国，使中国学者逐渐了解西方近代历史学的理论、方法及历史观，其中比较重要的有《七国新学备要》《泰西新史揽要》《时事新论》《中西四大政》《天下五洲各大国志要》《中东战纪本末》《大国次第考》《列国变通兴盛记》和《欧洲八大帝王传》等。

1888 年，李提摩太撰写之《七国新学备要》，介绍英、法、德、俄、美、日本、印度等国所谓“新学”，其内容主要包括 4 个方面：横、纵、普、专。“何谓横？我国所重之要学，学之；即各国所重之要学，亦学之。何谓纵？一国要学中，有当损益者知之，即自古至今，历代之因何而损、因何而益者，益必知之。何谓普？斯人所需之要学，无不兼包并举，可以详古人之所略，并可以补近人之不足。上天所造之物，无不精思审处，不使有扞格之难通，并不使有纤毫之未达，则普学之说也。何谓专？专精一学，而能因事比类，出其新解至理于所学之众，莫不惊其奇而悦其异，则专学之说也。是皆新学之大纲也。"①

《泰西新史揽要》又名《泰西第十九周大事记》，由英国马恳西原著，李提摩太译，蔡尔康述，凡 24 卷，1894 年由广学会刊印。该书叙述 19 世纪欧美各国政治、经济、文化、社会各方面发展史，充满历史进化论色彩，内容涉及各国沿革、互相争战、政体演变、科技发明、著名人物、物产人口、风俗习惯等。译者在"凡例"中说明："是书以国为经，以事为纬。英国者，泰西之枢纽也，故所记为独详；法国者，欧洲乱之所由萌，亦治之所由基也，故首二三卷先以法事为张本，复以两卷缀英事后，若德、奥、意、俄、土，则继法事而各为一卷。美国远美洲，以与欧事相关，亦为一卷，大都皆可取法者也。"②

1899 年，罗振玉主持之东文学社出版了桑原骘藏著、樊炳清译的《东洋史要》。该书取西方上古、中古、近古、近世四期来划分中国历史：第一期断至秦皇一统，称为汉族缔造时代；第二期自秦皇一统至唐亡，称为汉族极盛时代；第三期自五季至明亡，称为汉族渐衰、蒙古族代兴时代；第四期清朝，称为欧人东渐时代。这种按照西洋历史进化观念对中国历史进行分期考察之做法，对当时中

① 李提摩太：《七国新学备要·序》，《新学汇编》卷二。
② 李提摩太：《泰西新史揽要·凡例》，广学会 1894 年刊印本。

国学者编撰和研究中国历史影响较大。

20世纪初，日本学者撰写的各种近代意义的史学著作介绍到中国，历史进化论观念得到进一步传播。此时翻译之日本史学著作主要有浮田和民著、杨毓麟译的《史学原论》，富山房出版的《日本历史问答》《世界历史问答》及吉国藤吉著《西洋历史》等。其中，《史学原论》是早稻田大学之史学讲义，“荟萃泰西名家学说，而括之于区区小册子中，其义蕴之宏富，理论之精深，东邦久有定评，无烦赘述。吾国旧学界思想，视历史为传古信今之述作，而不知为现在社会生活之原因，研究历史者，亦不过出于钩稽事实、发明体例二途，而不知考求民族进化之原则。针膏肓而起废疾，必在于兹”①，向中国学界提供了西方进化的历史观。此外，市村瓒次郎著、陈毅译《支那史要》（1902年），元良勇次郎等著、邵布雍译《万国史纲》（1904年），乃至罔本监辅汉文原著《万国史记》（1895年）及那珂通世《支那通史》（1899年）等书，对于清末民初中国史学研究产生了重大影响。有人接受历史进化论后表示：“今后之作史，必不当断代，而不嫌断世（如上古、中古、近古之类），借以考民族变迁之迹焉。”②

梁启超在戊戌政变后逃亡日本，浏览“西学”“东籍”，历史观发生较大变化，提出“新史学”概念。他认为历史是“普通学中之最要者”，鉴于“中国史至今迄无佳本”，“欲著中国史”。1901年撰著之《中国史叙论》曰：“前者史家，不过记载事实，近世史家，必

① 《史学原论》，《游学译编》第3期，光绪二十八年（1902年）12月25日。

② 许之衡：《读国粹学报感言》，《国粹学报》第1年第6号。

说明其事实之关系，与其原因结果。前者史家，不过记述人间一二有权力者兴亡隆替之事，虽名为史，实不过一人一家之谱牒，近世史家，必探察人间全体之运动进步，即国民全部之经历，及其相互之关系，以此论之，虽谓中国前者未尝有史，殆非为过。”① 新史学非撰“一人一家之谱牒”，而“必探索人间全体之运动进步，即国民全部之经历，及其相互之关系”。梁氏看到“西人之著世界史，常分为上世史、中世史、近世史等名”，不是“以一朝为一史”，从而把中国分为三个时期，自黄帝至秦统一“为中国之中国”，是“上世史”；自秦至清乾隆末，“为亚洲之中国”，是“中世史”；自乾隆末“以至今日”，乃世界之中国，为“近世史”。

1902 年，梁启超在《新史学》中指出，“欲创新史学，不可不先明史学之界说，欲知史学之界说，不可不先明历史之范围”，他认为，“历史者，叙述进化之现象也”，“历史者，叙述人群进化之现象”，“历史者，叙述人群进化之现象而求得其公理公例者也”。用这种近代意义上的史学来反观中国历史学，他认为中国史学“知有一局部之史，而不知自有人类以来全体之史也”，并且“徒知有史学，而不知史学与他学之关系也”。② 在他看来，地理学、地质学、人种学、人类学、言语学、群学、政治学、宗教学、法律学、平准学（即日本所谓经济学）皆与史学有直接之关系，其他如哲学范围所属之伦理学、心理学、论理学、文章学，及自然科学范围所

---

① 梁启超：《中国史叙论》，《饮冰室合集》文集之六，中华书局 1989 年影印 1936 年版。

② 梁启超：《新史学》，《饮冰室合集》文集之九，中华书局 1989 年影印 1936 年版。

属之天文学、物质学、化学、生理学，与史学有间接之关系。在批判中国传统史学的基础上，梁启超对史学之功用、历史发展方式及动因、史学研究方法以及史家修养等方面都提出了新见解，建构起区别于中国旧史学之理论体系。

梁启超提出“新史学”口号后，刘师培、章太炎、邓实、黄节、陈黻宸、夏曾佑等人均表示认同。刘师培曰：“中国之所谓历史者，大约记一家一姓之事耳。若彼族所存之中，则并其所谓一家一姓之事者，亦且文过饰非，隐恶扬善，而逢君之恶。”① 邓实曰：“史者，叙述一群一族进化之现象者也，非为陈人塑偶像也，非为一姓作家谱也。盖史必有史之精神焉。异哉，中国三千年而无一精神史也！其所有则朝史耳，而非国史；君史耳，而非民史；贵族史耳，而非社会史。统而言之，则一历朝之专制政治史耳。若所谓学术史、种族史、教育史、风俗史、技艺史，财业史、外交史，则遍寻一库数十万卷充栋之著作，而无一焉也。史岂若是耶？呜呼，中国无史矣。非无史，无史家也；非无史家，无史识也。”故新史学当为民史而非君史：“夫民史之所有者何？则一群之进退也，一国之文野也，一种之存灭也，一社会之沿革也，一世界之变迁也。”②

黄节之《黄史》亦云：“吾观夫六经诸子，则吾群治之进退有可以称述者矣。不宁惟是，史迁所创，若《河渠》《平准》与夫《刺客》《游侠》《货殖》诸篇，其于民物之盛衰、风俗道艺之升

① 无畏：《新史篇》，《警钟日报》1904 年 8 月 2 日。

② 邓实：《史学通论》，《政艺丛书》卷八《史学文编》，光绪癸卯年（1903 年）石印本。

降，靡不悉书。至如范晔之传党锢，谢承之传风教，王隐之传寒俊，欧阳之传义儿，是皆有见夫社会得失之故，言之成理，为群史独例。”①

受近代西方进化思想影响，章太炎在1902年前后形成一套有别于传统史学之新理论，并有撰著《中国通史》之志。他推崇通史，曾言“所贵乎通史者，固有二方面：一方以发明社会政治进化衰微之原理为主，则于典志见之；一方以鼓舞民气、启导方来为主，则亦必于纪传见之”。他认为历史研究不是单纯“褒贬人物，胪叙事状”，而应该揭示社会进化之理。

章太炎致函梁启超，表示欲根据新历史观，撰著一部《中国通史》：“酷暑无事，日读各种社会学书，平日有修《中国通史》之志，至此新旧材料，融合无间，兴会勃发。”他具体论述曰：“窃以今日作史，若专为一代，非独难发新理，而事实亦无由详细调查。惟通史上下千古，不必以褒贬人物、胪叙事状为贵，所重专在典志，则心理、社会、宗教诸学，一切可以熔铸入之。典志有新理新说，自与《通考》《会要》等书，徒为八面锋策论者异趣，亦不至如渔仲《通志》蹈专己武断之弊。然所贵乎通史者，固有二方面：一方以发明社会政治进化衰微之原理为主，则于典志见之；一方以鼓舞民气、启导方来为主，则亦必于纪传见之。四千年中帝王数百，师相数千，即取其彰彰在人耳目者，已不可更仆数。通史自有体裁，岂容为人人开明履历。故于君相文儒之属，悉为代表，其纪传则但

① 黄节：《黄史·总叙》，《国粹学报》第1年第1号。

取利害关系有影响者于今日社会者为撰数篇。犹有历代社会各项要件，苦难贯串，则取械仲纪事本末例为之作记。全书拟为百卷，志居其半，志记纪传亦居其半。盖欲分析事类，各详原理，则不能仅分时代，函胡综述，而志为必要矣；欲开浚民智，激扬士气，则亦不能如渔仲之略于事状，而纪传亦为必要矣。”①

章氏认为，编撰《中国通史》要体现“社会兴废，国力强弱”。他拟设之“记”包括叙述秦的统一、唐代藩镇割据、农民起义、民族斗争、中外关系等，冀求以此来显示历史演进的大势；目录中之“典”以记典章制度；“考记”和“别录”则同是记人，差别只在“考记”专记帝王，分别来源于“本纪”和“列传”；“表”用以列举次要的人物和纷繁的材料，来源自明。他主张要以外国史学著作为参照，并进行东西文明演进同异的比较研究：“今日治史，不专赖域中典籍。凡皇古异闻，种界实迹，见于洪积石层，足以补旧史所不逮者，外人言支那事，时一二称道之，虽谓之古史，无过也。亦有草昧初启，东西同状，文化既进，黄白殊形，必将此较同异，然后优劣自明，原委始见，是虽希腊、罗马、印度、西膜诸史，不得谓无与域中矣。”② 这是较早提出进行中外历史比较研究之见解。

章太炎倡导用进化论的历史观去看待整个人类历史，尤其是中国社会历史的发展，并重视社会史、制度史和文明史的研究。他认为，应当对种族、地理环境和包括工艺、食货在内的经济史进行研

---

① 章太炎：《致梁启超书》，汤志钧编《章太炎政论选集》，中华书局 1977 年版，第 167—168 页。

② 章太炎：《哀清史》附《中国通史略例》，《訄书》（重订本），《章太炎全集》第 3 卷，上海人民出版社 1984 年版，第 331 页。

究，对生产发展和经济生活的变迁给予特别关注。在晚清史学界，他首次注意到中国从石器、铜器到铁器生产工具发展的历史，首次注意到中国古代从母系、父系制度到封建宗法制度演变的历史，首次从中国古代社会的发展研究了阶级对立、君主、国家的起源等问题。

尽管如此，章氏对梁启超视中国旧史“实不过一人一家之谱牒”的过激观点，保持了较为理性的态度。他在答友人信中批评曰：“或又谓中国旧史，无过谱牒之流。夫其比属帝王，类辑世系，诚有近于谱牒者，然一代制度行于通国，切于民生，岂私家所专有？而风纪学术，亦能述其概略，以此为不足，而更求之他书，斯学者所有事，并此废之，其他之纷如散钱者，将何以得其统纪耶？且中国历史，自帝纪、年表而外，犹有书志、列传，所记事迹、论议、文学之属，粲然可观。而欧洲诸史，专述一国兴亡之迹者，乃往往与档案相似。今人不以彼为谱牒，而以此为谱牒，何其妄也。”①

受进化史观影响，陈黻宸提出撰写“民史”，并在1902年发表之《独史》中，主张治史应有“独识”“独例”，应效法“东西邻之史，于民事独详”，强调“民者，史界中一分子也”②，主张恢复“史之独权”。这种不以帝王将相为中心，而着重于整个社会和民众之历史观，无疑是新颖的。与内容上的变革相呼应，在撰著体裁上，陈氏也作了大胆变动：“据我中国古书，旁及东西邻各史籍，荟萃群言，折衷贵当，创成史例，无假褒讥，疏陋之称，所不敢辞……

① 章太炎：《答铁铮》，《民报》第14号，1907年6月8日。
② 陈黻宸：《独史》，《陈黻宸集》上册，中华书局1995年版，第563页。

自五帝始，下迄于今，条其纲目，为之次第，作表八、录十、传十二。”① 他在所作之《独史》中提出拟分八表十录十二传。八表为帝王年月表、列代政体表、历代疆域表、邻国疆域表、平民习业表、平民户口表、平民风俗表、官制沿革表；十录为氏族录、礼录、乐录、律录、历录、学校录、食货录、山川录、文字语言录、昆虫草木录；十二传为仁君列传、暴君列传、名臣列传、酷吏列传、儒林列传、任侠列传、高士列传、列女列传、一家列传、义民列传、盗贼列传、胥吏列传。

对于设置“平民习业表”“平民户口表”“平民风俗表”之原因，陈氏解释曰：“民有恒业，富强之基，东西册籍，灿然可考，独我中华付之阙如。夫一夫不耕，天下或受之饥，一女不织，天下或受之寒，此我政治家之名言也。生齿徒烦，何救于国。作平民习业表第五。”又曰：“保甲户口，官有藏册，按诸实额，乖越实多。四万万欤，但总大数，权而论之，茫无端绪。我闻欧美统计之学，所以振社会之文化，而树政体之先声者，于户口特加详焉。作平民户口表第六。”他还强调道：“欧人之调查风俗者，分中央四方之五处，而为平均表以较之，有以哉！有以哉！中国之民，益非一类，性情嗜好，随地而分，而又以其教之不齐，治之不一，中国之民风歧矣。作平民风俗表第七。”②

刘师培认为，中国旧史学所以无所发明、满足于成迹，归根结

① 陈黻宸：《独史》，《陈黻宸集》上册，中华书局 1995 年版，第 569 页。
② 陈黻宸：《独史》，《陈黻宸集》上册，中华书局 1995 年版，第 570—571 页。

底是由于中国旧史家“不明社会学之故”[1]，故在1905—1906年撰写之《中国历史教科书》中，刘氏尝试用社会学理论来研究中国从远古迄西周之历史进程。该书由国学保存会出版。他在该书《凡例》中说：“今日治史，不专赖中国典籍，西人作中国史者，详述太古事迹，颇足补中之遗。今所编各课于征引中国典籍外，复参考西籍，兼及宗教、社会之书，庶人群进化之理可以稍明。”[2] 又云：“西国史书，多区分时代，而所作文明史复多分析事类。盖区分时代，近于中史编年体，而分析事类，则近于中国三通体也。今所编各课，咸以时代区先后，即偶涉制度文物于分类之中，亦隐寓分时之意，庶观者易于了然。”[3] 该书关注之重点为：历代政体之异同，种族分合之始末，制度改革之大纲，社会进化之阶段，学术进退之大势，尤其着力中国古代社会生活史的讨论，力图从古代礼俗及典章制度中考察中国古代社会演进之状况。

梁启超发表《新史学》后，夏曾佑积极响应，进行中国古代史的研究，写出《最新中学中国历史教科书》。该著由商务印书馆于1904年至1906年分三册出版，是中国近代第一部系统而通俗的中国通史著作。全书记述的内容上自三代下至隋朝，虽仅为半部中国通史，但突破了传统史学的编纂体例，而且贯穿了历史进化论观点。这部著作，最值得注意之处，在于在传统史书体例之外，另辟蹊径，

---

① 刘光汉：《周末学术史序·社会学史序》，《国粹学报》第1年第1号。

② 刘师培：《中国历史教科书·凡例》，《刘申叔遗书》（下），江苏古籍出版社1997年影印本，第2177页。

③ 刘师培：《中国历史教科书·凡例》，《刘申叔遗书》（下），江苏古籍出版社1997年影印本，第2177页。

采用了章节体，这在中国史学发展史上是前所未有的，是历史编纂学的重大突破。全书共分4章170节，以时间顺序叙述历史的演变，给读者以一目了然的线索，它以重大事件为纲，运用对王朝兴亡详述，一家一人之事从略的原则，有取有舍，左右照应，扼要地展现出数千年中国历史的进程。他将中国历史分为上古之世（自草昧至周末）、中古之世（自秦至唐）、近古之世（自宋至清）三大时期，并用进化论和当时考古方面的成果，将三大时期又分为传疑时代、化成时代、极盛时代、中衰时代、复兴时代、退化时代和更化时代等7个阶段。通过分析中国古代7个历史阶段的进化历程，驳斥了中国传统史家的历史循环论，将梁启超之"历史螺旋上升说"具体化。该出版后，严复称之为"旷世之作"，梁启超赞誉它："对于中国历史有崭新见解，尤其是古代史。"该著在当时的中国学术界产生了较大影响，成为中国近代历史学转化时期的代表之作。

此外，曾鲲化的《中国历史》，也是一部值得注意的新式教科书。该书是他在日本留学期间依照东西洋名著及中国史籍编写的。首编4章，总论历史的要质、地势说、人种说和历代兴亡盛衰；甲编太古记7章，乙编上古记10章，概述三皇五帝到春秋战国时期的政治沿革、文化、经济及社会情况。曾氏在阐释该著要点时说："调查历代国民全部运动之大势，撮录其原因结果之密切关系，以实国民发达史之价值，而激发现代社会之国魂。"1903年该书上卷由东新译社编辑出版后，便有人评介该著之材料："精选东西洋名著支那历史二十余种，及中国诸类朝史野史，上自古碑石记，下至昨日新闻，莫不一一搜罗而熔铸之。其内容，支配教育、学术、政治、外交、武备、地理、宗教、风俗、实业、财政、交通、美术诸要点，淬厉固有之特质，绍介外界之文明。其体裁，仿泰西文明史及开化史例，分编章项节，以孔子为纪元，而文明（字）所不能尽者，详之以图；图所不能尽者，通之以表。其特彩，博采古今绘画肖像，用极精致铜板镌成，鲜明美丽，能唤起不可思议之兴味，增史界之智识，助脑筋之记忆。”①

《京师大学堂史学科讲义》是京师大学堂教习屠寄讲授中国通史的讲义。他将中国历史分为太古史、上古史两段。太古史分为4章：一是自开辟至叙命纪；二是自巨灵氏至神农；三是自黄帝至帝挚；四是人民开化之度。上古史分为5章：一是唐虞，包括唐、虞、唐虞以前种族之争、唐虞以前之疆域2节；二是夏后氏，包括启之嗣位等5节；三是商，包括商之先世、成汤之兴、伊尹略传、殷之中叶、商之衰亡、商时疆域属国、夏商官制田制、夏商礼俗等8节；四是西周，包括周之先世、武王克商、周初封建、周公东征后又大封同姓、周公政绩、周初外交、成康致治、昭王南征不复、穆王巡狩四方、共懿孝夷四王、厉王监谤国人流之于彘、周宣往中兴、幽王之乱平王东迁、西周制度等14节；五是春秋之世，包括春秋十三国原始及位置、齐桓宋襄之霸2节。② 该讲义尽管没有完成突破中国传统史学的藩篱，但从总体上看，不仅在形式上采用了西方章节体编撰体例，而且也接受了历史进化论的观点。

20世纪初“新史学”思潮影响下编撰的历史教科书，不仅数量

---

① 《游学译编》第6册，1903年4月12日。

② 屠寄：《京师大学堂史学科讲义》，中国社会科学院近代史研究所藏本。

众多，而且种类齐全，在一般通史性著作之外，还出现了乡土历史、兵法史等，多采取西洋章节体史书体裁，并深受达尔文进化论影响。这些教科书强调社会历史进化的因果关系及人类文明发展的状况，其内容除了传统史学的政治、军事等方面，还开始涉及社会、宗教、思想、文化、习俗等方面。中国传统史学开始向近代史学转型。

中国没有近代意义上之考古学，中国近代考古学是从西方引入的。但这并不是说中国没有类似之学问。中国传统金石学，即为中国近代考古学之先声。“金石之学”从东周之时出现，到两宋时代发展到高峰，逐渐形成一种专门学问。宋人欧阳修之《集古录》，赵明诚、李清照夫妇之《金石录》，薛尚功之《钟鼎彝器款识》，吕大临之《考古图》等，即是此种学问的代表性成果。到了清代，金石学随考据之风的兴盛而蔚为大观，尤其是乾嘉以后的学者，利用新出土之古器物铭文，取得了重大成绩，出现了顾炎武之《金石文字记》、钱大昕之《潜研堂金石文字跋尾》、阮元之《积古斋钟鼎彝器款识》等名作。同时，金石学研究的对象，已经从早期的金石碑刻，扩及印玺、封泥、画像石、瓦当、钱币和墨砚等各种古代遗物，最后由于西域木简、敦煌文献和殷墟甲骨的出土，转而趋向发掘地下出土材料。正是以发掘地下出土文物为契机，中国传统金石学逐渐走上与近代西方考古学融合之路。

中国近代考古学奠定之基础，有赖于两个条件：一是传统金石学的发达；二是西方考古学理论和方法的传入。顾颉刚曰：“金石学的考索，一方面固然是继承宋人的余绪，另一方面，却也是乾嘉汉学的支流，那时研究经学的人亟于获得实证，古器物学和古文字学，就都渐渐地展开了。”① 金石学向近代考古学之演变，与地下出土材料之发掘有莫大关系。

19世纪末20世纪初年，出现了西域木简、敦煌文献、甲骨文等以往金石学研究中未受到重视的材料。1901年，瑞典探险家斯文赫定在新疆罗布泊西北调查并发掘楼兰古城遗址，发现了150多块魏晋时期的木简、汉唐古币和许多丝织品、雕刻品。1906年，英国人斯坦因在新疆和田、罗布泊等处发掘获得数百枚木简。1908年，日本人大谷光瑞在天山南北和吐鲁番进行调查，在楼兰发现大批魏晋时期的汉文、古和田文木简。1907年，斯坦因到甘肃敦煌千佛洞石窟，通过千佛洞王道士，取走藏经洞中的24箱写本，后又至敦煌取走570卷写本，法国人伯希和也取走6000多卷写本。罗振玉得知后，在《东方杂志》上发表《敦煌石室书目及发见之原始》，将敦煌石室文献被盗一事加以披露，引起了国内学者对这批材料的重视。1914年，罗振玉和王国维根据法国人沙畹书稿的照片选录580枚加以考释，写成《流沙坠简》，引起了学术界对西域考古的重视。

甲骨文是商代所遗留下来最珍贵的历史文物，殷人用甲骨占卜吉凶，并在其上契刻卜辞或占卜有关的记事，叫“甲骨文”。1899年以前，金石学家虽然热衷于金石文字的考证，却不知道有甲骨文。甲骨文最初是由河南安阳小屯村村民翻耕农田时偶然发现，并将之视为龙骨，售予药店，后为古董商兜售于京津一带。1899年，国子监祭酒王懿荣首先认出甲骨文乃是古代文字，于是引起了中国学者

① 顾颉刚：《当代中国史学》，胜利出版公司1947年出版，第2页。

的重视和收藏。1903 年，刘鹗将搜购所得的 5000 片甲骨文中选拓 1058 片，为《铁云藏龟》问世，这是第一部公布甲骨文的书籍。次年，孙诒让依据这批资料，写成《契文举例》，这是第一部考释甲骨文的著作。随后，罗振玉广为搜罗甲骨，先后编成《殷虚书契前编》《殷虚书契菁华》《殷虚书契后编》《殷虚书契考释》等书，成为这门学问的权威，中国传统金石学由此走向了近代考古学。

西方近代考古学是 17 世纪以后才逐步兴起的一种新兴学科，它的发掘方法和研究方法无不受到近代自然科学（如地质学、生物学及人文社会科学的哲学、历史学、民族学、人类学等学科）的影响。西方近代考古学，在鸦片战后翻译的一些西书中有所涉及。如 1873 年江南制造总局翻译出版的《地学浅释》，向中国学界介绍了一些信息，但直到 20 世纪初，西方考古学才作为历史学的一门辅助学科为国人所注意。1902 年，汪荣宝指出，考古学“与史学有肺腑之戚，而相与维系，相与会通”①，这是系统介绍西方考古学知识之第一篇译作。随后，黄节、刘师培等人对西方考古学给予极大重视。黄氏曰：“皇古异闻，多详神话，近世西方科学发明，种界实迹往往发见于洪积石层者，足补旧史所不逮。”② 刘师培则将传统意义上之“考古”概念扩大，认为“考古”内容应包括：一曰“书籍”，五帝以前无文字记载，但“世本诸编去古未远”，此外《列子》《左传》《国语》《淮南子》等书，其“片语单词皆足证古物之事迹”；二曰“文字”，中国文字始于久远，“文字之繁简，足窥治化之浅

---

① 衮父：《史学概论》，《译书汇编》第 2 年第 9 期，1902 年 12 月 10 日。

② 黄节：《黄史·总叙》，《国粹学报》第 1 年第 1 号。

深”；三曰“器物”，木刀石斧，今虽失传，但刀币鼎钟，于考古家“珍如拱璧”。他敏锐地看到，中国所缺乏者，正是西方近代意义上之“野外”考古，故感叹曰：“惜中国不知掘地之学，使仿西人之法行之，必能得古初之遗物。况近代以来，社会之学大明，察来彰往，皆有定例之可循，则考迹皇古，岂迂诞之辞能拟哉!”①

这样，西方近代考古学在清末之时开始逐渐介绍到中国来。而其作为一个学科形成，则是在20世纪20年代以后。对此，顾颉刚曰：“古金文和甲骨文的研究，在清末已发其端，到了民国时代，王国维先生首先利用这类考古学上的材料参酌了文献来研究商周史的真相，及门诸子和近世诸学者多能继续他的精神不断探求，于是古史的研究又开一新纪元，真古史的骨干也已渐渐竖立起来了。”②

三、从义理之学到近代哲学

近代学者陈黻宸曰：“瀛海中通，欧学东渐，物质文明，让彼先觉。形上之学，宁惟我后，数典或忘，自叛厥祖。辗转相附，窃彼美名，谓爱谓智，乃以哲称。按《尔雅》云：‘哲，智也。’扬子云：‘《方言》亦曰：哲，智也。’我又安知古中国神圣相传之学，果能以智之一义尽之欤？虽然，智者，人之所以为知也。人之有知，自有生以来非一日矣。其所以为学者，我无以名之，强而名之曰哲学。然则中国哲学史之作，或亦好学深思者之所乐于从事者欤。虽

① 刘光汉：《古政原始论·总叙》，《国粹学报》第1年第4号。
② 顾颉刚：《当代中国史学》，胜利出版公司1947年出版，第126页。

然，学欤哲欤！后必有能正其谬者。”[1]

这段文字颇值得注意：哲学之原意是“爱智”，但从字面意思看，中国存在着与西方“哲学”相似的“哲”义。在《尚书》《诗经》《左传》《礼记》等先秦典籍中有许多诸如“圣哲”“先哲”“哲人”“浚哲”“明哲”等术语。如《尚书·舜典》有“浚哲文明”，《尚书·皋陶谟》有“知人则哲”，《尚书·康诰》有“敷往求于殷先哲王”，《尚书·酒诰》有“经德秉哲”，等等。从先古以来也有这种“爱智”的学问，如果用近代西方术语名之，称为“哲学”并非牵强。《庄子·天下篇》所谓“道术”，《汉书·艺文志》所谓“诸子之言”，相当于近代之“哲学”。章太炎云：“若夫万类散殊，淋离无纪，而为之蹑寻元始，举群丑以归于一，则哲学所以得名。”[2] 陈黻宸认为，六经所存之“大道”，及学术分化后的诸子百家之学，即是近代意义上之哲学。对此，他说：“儒术者，乃哲学之极轨也。庄子论百家之学，自墨翟、禽滑厘以下十一家，不列孔孟诸人。盖以儒家为道术所由着，故于首，备述《诗》、《书》之用。所谓配神明，醇天地，育万物，和天下，泽及百姓，小大精粗，其运无乎不在者，惟儒庶几近之。内圣外王之道，惟儒家或足以当之。其余皆为其所欲焉，以自为方者也，非所论于道术之士也。”[3]

---

① 陈黻宸：《中国哲学史·总论》，《陈黻宸集》上册，中华书局 1995 年版，第 414 页。

② 章太炎：《规〈新世纪〉（哲学及语言文字二事）》，《民报》第 24 号，1908 年 10 月 10 日。

③ 陈黻宸：《中国哲学史·总论》，《陈黻宸集》上册，中华书局 1995 年版，第 415—416 页。

这里所谓“道术”，即是哲学；儒家既为“哲学之极轨”，便是哲学家。

秦汉以后，尤其是北宋以后，“儒学四门”中“义理之学”相当于近代意义的哲学，但并不能说它即是近代意义的哲学。中国传统学术中有经、史、子、集或义理、辞章、考据及经济之学的分科，但并没有被称为哲学的学科。中国有相当于西方哲学之思想，中国学者把自己的学问称为“经学”“道学”“理学”“心学”“玄学”“义理之学”“心性之学”等，却从未将其称为“哲学”者。对此，黄侃云：“哲学之称，非吾土所固有；假借称谓，有名实乖牾之嫌；故从旧称，曰：玄学。”①

西方“philosophy”一词，明清之际开始传入中国。鸦片战后，中西学者在介绍西方学校制度时，将它译为“智学”或“理学”。汉语“哲学”一词，是从日本转译而来的。1874 年，日本哲学家西周出版了《百一新论》，将“science”和“philosophy”分别译为“科学”和“哲学”，这两个术语被世人沿用。1877 年，中国驻日参赞黄遵宪撰成《日本国志》，最早引入了“哲学”这一术语。随后，“哲学”与“穷理学”“智学”“理学”等词并用，直到 20 世纪初方为中国学术界通用。

尽管中国没有“哲学”名词，也没有发展成为一门独立的学科，但并不意味着中国没有与西方哲学相当的学问，更不意味着中国古代没有哲学思想。中国先秦时期已经产生了哲学思想，并在随

① 黄侃：《汉唐玄学论》，刘梦溪主编《中国现代学术经典·黄侃刘师培卷》，河北教育出版社 1996 年版，第 385 页。

后的历史时期不断发展，但并没有形成一门独立的、被称为“哲学”的学科。“哲学”成为一门独立的学科，是引入西洋分科观念及学术门类之结果，即是在近代以后方出现的。先秦时之“道”学，及孔门四科中之“文学”，及儒学四门中的“义理之学”，均相当于西方近代意义的“哲学”。

20 世纪以前，西方哲学并不为中国人知晓。尽管康有为在《长兴学记》中列入“哲学”一门，但似乎并不是近代意义上的哲学。真正译介西方哲学典籍并将西方近代学科意义上的哲学移植到中国的，是严复、梁启超和王国维等人。梁启超从 1901 年起，在《清议报》《新民丛报》连篇累牍地发表文章，评介亚里士多德、培根、笛卡儿、霍布斯、斯宾诺莎、卢梭、孟德斯鸠、边沁、康德、达尔文等西方哲学大家的学说，在学术界产生了很大影响。

20 世纪初，近代意义上之哲学著作及哲学学科，通过日本开始传入中国。清末介绍到中国的哲学著作，多为日本学者撰写的，其中重要的有井上圆了著《哲学要领》《哲学原理》《哲学微言》和《妖怪学讲义》，姉崎正治著《宗教哲学》，藤井健次郎著《哲学泛论》等。

1903 年 9 月，蔡元培所译《哲学要领》由商务印书馆出版，此书系德国科培尔任日本文科大学教授时讲课的内容，分为绪言、哲学之总念第一、哲学之类别第二、哲学之方法第三、哲学之系统第四等部分。蔡氏在序言中介绍说：“皆以最近哲学大家康德、黑智尔、哈德妥门诸家之言为基本，非特唯物、唯心两派之折衷而已。其所言神秘状态，实有见于哲学、宗教同原之故。而于古代哲学，提要钩元，又足示学者研究之法，诚斯学之门径书也。”①

1905 年 6 月，蔡元培译《妖怪学讲义录·总论》由商务印书馆出版。《妖怪学讲义录》全书分为总论、理学部门、医学部门、纯正哲学部门、心理学部门、宗教学部门、教育学部门、杂部门等 8 大类。第一类“总论”，分为定义篇、学科篇、关系篇、种类篇、历史篇、原因篇、说明篇等 12 讲。该书对清末民初中国思想界影响较大，并被中国学术界公认为西洋近代哲学输入中国之重要标志。

对于晚清时期西方哲学传入中国之情况，蔡元培回顾说：“近数十年，制造局、同文馆及广学会译印图书，而彼国理科法科及历史之书稍稍传布。近五六年，侯官严氏译述西儒赫胥黎、斯宾塞尔诸家之言，而哲学亦见端倪矣。于时日本以同种同文之说强聒于我国，而和文汉读之法，适为我国学者之所知，于是理哲各学之书，博购广译，而国人思想遂非复向者骨董制造两派之旧矣。”②

民国成立后，蔡元培将经学分到文、史、哲三门中，在学术分类上不再以经、史、子、集，或义理、辞章、训诂考据为区别，哲学门（后来改名为哲学系）课程中，儒学与佛、老、名、法、阴阳诸家之学并列，也与由西方传来的诸派哲学并列，哲学系所开设的课程有中国、西方、印度诸家哲学；有哲学概论、逻辑、知识论、形而上学、伦理学、政治哲学、文化哲学、中国哲学史、西方哲学史等不同课程。

---

① 高平叔：《蔡元培年谱长编》第 1 卷，人民教育出版社 1999 年版，第 273 页。

② 蔡元培：《译学》，中国蔡元培研究会编《蔡元培全集》第 1 卷，浙江教育出版社 1997 年版，第 372 页。

西方哲学著作的翻译出版，使中国学者逐步认识到西方近代意义上的“哲学”与中国的“义理之学”有很大差别。对“穷理之学”情有独钟的孙宝瑄，在1902年之日记中载曰：“我国哲学，发源于周末诸子，而大盛于宋、元、明诸儒。本朝又尚文学、考古，而哲学稍衰，至今日哲学又稍稍发萌焉。然而今之谈哲学者，其闻见广博，其胸臆伟大，无一不通东西古今学术源流与政治之沿革者，以是而讲哲学，宜其新理日发，精微奥美，决非宋、元诸儒所可拟而及之也。”① 对于西方哲学之含义，中国学人之领悟与见解也是值得肯定的。孙氏载曰：“哲学于万种学问，皆有密切之关系；明哲学，则万种学之原理皆通，宜其为诸学之政府也。”② 其又云：“哲学之大，无所不包，为万种学问之政府，如百川归海。是故无一种学术中无哲学，其大无外，其小无内。凡从事于此者，当视天地万物为其学校，且无毕业期限。非如其他科学，可择地而求精，克期而待其成也。”③ 这种认识，即使现在看来也是很深刻的，足以代表清末有识之士对西方哲学内涵理解之水准。

早在先秦时期，名辩逻辑兴盛一时，秦汉以降，名辩逻辑不绝如缕。中国古代虽有对“名”研究之实，但无“名学”之名。王国维曰：“故我中国有辩论而无名学，有文学而无文法，足以见抽象与分类二者，皆我国人之所不长。”④ “名学”“辩学”“论理学”等作为学术名称，是近代学人在译介西方逻辑著作的过程中提出并流

---

① 孙宝瑄：《忘山庐日记》（上），上海古籍出版社1983年版，第499页。
② 孙宝瑄：《忘山庐日记》（下），上海古籍出版社1983年版，第899页。
③ 孙宝瑄：《忘山庐日记》（下），上海古籍出版社1983年版，第1041页。
④ 王国维：《论新学语之输入》，《教育世界》第96号，1905年4月。

行的。中国近代意义上的逻辑学，是从西方移植而来的。

西方传统逻辑是古希腊亚里士多德创立的，到19世纪已经发展成为包含演绎法和归纳法在内之逻辑学。西方逻辑学，早在明清之际开始传入中国。艾儒略介绍西方教育制度时，提到“初年学落日加（logica，即逻辑），译言辨是非之法；二年学费西加（physica，即物理），译言察性理之道；三年学默达费西加（metaphysica，即形而上学），译言察性理以上之学”①。他在《西学凡》中，对西方“分科建学”原则和所设学科也作了介绍。对此，徐维则评价说：“所述皆其国建学育才之法，凡分六科，与近时彼土学校之制不相上下。读之足以知学制源流。”② 李之藻曾帮助传教士傅凡际翻译了中国第一部介绍西方逻辑的著作《名理探》，对西方哲学和逻辑学（logica）作过一定介绍。书中说，“西云斐禄锁费亚（philosophia），乃穷理诸学之总名”，其中“名理乃人所赖以通贯众学之具”。1824年，乐学溪堂曾刊行过一本称为《名学类通》的小册子，介绍了西方逻辑学知识。

“辩学”一词，始于意大利传教士利玛窦所作《辩学遗牍》。该书所记录的是来华传教士与中国佛、道教徒进行辩论的具体情形，因而与先秦时期“辩”的思想并不相干。与“名学”一样，“辩学”一词也曾用作“logic”的汉译名称。1896年，英国传教士艾约瑟将英国逻辑学家耶方斯（W. S. Jevons）所著*Primer of Logic*译为

---

① 艾儒略：《欧罗巴总说》，《职方外纪》卷二，《万有文库》刊印本。

② 徐维则辑，顾燮光补：《增版东西学书录·东西人旧译著书》，光绪二十八年（1902年）12月刊印本。

《辨学启蒙》。这部《辨学启蒙》，是晚清时期最早传入的一部西方近代逻辑学的著作，时人对它给予很高评价："人生之初有知识，即知分辨、穷理、度物、审情、推事……而大小书院中遂为教授童蒙课程。是书所列条理，仅举大略，足以窥见辨学之门径，亟宜考究其理由，由浅入深，详列问答，以成一书，藉为课蒙之用。利玛窦有《辨学遗牍》与此异。"① 傅兰雅著《理学须知》，也是一部介绍西方逻辑的著作，徐维则曾将它与《辨学启蒙》比较后评价说："其书专揭分析事物之法，于理学为论辨，于辨学为理辨，与艾约瑟所译《辨学启蒙》相出入，而文词之明白过之。学者欲穷格致之要，宜读此以植其基，而旁考《西学略述》中之言理学与赫胥黎《天演论》下卷，以穷其流，于真理庶乎无疑。"②

随着西方逻辑再度输入中国，以"名学"作译名的西方逻辑学译著亦逐渐见多，如杨荫杭翻译之《名学教科书》（1903 年）、严复翻译之《穆勒名学》（1905 年）和《名学浅说》（1909 年）、陈文编译之《名学释例》（1910 年）等。"名学"一词作为称谓西方"逻辑"之汉语译名，在清末开始流行起来。严复在《〈穆勒名学〉按语》中曰："逻辑此翻名学。其名义始于希腊，为逻各斯一根之转。……逻辑最初译本为固陋所及见者，有明季之《名理探》，乃李之藻所译，近日税务司译有《辨学启蒙》。曰探、曰辨，皆不足与本学之深广相副。必求其近，姑以名学译之。盖中文惟'名'字

① 徐维则辑，顾燮光补：《增版东西学书录·理学第二十五》，光绪二十八年（1902 年）12 月刊印本。

② 徐维则辑，顾燮光补：《增版东西学书录·理学第二十五》，光绪二十八年（1902 年）12 月刊印本。

所涵，其奥衍精博与逻各斯字差相若，而学问思辨皆所以求诚、正名之事，不得舍其全而用其偏也。”又云：“本学之所以称逻辑者，以如贝根（培根）言，是学为一切法之法、一切学之学；名其为体之尊，为用之广，则变逻各斯为逻辑以名之。学者可以知其学之精深广大矣。”①

王国维1901年东渡日本后，开始研究和讲授英国逻辑学家耶方斯的逻辑著作。1908年后，他任图书馆编译和名词馆协修，翻译出版耶方斯《逻辑基础教程》，取名《辩学》，由文化书社出版。该书分名辞、命题、推理、谬误论等部分，演绎和归纳并重，知识较全面系统，译名简练精当，译文简洁明快，影响颇大。此外，从日本渠道传入的西方逻辑学著作主要有《论理学问答》。这样，到20世纪初，“论理学始风行海内，一方学校设为课程；一方学者用为治学方法”。作为近代哲学附属的逻辑学，以“名学”或“论理学”之名传入中国，并在清末新学制中得到确认。

四、从刑名之学到近代政治学、法学

若以近代学术分科观念来反观中国传统学术，尽管有人将近代分科性学术与中国先秦诸子之学相类比，认为西学“多与诸子相符”，并认定：“考吾国当周秦之际，实为学术极盛之时代，百家诸子，争以其术自鸣。如墨荀之名学，管商之法学，老庄之神学，计然、白圭之计学，扁鹊之医学，孙吴之兵学，皆卓然自成一家言，

① 严复：《〈穆勒名学〉按语》，《严复集》第4册，中华书局1986年版，第1027—1028页。

可与西土哲儒并驾齐驱者也。”① 但中国经济、法律、政治、军事、财政等知识，并未成为一门独立学科。近代意义上之法学、政治学、经济学、社会学等学术门类，是鸦片战争后从西方传入的。

中国先秦已经出现法家，该派学术后来被称为“刑名之学”。但近代意义之法学，是鸦片战争后从西方传入的。鸦片战争期间，林则徐曾组织人摘译华达尔的《各国律例》，以应对外交涉之需。同文馆翻译的西书以法律交涉为主，其中著名的有丁韪良译《万国公法》《公法便览》，毕利干译《法国律例》，汪凤藻等译《中国古世公法论略》《新加坡律例》，联芳、庆常译的《公法会通》《星轺指掌》等。江南制造局翻译馆也翻译刊印了许多有关西方法律学方面的著作，其中比较重要者有傅兰雅译《公法总论》《各国交涉公法论》和《各国交涉便法论》。对此，梁启超评曰：“同文馆教习丁韪良，公法专家，故馆译多法学之书。然西人治公法有声于时者，无虑数十百家，丁译之《万国公法》，非大备之书也。局译《各国交涉公法论》，分三集，为书十六本，视馆译为优矣。”② 大致说来，最初传入中国的西方法律学著作，以西方近代国际公法为主。

近代意义上之国际公法，起源于17世纪之欧洲。第二次鸦片战争后，迫于外交压力，清政府也开始接受国际法。1864年，由美国人亨利·惠顿（Henry Wheaton）所著、美国传教士丁韪良翻译之《万国公法》（*Elements of International Law*），直译为《国际法基本原

---

① 邓实：《古学复兴论》，《国粹学报》第1年第9号。

② 梁启超：《读西学书法》，《中西学门径书七种》，上海大同译书局光绪二十四年（1898年）石印本。

理》或《国际法要旨》刊印，此乃国际法正式传入中国之标志。《万国公法》是近代中国第一部介绍西方近代国际法的著作。该书共4卷12章，卷首有丁韪良英文序言、董恂序言、张斯桂序言、凡例和东西两半球图。第一卷为总论，“释公法之义，明其本源，题其大旨”；第二卷“论诸国自然之权”，包括自护自主之权、各国自主其内事之权、立君举官与他国关系、制定律法之权诸国平行之权、各国掌物之权；第三卷“论诸国平时往来之权”，包括派遣使节、领事权利、商议立约等；第四卷为“论交战条规”，包括定战、宣战、战时贸易、互换俘虏、和约签订等。西方国际法的传入，使近代中国人对国际世界所通行之外交原则和外交惯例有了初步了解，并开始在外交实践中加以运用。

由法籍教习毕利干翻译的《法国律例》（1880年刊印），是《拿破仑法典》第一次译为中文。这部规模颇为庞大的译著，包括法国刑律、刑名定范、商律、园林则例、民律、民律指掌等6种46册. 时人评论此书说：“《法国律例》名为‘律例’，实则拿破仑治国之规模在焉，不得以刑书读也。惟译文繁讹。”①

中国学者对西方“律例之学”是比较重视的。刘坤一云：“窃查外洋所学，以律例为重，次则天文、兵法以及制造、驾驶并矿学、化学、汽学、重学之类。中国学西洋之学，似不以律例为先，究竟应由何项入手？”② 对于西方法学，中国学者也以自己的眼光作了介

① 梁启超：《读西学书法》，《中西学门径书七种》，上海大同译书局光绪二十四年（1898年）石印本。

② 刘坤一：《复黎召民函》，朱有瓛主编《中国近代学制史料》第1辑上册，华东师范大学出版社1983年版，第478页。

绍。黄遵宪在介绍近代法律时曰："泰西素重法律……自犯人之告发，罪案之搜查，刑事之预审，法庭之公判，审院之上诉，其中捕拿之法，质询之法，保释之法，以及被告辩护之法，证人传问之法，凡一切诉讼关系之人之文书之物件，无不有一定之法。"① 汪康年亦云："西洋刑官治狱，不兼他事，复有会审，以察其虚诬；有律师，以申其辩说；无刑求之考，无拖累之患。"② 他们对西方司法上之告发、调查、审判、保释、辩护等程序，及法官专任、会审、律师、无刑求等规定，均甚称羡，而颇欲中国仿行。1898 年，麦仲华所辑《皇朝经世文新编》法律卷，收录《论邦国交际公法学》《交涉学》《论日本制定宪法来历》《英美增添公法记》《日本刑法志序》《日本邻交志序》《掌故学》《论中西刑律轻重异同之故》《英华谳案定章考》等 9 篇论文，反映了戊戌时期中国学者介绍西方近代法学之概况。

1898 年，梁启超在《湘报》第 5 号上发表《论中国宜讲求法律之学》，发出"今日非发明法律之学，不足以自存矣"的感叹，呼吁引入近代西方法学。其强调："今日之计，莫急于改宪法，必尽取其国律、民律、商律、刑律等书而译之。"又云："吾愿发明西人法律之学，以文明我中国；又愿发明吾圣人法律之学，以文明我地球。文明之界无尽，吾之愿亦无尽也。"③《时务报》《湘学新报》《国闻报》，以及后来的《清议报》《新民丛报》等，大量翻译西方法

① 黄遵宪：《日本国志 · 刑法志序》，上海图书集成印书局光绪二十四年（1898 年）刊印本。

② 汪康年：《中国自强策》，《时务报》第 4 册，1896 年 9 月 7 日。

③ 梁启超：《论中国宜讲求法律之学》，《湘报》第 5 号，1898 年 3 月 11 日。

学文著。严复翻译了孟德斯鸠之《法意》（今译《论法的精神》）和穆勒的《群己权界论》（今译《论自由》），孟森等人翻译了日本人梅谦次郎的《民法要义》，开始将西方法学逐步介绍到中国。《质学丛书》（1896 年）、《西政丛书》（1896 年）、《西学富强丛书》（1896 年）、《续西学大成》（1897 年）、《新学大丛书》（1903 年）中，都专立“法政”或“法律”类，收录西方法学译籍。

20 世纪初，大同译书局、上海作新社、新民译书局等译书局社竞相翻译刊行西方法律法学著作。《译书汇编》《国民报》《游学译编》《江苏》《民报》《复报》《河南》等刊物都开辟了“法政”专栏。卢梭《民约论》、孟德斯鸠《论法的精神》（时译《万法精理》）、斯宾塞《代议政体》（《原改》）的最早中译本，便是《译书汇编》刊行的。

1902 年，张之洞以两江总督兼南洋通商大臣身份与各国修订商约。英、日、美、葡四国宣称，清政府改良司法现状“皆臻完善”以后，可以放弃领事裁判权。清政府诏令沈家本、伍廷芳将一切现行刑律按照交涉情形，参酌各国法律，悉心考订，妥为拟议，务期通行中外，有裨治理，并以“参考古今，博集中外”为宗旨，建立修订法律馆。

沈家本主持法律修订馆期间，大规模地翻译西方近代法典和法学著作。这些译籍中，包括了宪法、议院法、众议院议员选举法、刑法、刑事诉讼法、民法、民事诉讼法、行政法、行政审判及诉讼法、法院组织法、税务法、所得税法、监狱法、警察制度、出版法、新闻法、公司法、矿业法、海军刑法、陆军刑法、国际公法、国际私法、婚姻法、法医学等数十种部门法及单行法规。西方法学之许多科目，如刑法与刑法学、民法、经济法、诉讼法、监狱学等均得到引进。其中较重要者，刑法与刑法学类有《德意志刑法》《意大利刑法》《比利时刑法》《芬兰刑法》《日本刑法义解》等；民法、经济法类有《法兰西印刷法》《德意志民法》等；诉讼法类有《日本刑事诉讼法》《德意志裁判法》《日本裁判所构成法》《德意志民事诉讼法》《比利时刑事诉讼法》《比利时监狱则》《美国刑事诉讼法》及《普鲁士司法制度》《日本鉴于访问录》《监狱学》《狱事谭》《日本裁判所编制历法记》等。据初步统计，到1911年约翻译出版30多种介绍“西法”著作，其中多是日本法律法学著作。其中比较有影响者有：木尾原仲治著、范迪吉等译《民事诉讼法释义》（1903年上海会文学社印行），板仓松太郎著、欧阳葆真及朱泉璧编辑《民事诉讼法》（1905年湖北法政编辑社行印），岩田一郎著、李穆等编译《民事诉讼法》（1907年丙午社印行），及清水铁太郎著、刘积学译《法律顾问》（上海群益社出版）等。

沈家本主持之修订法律馆参照西方法律体系，分别修订了各部门法。如参照英、美、法、德、日及《世界各国主权宪法》，制定了《钦定宪法大纲》，参照《拿破仑法典》及德、日民法，制定了《大清民律草案》，参照德、日、美诉讼法，制定了《刑事诉讼法草案》《民事诉讼法草案》；以日本商法的模式，制定了《大清商律草案》等。在制订“部门法”同时，还对原有刑律也做了修改，颁行《大清暂行刑律》。1907年，该馆已有法、德、美、日、俄、瑞士、芬兰、比利时等国刑法译本，并于1910年颁布了《大清新刑律》。

新刑律完全采取西方刑法体例，分总则分则，“总则为全编之纲领，分则为各项之事例”①，近代西方法律原则及西方法学之新学说，逐渐被新修订的法律所采纳，中华法系逐渐解体。

随着西方法学著作的引入，在清末创立之新式大学堂中，法学作为一门新学科开始设置。由于“法科为干禄之终南捷径”，故法政专科学校及大学法科得到社会各界普遍重视，发展神速。1901年，盛宣怀在南洋公学设特班，“专教中西政治、文学、法律、道德诸学，以储经济特科人才之用”②，所设课程有宪法、国际公法、行政纲要、政治学等。北洋大学堂设法律、矿学、土木工程3科，设有大清律要义、宪法史、宪法、法律总义、法律原理学、罗马法律史、合同律例、刑法、交涉法、罗马法、商法、损伤赔偿法、田产法、成案比较、船法、诉讼法则、约章及交涉法参考、理财学等课程。

1902年，山西巡抚岑春煊筹办山西大学堂，李提摩太主持西学专斋，设置文学、法律学、格致学、工程学和医学等5门，“法律学”内分政治、财政、交涉、公法等科目。1902年10月，京师大学堂招收速成科，开设有法律学、交涉学、掌故学等课程。其中掌故学讲授公法、约章使命交涉史、通商传教；法律学讲授刑法总论分论、刑事诉讼法、民事诉讼法、法制史、罗马法、日本法、英吉利法、德意志法。此外，行政法、国法、民法、商法，列入政治学。1910年，京师

---

① 沈家本：《修订法律大臣沈家本等进呈刑律分则草案》，《大清光绪新法令》第20册，商务印书馆1908年刊印本。

② 盛宣怀：《奏陈南洋公学历年办理情形折》，璩鑫圭等编《中国近代教育史资料汇编·教育思想》，上海教育出版社1993年版，第128页。

大学堂分科大学正式开学，法政科开设之法律学课程有：法律原理学、大清律例要义、中国历代刑法考、中国古今历代法制考、东西各国法制比较、各国宪法、各国民法及民事诉讼法、各国刑法及刑事诉讼法、各国商法、交涉法、泰西各国法。补助课程有：各国行政机关学、全国人民财用学、国家财政学等。

1905 年，清政府颁布《修律大臣订定法律学堂章程》，对法政学堂之课程设置作了明确规定。第一年科目：大清律例及唐明律、现行法制及历代法制沿革、法学通论、经济通论、国法学、罗马法、民法、刑法、外国文、体操。第二年科目：宪法、刑法、民法、商法、民事诉讼法、刑事诉讼法、裁判所编制法、国际公法、行政法、监狱学、诉讼实习、外国文、体操。第三年科目：民法、商法、大清公司律、大清破产律、民事诉讼法、刑事诉讼法、国际私法、行政法、财政通论、诉讼实习、外国文、体操。[①] 从这些课程上可知，西方近代意义之法学及其各分支科目，通过新式大学堂"分科设学"得到初步移植。

政治学是近代西方重要的学术门类，中国古代尽管没有政治学学科，但中国学者对其并不陌生。严复曰："查政治一学，最为吾国士大夫所习闻。束发就傅，即读《大学》《中庸》。《大学》由格致而至于平天下，《中庸》本诸天命之性，慎独工夫，而驯致于天下平。言政治之学，孰有逾此者乎？他日读《论》、《孟》、五经，其中所言，

① 《修律大臣订定法律学堂章程》，潘懋元等编《中国近代教育史资料汇编·高等教育》，上海教育出版社 1993 年版，第 129—130 页。

大抵不外德行、政治两事——两事者，固儒者专门之业也。”① 正因政治学在中国学术思想上有深厚根底，所以西方近代政治学介绍到中国虽然较晚，但发展还是比较迅速的。

甲午战争前，在翻译西书过程中，一些有关西方各国政治状况之书籍开始介绍到中国，如林乐知等译《列国岁计政要》（1878 年刊印）、李提摩泰译《列国变通兴盛记》等。1885 年，傅兰雅译、应祖锡述之《佐治刍言》由江南制造局刊印，这是甲午以前刊印之最重要的一部有关西方政治学的著作。该书从家室、文教、名位、交涉、国政、法律、劳动、通商等方面，论述了立身处世之道。梁启超评曰："《佐治刍言》言立国之理及人所当为之事，凡国与国相处，人与人相处之道悉备焉。皆用几何公论，探本穷原，论政治最通之书。其上半部论国与国相处，多公法家言；下半部论人与人相处，多商学家言。”② 此外，西方传教士还撰写了一些浅显政治读物，如花之安之《自西徂东》，韦廉臣之《治国要务》，李提摩泰之《时事新论》《新政策》《中西四大政》，林乐知之《东方时局论略》《中西关系论略》等。

20 世纪初，出现了译书汇编社、上海广智书局、励学译编社等众多译书机构，竞相翻译日文政法类书籍。对于当时翻译日本书热潮，身历其境之梁启超描述曰："戊戌政变，继以庚子拳祸，清室衰微益暴露。青年学子，相率求学海外，而日本以接境故，赴者尤

① 严复：《政治讲义》，《严复集》第 5 册，中华书局 1986 年版，第 1242 页。

② 梁启超：《读西学书法》，《中西学门径书七种》，上海大同译书局光绪二十四年（1898 年）石印本。

众。壬寅、癸卯间，译述之业特盛，定期出版之杂志不下数十种。日本每一新书出，译者动数家。新思想之输入，如火如荼矣。”① 通过日本渠道，西方近代政治学著作大批介绍到中国。其中重要者有：高田早苗著、稽镜译《国家学原理》，岩崎昌及中村孝合著、章宗祥译《国法学》，户水宽人著、颠涯生译《法律学纲要》，葛冈信虎著《法律新编》，唐宝锷译《日本警察法令提要》，熊谷直太著《法律泛论》，小林魁郎著《行政裁判法论》，添田敬一郎著《商法泛论》，田中次郎著《日本帝国宪法论》，中村太郎著《国际私法》，北条元笃与熊谷直太合著的《国际公法》等，永井惟直著《政治泛论》，森山守次著《政治史》，小林丑三郎著、王宰善译《日本财政及现在》，治崎甚三、袁飞译《万国公法要领》，市岛谦吉著、麦曼荪译《政治原论》，周逵译《英国宪法论》，陈鹏译《国宪泛论》等。

1902年，有贺长雄所编《国家学》出版，该书分为国家全体、立法、元首、行政4部分，在当时影响较大。据《游学译编》介绍，该书“博采欧洲各大家论说而时有出入，书成在日本宪法初步之日，虽专为其国说法，然国家真理仍自不没，且编制有法条例精细，洵非后起者，所能望其肩背兹经”②。这些译著，重点介绍西方近代政治学和法学的许多门类（如国家学、国法学、法律学、警察学、国际公法等），对近代意义上的政治学和法学的初创起了很大作用。

---

① 梁启超：《清代学术概论》，《梁启超论清学史二种》，复旦大学出版社1985年版，第79—80页。

② 《游学译编》第3期，光绪二十八年（1902年）12月25日。

五、经济学、社会学等学科的移植

“经济”一词见于隋唐之际。《文中子·礼乐篇》首次提出“经济”概念：“是其家传之世矣，皆有经济之道。”[①] 杜甫在其诗《上水遣怀》中亦留有“古来经济才，何事独罕有”之佳句。但中国古代所谓“经济”，指“经邦济世”“经世济民”，非近代意义之“经济学”。西方古代最早使用“经济”一词，约在公元前4世纪左右。苏格拉底之门生色诺芬撰有《经济论》一书。在希腊文中，“经济”意为“家庭管理”，色诺芬所说之“经济”，意为奴隶主之家庭管理。随后，亚里士多德在《政治学》《伦理学》等书中，明确规定了“经济”之定义，认为国家是单个独立家庭所组成的，要讨论国家，就必须先研究家庭，故“政治学”包括了经济学，而如何进行家庭管理，就是经济学所要研究之问题。1615年，法国早期重商主义代表蒙克莱田出版《献给国王和王太后的政治经济学》一书。此处所谓“政治经济学”，意为书中所论述之经济问题已非家务或家庭管理，而是国家之经济问题。此后，“政治经济学”广为流传，经济学作为一门近代学科逐渐形成。

尽管中国古代有丰富的经济思想，但作为一门独立学科，无论是经济学之概念、学科体系还是研究方法，均是鸦片战争后从西方引进的。鸦片战争后到甲午战争以前翻译之有关西方经济学著作，主要有米怜译编的《生意公平聚益法》、郭实腊之《贸易通志》、汪

---

① 王通：《文中子·礼乐篇》，《百子全书》，扫叶山房1919年刊印本。

文藻译《富国策》、艾约瑟译《富国养民策》等。其中最重要者当数《富国策》。1867年，丁韪良在同文馆讲授"富国学"，其所用教材系英国人H. 福西特1863年出版之《政治经济学指南》。1882年，《政治经济学指南》由同文馆总教习丁韪良口译，汪凤藻笔述，由上海美华印书馆印行，取名《富国策》。这是西方政治经济学在中国的第一部中译书。英文"political economy"或"economics"一词，汪凤藻最早译为"富国策"，而非"经济学"，尽管如此，时人仍给予很高评价："《富国策》为此学最早之译本，今日坊间理财学之本，层见叠出，然细按之，则大半徒有佳名，其内容多不合教科之用，反不如此本之繁简得中、说理清楚，为独胜也。"① 梁启超亦评曰："同文馆所译《富国策》与税务司所译《富国养民策》，或言本属一书云。译笔皆劣，而精义甚多。其中所言商理商情，合地球人民土地，以几何公法盈虚消长之，盖非专门名家者，不能通其窔奥也。中国欲振兴商务，非有商学会聚众讲求，大明此等理法不可。"②

1886年，海关总税务司出版了杰文斯之《政治经济学入门》。1902年，严复翻译之英国著名经济学家亚当·斯密之《原富》，亦由上海南洋公学译书院出版。该著在中国学术界引起很大反响，成为中国引进西方经济学标志性事件。严复在该书中，将"economics"译为"计学"，而非"经济学"。他在《译事例言》中解释曰："计学欲窥全豹，于斯密《原富》而外，若穆勒、倭克尔、马夏律三家之

---

① 《中国学塾会书目》，1903年美华书馆刊印本，第20页。

② 梁启超：《读西学书法》，《中西学门径书七种》，上海大同译书局光绪二十四年（1898年）石印本。

作，皆宜移译，乃有以尽此学之源流，而无后时之叹，此则不佞所有志未逮者。后生可畏，知必有赓续而成者矣。”梁启超初将“economics”称为“富国学”，后译为“生计学”或“平准学”，此外还有译为“理财学”。近代通用之“经济学”一词，则是20世纪初从日本引入的。19世纪后期，日本学者在翻译西方经济学著作时，借用了古汉语中“经济”一词。中国留日学生沿用了日本译法，使“经济学”一词在中国作为一门学科专用名词而被赋予了近代意义。1912年10月，孙中山在上海谈到“经济学”译名问题时认为，对于“经济学”这一门“有统系之学说”，无论译作“富国学”或“理财学”等，“皆不足以赅其义，惟经济二字，似稍近之”①。自此，“经济学”一词逐渐成为“economics”之通用译名。

20世纪初，从日本翻译而来的经济学著作增多，“经济学”之学科体系及研究方法也随之引入。除严复译《原富》外，比较重要者有金邦平译《欧洲财政史》（1902年）、张锡之译《比较财政学》（1907年）、何崧领译《财政总论》（1913年）、寿景伟译《财政学提要》（1915年）等。当时京师大学堂的《经济学讲义》即为日本人杉荣三郎所编。黄可权编撰之《财政学》（1907年），是中国学者自著之第一部财政学著作。1902年，京师大学堂设置“通商”与“理财”两科，是大学设置近代“经济学”学科之开始。

西方近代社会学，在甲午战争以前开始为中国先进学者所了解，康有为、梁启超等人均将“社会学”称为“群学”。1891年，康有为

① 孙中山：《在上海中国社会党的演说》，《孙中山全集》第2卷，中华书局1982年版，第510页。

在长兴学舍讲学时，开始用“群学”一词，并将“群学”列为一门学科，与“政治原理学”并列为经世之学。梁启超在湖南长沙时务学堂讲学时，亦采“群学”一词以介绍社会学。梁氏引申康有为之观点，提出“以群为体，以变为用”的“治天下之道”。其云：“群是天下之公理，万物之公理，同样‘变’也是古今的公理，凡在天下之间者，莫不变。”在他看来，“群学”乃系贯通天人之际之根本学问。梁启超在《论学日本文之益》中亦云：“日本自维新三十年来，广求智识于寰宇，其所译所著有用之书，不下数千种，而尤详于政治学、资生学、智学、群学，皆开民智强国基之急务也。”① 此处所谓的政治学、资生学、智学、群学，实际上就是近代西方的政治学、经济学、哲学和社会学。

但真正意义之社会学引入，是甲午战争后。1895 年，严复在《原强》一文中，介绍了达尔文《物种起源》及其生物进化论，将达尔文“天演之学”概括为“物竞”“天择”。同时，严复还介绍了斯宾塞关于近代西方学科体系的理论，将斯宾塞之社会学称为群学，认为西方生学、心学皆“归于群学”。他指出，西方学术从数学名学入门，继而治力学、质学（化学），再广以“天地二学”，再推而治生学、心学，最后归于西学之精深处——群学：“故学问之事，以群学为要归。唯群学明，而后知治乱盛衰之故，而能有修齐治平之功。”故西方近代群学，乃“大人之学”。严复对西方近代学术之理解，已经达到很深地步：“是故欲为群学，必先有事于诸学

① 梁启超：《论学日本文之益》，《饮冰室合集》文集之四，中华书局 1936 年版。

焉。不为数学、名学，则吾心（此）不足以察不通（遁）之理，必然之数也；不为力学、质学，则不足以牢（审）固果之相生，功效之互待也。”① 这是甲午以后对西方近代社会学和逻辑学之最早介绍，对西方近代社会学和逻辑学之引入起了巨大促进作用。1898年，严复更将社会学视为西方学术之尊，强调“为学之道”，首先须治玄学，包括名学和数学2种；继之治玄著学，包括力学（含水火者光电磁诸学）、质学（即化学）2种；然后治天学、地学、人学、动植之学等；再后治“生理之学”和“心理之学”；只有“生、心二理明，而后终之以群学”②。

正是因为对西方近代学术体系有着较为深刻的理解，故严复将介绍西方学术之重心，集中于西方近代社会学、逻辑学、政治学、法学、经济学等社会科学方面，有选择地翻译一批西方重要学术名著，如赫胥黎之《天演论》、亚当·斯密之《原富》、斯宾塞之《群学肆言》、穆勒之《群己权界论》《穆勒名学》、甄克思之《社会通诠》、孟德斯鸠之《法意》、耶方斯之《名学浅说》等，开创晚清时期全面介绍西方哲学、社会科学之先河，对引入和移植西方“法政诸学”各门类起了异常重大作用。1898年，严复译斯宾塞之《社会学研究》，采用“群学”一词，先在《国闻报》发表，1903年以《群学肆言》之名印行。严氏在该著“译余赘语”中云：“荀卿曰‘民生有群’，群也者，人道之所不能外也。群有数等，社会者，有

---

① 严复:《原强》,《侯官严氏丛刻》，光绪辛丑（1901年）仲秋南昌读有用书之斋刊印本。

② 严复:《西学通门径功用》,《严复集》第1册，中华书局1986年版，第95页。

法之群也”，由此可知，严氏视“群”比社会为广，“群”指一般人类聚合，“社会”指组织的人群而言。严复将近代“群学”定义为：“用科学之律令，察民群之变端，以明既往测方来也。肄言何？发专科之旨趣，究功用之所施，而示之以所以治之方也。”①

晚清时期正式以“社会学”之名将西方社会学学科介绍到中国者，是1902年日人岸本龙武太所著、章太炎翻译之《社会学》。章译《社会学》（约5万余字）内容分绪论、本论2部分，《绪论》略述社会学的意义、方法及与其他科学的关系；《本论》讨论人的状态、社会与环境的关系，并介绍社会起源的各种学说，最后讨论社会发达的原理、社会的性质与目的。随后，有贺长雄著、赵长振译《人群进化论》，加藤弘之著、陈尚素译《人种新说》，鸟居龙藏著、林揩青译《人种志》，金井延著、陈家瓒译《社会经济学》先后出版，对中国近代社会学之初建起到了“启蒙性的贡献”②。

1911年，远藤隆吉著、欧阳钧编译之《社会学》出版。该著《例言》云，“有贺、浮田、岸本三氏所说社会学，先后已有译本”，岸本龙武太之《社会学》，由章太炎翻译；有贺长雄著有《社会进化论》《宗教进化论》及《族制进化论》三书，其中《族制进化论》已经译为中文。欧阳钧之《社会学》，是根据远藤隆吉的《现今之社会学》（1901）及《近世社会学》（1907）编译而成，对社会学之各种问题，作了综合性论述，对引入西方社会学有一定作用。

---

① 严复：《译〈群学肄言〉自序》，《严复集》第1册，第123页，中华书局1986年版，第125、123页。

② 谭汝谦：《近代中日文化关系研究》，香港日本研究所1988年版，第124页。

1906 年 12 月，清政府颁布之《奏定京师法政学堂章程》规定，“政治门”第一学年课程须讲授社会学 2 小时，这是清末新式学堂设置“社会学”课程之开始。1908 年，圣约翰大学亦开设社会学课程，由美国教授孟氏（Arthur Monn）讲授。清政府于 1910 年 11 月颁布之《改订法政学堂章程》规定，“政治”“经济”2 门课程表中第一学年讲授“社会学”2 小时。这样，社会学作为一门学科，开始在中国创建起来。

民族学是 19 世纪中叶在西欧兴起的一门以科学地记录、描述、研究某些民族之学问。中国古代文献中有关民族学之材料虽然很多，如蔡元培曾举出《山海经》、《史记》（匈奴）及（西南夷）等列传、唐代樊绰《蛮书》、宋代赵汝适之《诸蕃志》、元代周达观之《真腊风土记》、明代邝露之《赤雅》等文献资料，其中均包括了神话、宗教、饮食、风俗习惯之纪录，但是蔡元培认为这类典籍，或为好奇心所驱使，或为政略上之副产品，不能列为科学之记录，当然也就谈不上近代意义之民族学了。

1898 年，德国学者哈伯兰特所著《民族学》被介绍到中国。1900 年，英人罗威将其译为英文，称为《民族学》（*Ethnology*）。1903 年，林纾、魏易从英译本又将此著译成中文，以《民种学》为名，由京师大学堂官书局印行。这是西方近代民族学传入中国之开端。1903 年，蒋观云在《新民从报》上连载《中国人种考》一文，称民族学为“人种学”。1903 年清政府颁布之大学学制及其学科科目中，在文学科“中外地理门”主课中，有“人种及人类学”科目，这是西方民族学正式引为京师大学堂学科之标志。1907 年，蔡元培留学德国，研习西方哲学、文学、文明史及民族学等近代学科，对于西方民族学有着比较准确的认识。1912 年，他主掌教育部后，在颁布之大学学制及其所属学科中，将“人种及人类学”改称“人类及人种学”，并规定为文科哲学、历史学、和地理学 3 门之主课。这样，民族学作为一门新学科在清末民初开始引入中国。

如果说戊戌以前中国主要还是通过欧美渠道移植西学的话，那么戊戌以后则主要是通过日本渠道移植西方近代学术。同时，与戊戌以前不同，从日本译介之“西书”，主要不是西方近代“格致诸学”，而是西方近代“法政诸学”，即以文史政法等社会科学各学科书籍为主，以数理化生地动植物学等自然科学各学科书籍为辅。据谭汝谦统计，1896 年到 1911 年，中译日书共 958 种，其中社会科学书籍为 366 种，世界史地书籍为 175 种，语言文字书籍 133 种，应用科学书籍 89 种，中国史地书籍 63 种，自然科学书籍仅占 83 种。①

可见，到 20 世纪初，西方近代社会科学各学术门类，如政治学、法学、经济学、哲学、逻辑学、美学、伦理学、社会学、人类学、教育学、地理学等，通过翻译日文书已经引入中国，并很快便为中国学界所接受。中国在仿效日本学制兴办新式学堂时，亦将这些移植而来的社会科学各学术门类予以确立，使之转化成中国近代社会科学各学术门类。

---

① 谭汝谦：《近代中日关系文化研究》，香港日本研究所 1988 年版，第 123 页。

表 16　过去数世纪中译书所涉及的主要知识领域（1580—1940 年）

译书种类							
科　目	1580—1790 年	1810—1867 年	1850—1899 年	1902—1904 年	1912—1940 年	总数	百分比
人文科学	(282)	(706)	(20)	(63)	(1924)	(2995)	39.2
哲　学	19	—	10	34	248	311	
宗　教	251	687	5	3	123	1069	
语　言	9	19	—	—	40	68	
文　学	1	—	3	26	1400	1430	
艺　术	2	—	2	—	51	55	
社会科学	(19)	(27)	(103)	(264)	(1992)	(2405)	31.5
政　治	2	2	20	79	448	551	
经　济	—	2	14	3	367	386	
教　育	4	—	12	54	211	281	
社　会	—	—	—	—	325	325	
史　地	13	23	57	128	641	862	
自然科学	(127)	(34)	(139)	(112)	(771)	(1183)	16.0
数　学	20	9	34	9	154	226	
天　文	89	19	12	—	49	169	
物　理	6	4	15	10	59	94	
化　学	—	—	18	9	77	104	
地　质	3	—	17	46	50	116	
生　物	6	2	28	31	148	215	

续表

译书种类							
科目	1580—1790年	1810—1867年	1850—1899年	1902—1904年	1912—1940年	总数	百分比
其他及通论	3	—	15	7	234	259	
应用科学	（4）	（13）	（230）	（56）	（574）	（877）	11.5
医学	2	13	45	9	220	289	
农业	—	—	46	5	72	123	
工程	—	—	93	10	124	227	
军事科学	2	—	46	32	118	198	
其他及通论	—	—	—	—	40	40	
杂录	（5）	（15）	（45）	（38）	（38）	（141）	1.8
总计	437	795	537	533	5299	7601	100
备注：1810—1867年和1850—1899年中，译书数字有重复处，其中属社会科学者2种，自然科学6种，应用科学5种，共计13种。							

资料来源：［美］钱存训著，戴文伯译：《近世译书对中国现代化的影响》，《文献》1986年第2期。

1903年，张之洞在《奏定大学堂章程》中，将大学分为8科，其中“政法科”包括政治学和法律学2门。这2门学科，又包括政治总义（即政治学）、政治史、统计学、行政机关学（行政学）、警察监狱学、法律原理学（法理学）、泰西各国法等10多种分支科目。这些科目，基本上将当时移植到中国的法学、政治学各科目明确规定下来。在“文学科”中，历史学科及其所属的分支科目（如史学研究法、泰西各国史、亚洲各国史、西国外交史、年代学、外交史、科学史等），地理学科及其所属的分支科目（如地理学研究法、中国今地理、外国今地理、政治地理、商业地理、交涉地理、历史地理、地文学、地图学、气象学等），文学学科及其分支科目（如文学研究法、各国近世文学史、声音学等），都被明确下来。同时，西方的辨学、教育学、心理学、伦理学、公益学、人种及人类学、金石文字学等学科及科目，也被作为大学所要开设的“随意科目”确定了下来。

这样，清末移植到中国之所谓“法政诸学”各学术门类，如政治学、法学、经济学、教育学、逻辑学、人类学等，均在《奏定大学堂章程》中得到明确认定。而唯独西方学术门类中非常重要的一门学问——哲学，却被张之洞有意废弃了。张氏不仅没有像西方大学那样设“哲学科”，而且也没有像日本大学各科中设立“哲学概论”等课程。正因如此，王国维《奏定经学科大学文学科大学章程书后》中，对张之洞不设“哲学科”之谬误提出严厉批评，并参考日本大学学制，在“文学”各科所当授之科目中，加入“哲学概论”“中国哲学史”“西洋哲学史”等科目。王国维所拟设之大学文科科目，包括哲学概论、中国哲学史、西洋哲学史、心理学、伦理学、名学、美学、社会学、教育学、印度哲学史、中国史、东洋史、西洋史、历史哲学、年代学、比较语言学、比较神话学、人类学、中国文学史、西洋文学史等学科门类。① 王氏分科方案，为民初新学制所接受。故从西方移植而来之近代“法政诸学”各门类，在清

① 王国维：《奏定经学科大学文学科大学章程书后》，《东方杂志》第3年第6期，1906年7月16日。

末民初正式创建起来。

综上所述，在晚清西学东渐影响下，中国近代意义之自然科学各学科门类及社会科学各学术门类，主要是通过两个渠道创立起来的：一是“移植之学”，即直接将西方学术门类移植到中国来的学术，这主要是指那些中国传统学术中缺乏或落后的学术门类，如自然科学中的数、理、化、生、地、动植物学等门类，及社会科学中的政治学、法学、经济学、社会学、逻辑学、教育学等；二是“转化之学”，即从中国传统学术中演化而来的学术，这主要是那些中国学术传统中固有学术门类经过“转化”的学术门类，如经学、中国文学、中国历史学、文字学、音韵学等。当然，这些现代学术门类，在晚清时期仅仅是初步形成，还远远谈不上成熟。

第七章

中西学术配置及近代知识系统的雏形

随着西方学术分科性及其学科门类的输入，中西学术之配置成为一个重要问题。这一问题的核心，是中国传统学术及知识体系如何被纳入近代知识系统之中。晚清时期，以经史子集为框架的“四部之学”知识系统，受到近代西方以“学科”为类分标准之学术体系及知识系统的挑战。伴随着西方学术分科观念、分科原则及学科体系的引入，中国传统知识系统必然逐步解体，被消融在近代西方知识系统之中。因此，中国传统知识系统在晚清面临着重大转轨：从“四部”为框架之知识系统，转向以近代西方学科为框架之新知识系统，简单地说就是从“四部之学”转向“七科之学”。中国传统学术及知识系统的转型过程，既是中国传统知识系统逐步解体之过程，同时又是中国近代知识系统重新建立之过程。

中西学术之重新配置，是西学引入后必然出现的现象。当西学初入中国之时，中国面临着这样的选择：是用西方近代学术理念统贯、整合中学，还是将西学纳入中国学术体系和知识系统中？最初的选择是将西学纳入中学体系之中，即西学为中学所接纳。但随着西学传入之深入，中西学术发展之大势，必然是用西方分科观念及原则，将中学知识系统逐步肢解，纳入西方学术体系和知识系统中。因此，西学输入之程度，决定着中学被肢解之进度，也决定着中学被纳入近代西方学术体系及知识系统之速度。

中国学术从“圣学”变为中学、旧学、国学之演变过程，与西方近代学术从夷学提升为西学、新学之过程是同步的。中、西学名称上之变化，鲜明地体现着两者地位之消长。中西学术配置问题，在西学刚刚输入中国时，是西方学术如何纳入中国学术体系中的问题，于是“西学中源说”应运而生；随着西学输入之强化，中西学术被纳入了“中学为体、西学为用”知识框架中；20 世纪初期，随着西学输入大势之不可逆转，中学的生存和发展面临着极大危机，主要问题已经不是在中学体系中如何接纳西学之问题，而是西学成为学术主流后，中国学术如何纳入近代西方学科化知识系统之问题。于是便建立了一种实际上可称为“西体中用”之学术配置模式及新知识系统。所谓整理国故，实际上就是按照西方分科观念及其原则，用近代西方科学方法，将中国传统学术加以学科整合，纳入近代西方知识系统之尝试与努力。

一、“撷泰西之菁英、熔中土之模范”

援西学入中学，重新整合中学，以创造“不中不西，即中即西”之近代新学，是中国传统学术门类在晚清进行创造性转化的基本路向。这种整合与会通的路向，便是西学移植后，中国学术所面临的中西学术重新配置问题。西方学术传入中国之初，中国学者在中西学术配置问题上，是用“源流”说来阐述中西学术之关系，以中学统摄西学，将西学纳入中国传统学术体系及知识系统之中。

“西学中源”说产生于明末清初西学东渐时，顾炎武、黄宗羲较早提出这种主张。黄氏曰：“勾股之学，其精为容圆、测圆、割圆，皆周公、商高之遗术，六艺之一也。自后学者不讲，方伎家遂私之……珠失深渊，罔象得之，于是西洋改容圆为矩度，测圆为八线，割圆为三角，吾中土人让之为独绝，辟之为违失，皆不知二五之为十者也。”[①] 而这种主张为中国学者所接受，康熙起了重要作用。来华西洋传教士将“代数学”之译名“阿尔热巴达”，转译为“东来法”（即“中国法”），康熙深以为是：“夫算法之理，皆出《易经》，即西洋算法亦善，原系中国算法，彼称阿尔朱巴尔者，传自东方之谓也。”[②] 他认为，西方历算“原出自中国，传及于极西”，其之所以高于中法，是由于“西人守之不失，测量不已，岁岁增修，所以得其差分之疏密”[③]。他组织编撰《律历渊源》，即为探究所谓律历算法之中土“本源”。这种观点在当时比较流行，许多学者均持此说。

算学家梅文鼎曰：“《御制三角形论》言西学实源于中法，大哉王言！著撰家皆所未及。”又云：“算术本自中土传及远西，而彼中

---

① 黄宗羲：《吾悔集》卷二，《黄宗羲全集》第 10 册，浙江古籍出版社 1985—1994 年版。

② 王先谦：《东华录》康熙八十七，光绪十七年（1891 年）上海广百宋斋刊印本。

③ 康熙：《三角形推算法论》，《圣祖仁皇帝御制文集》三集卷十九。

学者专心致志，群萃州处而为之，青出于蓝而青于蓝，冰出于水而寒于水。”① 算学家王锡阐将中西天文术数学对比后云：“西学原本中学，非臆撰也。”《四库全书总目提要》亦云代数是元代李冶之书流传至西方，西洋人学到后又传入中国，“西名阿尔热巴拉，即华言东来法也”，“知即（李）冶之遗书流入西域，又转而还入中原也”。《数理精蕴·周髀经解》备举明末清初耶稣会传教士中以数学著称者后云，“然询其所有，皆云中土所流传”，“三代盛时，声教四讫，重译向风，则书籍流传于海外者，殆不一矣”，“中原之典章既多缺佚，而海外之支流反得真传，此西学之所以有本也”。② 这是“西学中源”说较为完整之表述。

阮元撰《畴人传》，多次阐发西学源于中国之说。其云：“自鸣钟来自西洋，其制出于古之刻漏。《小学绀珠》载薛季宣云：‘晷漏有四，曰铜壶，曰香篆，曰圭表，曰辊弹。’元谓辊弹即自鸣钟之制，宋以前本有之，失其传耳。”③ 并强调说“此制乃古刻漏之遗，非西洋所能创也”，认为西洋自鸣钟及其包含之“重学”原理源于中国古学。

明清之际所谓西学，仅涵盖天文历算知识，在中国学者看来，纯属“艺学”范围。尽管“西学中源”说不是建立在科学事实上，而是建立在牵强附会之臆测上，但显然是将西方输入之学术纳入中

---

① 梅文鼎：《绩学堂文钞》卷二《测算力主序》，《清代诗文集汇编 131》，上海古籍出版社 2010 年版，第 295 页。

② 清圣祖敕编：《数理精蕴》上编卷一《周髀经解》，商务印书馆 1936 年版，第 8 页。

③ 阮元：《自鸣钟说》，《研经室集》下册，中华书局 1993 年版，第 700—701 页。

国学术体系的最初尝试。

鸦片战争后，随着传入西学内容之扩大，“西学中源”说包括之范围逐步扩大，由清初之天文历算，扩大到光绪初年之算学及格致诸学（力学、光学、化学、电学等）。当西方格致学引入后，一些守旧学者采取了排斥态度。倭仁云：“窃闻立国之道，尚礼义不尚权谋；根本之图，在人心不在技艺。今求之一艺之末，而又奉夷人为师，无论夷人诡谲未必传奇精巧，即使教者诚教，学者诚学，所成就者不过术数之士，古今来未闻有恃术数而能起衰振弱者。”① 王家璧则曰：“今欲弃经史章句之学，而尽趋向洋学，试问电学、算学、化学、技艺学，果足以御敌乎?”② 公开将中学与西学对立起来，排斥西学。在这种情况下，人们再次强调“西学中源”说，借以作为引入西学之理由，显然有助于西学传播。

1861 年，冯桂芬率先重提“西学中源”说：“中华扶舆灵秀，磅礴而郁积，巢、燧、羲、轩数神圣，前民利用所创始，诸夷晚出，何尝不窃我绪余。”③ 认为西方天文历数，光学、重学等均源于中国。李鸿章亦曰：“无论中国制度文章，事事非海外人所能望见，即彼机器一事，亦以算术为主，而西术之借根方，本于中术之天元，彼西土目为东来法，亦不能昧其所自来。尤异者，中术四元之学，阐明于道光十年前后，而西人代数之新法，近日译出于上海，显然

---

① 倭仁：《奏阻同文馆用正途人员学习天算折》，陈学恂主编《中国近代教育史教学参考资料》上册，人民教育出版社 1986 年版第 186 页。

② 王家璧：《会议海防事宜奏折附片》，陈学恂主编《中国近代教育史教学参考资料》上册，人民教育出版社 1986 年版，第 210 页。

③ 冯桂芬著：《制洋器议》，《校邠庐抗议》，上海书店出版社 2002 年版，第 48 页。

脱胎于四元，竭其智慧不能出中国之范围，已可概见。特其制造之巧，得于西方金行之性，又专精推算，发为新奇，遂几于不可及。”[①] 很显然，李氏是持“西学中源”说，论证西学“不出中国之范围”，仿效西学等同于研习中国古学。

当时对“西学中源”说阐述比较详尽者，当数张自牧。他先后作《瀛海论》《蠡测卮言》等著，旁征博引，系统地阐述西学源于三代圣人和诸子百家。张氏《瀛海论》曰：“今天下竞谈西学矣，蒙以为非西学也。天文历算，本盖天宣夜之术。彼国谈几何者，亦译借根方为东来法，畴人子弟类能知之。”他指出：《墨子》云化征易，若龟为鹑，五合水火土，离然铄金，腐水离木，同重体合类异，二体不合不类，化学也；均发均悬云云，重学也；临鉴立影云云，光学也；《亢仓》云蜕地谓水，蜕水谓气，汽学也；《经》言地载神气，神气风霆，风霆流形，百物露生，电气之祖也，《关尹》之石击石生光，雷电缘气以生可以为之。也就是说，西方近代光学、汽学、电学均为中国古籍所记载，均来自中国古学，“泰西智士从而推衍其绪，其精理名言，奇技淫巧，本不能出中国载籍之外”。既然西学乃为中国祖传学术，那么中国学习西学，乃是学习中国固有学术：“今欲制机器，测量万物，运用水火，诚不能不取资于三角八线及化气电火诸艺术，然名之为西学，则儒者动以非类为羞，知其本出于中国之学，则儒者当以不知为耻，是在乎正其名而已。”[②]

---

① 李鸿章：《致总署论派员出洋学习制造及在京或口岸设机器局》，《中华大典·理化典·中西会通分典2》，山东教育出版社2018年版，第450页。

② 张自牧：《瀛海论》，朱克敬编《边事续钞》卷六，光绪庚辰（1880年）年石印本。

曾纪泽、黄遵宪、陈炽等人也赞同此说，尝试将西学纳入中学体系中。曾纪泽不仅作出“老子为周柱下史，其后西到流沙，而有周之典章法度，随简册而俱西”之大胆假设，而且以《易经》为例，论证西学乃中国圣人所发明。在曾氏看来，西方之水火气土四元素说，及电线、西医、火车、轮船诸种精巧，均不出《易经》所涵之学问范围；西方近日所考求之精理，早为中国圣贤所道破。黄遵宪在《日本国志》中，首提西学“其源盖出于墨子”之论断：“泰西之学，盖出于墨子。其谓人人有自主权利，则墨子之尚同也；其谓爱汝邻如己，则墨子之兼爱也；其谓独尊上帝，保汝灵魂，则墨子之尊天明鬼也。至于机器之精，攻守之能，则墨子备攻、备突、削鸢能飞之绪余也；而格致之学，无不引其端于《墨子·经》上下篇。”① 在他看来，议会荐贤授能，其人乐善好施，热心公益，广设学校、医院、育婴堂、养老院，其学问实事求是、日进不已，其器物精巧便利，其法律详而必行，其武备严整而不轻言战争等，均为“用墨子之效也”。黄氏提出之“西学源于墨学”说，得到时人普遍认同。

陈炽曰：“其踪迹之尚有可考者，若浑天之说，仿于周髀借根方，谓之东来法；火器之制，西人有仕于元者，携之而归，精益求精，遂称无敌。自余生电、印书诸法，均创于中国，而巧于泰西。”② 他认为，正因西学源于中国，中国采取西学是很自然的事

---

① 黄遵宪：《日本国志·学术志一》，上海图书集成印书局光绪二十四年(1898 年）刊印本。

② 陈炽：《庸书·西书》，《陈炽集》，中华书局 1997 年版，第 74 页。

情："夫泰西之天学，占星揆日，足资修历授时者，我圣祖皇帝既已采而用之矣。有地学焉，识五金之质，辨九土之宜，析山海以豪芒，得神奇于朽腐，而地无遗利矣；有化学焉，别五行之精气，审万类之性情，分之合之以尽神，参伍之错综之以尽变，而物无弃材矣；有植物学焉，判天时之寒热，考地力之肥硗，去其所害而性不伤，聚其所欲而生乃遂，则庶汇蕃矣；有工艺学焉，竭心思耳目之能，广水火木金之用，寓灵奇于规矩，穷变化于鬼神，则百货备矣；有重学焉，古法有所未备，人力有所必穷，动之静之而用殊，假之借之而事集，则无塞非通矣；有光学焉，导水以生火，积气以燃灯，回光窥日月之精，照海绝风云之阻，则无微不显矣。此数者，只其大略，以外所得之新理，所创之新法，所成之新器，所著之新书，万族千名，更仆而未能悉数，而固非别有奇奥也。"①

1880 年代以后，"西学中源"说极为流行，很多学者持这种观点。郑观应、薛福成、汤震、宋育仁、陈虬等均论证了西学为"中国本有之学"，并从《周髀算经》《考工记》《墨子》《管子》《庄子》《淮南子》《吕氏春秋》《论衡》《张子正蒙注》《梦溪笔谈》及《天工开物》等古代典籍中探求西学之源流。郑观应曰："自《大学》亡《格致》一篇，《周礼》阙《冬官》一册，古人名物象数之学，流徙而入于泰西，其工艺之精，遂远非中国所及。"② 他断定："今天下竞言洋学矣，其实彼之天算、地舆、数学、化学、重学、

---

① 陈炽：《庸书·格致》，《陈炽集》，中华书局 1997 年版，第 126 页。

② 郑观应：《盛世危言·道器》，《郑观应集》上册，上海人民出版社 1982 年版，第 242 页。

光学、汽学、电学、机器兵法诸学，无一非暗袭中法而成。”他强调：“况夫星气之占始于臾区，勾股之学始于隶首，地图之学始于髀盖，九章之术始于周礼。不仅此也，浑天之制昉于玑衡，则测量有自来矣。公输子削木人为御，墨翟刻木鸢而飞，武侯作木牛流马，则机器有自来矣。秋官象胥，郑注译官，则翻译有自来矣，阳燧取明火于日，方诸取明水于月，则格物有自来矣。”① 宋育仁云：“墨氏之教，秦以后微于中邦，而流转于西土。”他断定西方议会制度源于《周礼》：“其上院则如古世卿。《周礼》询群臣、询群吏，询万民，朝士掌治朝之位，有众庶在焉。然则《周礼》并有上议院在。”并猜测：“《周官》，圣人经世之术，外国略得其意而其效之睹，非汉唐以下诸人之所得见。”他认为：“彼夷狄之法，其得者乃古昔圣人之意也。”②

晚清大儒俞樾亦云：“近世系学中，光学重学，或言皆出于墨子，然其备梯备突备穴之法，或即泰西机器之权舆乎？”③ 朱一新则曰：“西人重学、化学、电学、光学之类，近人以为皆出《墨子》，其说近之。（《关尹》《亢仓》《吕览》《淮南》《论衡》皆有之。《列子·汤问篇》有重学，《仲尼篇》有光学，皆与墨子说同。《抱朴子·金丹篇》言：合诸药及水银以成黄金，即化学之理；《黄白

---

① 郑观应：《盛世危言·西学》，《郑观应集》上册，上海人民出版社 1982 年版，第 274—275 页。

② 宋育仁：《泰西各国时务》，《采风记·时务论》，光绪丁酉年（1897 年）上海书局石印本。

③ 俞樾：《墨子序》，孙诒让《墨子间诂》，《诸子集成》刊印本，上海书店 1986 年版。

篇》言：云、雨、霜、雪以药为之，与真无异，即电学之理；西人亦自言，化学之法，本于炼丹术士；至机器，本中国旧有之物，近人考之綦详，或更欲附会于经典，则无谓也。)"[①] 郭嵩焘亦认为："夫西学之借根方，代传为东方法，中国人所谓立天元也。西人用之，锲而不已，其法日新，而中国至今为绝学。"因此，他昭示天下学者："俾知西学之渊源，皆三代之教之所有事。"[②] 采用西学，实际上是采取中国"三代之教所有事"。

汤震以西人将借根方叫作"东来法"为例，断言"所有西法罔不衍我绪余，因我规矩"，进而认为西学各门类，均包含于中国古学之中："余若天学、物学、化学、气学、光学、电学、重学、矿学、兵学、法学、水学、声学、医学、文学、制造等学，皆见我中国载籍。"[③]

王仁俊编撰之《格致古微》，是"西学中源"说之集大成者。该书是有鉴于西学输入中国后中西学术之冲突而编撰的。俞樾为之作序曰："自泰西诸国交乎中夏，西学兴焉，趋时者喜其创获，泥古者恶其奇衺，而不知西学亦吾道之所有也。"[④] 该书从经、史、子、集四部典籍中寻章摘句，将中国传统知识系统中之有关格致学内容，逐一查找、对号入座，以论证西学在中国学术系统中确有根

---

① 朱一新著，吕鸿儒、张长法点校：《无邪堂答问》卷四，中华书局2000年版，第169页。

② 郭嵩焘：《丁冠西〈中西闻见录选编〉序》，《郭嵩焘诗文集》，岳麓书社1984年版，第68页。

③ 汤震：《中学第六》，《危言》卷一，光绪十六年刊印本。

④ 俞樾：《格致古微序》，《格致古微》，光绪二十二年（1896年）吴县王氏刊印本。

基，近代西学源于中国古学。

该书序论曰："自九经、二十四史以及诸子书百家之集，凡有涉于西学者，博采而详论之，使人知西法之新奇，可喜者无一不在吾儒包孕之中。"① 俞樾站在"西学中源"说立场上，对近代西学与中国古学作了这样的评判："西人所言化学、光学、重学、力学，盖由格物而至于尽物之性者也，惟古之圣人皆以人道为重，故曰圣人人伦之至也。自尧舜三代以来，吾人皆奉圣人之教以为教，专致力于人道，而于物或不屑措意焉，是以礼乐文章高出乎万国之上，而技巧则稍逊矣。彼西人之学，务在穷尽物理，而人道往往缺而不修，君臣父子夫妇昆弟之间每多遗憾，而奇技淫巧则日出而不穷。盖中国所重者本也，而西人所逐者末也，逐末则遗本，而重本则末亦未始不在其中。苟取吾儒书而熟复之，则所谓光学、化学、重学、力学，固已无所不该矣。"② 很显然，在他看来，近代西学包括在中国古学体系之中，中国古学比近代西学高明而丰富。

王氏编撰《格致古微》之主旨，是力图将当时介绍到中国之西学，纳入中国固有之知识系统中。林颐山为《格致古微》作序时云："虽欲撷泰西之菁英，镕中土之模范不难矣。"③ 将"泰西之菁英"纳入"中土之模范"，一语道破了"西学中源"说在中西学术

---

① 俞樾：《格致古微序》，《格致古微》，光绪二十二年（1896 年）吴县王氏刊印本。

② 俞樾：《格致古微序》，《格致古微》，光绪二十二年（1896 年）吴县王氏刊印本。

③ 林颐山：《格致古微序》，《格致古微》，光绪二十二年（1896 年）吴县王氏刊印本。

配置上之根本立场和基本倾向。所谓“泰西之菁英”，即为西方近代“格致诸学”，所谓“中土之模范”，即为“四部之学”为主体的中国知识系统。这是一种以中学吸收、统摄西学之中西学术配置模式。这种将西学纳入到中学“模范”之配置方式，是19世纪90年代以前中国学人所持之较为流行的观念。不仅郑观应、王韬、陈炽等早期维新派赞同此说，而且早年的康有为、梁启超、唐才常等人也多少受其影响。

康有为曰：“公谓西国之人专而巧，中国之人涣而钝，此则大不然也。我中人聪明为地球之冠，泰西人亦亟推之。自墨子已知光学、重学之法，张衡之为浑仪，祖暅之为机船，何敬容之为行城，顺席之为自鸣钟，凡西人所号奇技者，我中人千数百年皆已有之。泰西各艺皆起百余年来，其不及我中人明矣。”① 梁启超则称，“当知今之西学，周秦诸子多能道之，西人今日讲求之而未得者，吾圣人于数千年前发之，其情切深明，为何如矣”，将已知的西学门类均纳入“古已有之”的中学体系。唐才常继承张自牧“西方科技得之于诸子”说法，也继承早期改良派所谓“《周礼》是西方富强之本”观点，认为西学“精要之谊在与《周礼》合”，诸子出于孔门，西学出于诸子，故古今中外一切学问，“盖皆孔门之微言”。谭嗣同在南学会专题演讲“论今日西学与中国古学”时，亦断言：“盖举近来所谓新学新理者，无一不萌芽于是。以此见吾圣教之精微博大，

① 康有为：《与洪右臣给谏论中西异学书》，《康有为全集》第1集，上海古籍出版社1987年版，第537页。

为古今中外所不能越。”①

一些新式书院及近代学堂设置学科门类时，也多采取“以中学统摄西学”模式。1891 年，康有为在长兴万木草堂讲学，将所讲学术按照“儒学四门”分为 4 类，即义理之学、考据之学、经世之学和文字之学。康有为这个学术系统，基本上以中国“儒学四门”为主，辅以自己知道的一些西学：义理之学中除了传统的孔学、佛学和宋明学外，增加“泰西哲学”；考据之学中除了传统的经学、史学外，增加“万国史学”“数学”和“格致学”；经世之学中除了“中国政治沿革得失”，增加“政治学原理”“万国政治沿革得失”“政治实用学”及“群学”等学术门类；文字之学中除了“中国词章学”外，增加“外国语言文字学”。很显然，康有为所采取之学术配置模式，就是将其视为有用的西学，纳入中国固有“儒学四门”学术体系之中。

需要指出的是，“西学中源”说尽管随着人们对西学认知的深化而逐渐被“中体西用”说替代，并为越来越多的学者抛弃，但这种颇为流行之中西学术配置方式，直到 20 世纪初，仍有很大影响。清末国粹派在倡明“国粹”时，仍没有放弃从中国古学中寻找西学依据及本源之做法。黄节在《黄史》中引用古籍中“夫礼，立君必询诸民”，论证西方政制是中国的“失古之礼”；马叙伦以《泰誓》中“天视自我民视，天听自我民听”以及《左传》相关记载，推演出民权思想在中国古代“即已有之”；邓实在《古学复兴论》中作

① 谭嗣同：《论今日西学与中国古学》，《谭嗣同全集》（增订本），中华书局 1981 年版，第 399 页。

出了“西学入华，宿儒瞠目，而考察其实际，多与诸子相符”之结论，断言“诸子之书，其所含义理，于西人心理、伦理、名学、社会、历史、政法、一切声光化电之学，无所不包”①。罗振玉在概述清代学术之得失时自信地称：“海禁未开以前，学说统一，周孔以外，无他学也。自西学东渐，学术乃歧为二。其实近日欧洲新说，皆为中国古代过去之陈迹。孟子载神农之言，及貉之无君臣上下，百官有司。与今日欧人所倡，其何以异，在中国早已扞格不行，久归淘汰，在欧则为崭新之学说。乃今之学者，于我先圣百王数千年所历试，尽善尽美之政学则疑之，于外来之新说则信之。”②

“西学中源”说是证明西学与中学可以相容、互补之最简便方法。西学既然是中国古已有之而后来传到西方去的，那么采西学无非是“礼失求诸野”。其所引申之“西学即是中国古学”论断，迎合了国人论事“必推本于古，以求其从同之迹”的心理，故颇为流行。对此，陈炽在介绍西学时云：“良法美意，无一非古制之转徙迁流而仅存于西域者。故尊中国而薄外夷可也，尊中国之今人而薄中国之古人不可也；以西法为西法，辞而辟之可也，知西法固中国古法，鄙而弃之不可也。”③ 宋育仁也认为，只有将西学视为“古圣贤之意”，才能“出证于外国富强之实效，而正告天下以复古之美名，名正言顺，事成而天下悦从，而四海无不服”。如此看来，将西学纳入到中学模范之“西学中源”说，对于促进西学之最初输入

① 邓实：《古学复兴论》，《国粹学报》第1年第9号。

② 罗振玉：《本朝学术之得失》，《本朝学术源流概略》第四章，上虞罗氏辽居杂著乙编1933年刊印本。

③ 陈炽：《〈盛世危言〉序》，《陈炽集》，中华书局1997年版，第305页。

是较为有利的。

但这种将近代西学混同于中国古学，将近代西学之成就说成是中国古已有之，从而得出西学未超出中国典籍所载的范围和水平之绝对化论断，多为子虚乌有之臆想，没有多少令人信服的依据。更严重的问题是：既然西学源于中国古学，为什么中国古学在西洋获得如此辉煌的发展，而在中国反而音沉响绝呢？中国古学尽管有近代"格致诸学"萌芽，包含了近代西学之诸多原理，但中国古学既没有产生出近代意义上之学科门类，也没有产生出系统之学科体系。仅仅从学术源头上论证西学出自中国古学，难以解释西学先进而中学落后之原因。而且，近代西学与中国古学毕竟属于两套不同的知识体系，中学并不能真正包容近代西方分科性之学术体系及知识系统。将近代西学纳入中学体系中，只不过是晚清部分学者之主观愿望而已。

实际上，当时很多赞同"西学中源"说之学者，朦胧地意识到中西学术体系之差异，认识到近代西学并非中国古学所能包容，而是属于另外一套独立的学术体系。因此在赞同"西学中源"说的同时，还提出了"中主西辅""中体西用"之学术配置方案。

1878年，正在法国留学的马建忠曰："夫泰西政教，肇自希腊，而罗马踵之。"这或许是目前见到的中国人对"西学中源"说最早怀疑之文字。丁韪良明确指出西学系西人自创，并非祖于中华："西国一切治乱变故，于中国渺不相涉。"英国传教士艾约瑟特撰《西学略述》，详细介绍西学源流。徐仁铸亦认为，中西均有圣人，都有可能产生新学问，"西人艺学，原本希腊，政学原出罗马，惟能继续而发明之，遂成富强；我中土则以六经诸子之学，而数千年暗昧不彰，遂以积弱”①，承认中西学术各有源流。

陈炽认为，发端于中国之西学，在近代西方得到迅猛发展，已经远远高于中国古学：“中国自经秦火，《周礼》之《冬官》既逸，《大学》之《格致》无传，图籍就湮，持论多过高之弊，因循简陋，二氏承之，安常守经，不能达变，积贫积弱，其势遂成，迄于今亦二千有余岁矣。当日者，必有良工硕学抱器而西，故泰西、埃及、罗马之石工，精奇罕匹。明季以后，畸人辈出，因旧迹，创新器，得新理，立新法，著新书，及水火二气之用成，而轮舟、轮车、火器、电报及各种机器之制出，由是推之于农，推之于矿，推之于工，推之于商，而民用丰饶，国亦大富，乃挟其新器新法，长驱以入中国，中国弗能禁也。”②

陈氏还认为，尽管中国古代已经发明了近代格致学之诸多精义，但并没有得到发扬光大，反而在西方近代得以昌明，形成了一套与中学相异之学术体系：“西人化学精深，亦仿于道家之炉鼎。黄芽白雪，彼征诸实，我丽于虚，我以欺人，彼以富国……所论地体之生成，地质之层累，其理皆古人已言之，西人心力精专，因得考求其实象。既兴矿务，当用矿师，欲识矿金，须明地学，慎毋强分轩轾，自窒利源，使宝气灵光终埋土壤，致他人先我而为之也。”③因此，西学绝不是中学可以包含的。

---

① 徐仁铸：《輶轩今语》，《中西学门径书七种》，上海大同译书局光绪二十四年（1898 年）石印本。

② 陈炽：《续富国策 · 自序》，《陈炽集》，中华书局 1997 年版，第 148 页。

③ 陈炽：《续富国策 · 精究地学说》，《陈炽集》，中华书局 1997 年版，第 182 页。

还有人认为，中西学术尽管同“源”，却异“流”：“西人之兵学在布势，中国之兵学亦在布势；西人之兵学在练胆，中国之兵学亦在练胆，其流不同，其源实同也。”尽管“中国是西学之鼻祖也，西学是中国之支派也”①，但中国已经落后于近代西方，“中学者，西学之师也，彼得其末而强，我失其本而弱”②。因此，近代西学并不是中国学术系统所能包容和统摄的。

清末大儒吴汝纶之见解颇具代表性：“天算、格致等学，本非邪道，何谓不悖正道！西学乃西人所独擅，中国自古圣人所未言，非中国旧法流传彼土，何谓礼失求野！周时所谓东夷、北狄、西戎、南蛮，皆中国近边朝贡之藩，且有杂处中土者。蛮夷僭窃，故《春秋》内中国，外夷狄。《孟子》所谓‘用夷’，夷谓荆楚。楚，周之臣子，而僭天子，宜桓、文之攘之也。今之欧美二洲，与中国自古不通，初无君臣之分，又无僭窃之失，此但如春秋列国相交，安有所谓夷夏大防者！此等皆中儒谬论，以此边见，讲求西学，是所谓适燕而南辕者也。”③ 吴氏虽然将西学限在“天算格致”范围，但已经看到西学是独立于中学而自成体系之知识系统，不仅西学不源自中学，而且也非“中体西用”所能总括。

既然中学无法包容西学，那么中国学者在接受西学时，开始用“体用”“本末”“主辅”等范畴来配置中西学术。“主辅”“本末”

---

① 《续西学与中学异流同源论》，《皇朝经世文五编》，光绪壬寅（1902 年）中西译书会刊印本，第 253 页。

② 《西学包罗于六经说》，《皇朝经世文五编》，光绪壬寅（1902 年）中西译书会刊印本，第 254 页。

③ 吴汝纶：《答牛蔼如》，《吴汝纶尺牍》，黄山书社 1990 年版，第 88—89 页。

"体用"等范畴，所要说明的是中学与西学在新学术配置中的地位，是两者何为主、本、体，何属次、末、用之问题。

二、"中学为主、西学为辅"

"西学中源"说与后来的"中体西用"说之间，并没有不可逾越的鸿沟。无论是将西学纳入中学体系之中，还是以中学统摄西学，均包含着中学为主、为体、为本，以西学为次、为用、为末之含义。因此，近代西学即便真如张自牧等人所说的那样来源于中国固有学术，但毕竟不同于中国古学，无法真正纳入中学系统之中，只好采取"中主西辅""中体西用"的配置方式。这种配置模式，与"西学中源"说之最大区别，在于承认西学与中学是两套不同的知识系统，并认为西学有着中学所不具有之特长及功用，中学必须以西学为"用"。

在中西学术门类之配置上，冯桂芬最早提出"中本西术"主张："以中国之伦常名教为原本，辅以诸国富强之术。"① 所谓西方"富强之术"，是指西方天文历算之学、舆地测绘之学和格致穷理之学。冯氏曰："至西人之擅长者，历算之学，格物之理，制器尚象之法。"② 所以，冯氏在《采西学议》中所要"采"之西学门类，便是"历算之学"与"格物之理"所包括的几门学问："如算学、重学、视学、光学、化学等，皆得格物至理。舆地书备列百国山川

---

① 冯桂芬：《采西学议》，《戊戌变法》（一），上海人民出版社 1961 年版，第 28 页。

② 冯桂芬：《上海设立同文馆议》，《戊戌变法》（一），上海人民出版社 1961 年版，第 38 页。

阨塞风土物产，多中人所不及。”[①] 所谓“历算之学”包括天文、历算等学；“格致之理”包括算学、重学、视学、光学、化学、舆地学（地理学）等。在中国传统学术门类之外，增加一些西方学术门类，便是以冯桂芬为代表之晚清学者对中西学术进行配置的基本思路。

在冯桂芬等人看来，西学仅仅被作为一种“富强之术”而采用，并未成为一种与中国学问并立之“学”。陈炽解释云：“太学课程，宜令旧学诸臣，会同监官，博采良规，通行遵守。另建书阁，罗致四海有用之书，四库百城，罔有遗滥。推广算学，创立格致一门。广译西书，延订西士，优其薪俸，宠以职衔。其各省武备、方言、水师，及总署、同文各馆，俱归国子监综核，勿使离经叛道，自矜异学，忘厥本来。太学各官，亦宜博览兼通，毋得局守旧闻，自贻轻藐。盖依仁游艺，古人具有渊源，博学多能至圣，本由天纵。中学、西学，合同而化，人才辈出，足以上备干城矣。”[②] 这就是说，应该保留旧学，“勿使离经叛道，自矜异学，忘厥本来”；同时要兼采西学，“推广算学，创立格致一门”。当“依仁游艺”，以古圣贤之大道为“渊源”，西学为“艺”，将中西学术“合同而化”，成就当世之人才。

这种“中本西术”学术配置模式，实际上将当时所接受之西学，视为“艺学”，将中学视为“道学”，是传统重“道”轻“艺”

---

① 冯桂芬：《采西学议》，《戊戌变法》（一），上海人民出版社 1961 年版，第 26 页。

② 陈炽：《庸书 · 太学》，《陈炽集》，中华书局 1997 年版，第 31 页。

学术传统的反映和继续。“中本西术”的依据，便是传统“道器”“体用”观念。在中国传统学术体系中，形而上者谓之道，形而下者谓之器，经史之学包含了圣人之大道，是“道”学；术数历算等为“艺事”，是“艺”学，是寻求大道之手段，因此“道学”处于中国学术体系乃至整个知识系统之最高、最主要地位，而艺学处于次要的从属地位。

在中国学者看来，西方格致诸学尽管非常重要，但毕竟属于形而下之“艺学”，自然应该从属于中国“道学”。左宗棠曰：“中国之睿知运于虚，外国之聪明寄于实。中国以义理为本，艺事为末；外国以艺事为重，义理为轻。彼此各是其是，两不相喻。”① 李鸿章在致友人函中，力图从道器关系上阐明西学之效能：“中国所尚者道为重，而西人所精者器为多……欲求驭外之术，惟有力图自治，修明前圣制度，勿使有名无实；而于外人所长，亦勿设藩篱以自隘，斯乃道器兼备，不难合四海为一家。盖中国人民之众，物产之丰，才力聪明，礼义纲常之盛，甲于地球诸国，既为天地精灵所聚，则诸国之络绎而来合者，亦理之固然。”②

汤震亦认为：“盖中国所宗者，形上之道；西人所专者，形下之器。中国自以为道，而渐失其所谓器；西人毕力于器，而有时暗合于道。”故中国只能“善用其议，善发其器，求形下之器，以卫

① 左宗棠：《拟购机器雇洋匠试造轮船先陈大概情形折》，《左文襄公全集·奏稿》卷十八，上海书店 1986 年影印本。

② 薛福成：《代李伯相答彭孝廉书》，《庸庵文编》卷二，光绪丁亥（1887 年）孟春刊印本。

形上之道”[1]。即采用“中体西用”乃最合理办法。这样，中学为主、为体、为本原，西学为从、为用、为辅助，便是自然之事。通过体用、道器、主辅关系，便将近代西方学术与中国传统学术配置在一起，将西学置于中学之附属地位。

冯桂芬将中西学术的配置表述为“中本西术”，代表了时人之共同思路。两广总督张树声认为：“伏惟泰西之学，覃精锐思，独辟户牖，然究其本旨，不过相求以实际，而不相骛于虚文。格物致知，中国求诸理，西人求诸事；考工利用，中国委诸匠，西人出诸儒。求诸理者，形而上而坐论易涉空言；委诸匠者，得其粗而士夫罕明制作。故今日之西学，当使人人晓然于斯世需用之事，皆儒者当勉之学，不以学生步鄙夷不屑之意，不使庸流居通晓洋务之名，则人才之兴，庶有日也。”[2] 从这段文字看，张氏也是赞同“中本西术”的。

19 世纪 80 年代初，同文馆总教习丁韪良考察欧美六国后，向清廷明确表述了中国只需“稍用西术”之观点：“中西学术互异，而立法各有所长，中国则明经取士，因而京省郡县按期考试，以为登进之阶；西国则广建书院，不但振兴古学，并重在推陈出新，以增人之知识。中法专务本国之文，而人才之卓异者足供国家之需；西法博究异邦之文，而殚心测算格致之学，盖非由于师授，难以独臻其妙……中国倘能稍用西术，于科场增加格致一门，于省会设格

① 汤震：《中学第六》，《危言》卷一，光绪十六年（1890 年）刊印本。

② 张树声：《建造实学馆工竣延派总办酌定章程片》，朱有瓛主编《中国近代学制史料》第 1 辑上册，华东师范大学出版社 1983 年版，第 477 页。

致书院，俾学者得门而入，则文质彬彬，益见隆盛。”[①] 这正是“中学西术”论在变革传统教育体制上的反映。

郑观应在1884年所作之《考试》中，尽管提出了设科专考西学主张，但在中西学术配置上，仍认为中国制艺之学，是传统的成法，是暂时不能触动和改变的，惟有在此之外增补中学与西学中的“有用之学”。其云：“即使制艺为祖宗成法，未便更张，亦须令于制艺之外，习一有用之学。”[②] 在他看来，中国传统经史之学（制艺之学）是不能触动的，而西方有用之学（格致诸学），却是必须补上的。这实际上仍然是“中体西用”之思想意识。尤其将西方学术视为“富强之事（就是格致新学与其他新法）”，明显地流露出这种倾向。王韬亦云：“西学西法，非不可用，但当与我相辅而行之可已。”[③] 这种情况说明，“中体西用”观念是当时学术思想之主流，即使是对西方学术了解较深者，也还未能突破这种框架来思考问题。

陈炽在比较中西学术后断言：“今中国之学，有体而无用，何怪泰西各国出其精坚巧捷之器，炫我以不识，傲我以不能，动辄以巨炮坚船虚声恫喝哉！”[④] 在他看来，因中国学术有体而无用，故不得不引西学以为用，故“中体西用”便是中西学术之最佳配置。薛福成也认为：“今诚取西人器数之学，以卫吾尧、舜、禹、汤、文、

---

① 丁韪良：《西学考略》卷下，光绪癸未（1883年）刊印本，第53—54页。

② 郑观应：《盛世危言·考试上》，《郑观应集》上册，上海人民出版社1988年版，第292—293页。

③ 王韬：《上当路论时务书》，《弢园文录外编》卷十，癸未仲春弢园老民刊印本，第18页。

④ 陈炽：《续富国策·算学天学说》，《陈炽集》，中华书局1997年版，第204页。

武、周、孔之道，俾西人不敢蔑视中华。吾知尧、舜、禹、汤、文、武、周、孔复生，未始不有事乎此，而其道亦必渐被乎八荒，是乃所谓用夏变夷者也。”① 同样认同中西学术配置上之“中体西用”。

甲午之后，随着西学之大规模输入，当时学术思想界面临如何对待中西、新旧学术的问题。这种情况，正如张之洞所言：“旧者因噎而食废，新者歧多而羊亡；旧者不知通，新者不知本；不知通则无应敌制变之术，不知本则有非薄名教之心。夫如是，则旧者愈病新，新者愈厌旧，交相为愈，而恢诡倾危乱名改作之流，遂杂出其说以荡众心。学者摇摇，中无所主；邪说暴行，横流天下。”②

在“中学为体、西学为用”配置模式中，中学与西学之内容是不断变化的，呈现出此消彼长之势。明清之际，西学主要指西方天文历算之学；鸦片战争后主要指西方战舰、火器及“养兵练兵之法”。随着西学内容和范畴的不断增新和扩大，中学内容和范畴不断蜕变和萎缩，“为用”之西学扩展到制器之艺、声、光、电、化诸学，进而扩展到西政、西制。王韬曰：“器则取诸西国，道则备自当躬，盖万世而不变者，孔子之道也，儒道也，亦人道也。”张树声亦云：“育才于学堂，论政于议院，君民一体，上下一心，务实而戒虚，谋定而后动，此其体也，大炮、洋枪、水雷、铁路、电线，此其用也。”明确将西学内涵扩展到西政、西制。到1898年张之洞著《劝学篇》时，中学被“损之又损”，仅剩下所谓“纲常名教”。可见，中学与西学消长之总趋势，是为体之中学日益缩小，

① 薛福成：《筹洋刍议·变法》，光绪甲申（1884年）孟秋刊印本。

② 张之洞：《劝学篇·序》，两湖书院1898年刊印本。

而为用之西学日渐扩大。

1895年4月，沈毓桂以“南溪赘叟”署名发表《匡时策》一文：“夫中西学问，本自互有得失。为华人计，宜以中学为体，西学为用。”① 这是目前见到的最早完整提出“中学为体、西学为用”之文字。1896年8月，孙家鼐《议复开办京师大学堂折》云：“中国京师并立大学，自应以中学为主，西学为辅；中学为体，西学为用；中学有未备者，以西学辅之，中学其失传者，以西学还之。”② 力争将“中体西用”说落实到新式学堂课程设置上。

对“中体西用”说作系统阐述者，当推张之洞。他在1898年刊刻之《劝学篇》中，将如何配置中西学术、新旧学术置于最重要地位，对“中体西用”说作了系统阐述。其云：“一曰新旧兼学：四书五经、中国史事、政书、地图为旧学，西政、西艺、西史为新学。旧学为体，新学为用，不使偏废。一曰政艺兼学：学校地理、度支赋税、武备律例、劝工通商，西政也；算绘、矿医、声光、化电、西艺也（西政之刑狱，立法最善；西艺之医，最于兵事有益；习武备者必宜讲求）；才识远大而年长者宜西政，心思精敏而年少者宜西艺。”③

在张之洞看来，四书五经、中国史事、政书、地图为旧学，西政、西艺、西史为新学。旧学包括经学、史学、政治学和舆地学，而新学则包括西政、西艺、西史。西政则包括学校地理、度支赋税、

---

① 南溪赘叟：《匡时策》，《万国公报》第75册，1895年4月。

② 孙家鼐：《议复开办京师大学堂折》，《戊戌变法》（二），上海人民出版社1961年版，第426页。

③ 张之洞：《劝学篇·设学》，两湖书院1898年刊印本。

武备律例、劝工通商等4类；西艺则包括算绘、矿医、声光、化电等，实际上就是近代西方格致学、地质学、医学、测绘学和数学。中西学术配置之基本原则，是中国“经史之学”立于主体地位，西方“政艺之学”处于附属地位；经学置于众学之首。“中学为体”，意为以中国传统经学、史学为本体，为根本之学；“西学为用”，意为以西方政学、艺学为辅助，为致用之学。

在张之洞看来，“中体西用”是处理中学和西学关系之最佳办法：“以中学为体，西学为用，既免迂陋无用之讥，亦杜离经叛道之弊。”① 尽管近代西方学术、技艺、政策以及各种观念、风尚习俗，与中国古代经籍的精神义旨有相通之处，尽管西方之农、林、工、商、格致、化学、工艺、修路、开矿、练兵、造机器、办学堂、办报馆、倡游学等都能从中国四书、《周礼》、《左传》以及其他典籍中找到立义的依据，“凡此皆圣经之奥义，而可以通西法之要旨”。但张之洞强调，中国圣经并不能替代近代西学：“然谓圣经皆以发其理，创其制，则是；谓圣经皆已习西人之技，具西人之器，用西人之法，则非。”因此中学、西学要“各司其职”——“中学为内学，西学为外学。中学治身心，西学应世事”②。这无疑与“西学中源”说划明了界限。

张之洞《劝学篇》刊印后，立即受到人们的关注。有人赞曰：“伟哉，此篇殆综中西之学，通新旧之邮，今日所未有，今日所不

① 张之洞：《两湖、经心两书院改照学堂办法片》，《张文襄公全集》奏议四十七，中国书店1990年版，第847页。

② 张之洞：《劝学篇·会通》，两湖书院1898年刊印本。

可无之书也。详观大意，内篇正人心，类守旧之言；外篇开风气，类维新之言，诚以旧者体也，新者用也。言旧不言新，恐涉于迂陋而人才不备；言新不言旧，恐趋于狂诞而流弊无穷。苦心分明，苦口劝导，日望海内人人知学，守之以正，守之以通。数年以后，正人君子讲求西政西学西艺者，必多成材，亦必众，于是开守旧之智，范维新之心，其意厚矣，其功大矣。”①

应该说明的是，“中体西用”之内涵及功用是丰富的，也是复杂的。既可以视为一种对待文化问题之“中西文化观”，同样可以视为一种中西知识配置模式。如果将其视为“中西文化观”，其内涵则比较集中，主要是强调以中国之伦理道德“纲常名教”为体、为本，以西方的工艺、格致及法政诸学为用、为末。如果视之为中西学术配置模式，则更多是强调以“经史之学”为体、为本，以西方“政艺之学”为用、为末。两者存在着很大区别：文化观上持“中体西用”说者，在学术配置上固然赞同“中学为主、西学为辅”，而反对“中体西用”文化观者，未必不赞同“中主西辅”的学术配置，这可以从戊戌时期康有为、梁启超之言论中窥出。文化观上反对“中体西用”者，在中西学术配置上固然可能超越“中主西辅”，逐渐转变为中西学术平等对待，并以西学知识系统接纳中学，但主张“中体西用”文化观者，也未必不能在强调与注重中国“纲常名教”前提下，部分接受西方近代知识系统，至少在形式上将中学与西学并列，逐渐将中学纳入近代西方知识系统中去，戊戌

① 《读南皮张制军劝学篇书后》，《皇朝经世文五编》，中西译书会光绪壬寅（1902年）刊印本，第236页。

以后张之洞拟订新学制、接受西学新知亦是明证。

实际上，在中西学术配置问题上持“中体西用”者，是戊戌时期中国多数学者之共识，不仅张之洞、盛宣怀、文悌、陈宝箴等人持此观点，即便是康有为、梁启超等人也未尝不抱有这种观念。盛宣怀曰：“臣与（何）纵论西学为用，必以中学为体。”云贵总督岑春煊提出：“民之智能技艺，可师仿他国，独至民德，则数千年文化之渐染，风俗之遗传，必自我所有者修而明之，不能以彼易此。”陈宝箴支持梁启超办时务学堂，认为“泰西各学，均有精微，而取彼之长，补我之短，必以中学为根本”①，赞同“中体西用”之学术配置是无异议的。文悌对“中体西用”之解释，亦具有一定代表性：“惟中国此日讲求西法，所贵使中国之人明西法为中国用，以强中国。非欲将中国一切典章文武废弃摧烧，全变西法，使中国之人，默化潜移尽为西洋之人，然后为强也。故其事必须修明孔孟程朱、四书、五经、小学、性理诸书，植为根底，使人熟知孝弟忠信、礼义廉耻、纲常伦纪、名教气节以明体，然后再学习外国文字、语言、艺术以致用，则中国有一通西学之人，得一人之益矣。”② 这是典型的文化观上之“中体西用”及学术配置上之“中主西辅”。

王舟瑶致函汪康年云：“吾中国积习太深，人心痼蔽，得足下及卓如同年诸君论著，大声疾呼，庶几可以起废疾、箴膏肓矣。然弟以为中国之所以不振者，在于人心诈伪，风俗颓靡，上下隔膜，

---

① 陈宝箴：《招考新设时务学堂学生示》，舒新城编《中国近代教育史资料》上册，第147页。

② 文悌：《严参康有为折》，《翼教丛编》卷二，光绪二十四年（1898年）武昌重印本。

诸事颟顸，是其受病之根。至格致之不讲，制造之未精，矿政之未开，铁路之未筑，犹是第二著。若不拔正塞源，则金矿银冶，徒靡中饱，铁舰利兵，适为敌资。故弟平日论学，以宋五子为体，以《十通》（《九通》及《通鉴》）及今日洋务之学为用。设立学堂，宜略仿苏湖经义、治事之意。经义，一齐以经史及先儒义理之书为主；治事，则分天算、地舆、兵法、农田、水利、律令、矿电、光化、重汽以及各国语言文字诸门，庶为有体有用。”这显然也是以“体”“用”范畴来规范中学与西学，“以宋五子为体”，“洋务之学为用”；“以经史及先儒义理之书为主”，兼采天算、地舆、兵法、农田、水利、律令、矿电、光化、重汽以及各国语言文字诸门，方能做到“有体有用”。正是从这个角度，他对汪康年、梁启超等人提出了批评：“近各省所立学堂，似偏于用，而体未及讲。足下诸君议论亦似用多而体少也。”①

朱一新《无邪堂问答》云：“治西学须明其地势，考其政俗，以知其人之情伪，为操纵驾驭之资；次则兵法，若天算、制器诸事能兼通之固佳，不通，亦无所害。西人兵法多通算学，然其测量，亦算术中之浅者。若较析毫芒，平时以之打靶，可壮观瞻，临阵仍无所用。临阵以胆识为主，无中外，一也。且儒生所能为者，大抵运筹帷幄之事，略通其术，不至为人所欺斯已耳。中国之书，当读者何限？其事之当考校者何限？使徒耗日力于一艺之微，抑末矣。通商以后，内地之通西学者不乏其人，患在无人驾驭。我苟自强，

---

① 《汪康年师友书札》（一），上海古籍出版社1986年版，第56页。

则楚材晋用，外人亦安敢生心?”[1] 其所抱之“楚材晋用”，仍然将西学视为致中国富强之“用”。由此可见，朱氏也是赞同“中体西用”文化观及“中主西辅”学术配置模式的。

陈黻宸曾集诸生曰：“近习西学者鄙中学为固陋，习中学者视西学如皮毛，须知学无中西，惟求有用耳。”又云：“知今而不知古谓之狂瞽，知古而不知今谓之陆沉，我国固有之伦理、道德、文章、经济，皆足以立国之精神，诸生须以中学植其根，西学佐其用，庶几学成各国语言文字，进而求各国之政治、学术、工商业，或折冲樽俎之间，则本末兼赅，进退有主，不至泛泛然如不系之舟矣!”[2] 很显然，陈氏不仅在中西文化观上赞同“中体西用”，而且在中西学术配置上也认同“中主西辅”。

即便是维新时期之风云人物康有为，主张变革“祖宗之成法”，改变专制政体，接受西方君主立宪政体，在文化观上与张之洞等人是不同的，但在学术配置上并没有突破“中学为主、西学为辅”之学术配置模式，对传统的经史之学也同样给予重要地位。他在上海强学会章程中提出“上以广先圣孔子之教，下以成国家有用之才”，明确规定强学会研究中西各种学问“皆以孔子经学为本”。[3] 康氏在代宋伯鲁所拟之改革科举制奏折中曰：“夫中学体也，西学用也；

---

① 朱一新著，吕鸿儒、张长法点校：《无邪堂答问》卷四，中华书局 2000 年版，第 162 页。

② 项葆桢：《书陈介石师监督两广方言学堂事》，《陈黻宸集》下册，中华书局 1995 年版，第 1198 页。

③ 康有为：《上海强学会章程》，《康有为政论集》（上），中华书局 1981 年版，第 175 页。

无体不立，无用不行，二者相需，缺一不可。今世之学者，非偏于此即偏于彼，徒相水火，难成通才，推原其故，殆颇由取士之法歧而二之也。”① 又云：“如以物理论文明，则诚胜中国矣；若以道德论之，则中国人数千年以来受圣经之训，承宋学之俗，以仁让为贵，以孝弟为尚，以忠敬为美，以气节名义相砥，而不以奢靡淫佚奔竞为尚，则谓中国胜于欧、美人可也。即谓俗尚不同，亦只得谓互有短长耳。中国自古礼乐文章政治学术之美，过于欧洲古昔，见于大地万国比较说，既无待言矣。”这与张之洞《劝学篇》中阐述的“中体西用”论并没有什么本质上差异。正因如此，康氏反复强调：“夫工艺兵炮者，物质也，即其政律之周备，及科学中之化光、电重、天文、地理、算数、动植生物，亦不出于力数形气之物质。然则吾国人之所以逊于欧人者，但在物质而已。”② 也正因如此，康氏在20世纪初才极力昌明孔教，主张尊孔读经：“中国文化垂五千年，赖以不敝者，孔教耳。孔教之精华在经，故小学读经，尤为当务之急。”③

戊戌时期之梁启超，特别注重接受西方“法政诸学”，鼓吹采纳君主立宪政体，在文化观上与张之洞等人有很大区别，这是不争之事实。但同样值得注意的是，在重视西学的同时，梁氏格外重视

---

① 康有为：《奏请经济岁举归并正科并各省岁科试迅即改试策论折》，《康有为政论集》（上），中华书局1981年版，第294页。

② 康有为：《物质救国论》，《康有为政论集》（上），中华书局1981年版，第568—569页。

③ 康有为：《在浙之演说》，《康有为政论集》（下），中华书局1981年版，第953页。

中国旧学之研习。1897年，他指出："舍西学而言中学，其中学必为无用；舍中学而言西学，其西学必为无本。无用无本，皆不足以治天下，虽庠序如林，逢掖如鲫，适以蠹国，无救危亡。"但他对西学输入，兴办新式学堂及采纳西方近代学科体系后中学之命运表示担忧："夫书之繁博而难读也既如彼，其读之而无用也又如此，苟无人董治而修明之，吾恐十年之后，诵经读史之人，殆将绝也。"为了挽救中国旧学，他强调："今与诸君子共发大愿，将取中国应读之书，第其诵课之先后，或读全书，或书择其篇焉，或读全篇，或篇择其句焉，专求其有关于圣教，有切于时局者，而杂引外事，旁搜新义以发明之，量中材所能肄习者，定为课分，每日一课，经学、子学、史学与译出西书，四者间日为课焉。度数年之力，中国要籍，一切大义，皆可了达，而旁证远引于西方诸学，亦可以知崖略矣。夫如是，则读书者无望洋之叹，无歧路之迷，而中学或可以不绝。"① 梁氏这种特别强调中国旧学研习之做法，尽管是出于对旧学消亡的忧虑而采取的补救之法，但又何尝没有包含着"中学为主、西学为辅"之学术配置观念呢？正因如此，他才会明确宣称："夫中学体也，西学用也，二者相需，缺一不可。体用不备，安能成才？且既不讲义理，绝无根底，则徒慕西学，必无心得，只增习气。"这与张之洞"中体西用"之学术配置模式并无二致。

"中学为体、西学为用"之学术配置模式，得到当时许多人认同，但也受到不少人之批评："近日有唱中国一切学问，皆当学于

① 梁启超：《湖南时务学堂学约十章》，《时务报》第49册，1897年12月24日。

西洋，惟伦理为中国所固有，不必用新说者。是言也，其为投中国人之时好而言欤？抑以为真当如此也？若以为真当如此，则直可断其言为非是。夫今日中国之待新伦理说，实与他种学科，其需用有同等之急。”① 严复更是对张氏“中体西用”说作了绝妙讽刺：“体用者，即一物而言之也。有牛之体，则有负重之用；有马之体，则有致远之用。未闻以牛为体，以马为用者也。中西学之为异也，如其种人之面目然，不可强谓似也。故中学有中学之体用，西学有西学之体用，分之则并立，合之则两亡。”②

严复以牛马来比喻“体用”关系，尽管不无漏洞，但认为西学和中学毕竟分属两种性质完全不同、价值标准大相径庭的知识体系，这两种体系是不可能兼容并存于一体的，西学有西学之体用，则是真知之见，也是当时一些对西学有深刻了解者之共识。郭嵩焘最早提出了“西洋立国有本有末”之见解：“窃谓西洋立国有本有末，其本在朝廷政教，其末在商贾。造船、制器，相辅以益强，又末中之一节也。故先欲通商贾之气，以立循用西法之基，所谓其本末遑而姑务其末者。”③ 既然西学“有本有末”，就意味着西学不只是“末”；既然西洋立国有“本”，就意味着西学之“本”是中国应该学习的；既然西洋立国之“本”“末”是相辅而成的，就意味着中国学习西学应该本末兼采，而不能仅仅采其“末”学。两广总督张

---

① 观云：《平等说与中国旧伦理之冲突》，《新民丛报》第3年第23号，1905年12月11日。

② 严复：《与〈外交报〉主人书》，《严复集》第3册，中华书局1986年版，第558—559页。

③ 郭嵩焘：《条议海防事宜》，《郭嵩焘奏稿》，岳麓书社1983年版，第345页。

树声曰："西人立国具有本末，虽礼乐教化远逊中华，然其驯致富强亦具有体用。育才于学堂，论政于议院，君民一体，上下同心，务实而戒虚，谋定而后动，此其体也。轮船火炮，洋枪水雷，铁路电线，此其用也。中国遗其体而求其用，无论竭蹶步趋，常不相及，就令铁舰成行，铁路四达，果足恃欤?"① 这是发挥了郭嵩焘的"西洋立国有本有末"论。

薛福成亦认为："夫西人之商政兵法、造船机器及农渔牧矿诸务，实无不精，而皆导其源于汽学、光学、电学、化学，以得御水、御火、御电之法。斯殆造化之灵机，无久而不泄之理，特假西人专门名家以阐之，乃天地间公共之理，非西人所得而私也。"西学既然体现着天地间固有的"造化之机"，是"中外所同"的"公共之理"，那么中国引入西学，便是十分自然之事。

美国传教士李佳白虽然赞同西学与中国古学有相通之处，并强调，"《尧典》述授时之命，为全球谈天学者最古之书；《禹贡》纪随刊之绩，为全球谈地学者最古之书；《周髀算经》记周公、商高问答之语，又谓全球谈算数测绘者最古之书；它如管、墨、庄、吕、关、尹、亢仓诸子，言政治艺术，往往得今日西法之精意"，但他并不赞同"西学中源"说，而是极力主张"中体西用"说。他认为，"专尚西学而竟弃中学者固非，笃守中学，而薄视西学者亦狭"，正确的态度应该是"中西并立，新旧迭乘"，故主张"广新学

---

① 郑观应：《〈盛世危言〉自序》，《郑观应集》上册，上海人民出版社 1982 年版，第 234 页。

以辅旧学”。唯有这样，方能“得观摩之益”。①

张之洞概括之“中学为体、西学为用”学术配置模式，逐渐成为清政府兴办新式学堂之基本原则。孙家鼐在《议复开办京师大学堂折》中，为即将设立之京师大学堂确定办学宗旨为：“中国京师并立大学堂，自应以中学为主，西学为辅；中学为体，西学为用；中学有未备者，以西学辅之，中学其失传者，以西学还之。以中学包罗西学，不能以西学凌驾中学，此是立学宗旨。日后分科设教，及推广各省，一切均应抱定此意，千变万化，语不离宗，至办理章程，有必应变通尽利者，亦不得拘泥迹象，局守成规，致失因时制宜之妙。”② 这段文字是非常重要的。孙氏将中西学术配置上“中体西用”之内涵表述得格外清晰：在近代意义之新知识系统中，以中学为主，以西学为辅，用中学来“包罗”西学，而不能将西学凌驾于中学之上。

1901 年 6 月，吴汝纶赴日本考察教育。日本友人建议云：“学堂初开，章程不能美备，将来应随时酌改现章，以中国学问为根本最为扼要，断无抛荒本国学问专习外国学问之理。”③ 古城贞吉亦赠言吴氏：“劝勿废经史百家之学，欧西诸国学堂必以国学为中坚。”④ 赞同清廷采取“中体西用”之学术配置方案。

---

① 李佳白：《中国宜广西学以辅旧学说》，尚贤堂 1897 年刊印本，第 1、5 页。

② 孙家鼐：《议复开办京师大学堂折》，《戊戌变法》（二），上海人民出版社 1961 年版，第 426 页。

③ 吴汝纶：《桐城吴先生日记》（下），河北教育出版社 1999 年版，第 551 页。

④ 吴汝纶：《桐城吴先生日记》（下），河北教育出版社 1999 年版，第 578—579 页。

在创办京师大学堂时，清廷“考东西各国，无论何等学校，断未有尽舍本国之学，而能通他国之学者；亦未有绝不通本国之学，而能通他国之学者。中国学人之大弊，治中学者则绝口不言西学，治西学者亦绝口不言中学；此两学所以终不能合，徒互相诟病，若水火不相入也”。清政府认为，“夫中学体也，西学用也，二者相需，缺一不可，体用不备，安能成才？且既不讲义理，绝无根底，则浮慕西学，必无心得，只增习气”。因此，将“中学为体、西学为用”作为协调中学与西学、新学与旧学之基本原则，强调“中西并重，观其会通，无得偏废”。① 此处所谓“中西并重”，暗含着在西学逐渐成为强势状况下，西学与中学将处于同等重要之“并重”地位。

三、近代中国知识系统的形成

戊戌以后，西学随着新式学堂之兴办迅速在中国传播。中学与西学地位亦随之发生逆转：中学被称为“旧学”，而西学被尊为“新学”，越来越多的有识之士不仅看到了西学取代中学成为中国学术界主流之趋势，而且也意识到中国学术纳入近代西方学科系统之必然大势。1899 年 9 月，吴汝纶致函友人曰：“人无兼材，中、西势难并进，学堂自以西学为主；西学入门，自以语言文字为主，此不刊之宝法。他处名为西学，仍欲以中学为重，又欲以宋贤义理为

① 军机大臣、总理衙门：《遵筹开办京师大学堂折（附章程清单）》，陈学恂主编《中国近代教育史教学参考资料》上册，人民教育出版社 1986 年版，第 437、438 页。

宗，皆谬见也。”[①] 严复断言：“西学既日兴，则中学固日废，吾观今日之世变，中学之废，殆无可逃。”[②] 因此，20 世纪初在中西学术配置问题上，既不是用中学来统摄西学的问题，也不是“中学为主、西学为辅”之问题，更不是如何将西学纳入中学之“模范”问题，而是如何“以西学统摄中学”之问题，即中国固有学术如何融入近代西方学科体系和知识系统中的问题。

戊戌时期，西学开始成为一种重要学问，为中国学者所认同。谭嗣同认为，在中国的经史之学外，西方近代格致诸学与政法诸学，均为急需研求之学问。其云：“所谓学问者，政治、法律、农、矿、工、商、医、兵、声、光、化、电、图、算皆是也。”[③] 这些显然是迥异于传统“经史之学”的西方近代学问。严复认为：“今日国家诏设之学堂，乃以求其所本无，非以急其所旧有。中国所本无者，西学也，则西学为当务之急明矣。且既治西学，自必用西文西语，而后得其真，若夫吾旧有之经籍典章未尝废也。学者自入中学堂，以至升高等、攻专门，中间约十余年耳。是十余年之前后，理其旧业，为日方长。矧在学堂，其所谓中学者又未尽废。特力有专注，于法宜差轻耳，此诚今日之所宜用也。”[④] 更是将西学作为学堂传授及研习之主要内容。

---

① 吴汝纶：《与余寿平》，《吴汝纶尺牍》，黄山书社 1990 年版，第 195 页。

② 严复：《〈英文汉诂〉卮言》，《严复集》第 1 册，中华书局 1986 年版，第 154 页。

③ 谭嗣同：《论学者不当骄人》，《谭嗣同全集》（增订本），中华书局 1981 年版，第 403 页。

④ 严复：《与〈外交报〉主人书》，《严复集》第 3 册，中华书局 1986 年版，第 562 页。

正是在这种西学传播渐成强势之态势下，西方近代学科分类体系及知识系统开始被介绍到中国，并为越来越多之中国学者所熟知和接受。

近人杜定友对西方图书分类法研究后指出：西方知识系统源于古希腊之亚里士多德。其将人类知识系统分为“理论的”“实用的”和“艺术的”3大类：“理论的”包括数学、物理和神学；“实用的”包括经济、政治、法律；“艺术的”包括诗歌和美术。近代以后，随着知识分化及分工发达，西方学科分类及知识分类更加细密。英国哲学家培根将亚里士多德3大类知识细化为若干小类，逐渐形成了近代意义上之知识分类体系。他将人类知识分为历史（记忆）、诗文（想象）、哲学（理论）3大类；哲学（理论）又分为自然哲学、人文哲学、神学3类，自然哲学又分为“推理的”（包括物理和形而上学2类）和“实行的”（包括力学即应用物理学和数学2类）2类。① 无论亚里士多德还是培根，其知识分类之基本原则，是以对事物内在规律的认识为基础，将各种学术分类视为外在之客观存在。

培根之后，西方知识分类体系日益发达。1817年，柯立之将全部知识分为纯粹科学与综合和应用科学2类，纯粹科学又分为形式科学（包括文法、逻辑、修辞、物理、化学、数学、形而上学）和实际科学（包括伦理、法律、神学）2类；综合和应用科学复分为综合（包括力学、水力学、气力、学光学、天文学）和应用（包括

① 杜定友：《科技图书分类问题》，《杜定友图书馆学论文选集》，书目文献出版社1988年版，第226—228页。

实验哲学和美术）2 类。1826 年，社会学家孔德把知识分为“理论的”与“实用的”2 大类，理论之科学复分为“抽象的”和“具体的”两种。他说：“我们必须分清这二类自然科学：抽象的，或一般的，目的在发展自然规律，而具体的，目的在实际上应用这种规律。”① 孔德之“抽象的”科学，又分为无机物理（包括天体物理，即天文学；地体物理，即物理学）和有机物理（包括生理，即生物学；社会，即社会学）2 类。这些知识门类，综合起来构成了一套较为完善之知识分类体系。

1894 年，斯宾塞继承孔德知识分类法，更将知识分为“抽象的”、“抽象——具体的”和“具体的”3 大门类。其云：“自然科学大别为二类：一类是研究客观现象的抽象关系的，一类是研究现象本身的。”所谓“抽象的科学”，就是“研究观念或无定型的关系的，它必须与实际关系或现实中的关系区别开来”；所谓“抽象——具体的科学”，就是研究实体个别的现象，而不是实体的通常表现的形态。正是在这样的意义上，斯宾塞将人类知识分为“抽象的科学”（包括逻辑、数学 2 类）、“抽象——具体的科学”（包括力学、物理 2 类）和“具体的科学”（包括天文学、地质学、生物学、心理学、社会学等）3 大类。这 3 大类科学，便构成了西方近代完善之知识体系。②

由此可见，西方知识分类从古希腊开始便注意区分宗教、哲学、

① 杜定友：《科技图书分类问题》，《杜定友图书馆学论文选集》，书目文献出版社 1988 年版，第 228—229 页。

② 杜定友：《科技图书分类问题》，《杜定友图书馆学论文选集》，书目文献出版社 1988 年版，第 229—230 页。

语言、文学、艺术、经济、政治、自然科学等，各种学术门类比较分明。其最大特点为：以“学科”为分类标准，由众多学术门类互相联系构成一套具有内在逻辑联系的知识分类体系。这与中国“四部”分类体系形成了较大反差。对此，有人分析说：“西方学科范畴是针对着人类‘认知’的目的而建立起来的，而儒家学术分类体系则是服务于人格成长和终极关怀等实用的需要而建立起来的。前者遵从的是‘知’的逻辑，后者遵从的则是‘做’的逻辑。”① 又说：“西方人文社会科学正因为是以‘求知’为内在理路，所以才会形成哲学、伦理学、政治学、经济学、社会学、法学、史学……一整套学科划分体系；中国古代儒家学术正因为以‘做’为内在理路，所以自然会形成以‘六艺’为核心及按经、史、子、集分部的学术分类体系。内在理路的不同，决定了中学和西学在分类上必然彼此分别，并且从其自身角度看均是合理的。”② 如果不对中西学术分类作价值评判，这段话所揭示之事实应该是能够站住脚的。

以近代西方学科分类来看，经部含有哲学、文学、史学、语言文字学、艺术诸书；史部除了史学外，涉及地理学天文学、气象学等，含有不少科技资料，如“时令”属气象，“邦计”属经济，“考工”属手工业制造；子部大致相当于哲学及科技 2 大门类；集部除了涵盖文学，还兼含经、史、子等方面内容。所以，当西方学术分科及学科体系传入中国后，西方学科性之知识分类体系也逐渐为中

① 方朝晖：《“中学”与“西学”——重新解读现代中国学术史》，河北大学出版社 2002 年版，第 3 页。

② 方朝晖：《“中学”与“西学”——重新解读现代中国学术史》，河北大学出版社 2002 年版，第 9 页。

国学者知晓，并在此基础上尝试对中国传统“四部”知识分类体系进行整合和改造。

晚清时期传入中国之西方知识系统是比较庞杂的，但主要是孔德和斯宾塞所概括之近代知识分类体系。1898 年 2 月，《格致新报》创刊号发表法国向爱莲著、乐在居侍者译《学问之源流门类》，向中国学术界介绍西方近代学术之源流及主要知识门类。该文将西方学术分为 3 个发展时期，并相应地归纳出 3 种类型的学问，即试验之学、性理之学与实物之学：“从古历今，万国之学问，大旨分三变：其一为初启时之学问，其二为大备时之学问，其三为集成时之学问。初启时之学问，即试验之学；大备时之学问，即性理之学；集成时之学问，即实物之学。”①

该文首次向中国学术界系统介绍了西方近代学科体系及知识系统。西方学术发展到近代，已经从“性理之学”演进到“实物之学”，即近代西方科学。近代“实物之学”，包括了算学、形性学（物理学）、化学、动植物学、天文学、地理学等近代自然科学学科门类。该文指出，“推究物之形体，仅及其式样状貌大小，而不求物之实理者”，为算学，算学中分数学、代数学、形学等；“推究万物变动之理”，是为形性学；“推究各物独具之性”，是为化学；形性学与化学的区别在于：“夫物各有分量，论各物之重轻，谓之形性，辨各物本有之重性，谓之化学。”“推究生物之类”，则为植物学；“推究生物之类，不仅有生性，而且具觉性者”，则为动物学；

---

① 向爱莲著，乐在居侍者译：《学问之源流门类》，《格致新报》第 1 册，光绪二十四年（1898 年）2 月 1 日。

“有别立门户，而于他学掺杂者”，为天文学与地理学。“史学与地舆，往往夹杂于诸学之中，各学皆有史，凡古今渐进之次序，列国所尚之异同，皆可作史学地志读也”①。

1898 年，东文学社教习西山荣久所译之《新学讲义》，向中国学术界介绍了德国学者冯特、美国学者博士克丁极司等人之知识分类体系，并对冯特等人所划分之近代知识系统（自然科学、社会科学、心理科学 3 类）作了简要概述。社会科学分为法理学、经济学、财政学、计学、政治学、历史学等；心理科学分为伦理学、论理学、教育学、宗教学、言语学、审美学；自然科学分为形式科学与材料科学 2 种。形式科学，即为数理科学，分为代数学、几何学、微分学、积分学等；材料科学分为博物学（生物学、人类学、动物学、植物学、矿学等），物理学（力学、声学、光学、热学、电学等），化学、地质学、天文学、地文学等。据该书介绍，西方学者还将近代科学知识分为记述科学、发明科学与规范科学：“此三科外又分三种：一、记述科学。如动物、植物、矿学、地理学是；二、发明科学。如物理学、心理学、社会学、经济学是；三、规范科学。如政治学、伦理学、教育学、论理学是。”② 这是较早系统介绍西方近代学科体系和科学知识系统的文字。

中国学者逐步了解并接受西方近代科学系统过程中，开始有意识地将中国学术纳入西方近代学科体系及知识系统之中。宋恕在

---

① 向爱莲著、乐在居侍者译：《学问之源流门类》，《格致新报》第 1 册，光绪二十四年（1898 年）2 月 1 日。

② 吴汝纶：《桐城吴先生日记》（上），河北教育出版社 1999 年版，第 446 页。

《代拟瑞安演说会章程》中，将“学术部”分为总、别2科。总科分2目：哲学和社会学。哲学目有“有象、无象之别，此专指无象哲学”。他认为康、严、梁、蔡等人，将日本人所立社会学之名均改为群学，“于谊不合”。为什么将哲学、社会学立为“总科”？宋氏解释曰：“按社会学创立最晚，名家或列于科学之特体，或列于哲学之分体，或列于科学、哲学之外自为一体，鄙取第三。盖以科学皆局而此学则通，似不宜列于科学之特体。哲学思想由复杂趋单纯，而此学思想则由单纯趋复杂，似不宜列于哲学之分体。”① 除总科二目外，别科分为30目：论理学、几何理学、修词学（分为无韵词、有韵词）、原语学、时史学、方史学、天文学、地文学、地质学、地形学、无机物学、有机物学（植物、动物）、人类及人种学、人身学、伦理学、医学、教育学、政治学、法律学（国内法、国际法）、理财学、体操学、兵学、乐学、礼学、物理学（内容包括声、光、热、电、重等）、化学（分为无机化学、有机化学）、应用数学、外国语学、外国文学、美术学。

在总、别2科的32目中，宋恕将经部典籍分别归并到近代学科体系中，除了设立“原语学”目以容纳“《说文》《尔雅》等书”，还设置“礼学”目以包容《三礼》。他说：“拟以《三礼》入此学，而入《易》《诗》于总科之社会学，入《书》《春秋》经传于别科之时史学，入《孝经》于别科之伦理学，入《语》《孟》于别科之伦理、政治、教育诸学，入《尔雅》于别科之原语学。《尔雅》为

① 宋恕：《代拟瑞安演说会章程》，《宋恕集》上册，中华书局1993年版，第350页。

原语学专书，余经于原语学则皆备参考之品也。"[①] 宋恕所立总、别2科所包含之32目，是根据西方近代学术分科观念及学科门类，对中西学术门类而作之综合分类，是一套迥异于传统"四部之学"的新知识系统之雏形。

20世纪初，人们在对中西学术分类时，已经逐渐走出"四部"分类的框架，用西方近代知识分类标准来会通中西学术，尝试建构中国自己之新知识系统。有人将学问之事分为"文学"与"科学"两大系统，并指出："文学者何，所谓形上之学也；科学者何，所谓形下之学也。"[②] 在许多中国学人的视野中，"文学"与"科学"两大知识系统尽管均为西方知识系统，但也同时是近代占主流之知识系统，中国传统知识系统似乎被有意遗忘了：

"以今日之学言之，则欧美实世界之母也；以古时之学言之，则希腊又欧美之母也。盖论其文学，则苏格拉第、柏拉图、亚历斯度德尔之哲学，杭墨之诗歌，翁洛道泰之史学，伊斯吉勒、苏福格利之传奇，他国之文学莫与匹也。论其科学，则亚力斯度德尔（尝论力学、气学、热学等理）、柏拉图（尝论物质与形状二理并论光线之理）、比太哥拉、亚历斯多雪尼（比氏论声学谓按算法而亚氏谓按耳定闻而定）、欧几里得（论光线）、亚基米德（尝用凸镜反光焚罗马船，希腊人传有是说）、提马华多尔斯（始创元点之说）、他拉氏（始用琥珀引电）等之物理学，额拉吉来图（尝论火化为天地

① 宋恕：《代拟瑞安演说会章程》，《宋恕集》上册，中华书局1993年版，第350—351页。

② 《论文学与科学不可偏废》，《大陆》第3期，1903年2月7日。

秘机）、德谟吉利图（以莫破质点言物）之化学，亚历斯度德尔（尝著动物史，当时已知解剖，知鲸为温血动物，且知蜂卵不受精）之生物学，欧几里得（即著几何原本者）之几何学，他国之科学又莫与匹也。”①

梁启超根据“形而上”与“形而下”之观念，将西方学术门类分为两大系统：“学问之种类极繁，要可分为二端：其一，形而上学，即政治学、生计学、群学等是也；其二，形而下学即质学、化学、天文学、地质学、全体学、动物学、植物学等是也。吾因近人通行名义，举凡属于形而下学皆谓之格致。”此处所谓“形而上学”，是指社会科学诸学科门类；所谓“形而下学”，显然是指近代自然科学诸学科门类。正是依据这样的知识分类，梁氏认为：“吾中国之哲学、政治学、生计学、群学、心理学、伦理学、史学、文学等，自二三百年以前皆无以远逊于欧西，而其所最缺者则格致学也。夫虚理非不可贵，然必藉实验而后得其真。我国学术迟滞不进之由，未始不坐是矣。”②

1902年，陈黻宸创办《新世界学报》，按照从日本介绍之近代学科门类，将杂志栏目分为18门：“曰经学，曰史学，曰心理学，曰伦理学，曰政治学，曰法律学，曰地理学，曰物理学，曰理财学，曰农学，曰工学，曰商学，曰兵学，曰医学，曰算学，曰辞学，曰教育学，曰宗教学。”③ 这些学术门类，除了经学、史学、算学名称是中国

---

① 《论文学与科学不可偏废》，《大陆》第3期，1903年2月7日。

② 梁启超：《格致学沿革考略》，《饮冰室合集》文集之十一，中华书局1936年版。

③ 《〈新世界学报〉叙例》，《陈黻宸集》上册，中华书局1995年版，第528—529页。

传统学术固有的门类外，其余 15 门学科，均是采用近代西方学科体系。因此，这个“以西学统摄系中学”之方案，将中国固有经史之学，配置于近代西方学科体系及知识系统之中。

表 17　陈黻宸《〈新世界学报〉叙例》之学科表

门　类	学科分类之旨趣
经　学	六经皆先王之政典也，体要具存，而亦必有其用焉。
史　学	史迁以后，中国之史绝矣。虽然，此非作史者之罪也。
心理学	周秦大家，东西哲学，梵辞精奥，语录杂糅，斯皆心理学之荦荦大端欤。
伦理学	人生必群以群为伦，我与人接而伦理出焉。
政治学	我固不敢言政矣，而其学则尽人可知也。
法律学	法家者流，盛行秦后，独彼白人识此精蕴，然则中国之法律可废矣。
地理学	地理者，与政治法律有密切关系，而史学之一大别子也。
物理学	化欤，声欤，光欤，电欤，取不禁，用无极，此造物之无尽藏也，而彼得其原理焉。
理财学	理财，政治之一端也，今东西国为专门学科，夫亦抚弱振衰之助欤。
农　学	中国古以农立国，农其可不讲哉?
工　学	工之兴也，其我农国之进步欤。
商　学	东西邻之讲商务亟矣，斯我前事之师也。
兵　学	万国弭兵，乃见天平，今匪其时，则兵学尚已。
医　学	民德民智，植根于体，卫生之学，医为大宗。
算　学	几何原理，探奥入微，世运推移，于兹先觉，算讵以数尽哉?
辞　学	语曰:“辞达而已矣。”辞者，文明之嚆矢也。

续表

门　类	学科分类之旨趣
教育学	综古今而齐中外，教育之形式具矣，而贵有其精神也。
宗教学	或曰：今者宗教改革之一日也。然我不具论，论其异同盛衰之故。

资料来源：《〈新世界学报〉叙例》，《陈黻宸集》（上册），中华书局1995年版，第529页。

1903年8月，严复在拟定《京师大学堂译书局章程》时，将所拟翻译之西书按照学术分科，列为38门，即地舆、西文律令、布算、商功、几何、代数、三角、浑弧、静力、动力、气质力、流质力、热力、光学、声学、电磁、化学、名学、天文、地气、理财、遵生、地质、人身、解剖、人种、植物状、动物状、图测、机器、农学、列国史略、公法、账录、庶工（如造纸、照相、时表诸工艺）、德育、教育术、体育术。

对于这38门西书，严复按照“西学通例”，将其归为3大类知识：“一曰统挈科学；二曰间立科学；三曰及事科学。”何谓“统挈科学”？其解释云：“统挈科学课本分名、数两大宗，盖二学所标公例为万物所莫能外，又其理则钞众虑而为言，故称统挈也。名学者所以定思想语言之法律；数学有空间、时间两门：空间如几何平弧，三角八线割锥；时间如代数、微积之类，世谓数学为西学权舆，诚非妄说。但今所取译，务择显要用以模范学者之心思，且以得诸学之锁钥，至于探赜索隐，则以俟专门之家，非普通学之所急也。”何谓“间立科学”？严复解释曰：“间立科学课本者，以其介于统挈、及事二科之间而有此义也。间科分力、质两门：力如动、静二力学、水学、火学、声学、光学、电学；质如无机、有机二化学。此科于人事最为切要，而西书亦有浅深。今所译者，以西国普通课本为断，其他繁富精深之作，则以俟后图。”何谓“及事科学课本”？严氏解释曰：“及事科学课本者，治天地人物之学也。天有天文，地有地质，有气候，有舆志，有金石；人有解剖，有体用，有心灵，有种类，有群学，有历史；物有动物，有植物，有察其生理者，有言其情状者。西籍各有其浅深，今所译者，则皆取浅明以符普通之义。”又云：“以上三科而外，所余大抵皆专门专业之书，然如哲学、法学、理财、公法、美术、制造、司账、卫生、御舟、行军之类，或事切于民生，或理关于国计，但使有补于民智，则亦不废其译功。”① 严复将知识分为统挈科学、间立科学、及事科学之做法，在晚清知识界影响颇大。

1903 年刊印之《新学大丛书》，专门开辟了“哲学”类，并收录了蔡元培撰著的《哲学解》。蔡氏不仅对“哲学”之定义作了阐述，“哲学者，普通义解谓之原理之学，所以究明事物之原理原则者也”，而且根据自己对西方知识系统之理解，对哲学及人类知识系统重新作了划分。

蔡氏解释曰：“今欲知统合学之必要及理学之关系，可以学界之组织比考政府之组织而知之，以学问世界比于一国之政府，则学问中有统合与部分之别，犹之政府中有中央政府与地方政府之别也。不可以一理学之规则为宇宙全体之规则，犹之不可以一地方之事情

① 严复：《京师大学堂译书局章程》，《严复集》第 1 册，中华书局 1986 年版，第 130 页。

为一国全体之事情也。”正是根据这样的原则，作者将整个“学界”分为2大系统：“统合学”（即哲学），与“部分学”（即有形理学）。“部分学”（即有形理学）又分为“理论学”（包括物理学、化学、天文学等门类）和“应用学”（包括器械学、制造学、航海学等门类）2部分。“统合学”（即哲学），分为“统合哲学”（即无象哲学）和“无形理学”（即有象哲学）2种。前者再分为“理论学”（即纯正哲学，包括物体哲学、心体哲学、理体哲学等门类）和“应用学”（即宗教学，包括物宗学、心宗学、理宗学等门类）；后者也同样分为理论学（包括心理学、社会学等）和应用学（论理学、伦理学、政治学等）2种。[①] 这样，便组成了一套关于人类知识的系统。可见，这篇文章所勾画之知识系统，迥异于“四部之学”系统，是中国人自己根据接受的近代西学知识，将当时学术所作之最初知识分类。应用学与理论学的分别，实际上是学与术之分野。

早在戊戌维新时期接触到西方学术时，王国维便阅读了康德、尼采等西方哲学家的著作，对西方学术有较深了解，并将社会学家孔德之知识分类体系最早介绍到中国。孔德将近代科学知识系统分为数学、天文学、物理学、化学、生物学、社会学等6种，将心理学归并到生理学之中。对此，王国维曰：“法国之硕学孔德，分一切学问为六种，以自简入繁为先后，即数学、星学、物理学、化学、生物学、社会学是也。而孔氏以心理学为生物学之一部。故依氏之

① 蔡元培：《哲学解》，明夷等辑《新学大丛书》，上海积山乔记书局光绪二十九年（1903年）石印本。

说，心理学与生物学有直接之关系，该学中最高尚者也。”①

正是在对西方近代知识系统有相当了解之基础上，王国维从近代学术分科意义上，对中国之新知识分类系统提出了自己的看法。1911年初，王国维创办《国学丛刊》，内容包括经、史、小学、地理、金石、文字、目录及杂识等8类。他将人类知识分为科学、史学与文学3大类，认为“学术之蕃变，书籍之浩瀚，得以此三者括之焉”。《国学丛刊序》曰：“学之义广矣。古人所谓‘学’，兼知行言之。今专以知言，则学有三大类：曰科学也，史学也，文学也。凡记述事物而求其因，定其理法者，谓之科学；求事物变迁之迹，而明其因果者谓之史学；至出入二者间，而兼有玩物适情之效者，谓之文学。”② 在王氏看来，科学是指近代意义上的自然科学和社会科学；史学与文学相当于中国传统知识系统中的文史之学，哲学、历史学、文艺学及艺术等均包括在内。

王氏进而解释云：“凡事物必尽其真，而道理必求其是，此科学之所有事也；而欲求知识之真与道理之是者，不可不知事物道理之所以存在之由，与其变迁之故，此史学之所有事也；若夫知识道理之不能表以议论，而但可表以情感者，与夫不能求诸实地，而但可求诸想象者，此则文学之所有事也。”这样，科学、史学与文学三者各有其疆域和功能，古今中外之学问，断难逃出这3类知识之外。

---

① 元良勇次郎著，王国维译：《心理学》，《哲学丛书》初集刊印本，第5页。

② 王国维：《〈国学丛刊〉序》，《王国维文集》第4卷，中国文史出版社1997年版，第365页。

据此，王国维提出“学无新旧与中西”说，试图按照西方学术分科观念和近代知识系统，统合古今中外之学术知识，尝试重建近代意义之中国知识系统。他认为，国人久不明学术之义，故“有新旧之争，有中西之争，有有用之学和无用之学之争”。用新旧、中西和有用无用来区分知识，是不了解学术真正含义之表征：“学之义，不明于天下久矣！今之言学者，有新旧之争，有中西之争，有有用之学与无用之学之争。余正告天下曰：学无新旧也，无中西也，无有用无用也，凡立此名者，均不学之徒，即学焉而未尝知学者也。”在王氏看来，强把学术分为新旧，是由于“蔑古者出于科学上之见地，而不知有史学，尚古者出于史学上之见地，而不知有科学”；强分学术为中西者，是由于不知世界学问是一个整体；而强分学术为“有用无用”，是由于“知有用之用，而不知无用之用者矣”。①

王国维指出：“何以言学无新旧也？夫天下之事物，自科学上观之，与自史学上观之，其立论各不同。自科学上观之，则事物必尽其真，而道理必求其是。凡吾智之不能通，而吾心之所不能安者，虽圣贤言之，有所不信焉；虽圣贤行之，有所不慊焉。何则？圣贤所以别真伪也，真伪非由圣贤出也；所以明是非也，是非非由圣贤立也。自史学上观之，则不独事理之真与是者，足资研究而已，即今日所视为不真之学说，不是之制度风俗，必有所以成立之由，与其所以适于一时之故。其因存于邃古，而其果及于方来，故材料之

---

① 王国维：《〈国学丛刊〉序》，《王国维文集》第4卷，中国文史出版社1997年版，第365—368页。

足资参考者，虽至纤悉，不敢弃焉……然治科学者，必有待于史学上之材料，而治史学者，亦不可无科学上之知识。”① 他认为，科学乃求真理的途径，史学乃求真理由来的办法，二者同为求真理而存在。正是从这样的意义看，人类知识只有“科学”与“史学”之分，而没有学问之新旧差别。

何以言学无中西也？王国维解释云：“世界学问，不出科学、史学、文学。故中国之学，西国类皆有之；西国之学，我国亦类皆有之。所异者，广狭疏密耳。”他强调：“余谓中西二学，盛则俱盛，衰则俱衰，风气既开，互相推助。且居今日之世，讲今日之学，未有西学不兴，而中学能兴者；亦未有中学不兴，而西学能兴者。特余所谓中学，非世之君子所谓中学；所谓西学，非今日学校所授之西学而已。”既然“世界学问”不出科学、史学、文学三大知识类别，也就无所谓中学西学。所以他说：“故一学既兴，他学自从之，此由学问之事，本无中西。”② 通过科学、史学与文学三大知识系统之分类，王国维将争论不休的新旧、中西、有用无用之争，逐一化解。

当与中学迥然不同的西学知识系统输入后，晚清学者对中西学术之异同有了初步认识，并依据自己的理解进行了直观比较。孙宝瑄1897年之日记云：“西人治学，无往非天理；中人治学，无往非人欲。

---

① 王国维：《〈国学丛刊〉序》，《王国维文集》第4卷，中国文史出版社1997年版，第366页。

② 王国维：《〈国学丛刊〉序》，《王国维文集》第4卷，中国文史出版社1997年版，第367页。

西人日求理之明，故日进而智；中人日溺记之博，故退而愚。”① 又云：“今日中西学问之分界，中人多治已往之学，西人多治未来之学。曷谓已往之学？考古是也。曷谓未来之学？经世格物是也。惟阐道之学，能察往知来，不在此例。”② 很显然，孙氏将当时的知识学问分为“已往之学”（即考古之历史学）、“未来之学”（经世格物之格致学）与“阐道之学”（即哲学）。

如果说戊戌之前孙氏对西方知识分类系统的认识还比较粗浅和模糊的话，那么经过 3 年的研读，其对西方近代知识系统之理解则逐步深入。他将宇宙间学问分为 3 大类：观迹之学、习法之学与察理之学。其云：“余前分别宇宙间学问为三大纲：曰观已然之迹，曰习当然之法，曰察未然之理。今又细别其子目，观迹之学有二：曰因耳目所得之迹，曰因文字所得之迹。习法之学有三：曰致用之法，曰因应之法，曰怡情之法。察理之学有三：曰分别之理，曰原因之理，曰适宜之理。”③ 在他看来，“观迹之学”，即为“探赜之学”，又可分为“耳目所得之学”“文字所得之学”2 种；“察理之学”，即“穷理之学”（即哲学），可分为“分别之理”“原因之理”与“适宜之理”3 种；“习法之学”分为“致用之法”“因应之法”与“怡情之法”3 种。孙氏强调，这 3 大类学问各有功用，同时又互相联系：“人之闻见，以探赜而日广；人之智慧，以穷理而日辟；人之能力，以习法而日充。不探赜，则闻见不广，不足以察理；不

① 孙宝瑄：《忘山庐日记》（上），上海古籍出版社 1983 年版，第 122 页。
② 孙宝瑄：《忘山庐日记》（上），上海古籍出版社 1983 年版，第 156 页。
③ 孙宝瑄：《忘山庐日记》（上），上海古籍出版社 1983 年版，第 383 页。

穷理，则智慧不辟，不足以习法；不习法，则能力不充，虽学无所用。”①

孙宝瑄还根据知识之用途，进而将“习法之学”分为“养生之用”与“卫生之用”，从而将西方知识系统中之农学、工艺学、商学、医学、法学、兵学等6门学问，纳入“习法之学”范畴。其曰：“习法之学别为二：一属于养生之用，一属于卫生之用。属于养生之则为三：曰农学，曰工艺学，曰商学。属于卫生者别为三：曰医学，曰法律学，曰兵学。人以圆颅方趾处于抟抟大地之上，苟欲有益于其群，必于此六种学问中，因其性之所近而各专一门，专则精，精则足以致用。”②

在这3大类种学问中，孙氏认为自己最擅长“穷理之学”（哲学），拙于“习法之学”。其记云：“余最长于穷理之学，探赜之学次之，独习法之学茫乎未能也。今欲奋其志，果其力，以从事于习法学，且欲专择其属于养生之用者而习之，盖惟此足以致富。养生之学，以农工为要。而从事农工学，必先从事算学，再习格致学。但习算不习格致，则算学无用；但习格致不习农学及工学，则格致又无用。”③ 其又云：“人之性质各有所近，余平素亦无书不读，无学不研究，然必以义理为归，是余性质之所近也。盖余之学问，以明理、修身、救世为宗旨，故于名理之书，每酷嗜之，不厌不倦也。”④ 他很自信地说：“余十年来为学之功，偏于积理观迹，于习

① 孙宝瑄：《忘山庐日记》（上），上海古籍出版社1983年版，第691—692页。
② 孙宝瑄：《忘山庐日记》（上），上海古籍出版社1983年版，第692页。
③ 孙宝瑄：《忘山庐日记》（上），上海古籍出版社1983年版，第692—693页。
④ 孙宝瑄：《忘山庐日记》（上），上海古籍出版社1983年版，第743页。

法工夫未一问津，故终觉目前少实用。今欲略屏哲理诸书，一意趋于征实，再加十年攻苦，庶几有效。”在他看来，研习这3种学问，是有捷径可寻的：“地理也，文学也，算法也，皆吾人学问所必需之阶梯。不通地理，不能观迹；不解文字，不能察理；不明测算，不能习法。”① 孙氏此处所谓“文学”，是指西方逻辑学；其所谓“测算”，是指数学。对此，其释曰：“余乙未年在海上与燕生谈，即发明文学为见道门径，数学为见艺门径，燕生颇嘉许。今见严译《群学》载斯宾塞尔论治群学先治三科，首玄科，即名学、数学。名学，西人谓之辨学，又谓论理学，即文学是也。与余所见不侔而合。”②

正因孙氏对“穷理之学”格外推崇，故敏锐地看到了逻辑学与哲学之密切关系，将“名学”“辩学”作为“读书穷理”之门径。其云：“欲读书穷理，讲明东西古今幽明上下之故，不可不先治辨学。欲治辨学，不可不先治名学。欲治名学，不可不先治小学。盖理托于文学而后显，故谓之文理，有文而后有理也。未有不能分别文字，而能分别义理者也。”③

也正是在此种意义上，孙氏不赞同将人类知识分为“中西”与“新旧”：“愚谓居今世而言学问，无所谓中学也，西学也，新学也，旧学也，今学也，古学也。皆偏于一者也。惟能贯古今，化新旧，浑然于中西，是之谓通学，通则无不通矣。仲尼、基督、释迦，教

① 孙宝瑄：《忘山庐日记》（上），上海古籍出版社1983年版，第803页。

② 孙宝瑄：《忘山庐日记》（上），上海古籍出版社1983年版，第775页。

③ 孙宝瑄：《忘山庐日记》（上），上海古籍出版社1983年版，第391页。

异术也。贯之以三统，由浅入深，不淆其序，三教通矣。君主、民主，政异治也。民愚不能自主，君主之，唐虞三代是也。民智能自主，君听于民，泰西是也。而凡所以为民，是政通矣。号之曰新，斯有旧矣。新实非新，旧亦非旧。惟其是耳，非者去之。惟其实耳，虚者去之。惟其益耳，损者去之。是地球之公理通矣，而何有中西，何有古今？”①

孙宝瑄将学问分为问穷理之学、探赜之学、习法之学3大类，用以整合其所理解之知识和学术世界，与王国维将知识分为哲学、史学、文学3大类以整合古今中西学术知识之思路是一致的，均可视为西方近代知识系统传入中国后，中国学者所作之最初回应。

与孙氏相似，蔡元培亦将学问分为“探迹之学”与“探理之学”。其云：“编纂为探迹之学。凡所看记叙之书（日本人所谓历史的）皆属之。札记之例：一稽本末（即因果，凡下论断，必先推其前因后果），略如纪事本末之属。一比事类，略如赵氏札记之属（此即论理学归纳之法，谓于杀散殊别中，抽出共同公理以贯之）。一附佐证，略如商榷考异之类（本书不详，别引书证明之，或援以比例时事，惟不可涉于琐屑）。”又云：“讲义为探理之学，凡所看论著之书皆属之（日本人所谓理论的）。”②

蔡之友人杜亚泉，对西方格致学特别关注，并在接触西方近代学术分科体系后，尝试着对近代新知识系统提出自己的见解。他认

---

① 孙宝瑄：《忘山庐日记》（上），上海古籍出版社1983年版，第80页。

② 蔡元培：《南洋公学特班生学习办法》，中国蔡元培研究会编《蔡元培全集》第1卷，浙江教育出版社1997年版，第328页。

为，宇宙间万事万物可分为物质、生命、心灵3类，人类知识也同样是关于此3类现象之学问："宇宙间种种现象，既不出此三者以外，则一切学术，虽科目甚繁，皆可以此统之，何则？学也者，自客观言，乃就宇宙间本有之定理定法研究而发明之，以应用于世之谓。自主观言，乃由所感所知者，进于演绎归纳之谓。宇宙间三者以外，别无现象，则所谓定理定法者，即在此现象之中；所感所知者，亦感知此现象而已。故此三象者，一切学术之根据。其直接研究之、记载之者，为物理学（包化学、博物学言）、生理学（包生物学言）、心理学。以此三科为根据地，应用其材料，而有种种工艺、航海、机械之学，医药、卫生、农林、畜牧之学，伦理、论理、宗教、教育、政法、经济之学。又统合三科，研究其具此现象之实体，而有哲学。"① 这是杜氏所理解之近代知识分类体系。

将西学纳入近代西方学科体系中之最突出标志，是清末大规模兴办新式学堂时，接受了近代西方教育体制及这种体制所包含之学科体系。1901年，蔡元培在《绍兴东湖二级学堂章程》中，将中西学术综合在一起，分为5门：一为经学，分为伦理通论、政事通论2种，每种分为浅、深2界。二为史学，分为地政、国政2种。三为词学，课论说，读诗歌，并授英国语言文字。四为算学，分代数初步、几何初步。五为物理学，以《西学启蒙十六种》之生理学、地质学、动植物学、化学为课本。在这里，蔡元培虽仍然沿用经学、史学、词学及算学等中国旧学术语，但其内容已经不是中国旧学之

① 杜亚泉：《物质进化论》，《东方杂志》第2年第4期，1905年5月28日。

内涵，如史学门，“地政者，由地球上形势、物产而发明其与人事相关之故。国政者，专指君官所图之事。各分详、略两种，略说合全地球言之；详说先本国，次东洋诸国，次西洋诸国，皆据现行事例为说，不及古事”①。这显然是最新之西学知识。

1901 年 10 月，蔡元培在《学堂教科论》中，对中西学术及知识系统作了研究，尝试将中国学术纳入近代西方学科体系中。

表 18　蔡元培《学堂教科论》之知识系统表

有形理学	算学	数学及代数学	
		形学及代形学	
		三角测量学	
		微分积分学	
	博物学	全体学（包生理学）	
		动物学	
		植物学	
		矿物学（包地质）	
	物理学	重力学	
		热　学	
		声光学	
		磁电学	
	化学	无机化学	
		有机化学	
		分析化学	

① 蔡元培：《绍兴东湖二级学堂章程》，中国蔡元培研究会编《蔡元培全集》第 1 卷，浙江教育出版社 1997 年版，第 320 页。

续表

无形理学	名学	辞　学	
		译　学	
	群学	伦理学（包国际私法）	
		政事学	政学（分为宪法学、行政学）
			法学（分为民法学、刑法学、诉讼法学）
			计学（分为财政学、农政学、工政学、商政学）
			教育学
			地政学
			史记学
			兵学（分为陆军学、水军学）
	文学	外交学	
		音乐学	
		诗歌骈文学	
		图画学	
		书法学	
		小说学	
道学	哲学		
	宗教学		
	心理学		

资料来源：蔡元培：《学堂教科论》，中国蔡元培研究会编《蔡元培全集》第1卷，浙江教育出版社1997年版，第335－336页。

不仅如此，蔡元培还以近代学科观念来看待中国经学、史学及诸子学，认为六艺，即道学也，六艺为孔子手定，实孔氏一家之哲论：“是故《书》为历史学，《春秋》为政治学，《礼》为伦理学，《乐》为美术学，《诗》亦美术学。而兴观群怨，事父事君，以至多识鸟兽草木之名，则赅心理、伦理及理学，皆道学专科也。《易》如今之纯正哲学，则通科也。”他继续解释说：“道家者流，亦近世哲学之类，故名、法诸家，多祖述焉。……农家者流，于今为计学，盖尚农主义之世，工商经济，皆未发达也。墨家者流，于今为宗教学。墨氏出于清庙之守，而欧非旧教，皆出祭司可证也。宗教家无不包伦理，故墨氏有《尚同》《兼爱》《非攻》之说。阴阳家者流，出于灵台之首，于今为星学，其旁涉宗教为术数。纵横家者流，出于行人之官，于今为外交学。杂家者流，出于议官，于今为政学。其他名家、法家、兵家、方技（即医学），则与今同名者也。”①

这样，蔡元培便对中国传统“四部之学”知识结构作了近代意义之阐释，将诸子去掉“家”改称“学”，中国学术分科以“人”为分类对象的传统，一变而为以学科为分类标准。传统之经学被分解到近代各种具体学科中。作为“四部”重镇之史部，其所统摄之各种知识门类，也独立出来与史学并列；而史学降低为与政学、法学、计学、教育学、兵学等知识门类同等地位之学科，归群学之统辖。因此，蔡元培之知识分类体系，是受到西方近代知识分类观念影响之结果，是按照西方近代知识分类系统来统分中国传统知识之尝试。

正是由于突破了传统的“四部”知识分类系统之束缚，人们才会将传统的历史学与它曾经统辖的各分支知识门类并列起来，构成了新的知识系统。也就是说，在“四部”知识系统中，史学与地理

---

① 蔡元培：《学堂教科论》，中国蔡元培研究会编《蔡元培全集》第1卷，浙江教育出版社1997年版，第337—338页。

学等为“垂直”关系，而在新的知识系统中，则变成了“并列”关系。关于这一点，可从1902年梁启超《新史学》中的一段论述看出：“夫地理学也、地质学也、人种学也、人类学也、言语学也、群学也、政治学也、宗教学也、法律学也、平准学也（即日本所谓经济学），皆与史学有直接之关系。其他如哲学范围所属之伦理学、心理学、论理学、文章学，及天然科学范围所属之天文学、物质学、化学、生理学，其理论亦常与史学有间接之关系。何一而非主观所当凭借者，取诸学之公理公例，而参伍钩距之，虽未尽适用，而所得又必多矣。”①

在梁氏看来，史学与其他学科已从“四部”分类法中之垂直关系，转化成一种平行等列关系。梁启超如此，陈黻宸等人亦有此意：“夫史学必合政治学、法律学、舆地学、兵政学、术数学、农工商学而后成，此人所常言者也。史学又必合教育学、心理学、伦理、物理学、社会学而后备，此人所鲜言者也。”又云：“是故读史而兼及法律学、教育学、心理学、伦理学、物理学、舆地学、兵政学、财政学、术数学、农工商学者，史家之分法也；读史而首重政治学、社会学者，史家之总法也。是固不可与不解科学者道矣。盖史一科学也，而史学者又合一切科学而自为一科者也。”②

无论是从中国近代教育体制建立之角度，还是从近代中国学科体系建立之角度，抑或是从近代中国知识系统建立之角度，考察

① 梁启超：《新史学》，《饮冰室合集》文集之九。

② 陈黻宸：《京师大学堂中国史讲义》，《陈黻宸集》（下册），中华书局1995年版，第676—677页。

1903年张之洞等人拟定并经清政府颁布实施之“新学制”及“八科分学”方案，都具有重要之研究价值及典型之象征意义。张氏将大学分为经学、政法、文学、医科、格致、农科、工科、商科等8科，并具体规定各科所包括的学科门类，标志着中西学术门类被融合到一套知识系统之中，而这套知识系统，显然远远超出了传统的“四部之学”范围，是以西方近代学科分类为标准建构之新知识系统。仅从中国学术体系及知识系统转变的角度看，尽管张之洞在经学科、文学科的设置上存在着不少值得批评的谬误，但“八科分学”方案，不仅初步奠定了近代中国新学制的基础，而且也初步奠立了中国近代学术分科的基础，大致划定了近代中国学术之研究范围。中国传统学术中之经学、史学、文学在“经学科”和“文学科”中得到保存，晚清时期引入之自然科学和社会科学各学科连同所属门类，在“政法科”“格致科”“农科”“工科”“医科”和“商科”中被确定下来。

张之洞在《奏定大学堂章程》中，不仅将中国固有学术门类（经学、史学、诸子学和词章学）明确下来，而且按照西方“分科立学”原则，将经学、史学、文学等学科加以分类，使传统经学、史学等学科，包含了更多的分支科目。中国传统经学，不仅单独设为一科，包括了周易学、尚书学、毛诗学、春秋左传学、春秋三传学、周礼学、仪礼学、礼记学、论语学、孟子学、理学等11门学科，而且各门学科又包括了很多种具体科目。如周易学包括周易学研究法、尔雅学、说文学等科目，论语学包括了理学研究法、程朱学派、陆王学派、汉唐至北宋周子以前理学诸儒学派、周秦诸子学派等科目。中国史学则包括中国史学研究法、正史学、通鉴学、年代学、金石文字学等分支科目；中国文学则包括了中国文学研究法、说文学、音韵学、历代文章流别、周秦至近代文章名家等分支科目。

这样，到1903年新学制确定之时，中国传统学术门类及西方学术门类已经被安排在一套近代意义之学术体系及知识系统中。中国传统之经学、史学、诸子学、词章学，易名为经学、史学、诸子学和文学，置于大学“经学科”和“文学科”中；西方移植而来之自然科学各学科门类，被置于“格致科”中；西方移植来之社会科学各学术门类，则被置于“政法科”“文学科”中；至于“医科”“工科”及“商科”，则纯粹是从西方移植而来的近代知识分类科目。虽然作为西方近代重要学术门类之“哲学”没有在新体制中确定，但随后王国维参考日本大学之做法，在“文学科”各科所当授之科目中，加了“哲学概论”“中国哲学史”“西洋哲学史”等科目，虽无“哲学科”之名，却有“哲学科”之实。实际上，张之洞所拟订之“经学科”和“理学科”，就是西方近代意义之“哲学科”。1912年以后所设立之“哲学门”，就是直接裁并“经学科”和“理学科”而成的。

从表面看来，张之洞是按照“中体西用”模式来配置中西学术，将中国学术最重要之经学置于最高地位，并单独列为分科性大学之首，但实际上这套学科体制，是按照西方近代分科设学原则及近代学科体系和知识系统配置中西学术的结果，是将中学纳入西学体系的结果。除了“经学科”与近代学科体系不符外，其他七科均是仿效西方学科体制而设立的。文、理、法、商、农、工、医等分科形态，皆以“学科”作为分类标准进行设科，尽管科目之类别不多，但在学科建置上已粗具近代学科体制模型。传统“四部”分类体系，逐渐消融于西方近代学术分类及知识系统之中。

正因如此，此新学制之颁定，是中国传统学术纳入近代学术体系及知识系统之重要步骤，其重要影响及象征意义是不容忽视的。1912 年中华民国成立后颁布之《大学令》，取消“经学科”，将其内容分解到史学、哲学及文学等门类中，正式确立“七科分学”之新学科体制，标志着中国“四部之学”在形式上完全被纳入西方近代“七科之学”知识系统之中。

第八章

典籍分类与近代知识系统之演化

中国典籍“四部”分类法转向西方近代图书分类法，是中国知识系统在晚清时期重建之体现。这种典籍分类之演化，不仅仅是改变典籍分类法之简单问题，而是从以“四部”为框架的中国传统知识系统，向以学科为主的西方知识系统转变之重大问题。表面上是将“四部”分类体系下之典籍，归并到“十进法”图书分类体系中，实质上则是将“四部之学”知识系统逐渐消解掉，融入近代新知识系统中。正因如此，考察中国传统“四部”分类法向西方近代图书分类法之转变，是揭示“四部之学”知识系统向近代新知识系统演化的重要线索。用杜威十进分类法替代四部分类法之过程，既是将四部分类体系下之典籍拆散，归并到十进分类体系的各种学科门类中之过程，也是将“四部”知识系统整合到西方近代知识系统中的过程。晚清时期典籍分类转化演进之过程，从一个侧面折射出中国知识系统逐渐从古典形态转向近代形态演进之复杂历程。

一、四部分类法之最初突破

西方图书分类法，始于古希腊，发展于近代，定型于19世纪中后期，基本上是按照图书性质进行分类的。所谓按照“图书性质”，意为按照知识类别与学科门类进行分类。王云五曰：“外国图书按性质的分类，可说是发源于希腊的亚里士多德。他主张把学问分为历史、哲学、文学三大类。”① 古希腊以后的西方学术及知识系统，主要分为历史学、哲学和文学三大类，这显然是以学科为分类标准划分的。随着知识分化及分工发达，学术分类更加细密，逐渐形成了西方近代意义的图书分类法。其图书分类法的形成，也有一个较为漫长的演化过程。

1545年，德国学者吉士纳提出近代欧洲第一个图书分类法——“万象图书分类法”，将图书按照性质分为4大部21小类：一是字学，包括文法、语言、逻辑、修辞、诗歌；二是数学，包括算术、几何、音乐、天文；三是修养，包括神秘术、魔术、地理、历史、美术；四是高等学科，包括自然哲学、形而上学、道德哲学、政治哲学、市政和军事科学、法学、医学和神学。法国布路奈图书分类法分为神学、法学、科学与艺术、文学、历史等5大部；随后，英国人爱德华将其扩充为神学、历史、政治与商业、科学与艺术、文学、丛刊等7大类。1870年，美国圣路易士公共图书馆长夏礼士，将图书分为4大类100小类。1876年，杜威根据这个方法，编成了著

① 王云五：《中外图书统一分类法》，商务印书馆1928年版，第2页。

名的“十进分类法”，将图书分为总类、哲学、宗教、社会学、语言学、自然科学、应用技术、艺术、文学、历史10大类，采取“十进位法”。1891年，克特编成“展开分类法”，用英文字母作标记，将图书分为总类、哲学宗教、耶教与犹太教、宗教史、传记、历史、地理、社会科学等26类。1901年，美国国会图书馆对“展开分类法”进行改编，只用2个字母，字母之后改用数字，此即为“混合制”。

这些西方近代意义之图书分类法，均是以学科作为分类标准，而对图书进行分类的。对此，王云五说过，欧美各国的图书分类专家都按着学科，各自作成种种不同的或大同小异的图书分类法，其形式可归纳为三类：（1）是用字母做符号的；（2）是用字母和数目做符号的；（3）是完全用数目做符号的。其流入我国而采用最广者为第三种，也就是美国杜威的十进分类法。西方近代图书分类与学术分类，与希腊时代之学术分类相比，“其原则大概相同，不过分类的细目和方法各有不同罢了”①。西方近代图书分类法与古希腊亚里士多德分类法之原则基本相同，是一脉相承地发展演变而来的。但它却与中国典籍分类与学术分类有着很大差别。

与西方近代图书分类法相比，中国传统之经、史、子、集“四部”分类法，虽似按“性质”之分类法，但细加研究，多少还是倾向于“形式的分类法”，而不是近代意义之以“学科”为分类标准的分类法。如果以近代学科分类来衡量“四部”分类体系下之典籍，便会清楚地发现：“譬如经部的《书》本是一部古史，《诗》本

① 王云五：《中外图书统一分类法》，商务印书馆1928年版，第3页。

是文学，《春秋》也是历史，《三礼》等书是社会科学，《论》《孟》也可以说是哲学；若严格按性质分类，当然是不能归入一类的。但旧法分类的原则，因为这些都是很古的著作，而且是儒家所认为正宗的著作，便按着著作的时期和著者的身份，不问性质如何，勉强混合为一类。关于子部呢，也是同样的情形，把哲学、宗教、自然科学、社会科学各类的书籍并在一起。关于集部，尤其是复杂，表面上虽皆偏于文学方面，其实无论内容属哪一类的书籍，只要是不能归入经、史、子三部的，都当它是集部。"①

中国传统"四部"分类法与西方近代分类法的不同，体现了两种学术体系及知识系统之差异。中国传统知识系统，可以简称为"四部之学"。所谓"四部"，即《四库全书总目》类分典籍之经、史、子、集四部；所谓"学"，非指作为学术门类之"学科"，而是指含义更广的"学问"或"知识"；所谓"四部之学"，不是指经、史、子、集四门专门学科，更不是特指"经学""史学""诸子学"和"文学"等，而是指经、史、子、集四部范围内的学问，是指由经、史、子、集四部为框架建构的一套包括众多知识门类、具有内在逻辑关系之"树"状知识系统。有人精辟地指出："经部，为中国文化之根源，犹如中世纪欧洲之神学——新旧约全书。史部，为事实之纪录，子部，为哲学家之思想，集部，为文学作品。又如希腊亚里士多德根据人类记忆、理性、想象之三性能，分学问为历史、诗文、哲学三大类。易言之，经为根，史、子为干，集则为枝；聚根、干、枝而成树之整

① 王云五：《中外图书统一分类法》，商务印书馆1928年版，第2页。

体。故四部法依经、史、子、集之次第先后排列，亦即在表明全部知识之体系。”①“四部之学”，即为中国传统“全部知识之体系”。

这套“四部”知识系统，发端于秦汉，形成于隋唐，完善于明清，并以《四库全书总目提要》之分类形式得到最后确定。晚清时期，“四部之学”知识系统在西学东渐大潮冲击下，不断解体与分化，逐渐被西方以近代学科为类分标准建构起来之新知识系统所替代。

19世纪中期以后，西方“格致学”书籍被陆续翻译到中国。尽管四部分类法能够容纳中国传统典籍，涵盖中国主要知识领域，却难以反映这些新译西书之性质和内容。这样，一些中国学者便开始寻求变通之道，尝试在将其纳入中国以“四部”为骨架的知识系统之时，对四部分类法作适当调整。张之洞撰所著《书目答问》，无疑是其典型代表。

1875年，张之洞刊印《书目答问》，将典籍按照经、史、子、集四部进行分类。经部分为正经正注、列朝经注经说经本考证、小学等3类；正经正注类分为十三经五经四书合刻本、诸经分刻本、附诸经读本等属；列朝经注经说经本考证类分易书诗、周礼、仪礼、礼记、三礼总义、乐、春秋左传、春秋穀梁传、春秋总义、论语、孟子、四书、孝经、尔雅、诸经总义、诸经目录文字音义、石经等属；小学类分为说文、古文篆隶真书各体书、音韵、训诂等属。

史部分为正史、编年、纪事本末、古史、别史、杂史、载记、传记、诏令奏议、地理、政书、谱录、金石、史评等14类；类下又分为

① 刘简：《中文古籍整理分类研究》，台北文史哲出版社1978年版，第77页。

若干属，如地理类分为古地志、今地志、水道、边防、外纪、杂地志等属。子部分为周秦诸子、儒家、兵家、法家、农家、医家、天文算法、术数、艺术、杂家、小说家、释道家、类书等13类，类下又分若干属，如儒家类分为议论经济、理学、考订等属，天文算法类分为中法、西法、兼用中西法等3属。集部分为楚辞、总集、别集、诗文评等4类，总集分为文选、文、诗、词，别集按时代分类，并在将清人分为理学家、考订家、古文家、骈体文家、诗家、词家6属，“略具专家分门之意”①。

在《书目答问》“集部”所举典籍中，包括了部分有关西学之书目，如地理类之《职方外纪》《坤舆图说》《地球图说》《新译地理备考》《新译海道图说》，天文算法类的《新法算书》《几何原本》《勾股义》《泰西水法》《代数术》《曲线说》《数学启蒙》等，均为明清以来为中国学界认同之“旧籍”。

表19 张之洞《书目答问》分类表

部类	类目	类属
经部	正经正注	十三经五经四书合刻本、诸经分刻本、附诸经读本
	列朝经注经说经本考证	易书诗、周礼、仪礼、礼记、三礼总义、乐、春秋左传、春秋穀梁传、春秋总义、论语、孟子、四书、孝经、尔雅、诸经总义、诸经目录文字音义、石经
	小学	说文、古文篆隶真书各体书、音韵、训诂

① 姚名达：《中国目录学史》，商务印书馆1938年版，第143页。

续表

部　类	类　目	类　属
史　部	正　史	二十四史廿一史十七史合刻本、正史分刻本、正史注补表谱考证
	编　年	司马通鉴、别本纪年、纲目
	纪事本末	
	古　史	
	别　史	
	杂　史	事实、掌故、琐记
	载　记	
	传　记	
	诏令奏议	
	地　理	古地志、今地志、水道、边防、外纪、杂地志
	政　书	历代通制、今制
	谱　录	书目、姓名、年谱名物
	金　石	金石目录、金石图像、金石文字、金石义例
	史　评	论史法、论史事
子　部	周秦诸子	
	儒　家	议论经济、理学、考订
	兵　家	
	法　家	
	农　家	
	医　家	
	天文算法	中法、西法、兼用中西法
	术　数	

续表

部类	类目	类属
	艺术	
	杂家	
	小说家	
	释道家	释家、道家
	类书	
集部	楚辞	
	别集	汉魏六朝、唐五代、北宋、南宋、金元、明、国朝理学家集、国朝考订家集、国朝古文家集、国朝骈体文家集、国朝诗家集、国朝词家集
	总集	文选、文、诗、词
	诗文评	
丛部	丛书目	古今人著述合刻丛书
		国朝一人著述合刻丛书
	别录目	群书读本、考订初学各书、词章初学各书、童蒙幼学各书
附录	国朝著述诸家姓名略总目	经学家（专门汉学、汉宋兼采经学）、史学家、理学家（陆王兼程朱之学、程朱之学、陆王之学、理学别派）、经学史学兼理学家、小学家、文选学家、算学家（中法、西法、兼用中西法）、校勘之学家、金石学家、古文家（不立宗派、阳湖派、桐城派）、骈体文家、诗家、词家、经济家

资料来源：张之洞：《书目答问》，光绪乙未（1895年）仲夏月上海蜚英馆石印版。

在《书目答问》典籍分类表中，最值得注意者为“子部”。张之洞对该部分类作了较大调整。

张氏在子部分类时曰："周秦诸子，皆自成一家学术，后世群书，其不能归入经史者，强附子部，名似而实非也。若分类各冠其首，愈变愈歧，势难统摄。今画周秦诸子聚列于首，以便初学寻览，汉后诸家仍依类条列之。"① 这是张之洞与纪昀《四库全书提要》分类略微差异之处。在此之外，张氏典籍分类最大之变化，是在子部兵家类和天文历算类中，收录了从西洋翻译而来的书籍。也就是说，张之洞将当时西洋翻译而来之书籍，纳入了"四部"分类体系之子部，将西学附属于中学，使之成为中国学术及知识系统之一部分。如在兵家类中，其列举了上海江南制造局刻本《新译西洋兵书五种》，包括《克虏伯炮说》4 卷、《炮操法》4 卷、《炮表》6 卷、《水师操练》18 卷、《行军测绘》10 卷、《防海新论》18 卷、《御风要术》3 卷等，并称赞这些西书"皆极有用"。

在子部天文算法类，张之洞之中法属不仅收录了包括前清算学家在内的 38 种书籍，而且在西法属中亦收录中国学者受西洋知识影响而撰著之典籍，如徐光启等人《新法算书》103 卷、《天学初函器编》30 卷，及《测量异同》《测算刀圭》。值得注意的是，张之洞还收录了鸦片战争后中国学者李善兰等人翻译之西洋最新数学著作，如李善兰译《新译几何原本》13 卷、《代数学》25 卷、《代微积拾级》18 卷及《曲线说》1 卷，伟烈亚力著《数学启蒙》等。从《书目答问》所收目录看，基本囊括了当时翻译到中国之西方数学著

---

① 张之洞：《书目答问》，光绪乙未（1895 年）仲夏月上海蜚英馆石印版。

作。张氏在解释收录这些书籍之原因时说：“算学以步天为极功，以制器为实用，性与此近者，能加研求，极有益于经济之学。”①

《书目答问》对当时中外典籍进行分类之基本依据，仍然是“四部”分类法。这一方面说明此时中国之知识系统，仍然是“四部之学”所能容纳的；另一方面也表明张之洞对于当时传入中国之西学知识，并非没有注意，而是根据以“中学统摄西学”原则，将新译格致、算学等西学书籍，纳入“四部”分类知识系统中。

值得注意的是，尽管张之洞采用了四部分类法，却与《四库全书总目提要》的类目略有出入，作了必要的调整。最明显之处，就是将“丛书”独立为部，不附属于杂家，与经、史、子、集合为五部。张氏解释曰：“丛书最便学者，为其一部之中，可该群籍，搜残存佚，为功尤巨。欲多读古书，非买丛书不可。其中经史子集皆有，势难隶于四库，故被为类。”② 这样，四部分类法不能类分所有典籍之弱点由此显露无遗，“丛书”自此开始成为独立之部类。

目录学家刘国钧指出：“近世学术，侧重专门，故西方之图书分类亦主精详。中土学风，素尊赅博。故图书类部，常厌烦琐。窥测将来之学术界，则分工研究，殆为不二之途。”③ 既然随着西方翻译书籍之增多及西方分科性学术之普及，图书分类及学术分科向细密化发展是大势所趋，那么就必然要求冲破四部分类体系，按照近代分科观念及分类原则，以学科为分类标准，对中西典籍进行统一

① 张之洞：《书目答问》，光绪乙未（1895 年）仲夏月上海蜚英馆石印版。

② 张之洞：《书目答问》，光绪乙未（1895 年）仲夏月上海蜚英馆石印版。

③ 刘国钧：《刘国钧图书馆学论文选集》，书目文献出版社 1983 年版，第 55 页。

分类，对中国知识系统进行重新配置与整合，逐步创建出一套近代意义上之新知识系统。

张之洞将西学典籍纳入中国“四部”分类体系之做法，当时就引起了一些学者的质疑。在《书目答问》刊后，江人度上书张氏曰：

“第思目录之学最难配隶适当。《四库提要》所列门目，与昔之目录家颇有出入。中堂《书目答问》，与《四库》复有异同。移甲就乙，改彼隶此，要亦难为定论也。章实斋致慨于‘四部’不能复《七略》，由史籍不可附《春秋》，文集未便入诸子。然处今之世，书契益繁，异学日起，匪特《七略》不能复，即‘四部’亦不能赅，窃有疑而愿献也。《艺文》一志，列于《汉书》，今世遂以‘目录’归‘史部’。不知班氏断代为书，秦火以后，所存篇籍，自宜统加收纂，以纪一代之宏规。而目录家岂可援以为例？盖目录者，合经、史、子、集而并录，安得专归史部乎？史氏可以编《艺文》，而‘目录’不得登乙馆。此配隶未当者一也。《隋志》以‘类书’入子部，考诸子之学，儒、墨未碍于并立，名、法亦有所取材，宗旨各殊，不嫌偏宕，……金石之学，《隋志》列经，《宋志》属史，已觉歧异，且昔之考核者少，尚可附丽；今之研究者多，岂容牵合？六义附庸，蔚为大国，……且东西洋诸学子所著，愈出愈新，莫可究诘，尤非‘四部’所能范围，恐《四库》之藩篱终将冲决也。盖《七略》不能括，故以《四部》为宗；今则《四部》不能包，不知以何为当？”①

① 江人度：《书目答问笺补》卷首，转引自姚名达《中国目录学史》，商务印书馆1938年版，第145—147页。

江氏已经认识到，“四部”分类已经无法包容当时中外图书典籍，尤其是新译之西学典籍，“《四库》之藩篱终将冲决”，逐渐成为晚清中国知识系统演化之大势。

对此，目录学家昌彼得指出：“自四库总目出，四部法遂得独尊于一时。然而自鸦片战争后，海禁大开，西学东渐。同治光绪间，同文馆、江南制造局相继设立，学人纷纷译介东西洋的学术。东西洋学术皆于中国旧学不同。而国人新著作的内容与体裁，也与旧籍异。四部分类法不能专收旧籍，以之适用于新书，实枘凿而方圆，格格不入。乃因外来的影响，生事实上的困难。历时千余年的四部法，遂呈动摇之势。”① 这是西译新书及其包涵之新知识系统输入中国后，必然要发生的事情。

四部分类法尽管有所欠当，但对于部次中国典籍，还是基本适用的。但对于晚清从西洋翻译来之西学典籍，则在四部分类体系中难以找到合适之门类。于是，对于这些翻译来之西书，中国学者开始采用别立西学部的办法加以归类。这样便出现了中国近代最早之西书分类目录。

晚清时期以学科为特征之西方近代知识，是通过三种渠道输入中国的：一是办学堂立课程以讲学；二是出洋考察或留学；三是翻译西方图书。大量翻译西书，是清末输入西方知识之主要途径。伴随着西书之翻译与出版，作为这些西方知识体系的图书目录提要及图书分类目录应运而生。1878 年英国人傅兰雅所著《江南制造局译

① 昌彼得、潘美月：《中国目录学》，文史哲出版社 1986 年版，第 225 页。

书事略》及1896年梁启超在其《西书提要》基础上编撰之《西学书目表》，便是这种新典籍分类之雏形。

西书目录提要，是人们痛感这些西书源流不明而撰著的。梁启超因答人之问而作《西学书目表》，以示“应读之西书及其读法先后之序”，便是较为典型之体现。不仅梁氏如此，清末多数目录编撰者均抱同样目的。徐维则作《东西学书录序》曰：“学者骤涉诸书，不揭门径，不别先后，不审缓急，不派源流，每苦繁琐，辄难下手，不揣梼昧，于书目下间附识语，聊辟途径。”顾燮光亦云：“惟矿学、医学两种，甚乏新译，富国强种，均当务之急，有心人盍起图之。”① 表达了相似之旨趣。

西学书籍之翻译出版，及西学目录之编制，实际上是西方近代学科性知识体系输入的过程。这种学科体系及知识系统，与中国传统以“四部”为框架之知识结构有着很大差异。由于西方近代学科门类之大量输入，中国传统“四部”分类体系显然难以适应新知识系统之需要。四部分类法是以中国固有知识结构为基础的，适用于古代典籍之分类。当西学刚刚输入中国时，因其数量有限，西学还可以被纳入“四部”知识分类框架中。但随着西书翻译之增多及西学门类之繁盛，“四部”分类体系已经无法包容西学知识及其学科门类。这就必然要打破“四部”分类法，按照西方近代学科体系及知识系统来部次图书，重建中国近代之新知识系统。

因此，无论是傅兰雅，还是梁启超、徐维则，当其对翻译之西

---

① 徐维则、顾燮光：《书录例目》，《增版东西学书录》，光绪二十八年（1902年）刊印本。

书分类编制目录时，都会遇到同样的问题，即这些反映西方近代学科性知识内容的译书，无法纳入“四部”分类体系中，必须独辟蹊径，冲破“四部”典籍分类框架而谋求新的图书分类法。梁启超在《西学书目表》序曰：“西学各书，分类最难。”徐维亦云：“东西学书分类更难，言政之书皆出于学，言学之书皆关乎政。政学不分，则部次奚定？今强为区别，取便购读，通人之讥，知难免焉。”① 西书不能纳入传统之“四部”，势必要用西方以“学科”为分类标准之新法来“强为区别”。正是这种“强为区别”之尝试，方逐渐创建出一些“于古人目录成法相去甚远”之新图书分类体系。

四部分类法之最大缺陷，是不能以学科门类作为分类标准，不能按照书籍的知识对象归并其类，因而缺乏近代知识上之逻辑性与客观性。傅、梁等人打破传统“四部”分类之成法，对西书所作的分类目录提要，就是在近代学术分科原则基础上，按照19世纪西方建立起来的各种学科门类组织编撰的。最早作这种尝试者，是英国人傅兰雅。其在《江南制造局译书事略》中设置了15个并列的一级类目，完全打破了四部分类法，对所译西书按照近代学科标准进行类分。对此，蔡元培曰：“英傅兰雅氏所作《译书事略》，尝著其目，盖从‘释教录’之派，而参以‘答问’之旨者也。其后或本之以为表，别部居，补遗逸，揭精诂，系读法，骎骎乎蓝胜而冰寒矣。”② 傅氏对西书之分类，基本上是以学科划定的，可以视为新型

---

① 徐维则、顾燮光：《书录例目》，《增版东西学书录》，光绪二十八年（1902年）刊印本。

② 蔡元培：《〈东西学书录〉叙》，蔡元培研究会编《蔡元培全集》第1卷，浙江教育出版社1997年版，第244页。

典籍分类体系之雏形。

康有为1896年12月刊印的《日本书目志》，汲取了当时日本图书分类法之新成果，一反中国传统之“四部”分类法，根据学科内容及译书实际来设置类目，将图书分为15门246小类，对典籍分类作了大胆尝试。1896年10月，梁启超编撰《西学书目表》，逐渐形成了一套较正规的新型分类体系和较完整的西学知识系统。梁氏将当时翻译到中国之西书分为三大类：学、政、杂。政出于学，故学在政前，而杂类附后。其曰：“西学之属，先虚而后实；盖有形有质之学，皆从无形无质而生也。故算学、重学为首，电、化、声、光、汽等次之；天、地、人（谓全体学）、物（谓动植物学）等次之；医学、图学全属人事，故居末焉。”① 这种排列顺序，基本上与西方近代各门学科形成之顺序相吻合。

表20　梁启超之西书分类表

三大类目	28小类
西　学	算学、重学、电学、化学、声学、光学、汽学、天学、地学、全体学、动植物学、医学、图学
西　政	史志、官制、学制、法律、农政、矿政、工政、商政、兵政、船政
杂　类	游记、报章、格致总、西人议论之书，无类可归之书

资料来源：梁启超：《中西学门径书七种·附〈西学书目表〉》，上海大同译书局光绪二十四年（1898年）石印本。

从梁氏西书分类表可以看出，该分类体系较早接受了西方图书

① 梁启超：《西学书目表序例》，《中西学门径书七种》，上海大同译书局光绪二十四年（1898年）石印本。

分类体系之影响，学、政、杂三大部类，相当于后来之自然科学、社会科学、综合性图书三大类。“学部”所有类目几乎均按西方“学科”分类，为后来人们废弃“四部”分类法而改用新型分类体系开辟了道路。正因如此，姚名达高度评价《西学书目表》曰：“对时人曾发生极大之影响，受其启发而研究西学者遂接踵而起。目录学家亦受其冲动，有改革分类法者，有专录译书者。”

梁氏之后，西书目录分类进一步演化。1898 年，徐维则编辑刊印《东西学书录》，将所收之东西学书籍分为 31 个门类，主要科目为：史志、政法、学校、交涉、兵制、农政、矿务、工艺、船政、格致总、算学、重学、电学、化学、声学、光学、气学、天学、地学、全体学、动植物学、医学、图学、理学、音学、宗教、游记、报章、议论、杂著等。这个典籍书目提要，主要是当时所译西书之分类目录及提要，是对梁氏西学书目分类之发展。

1902 年，渐斋主人刊印之《新学备纂》序言云：“新世界，新学界，一周岁之间，开新理者万，著新书者万。欧美列国日以新学相竞争，而吾国所译述者，万不及一焉……仆不敏，师其意而稍变其例，集同学诸君子，分辑各门，为《新学备纂》一书。”① 该书将“诸科学所应习者”，合编为天学、地质、地文、地志、全体、心灵、动物、植物、微生物、光学、声学、重学、热学、汽机学、电学、化学、算学、图学、农学、工学、牧学、商学、矿学、医学、兵学、体操学等 26 门学科，基本上反映了当时中国学者所理解的

① 渐斋主人：《新学备纂》，天津开文书局，光绪二十八年（1902 年）石印本。

"新学"知识系统之分类情况。

1903年编辑刊印的《新学大丛书》，将当时翻译到中国之西书，收集起来刊印。其编撰《例言》曰："本编搜集中东名著，取其有关目前经国之旨者编辑成书，书中取材皆系极新之译极新之稿本，与从前他种编类书绝不犯复。"又云："本编门分类别于各国典章学术最为完备，裨益士人实非浅鲜，阅者自知，无俟缕述。"①《新学大丛书》将"新学"分为政法、理财、兵学、文学、哲学、格致、教育、商业、农学、工艺等"十纲"77个目。

表21　《新学大丛书》目录分类表

政法类26卷	政治4卷，法律6卷，君主1卷，政府2卷，议会4卷，地方自治3卷，交涉公法5卷，主权1卷
理财类10卷	经济1卷，生计1卷，财政2卷，岁计3卷，货币1卷，商约1卷，税则1卷
兵学类10卷	兵学总论1卷，条教1卷，战术2卷，阵法1卷，操法1卷，马术1卷，工程1卷，学校1卷，兵器1卷
文学类10卷	学术1卷，史学1卷，历史3卷，地理3卷，辞学1卷，语学1卷
哲学类8卷	哲学总论1卷，宗教2卷，神理原理学1卷，心理学1卷，论理学1卷，实质说1卷，伦理学1卷
格致类16卷	格致总论1卷，数学1卷，天文1卷，气象学2卷，物理上下2卷，化学2卷，植物1卷，动物1卷，矿物1卷，地质学1卷，生物1卷，生理2卷
教育类14卷	教育论2卷，教育史1卷，学制1卷，中国现今学制3卷，教员1卷，教授法上下2卷，管理术1卷，学校卫生1卷，家庭教育1卷，女子教育1卷

① 明夷等辑：《新学大丛书》，上海积山乔记书局，光绪二十九年（1903年）石印本。

续表

政法类 26 卷	政治 4 卷，法律 6 卷，君主 1 卷，政府 2 卷，议会 4 卷，地方自治 3 卷，交涉公法 5 卷，主权 1 卷
商业类 8 卷	商业经济 3 卷，商业地志 3 卷，商学 1 卷，权度 1 卷
农学类 8 卷	农业经济 1 卷，农业理化 2 卷，农会 1 卷，种植 2 卷，畜牧 1 卷，蚕学 1 卷
工艺类 10 卷	工政 1 卷，工律 1 卷，工学 2 卷，土木工 1 卷，炼冶 1 卷，化电工 1 卷，制造 1 卷，美术 2 卷

资料来源：明夷等辑：《新学大丛书》，上海积山乔记书局光绪二十九年（1903 年）石印本。

傅兰雅、梁启超、徐维则等人所撰之西书目录和西书提要，均以近代学科为标准进行典籍分类。这种做法，迥异于中国传统之“四部”分类法，在当时产生了重大影响，对突破传统“四部”分类法起到了很好的示范效应。但他们所作之典籍分类，主要是对翻译到中国之西书所作的分类，并没有涉及中国传统典籍。中国传统典籍是否也可以用西方近代学科分类标准进行分类？它们与翻译到中国之西书，是否可以用统一之分类法进行类分？如何用西方学科性之分类标准来整合中国传统典籍？这是西学输入中国后必然产生之问题。这一问题之实质，是如何将中西学术体系及知识系统融合到一起。

实际上，在用近代学科标准类分西书过程中，中国学者也开始对“四部”分类法进行改造，并力谋有所突破。最早对“四部”分类进行改造而将中西典籍排列在一起者，是当时主持安徽芜湖中江书院的袁昶。

据 1896 年刊印之《中江讲院现设经义治事两斋章程》载，该书院分为经义斋、治事两斋，经义分课经学、理学、词章之学、经制之学、周髀及十种算经之学；治事斋分课史学、通鉴学、三通学、掌故学、时务学，及西学诸专门之学；西学又分为算学、方言、格致、律法、制造、商务、水陆兵法、舆地测绘等八门。① 这既是按照“分斋设学”“分门研习”原则传授知识之反映，又是对中国“旧学”与西方“新学”进行统一配置的一种尝试。西书主要被新设立之西学部收纳。

目录学家姚名达曰：“对于中外新旧之学术综合条理而分为若干科目者，据吾所知，以袁昶为最先。昶以光绪二十年主讲中江书院，略仿当时‘四明之辨志文会、沪上之求志书院、鄂渚之两湖书院，分科设目’，计十有五。‘每目之中，再分子目。曰经学，小学、韵学附焉。曰通礼学，乐律附焉。曰理学。曰九流学。曰通鉴三通政典之学，历代正史，则系传分代，史志分门，部居散隶，以便检阅善败起讫与夫因革损益之迹焉。曰舆地学（宜详于图表）。曰掌故学，宜详于国朝，以为根底，渐推上溯，以至于近代。曰词章学，金石碑版附焉。曰兵家学（宜有图），仍略仿班《志》形势、技巧、权谋、阴阳四目，宜添制造一门。曰测算学。曰边务学。曰律令学，吏治书分类附焉。曰医方学。曰考工学。曰农家学。此十五目皆有益国故政要，民生日用’。”② 这15目学问，尽管主要以中国传统旧学为主，但旧籍按照近代学科性质进行分类，已经突破了

---

① 《中江讲院现设经义治事两斋章程》，见《经籍举要》，光绪癸巳（1893年）仲冬中江讲院刊印本（中国社会科学院近代史所藏）。

② 《经籍纂要》中江书院本，转引自姚名达《中国目录学史》，商务印书馆1938年版，第147页。

“四部”分类之框架，而且其目次也已容纳了不少西方新学内容。

1898年刊印之《普通学书目录》，是黄庆澄为指导初学者而专门编撰的。其将中外图书分为3部分：一是中学入门书、经学、子学、史学、文学、中学丛刻书，其分类法基本上是由张之洞的《书目答问》而来的；二是西学入门书、算学、重学、电学、化学、声光学、汽机学、动植物学、矿学、制造学、图绘学、航海学、工程学、理财学、兵学、史学、公法学、律学、外交学、言语学、教门学、寓言学、西学丛刻书；三是天学、地学、人学（即医学）等。很显然，这套典籍分类系统，是融会贯通中西学术后而作的重要尝试，反映了时人会通中西学术、创建新知识系统之意向。姚名达称赞曰：“虽非藏书目录，且浅之无甚精义，然混合新旧之目录于一编者，固未之或先也。是后遂有以新书为‘时务部’，列于四部之后者。流风所扇，入民国后犹有若干公立图书馆习用此种新旧分列之办法。”① 充分肯定了黄氏《普通学书目录》在中国目录分类及知识系统演变史上之重要地位。

1902年编成之《杭州藏书楼书目》，将中外典籍统一分类，计分为经学（小学附）、史学（掌故、舆地附）、性理（哲学家言附）、辞典、时务、格致（医学附）、通学（即丛书）、报章、图表等9大类。其中经学、史学、性理等门类，是新旧图书兼收；而辞典、格致、通学等门类，则主要收录翻译而来的西书。

既然典籍分类是随着学术进步和学术分科而发展的，那么西方

---

① 姚名达：《中国目录学史》，商务印书馆1938年版，第150页。

近代学术及知识系统之引入，必然要改变近代中国之学术体系及知识分类系统，冲击传统“四部”分类之旧制：“《四库》的分类法在现代之所以行不通，一方却固然是因为其本身的分类不精密，而其大部分的原因则在乎西洋许多新进来的学术，非《四库》所能包得住的缘故。”① 如果对20世纪初中国学者编撰刊印的图书典藏目录作一分析，便会发现：将西学与中学典籍并列，将中西学术门类混合起来，突破“四部之学”的范围，创建新的知识系统，已经成为清末中国学者比较自觉的意识。关于这一点，可以从《古越藏书楼书目》分类体系中明显地看出。

1904年，古越藏书楼建成。此时西学典籍已有不少，故该藏书楼根据实际情况，将新旧图书归在一起进行分类。徐树兰在《藏书章程》中规定，本楼创设宗旨有二，“一曰存古，一曰开新”，并解释曰：“学问必求贯通。何以谓之贯通？博求之古今中外是也。往者士夫之弊，在详古而略今；现在士夫之弊，渐趋于尚今蔑古。其实不谈古籍无从考政治学术之沿革；不得今籍，无以启借鉴变通之途径。”② 故古越藏书楼采取之原则是“新旧兼收”。该楼最初编目亦分经、史、子、集、时务五部，将新书列“时务”部附于四部之后，但徐树兰很快便改变了这种编目方法。

在新编之《古越藏书楼书目》中，徐氏将当时中西书籍归并一起，分为两部：一为“学部”，专收理论方面之典籍，包括易学、

① 姚名达：《目录学》，商务印书馆1934年版，第147页。

② 徐树兰：《古越藏书楼章程》，李希泌等编《中国古代藏书与近代图书馆史料》，中华书局1982年版，第113页。

书学、诗学、礼学、春秋学、四书学、孝经学、尔雅学、群经总义学、性理学、生理学、物理学、天文算学、黄老哲学、释迦哲学、墨翟哲学、中外各派哲学、名学、法学、纵横学、考证学、小学、文学，共23门；二为“政部”，专收史学及有关实用方面之典籍，包括正史、编年史、纪事本末、古史、别史、杂史、载记、传记、诏令奏议、谱录、金石、掌故、典礼、乐律、舆地、外史、外交、教育、军政、法律、农业、工业、美术、稗史，共24门。该书目分类打破了传统“四部”分类体系，将书籍分政、学二部47类331子目，做到中外典籍统一编目，平等著录古今中外图书典籍。尽管将中外典籍分为学部、政部，是仿梁启超《西学书目表》而来的，但将“学部”23门均缀以“学”，并将“四部”中之“经学”细化而使之成“学”，则是《古越藏书楼书目》之新创。如将“经部”之易、书、诗、礼、春秋、四书等，改为易学、书学、诗学、礼学等，并将“子部”改造转化为“哲学”：道家变为“黄老哲学”，佛家改为“释伽哲学”，墨家改为“墨翟哲学”，先秦名家改为“名学”，法家改为“法学”；还将集部改为“文学”，考据学、小学独立成科，理学改为“性理学”，西学列为生理学、物理学、天文学等。

徐树兰从学理和实用两义分部，规模完备，分类详密，使中国“四部”分类法之内容及其实质发生了重大变化。他在解释将典籍分为学、政两部时说：“明道之书，经为之首，凡伦理、政治、教育诸说悉该焉。包涵甚广，故不得已而括之曰学类。诸子，六经之支流，文章则所以载道，而骈文词曲亦关文明，觇世运，故亦不得蔑弃。至实业各书，中国此类著作甚少，附入政类中。”①

这个藏书书目所体现出之中外学术平等，较以往将西书纳入“四部”之做法，有了很大改进；而每类下所分之子目，亦较“四部”分类更为详密。对此，目录学家刘简评曰：“观上列各类目，新旧书籍，皆能有所安插，不似其他各法，多陷入四部之范围；亦足见其计划周详。然细究其内容，学、政两部，由何而分，漫无准则；类目编排，次序多有失当；既有法学、纵横学，复有法律、外交两类，亦似嫌重复；四书另成一类，名之为四书学，尤属勉强……诸如此类，不妥之处，仍难免贻识者之讥。但于当时能毅然改革，推翻所谓金科玉律之四部法，则其创造之勇气，亦值得后人予以钦佩者。”② 姚名达则高度评价云：“此目能打破已成金科玉律之四部，而创为二部，将新学之书，与一向奴视一切之经并列，其创造性为何如！而其将各种学术任意列入各类，其武断性又何如！”③

二、典籍分类上之新旧并行制

姚名达云：“学术愈进步，分类亦愈细密。从前只有几种，现在已不知增加了几种；单以分类法上的学科而论，数目已是惊人。”④ 既然目录分类随着学术进步和学术分科而发展，那么新学术门类之引入便会改变原来的学术分类，影响目录学之发展：“我国

① 徐树兰：《古越藏书楼章程》，李希泌等编《中国古代藏书与近代图书馆史料》，中华书局1982年版，第114页。

② 刘简：《中文古籍整理分类研究》，文史哲出版社1978年版，第178页。

③ 姚名达：《目录学》，商务印书馆1934年版，第140页。

④ 姚名达：《目录学》，商务印书馆1934年版，第146—147页。

旧日的四部分类法失诸粗疏，专供旧书的分类，尚觉不适于用，况现代图书馆兼收西方新籍与其译本，及近人对新学术的著述，其不能以旧法为之统驭，更属显明。”① 既然中国传统学术分类已经不能适用于近代学术发展，那么就必须用近代西方的分科体系和图书分类体系来统贯中西学术，重建中国近代之学术体系及知识系统。

清末民初西方近代学术大规模输入中国后，“西学东来，新书迭出，旧有部类，势难统摄，当此之时，书籍之分类，在中国乃成为一大问题”②。同时，“西学东渐，我国思想学术，类多逸出旧有藩篱，图书馆界自亦不能外”③。中国学人已逐渐意识到“四部”之藩篱终将冲决，并做了一些有益尝试，但近代新型图书分类及知识分类法仍在摸索中，并主要用以类分各种西学译书。因新旧典籍之内容与体裁上之差异，编目录者所遵循的，多是将新旧图书分别编印目录而使之并行，即采取新旧并行制。

所谓“新旧并行制”，就是用“四部”分类法，来类分中国固有典籍，而用新型以“学科”为标准之分类法，来类分新译（或新著）图书。有人指出：“中国过去所有的七略四部，在科学昌明的今日，既已不能应用，新的合于科学方法的分类法又未产生，在这种过渡的时期，于是便有采用西洋任何一种分类法，来代替中国原有分类法的图书馆。”④ 在时人看来，“四部”分类法难以骤然废止，

---

① 关鸿等主编：《旧学新探——王云五论学文选》，学林出版社 1997 年版，第 32 页。

② 蒋元卿编：《中国图书分类之沿革》，中华书局 1937 年版，第 139 页。

③ 沈祖荣：《〈三民主义中心图书分类法〉序》，见杜定友编《三民主义中心图书分类法》，国立中山大学图书馆 1948 年印行本，第 4 页。

④ 蒋元卿编：《中国图书分类之沿革》，中华书局 1937 年版，第 189 页。

而采用西人之成法，又因中西学术有较大差异，难亦适合；勉强模仿西方新制，与使用四部法一样近乎削足适履，同样颇感不便。于是，便出现了四部分类法与西方近代新型分类法同时并行之局面。

“新旧并行制”，在清末民初兴办新型藏书楼及近代图书馆过程中体现得格外突出。当时普遍采用的办法为：对于中国旧书，采用四部分类法，并略作变通及修改；对于译著新书，则根据近代学科进行分类。浙江藏书楼，原为1897年创建之杭州藏书楼。1907年，杨复等编撰《浙江藏书楼书目》，将所藏典籍分为甲、乙两编。甲编专收旧学之书，采用四部分类法；乙编专收新译之书，采用新型学科类分法：“本目甲编收旧学之书，分四部，设有子目。经部分正经正注、列朝经注经说经本考证、小学三部分；史部分为正史、编年、纪事本末、古史、别史、杂史、载记、诏令奏议、地理、政书、谱录、金石、史评；子部分为周秦诸子、儒家、兵家、法家、农家、医家、天文算法、术数、杂家、小说家、释道家、类书；集部分为楚辞、别集、总集、诗文评四类。乙编为新译书，分十六类，附日文书。”①

1901年创设之皖省藏书楼，后改为安徽省立图书馆。在其编制之《皖省藏书楼书目》分类表中，中国传统典籍按照“四部”分类法编目，但作了一些变更，如将“五经总义”改为“群经总类”，“史评”列于“传记”“史抄”之下，“书目”归入“谱录”等。值得注意的是，它在经史子集旧四部之外，专门设立了“农、工、商、兵”新四部，以容纳新译西学诸书。新旧四部泾渭分明，互不统摄。

---

① 长泽规矩也著，梅宪华等译：《中国版本目录学书籍题解》，书目文献出版社1990年版，第84页。

1908 年创建之天津图书馆，其典籍分类主要依据四部分类法，但亦有所改动：注明同一书之各类重出互见，同类中之排列既根据时代顺序排列，又在一书之末录入对其笺释、音义注解、校补校勘之书。对此，有人赞曰：“如此等之类，能够在清末作出因于‘四库’之此种分类法，编者之功大可称道。”① 1909 年创设之山东图书馆，将馆藏图书分为经、史、子、集、丛、科学、外国文、山东艺文、补遗等 9 部 87 目。对于其分类情况，袁绍昂在《山东图书馆书目序》中解释云：

“经学昌明，师承祖述，帝典王谟，炳星灼日，笺疏训诂，斠若划一，搜集简编，网罗散佚，辑经部第一。史之为用，与经同符，天文五行，地理河渠，礼乐兵刑，食货赋租，兼收博采，宏我国图书，辑史部第二。诸子之文，胥以明道，同归殊途，蔚为国宝，磅礴郁积，竞智斗巧，条分类别，旁搜远绍，辑子部第三。学问之道，与时偕行，上自秦汉，下讫有清，著述宏富，专集以名，按其时代，搜厥菁英，辑集部第四。汗牛充栋，典籍日滋，形形色色，怪怪奇奇，浩如烟海，茫无津涯，汇为巨帙，合而刊之，辑丛书第五。人事纷纶，理化淆陈，致知格物，吐故吸新，谁为沟通，大造之仁，莘莘钜子，于焉问津，辑科学第六。欧学东渐，文化蔓衍，列国殊语，通之者鲜，象译流传，真理妙演，微显阐幽，式光坟典，辑外国文第七。文献旧邦，古称邹鲁，代有名人，更仆难数，著作等身，辉耀今古，撷其精华，实镇东土，辑山东艺文第八。编录已竟，钞

① 长泽规矩也著，梅宪华等译：《中国版本目录学书籍题解》，书目文献出版社 1990 年版，第 74 页。

写殆遍，脱漏孔多，目为之眩，拾遗补阙，鱼贯珠穿，殿与其末，别为一卷，辑补遗第九。”①

民国初年编成之《江苏省立第二图书馆藏书书目》，以“保存古学，牖启新知，二者不可偏废”为宗旨，将中外典籍分别编目，旧书分为经史子集丛五部。但考虑到“数十年来，新书迭出，日益繁委。五部之中，未能囊括”，因此增设“新部”一门，“俾异域名著，时流学说，皆可胪举入录”。对于“新部”情况，曹允源在《江苏省立第二图书馆书目续编序》中解释道：“新部书大都不分卷数，或以编计卷，或以章计卷，或以册计卷，其图书或以幅计卷，各就原本酌核，与经史子集丛五部略有异同。”②

至于民国初年设立之京师中央公园图书阅览所，同样是按照“新旧并行制”对中外典籍进行分类的：“本所旧书，分为经、史、子、集四部，新书分为总汇、精神科学、历史科学、社会科学、自然科学、应用科学、艺术七部。”③ 与此相仿者，还有江苏无锡县图书馆。该馆将所藏典籍分为“旧时图书”和“近时图书”两大类。“旧时图书”采用四部分类法，但略有变通：“乐”列《春秋》之前，“五经总义”改为“经解”列经部之末；史部中将“诏令奏议”与“职官”一起并入“政书”，废“时令”，最后顺序为“史

---

① 袁绍昂：《山东图书馆书目序》，李希泌等编《中国古代藏书与近代中国图书馆史料》，中华书局 1982 年版，第 286—287 页。

② 曹允源：《江苏省立第二图书馆书目续编序》，李希泌等编《中国古代藏书与近代中国图书馆史料》，中华书局 1982 年版，第 314 页。

③ 《中央公园图书阅览所民国七、八年度年终工作报告》，《教育公报》第 7 年第 5 期。

钞”“史评”和“目录”；子部中将“艺术”“谱录”合并，“类书”置最后；集部中将“杂著”置最后；丛书独立成部，分“汇刻”及“个人自著”两类。“近时图书”依其性质分为六部：一是政部：内务类、外交类、财政类、陆海军类、司法类、教育类、农工商类、交通类；二是事部：历史类、舆地类、人事类；三是学部：伦理学类、哲学类、宗教类、数学类、格致类、医学类、教科书类；四是文部：近人著集类、小说类、字典文典类、图画类、国文书类；五是报章部：杂志类、日报类；六是金石书画部：法书类、名画类。每类根据需要再分若干类目。①

此外，中法大学、交通大学、南开大学、华西协和大学等图书馆、河南省立图书馆、广西图书馆等，均将藏书分为新旧两个部分，旧书沿用四部分类法，而新书则按照近代学科门类分类，或者采用杜威十进法，分别编目而并行。

这种“新旧并行制”，是清末民初各藏书楼及图书馆普遍采取之分类办法。关于这一点，也可从民初对各地图书馆所使用之编撰方法的问卷调查中得到验证。1918 年 3 月，沈祖荣（绍期）对全国 33 所图书馆进行问卷调查。其中按照“四部”分类者，或按照经史子集丛进行分类者，达 11 所。如京师图书馆、陕西公立图书馆、吉林图书馆、江苏南京高等师范学校图书馆、福建公立图书馆，“分经、史、子、集编定”，“依四库全书总目之例，分经、史、子、集四部分编”；山东图书馆，“分经、史、子、集、丛书、科学六部，

① 《民国四年无锡县图书馆油印本》，见长泽规矩也著，梅宪华等译：《中国版本目录学书籍题解》，书目文献出版社 1990 年版，第 83—84 页。

每书分总目，又分细目”；河南图书馆，“分经、史、子、集、丛书、时务六门”；江苏南通学校图书馆，“分经、史、子、集、丛书五大部”；湖北图书馆，“分经、史、子、集、丛书为五大纲”。①

而将新旧典籍分别用“四部”分类及“学科”分类编目者，竟达9所之多。如天津省立普通图书馆，“汉文以经、史、子、集分大纲，再分条目；日文西文以学科分编”；济南齐鲁大学图书馆，“中文以经、史、子、集，西文以十进分类”；无锡普通图书馆，将中西典籍分别编目“分经、史、子、集、丛书、文学、理学、法学、医学、教育、实业、杂志、日文”；江苏松江通俗图书馆，“分新旧两部，旧籍，依经、史、子、集、丛书编次；新籍，依各科学编次”；江苏金陵大学图书馆，“西文以美国杜威十类法，汉文仿四库全书目录法”；武昌高等师范学校图书馆，“中国图书依四库目录及书目答问编定；新书依科学分类编定”；湖南公立普通图书馆，“中书照四库四部编定，西书照科学门类编定”；广西图书馆，“分初编上编。初编以科学书当之，内分十八科。上编以历代经、史、子、集当之，内分四类，均依各书之性质分类”；武昌博文书院阅览室，“西书目录片用杜威十类法，书架陈列号数与目录片同，中书分45类，以百家姓45字代之”。②

正因如此，沈祖荣在问卷调查后分析道：“各省图书目录，多沿用四库四部之成规，又知四部目录，不能统中西图书，概括无遗；而于四部外，别增目录，以补不备，糅杂参差，无一完善目录可供

① 沈绍期：《中国全国图书馆调查表》，《教育杂志》第10卷第8期，1918年8月。

② 沈绍期：《中国全国图书馆调查表》，《教育杂志》第10卷第8期，1918年8月。

应用。"[①] 可见，用"四部"分类法部次中国旧籍，用"学科"分类标准类分新书，两者"各行其是，而不相师"，是清末民初各图书馆对中外典籍进行分类之普遍做法。

对于典籍分类"新旧并行制"盛行之原因，有人分析说：民国初年，图书馆渐次设立，"然以经费困难，无所发展，部次之法，仍循旧制。然以中西书籍种类激增，四库之法，已现露襟见肘之象，故乃稍昌改革之议。然笃旧者虑改之未见其优，转授人以击驳之资，辄畏难而中止；或仅增减一二，姑因陋以就简。此清末民初，图书馆所以仍用四库旧法之最大原因"[②]。

当西方新知识来到中国后，西方近代学术及知识分类，无法纳入四部分类体系中，而中国传统学术及知识，则能够在西方传来之新分类体系中得到较为合理的安排。所以中国学术分类体系在晚清时期必然要发生转型，以与西方近代学术分类体系接轨。这是近代学术及知识演进历程之必然趋势。民国初年，顾颉刚在治学笔记中曰："旧时士夫之学，动称经史词章。此其所谓统系乃经籍之统系，非科学之统系也。惟其不明于科学之统系，故鄙视比较会合之事，以为浅人之见，各守其家学之壁垒而不肯察事物之会通。"[③] 这段议论表明，至少到民国初期，中国学者对于"四部之学"知识系统已经不满意，而要以西方近代科学的知识系统来取代之。在顾氏看来，中国"四部之学"是"经籍之统系"，而不是"科学之统系"。只

---

① 沈绍期：《中国全国图书馆调查表》，《教育杂志》第10卷第8期，1918年8月。
② 蒋元卿编：《中国图书分类之沿革》，中华书局1937年版，第140—141页。
③ 顾颉刚：《古史辨》，第1册自序，朴社1926年版，第31—32页。

有以“学科”为分类标准建构之近代知识系统，才是真正的“科学之统系”。对此，龚宝铨主持的浙江图书馆在沈祖荣问卷上之答复颇具代表性：“原编目录照四库分类，新书即附其中。然新旧杂糅，殊嫌不便；明年续编书目，拟旧书仍依库目，新书别为一编。浙江藏书楼、商务印书馆涵芬楼皆如是。但新旧亦无截然界限，兹事实无善法，非于四部内别增门类，不能合新旧为一炉，此非精于目录，亦未易别增门类也。”①

正是抱着这种“新书别为一编”观念，当时许多学者不满足于对“四部”分类法之修改或变更，而是用近代学科体系代替“四部”体系，以近代“学科”为分类标准，将中外典籍统一编排，力争将中外典籍整合到新的分类体系和知识系统之中，以重建中国近代知识系统上的“科学之统系”。

1911 年编成的《涵芬楼新书分类目录》，开始用近代学科体系代替“四部”体系，将中外典籍整合到新的知识分类体系中。它将中外典籍按照学科门类，分为哲学、教育、文学、历史地理、政法、理科、数学、实业、医学、兵事、美术、家政、丛书、杂书等 14 部。哲学部，包括伦理、论理、心理、哲学；教育部，包括法令、制度、教育学、教育史、教授法、管理法、学校卫生、体操及游戏、特殊教育、幼稚园及家庭教育、社会教育；文学部，包括文典、修词学、读本、尺牍、诗歌、戏曲、外国语、字帖、小说；史地部，包括本国史、东洋史、西洋史、传记、史论、本国地理、外国地理、

① 沈绍期：《中国全国图书馆调查表》，《教育杂志》第 10 卷第 8 期，1918 年 8 月。

游记；政法部，兼含政治、法制、经济、社会；理科部，兼含博物学、理化学、天文、地文；数学部，兼含算术、代数、几何、三角、高等数学；实业部，兼含农业、工业、商业；医学部，兼含卫生、医学、药物学；兵事部，兼含陆军、海军、兵器等。这显然是以近代“学科”为标准，来统摄中外典籍，将“四部”所涵知识内容，归并到近代学科体系之中。有人赞曰：“每一类中，各有子目。在十进法未输入我国以前，此《涵芬楼新目》实为新书分类之最精最详者。”①

民国初年，直隶省立第二图书馆也按照中西典籍统一编目、新旧并行之原则，将“东西文各书”分为10部：甲部，经书类属之，略分正经、诸经；乙部，史书类属之，略分正史、杂史；丙部，子书类属之，略分周秦诸子、汉、魏、晋、唐、元、明、清诸子；丁部，诗文集类属之，略分别集、汇集；戊部，合刻诸书属之，略分从书，类书；已部，科学诸书属之，略分名学、哲学、心理、伦理、教育、法政、兵学、理科、天算、地理、农工商学、医药学；庚部，各种图书属之，略分地图、标本；辛部，各种教科书属之；壬部，各种学报属之；癸部，各种佛经道书属之。② 这种分类，显然是混合四部分类法与近代学科类分法，而将中西图书统一编目的结果。甲、乙、丙、丁、戊5部，相当于张之洞《书目答问》之经、史、子、集、丛5部，属于旧书分类；而己部则是按照近代学科标准对新译图书进行的分类；至于庚、辛、壬、癸诸部，则是甲、乙、丙、

① 姚名达：《中国目录学史》，商务印书馆1938年版，第151页。

② 《直隶省立第二图书馆章程》，李希泌等编《中国古代藏书与近代中国图书馆史料》，中华书局1982年版，第283页。

丁、戊5部与“己部”之引申和延续而已。

与直隶省立第二图书馆之做法相似者，还有京师通俗图书馆。民国初年，该馆将大阅览室书目用“地支”字改编12部：子，经史子集、国文教科；丑，哲学；寅，教育；卯，历史地理；辰，法制；巳，理科；午，实业；未，外国语文；申，小说；酉，美术；戌，杂志；亥，杂类。儿童阅览室书目则用“天干”字改编10部：甲，修身国文；乙，历史地理；丙，算理科；丁，习字手工唱歌体操；戊，童话教育画；己，丛书杂志；庚，小说传记；辛，图书教科名人画册；壬，西洋画帖幼年画报；癸，名胜写真幼稚对画。①

陈乃乾编辑之《南洋中学藏书目》，是清末民初突破“四部”分类法之典范。汤济沧在为此书目作序时，对其分类体例作了详细说明：“至书目之编制，亦颇费斟酌。四库之名，最不妥者为经，《尚书》记言，《春秋》记事，皆史也；《毛诗》为有韵之文，《三礼》亦史之一类，而孔、孟之在当日，与老、庄、管、墨、商、韩等何别。自汉武罢黜百家，尊崇儒学，后人踵事增华，经之数增至十三。今政体革新，思想家不复如前之束缚，此等名目，将必天然淘汰，大势所趋，无可强勉。如儒家者，仍列为九流之一可已。故本书目不用四部之名，区其类为十有三，虽或未惬心贵当，而逐渐厘正，责在后起。”②

据汤氏所言，此目分类之宗旨，乃在于将六朝以来“卫道”观

---

① 《京师通俗图书馆呈报民国五、六、七年度工作概况》，《教育公报》第4年第4期。

② 汤济沧：《南洋中学藏书目序》，李希泌等编《中国古代藏书与近代中国图书馆史料》，中华书局1982年版，第361—362页。

念，根本推翻。正是据此宗旨，陈氏将所藏旧籍分为13类：周秦汉古籍、历史、政典、地方志乘、小学、金石书画书目、记述、天文算法、医药术数、佛学、类书、诗文、词曲小说、汇刻（丛书）。在这13大类之下，又分为若干类目，如“周秦汉古籍”，包括历史、礼制、易、诸子、诗文、古籍总义、古籍合刻等目；“历史”分为官修史、私家撰述、传记、谱牒、论述等目；“政典”分为总志、礼乐、职官仕进、兵制屯防、刑法、监法、农政水利等目；“地方志乘”分为区域、山川、古迹、居处等目；“小学”分为说文、字书、音韵、训诂、汇刻等目；“金石书画书目”分为金石、书目、杂录等目；“记述”分为读书论学、修身治家、游宦旅行、名物、杂记等目；“天文算法”分为中法、西法、中西合参；“医药术数”分为医经、本草、术数等目；“佛学”分为经藏大乘、经藏小乘、论藏大乘、论藏小乘、杂藏等目；“诗文”分为各家著述、选本、评论等目；“词曲小说”分为词类、曲类和小说等目。

这些类目之下，又分为若干属类，如“诸子”，分为儒家、兵家、法家、墨家、道家、杂家、合刻等属；“区域”分为总志、省志、府州县分志、私家记述、古代志乘、市镇等属；“山川”分为总志、分志等属；“金石”分为目录、图谱、论辨等属；“术数”分为道家、五行占卜等属；“经藏大乘”分为华严、方等、般若、法华、涅槃等属；“词类”分为词谱、词集、词选等属；“曲类”分为曲谱、杂剧、曲选等属。这样，14大类、57目及众多之属类，构成了一套新型典籍分类体系及知识分类系统。

表22 《南洋中学藏书目》分类表

部类	科目
周秦汉古籍	历史（尚书、春秋、杂史）、礼制、易、诸子（儒家、兵家、法家、墨家、道家、杂家、合刻）、诗文（诗、文）、古籍总义、古籍合刻
历史	官修史、私家撰述（编年、纪事本末、正史、杂史）、传记谱牒（列传、别传、氏族谱牒）、论述（史评、史钞）
政典	总志、礼乐、职官仕进、兵制屯防、刑法、盐法、农政水利
地方志乘	区域（总志、省志、府州县分志、私家记述、古代志乘、市镇）、山川（总志、分志）、古迹、居处（书院、祠庙）
小学	说文、字书、音韵、训诂、汇刻
金石书画书目	金石（目录、图谱、论辨）、书画（目录、图谱、论辨）、书目、杂录
记述	读书论学（群籍分考、杂考、论述）、修身治家、游宦旅行（各家撰述、汇辑、外域）、名物、掌故、杂记
天文算法	中法、西法、中西合参
医药术数	医经、本草、术数（道家、五行占卜）
佛学	经藏大乘（华严、方等、般若、法华、涅槃）、经藏小乘、论藏大乘（宗经论、释经论、诸论释）、论藏小乘、杂藏（西土撰述、中土撰述）
类书	
诗文	各家著述（诗、文、诗文合刻、数家合刻）、选本（历代诗选、各郡邑诗选、历代文选、各郡邑文选、骈文时文、尺牍、诗文合选）、评论（诗论、论文）
词曲小说	词类（词谱、词集、词选）、曲类（曲谱、杂剧、曲选）、小说
汇刻	一人著述、数家著述

资料来源：《南洋中学藏书目》，1919年刊印本。

这套分类体系，“可谓彻底打破了四库的范畴”，是中国典籍分类之重大变革。对此，目录学家昌彼得赞曰：“自清末西洋学术输入我国以来，编目者或新旧典籍分别部次，或新旧统一部次，然而仍受四库分类的影响。此目纯为中国旧籍分类的改革，将尚书、春秋列于历史，与国语、国策等古杂史并列；又废集部的名称，而标诗文、词曲，四部的精神在此目中完全消失。”① 刘简也评价说：“据上所言，可知其编排之宗旨，在击破四库之成例，推翻六朝遗留之卫道观念。于是拆开经部，将尚书、春秋编列为史；废集部之名，分诗文、词曲为两部类。如此措施，较前古越藏书楼法，有意义而多进步。惟其类分法则，既以书籍之性质为分类之标准，又何必将周秦汉古籍专立部类。盖周秦汉古籍，记述多于记事，实应依其内容，分入有关各部类。瑕疵之处仍复难免。”②

当然，《南洋中学藏书目》虽然比《古越藏书楼书目》部次清晰，然而并非尽善尽美。昌彼得指出：“此目既依性质分类，则周秦汉古籍，不应另列专部。且佛学既立专部，不应将道家附于术数。医药术数虽同属方技，然以之为部名，则不如以方技为部名较为妥切。”③

需要指出的是，清末民初之图书目录，无论是新旧分别编目，或新旧统一编目，都是各行其道，不相统摄，因而形成了图书分类之紊乱和不便。新旧并行制，是从中国传统四部分类法向近代西方新图书分类法演进过程中不可少的环节，带有明显之过渡性。这些

---

① 昌彼得、潘美月：《中国目录学》，文史哲出版社 1986 年版，第 229—230 页。
② 刘简：《中文古籍整理分类研究》，文史哲出版社 1978 年版，第 183—184 页。
③ 昌彼得、潘美月：《中国目录学》，文史哲出版社 1986 年版，第 231 页。

过渡时期之藏书目录，尽管是编者为了适应新学术及新体裁图书而创订的，但无论是修改后之“四部”分类，还是按照“学科”标准进行之新书分类，均未能真正适应新旧图书统一分类之需要。

对于“新旧并行制”存在之问题，有人指出：清末民初之各种分类法，“大部分成新旧二部，或竟分成数部，惟是新旧二字，并无绝对界限；且平行之制，管理上颇多不便，此则以上诸法之根本缺点耳”①。还有人说：“然而在斯制中，新旧之书，标准难定，类分多无所依据，管理上亦多有困难，犹不及四部旧制统一运用为方便。”②

新旧典籍之区别，很难厘定出一个标准来划分，因而造成“新旧并行制”实际运用时之困难：如果以典籍之时代来区分，则清末所著介绍西洋格致学的图书，与民国初年罗振玉、王国维、缪荃孙、叶德辉等人所著之书，将以何者为新？何者为旧？如以出版之时代来区分，则江南制造局出版之西书与同时刊印之《十三经注疏》《资治通鉴》等典籍，又以何者为旧？何者为新？再如以书籍之装订来区分，则同一书有中式线装者，也有用西式平装或精装者。如以线装者编入四部分类目录，以西式装订者编入之新式目录，则同一种图书因装订之不同而异其目录，也有悖于分类编目之理。所以，“新旧并行制”，仅是过渡时期的权宜之计。

正因如此，这种过渡时期之新旧并行制，必然要被更科学之西方十进分类法所取代：“所以到西洋杜威十进法传入我国，经过改良以使适合部次我国典籍后，这些过渡时期所创订的分类，遂归于

① 金敏甫编：《中国现代图书馆概况》，广州图书馆协会1929年版，第37页。
② 刘简：《中文古籍整理分类研究》，文史哲出版社1978年版，第203页。

淘汰，没有人再沿用它们。”①

三、杜威十进法之引入

对于清末民初图书分类之“新旧并行制”，很多学者是不满意的，并开始以近代学科为标准，类分中外典籍。但这种依学科性质进行分类之做法，因为人们对其标准之理解分歧，同样会造成图书分类之混乱，故存在着较大局限性，难以适应近代图书分类及知识分类之需要。于是，西方近代符号化之图书分类法开始传入中国，并迅速流行起来。

当时欧美各国的图书分类法，其形式分为 3 类：一是用字母做符号的；二是用字母和数目做符号的；三是完全用数目做符号的。最先传入到中国并广为采用者，便是完全用数字做符号之图书分类法，即美国学者杜威之十进分类法。

1909 年，杜威十进分类法由顾实从日文翻译之《图书馆小识》中首先介绍到中国来，但当时并没有引起学界注意。真正系统地介绍杜氏分类法者，为孙毓修先生。1909 年，孙毓修所著《图书馆》，连载于《教育杂志》第 1 年第 11、12、13 期，及第 2 年第 8、9、10、11 期中。他阐述该文之旨趣曰：“授密氏藏书之约，庆增纪要之篇，参以日本文部之成书，美国联邦图书之报告，而成此书。广分建置、购书、收藏、分类、编目、管理和借阅七项。”②

在介绍西文图书时，孙毓修详细介绍了杜威之十进分类法：

---

① 昌彼得、潘美月：《中国目录学》，文史哲出版社 1986 年版，第 232 页。
② 孙毓修：《图书馆》，《教育杂志》第 1 年第 11 期。

“兹之分类法，本美国纽约图书馆长 Melvil Dewey 所撰之《十进分类法》（*Decemal Classification*）一书为主，今最通行之目录也。群书报章，统分十部，十部者：一曰总记部、二曰哲学部、三曰宗教部、四曰社会学部、五曰语学部、六曰理科博物学部、七曰应用的美术部、八曰非应用的美术部、九曰文学部、十曰历史部。立此十部，更析类属。今胪述左方，以供从事于斯者之借镜焉。”① 但该文并未刊印完毕（第 2 年第 11 期刊完，后面内容未刊出）。目前所能见到者，只是杜威十进位法之前三大类。

表23　孙毓修所介绍之杜威十进分类法目次

部　次	类　名	分　目
总记部第一	书目解题类	总举宏纲，途兼众轨者；以作者为主，而以其所著之书分隶之者；以书为主，而下详著作人名者；依书名分目者；依著作人分目者；依字书分目者；等等
	图书馆办理法类	推究图书馆建筑法者；建造后议其扩大者；论管理之方者；示借阅者以规则与法度者；处分图书馆特别之事故者；造报告书以告于众者；等等
	百科书类	
	总集类	
	杂志类	
	日报类	
	杂书类	
	版本之学类	

① 孙毓修：《图书馆》，《教育杂志》第 2 年第 10 期。

续表

部　次	类　名	分　目
哲学部第二	哲学类	有应用的，有择要的，有通释其语者；九流分轨、各标异说者；专为学徒教师之用者；比喻之辞、而或一语千金、终身可行者；哲学之由来与其变迁者
	形而上学类	其目有本体论、方法论、宇宙论、时间空间论、行动物质论、数理论
	形而上学的理论类	其目有知识论、原始论、范围论、事物公例论、始终论、自由与必须论、物终论、归结论、无定与有定论、有觉或无觉论、灵魂论、灵魂原始论
	心身论	其目有心之生理与卫生论、心神昏瞀论、幻象论、魔术论、幻戏论、催眠术论、神视力论、睡梦论、梦中行动论、性论、别性论、相人术论、相脑论、心之感受论等
	哲学的统系论	其目有理想论、超绝论、批评的哲学论、原知论、经验论、唯觉论、归一论、崇实论、实验论、天地即神道论、哲学杂论
哲学部第二	知识类	其目有智慧论，凡感受、了解、记忆、逆意，皆属于智慧内之事也
	论理学类	其目有推究论、折衷论、承认论、表号类、原误论、三段演法论、假定说论、辨究论、比喻论
	伦理学类	其目有伦理类、国家的伦理学论、家族的伦理学论、实践的伦理学论、游戏的伦理学论、男女间之伦理学论、社会的伦理论、节欲论、伦理学杂论
	上古哲学派别类	析为东方派、古希腊派、苏非斯与苏格来派、柏拉图派、阿斯他特派、毕尔呼派（亦称怀疑派）、以彼古林派（亦称行乐派）、司他可派、耶稣教之初及中古期之哲学派

续表

部 次	类 名	分 目
	近世哲学派别类	近世哲学，初虽祖述希腊之遗说，终乃冥虚考实，极古来未有之大观，其派别以国为纲，有美、英、德、法、意、西班牙、司拉夫族诸国、司干第奈芬半岛诸国，此外皆不详
宗教部第三	宗教类	其目有宗教的哲学论、节要论、字书、文集、杂志、宗教的社会论、宗教的教育论、神学史
	自然神学类	其目有自然神与无神论、普神论、接神论、造物论、进化论、天堂论、天命论、宗教与科学论、罪恶论、祷求论、再世论、不死论
	圣经类	旧约中有属于历史者，有属于诗歌者，有属于预言者；新约中有福音及事迹，有保罗书，有默示录，有伪经考
	教义类	其目有上帝论、同源论、三位一体论、基督论、人及罪恶论、超度论、天使论、魔鬼论、末日论、信仰论、证经论
	信仰及实践类	

资料来源：孙毓修：《图书馆》，《教育杂志》第2年第10、11期，1910年。

杜威将人类知识分为九大类，其不属于此九类者，便归之于“总类”。如果将孙氏对杜威十进法之介绍，与后来王云五、刘国钧等人之介绍文字略做比较，便会发现，孙氏之介绍是较为准确的。刘国钧对杜威法概述曰：“杜威把学术分为九部，连总论为十部，部分十类，类分十纲，纲分十目。依学科性质上的需要而推递到十几层之多。每类都用数字代表，数字也依十进的原理。所以每字都有相当的意义。”① 王云五则介绍云：“西洋图书的分类现在最流行者为美国的十进法，由百而十，由十而个，个以下以小数若干位分别表示，通常在小数点之前有三个数字，小数点之后也有三个数字，充其量可达十万类。”② 刘氏、王氏对杜威十进法之理解，正与孙氏相似。

在《图书馆》之“分类篇”中，孙毓修分别对旧书分类法与新书分类法作了阐述。关于旧书分类，其云：“分类之法，始于《汉志》，诸史艺文，私家簿录，皆踵行之。而其部类宗旨异撰，各不相同。《四库提要》，仿唐秘府藏书之目，盖以四部，复于经部分类十，于史部分类十五……”③ 而对于新书，孙氏则不赞同采用四部分类法来统括，而主张仿欧美最新图书分类法进行重新分类：“新书分类，断不能比附旧书联为一集者，以其统系，至广且博，非四部之界所能强合也。”④ 新书分类，必须用新式图书分类法。根据学科进行分类，是新式图书分类之特征及基本原则。他说：“图书馆之意旨，既不主于保旧，则四部之外，凡异域之图籍，多译之外篇，日刊之报章，摄影之图画，博稽广搜，皆不可遗。收藏之际，首当分科，以为区别。兹拟之如下：旧书门、教科及教科参考书门、东文门、西文门、报章杂志门、图画门。”⑤

正是依据这样的思路，孙氏在介绍了杜威十进法后，“本欧美通行

① 刘国钧：《图书馆学要旨》，中华书局 1934 年版，第 81 页。
② 关鸿等主编：《旧学新探——王云五论学文选》，学林出版社 1997 年版，第 225 页。
③ 孙毓修：《图书馆》，《教育杂志》第 2 年第 8 期。
④ 孙毓修：《图书馆》，《教育杂志》第 2 年第 9 期。
⑤ 孙毓修：《图书馆》，《教育杂志》第 2 年第 8 期。

之类别目次，量为变通”，将中外图书分列22部，作为新书分类表。

表24　孙毓修《图书馆》拟仿杜威图书分类表

部　类	类　目	备　注
哲学部第一	总记类	字书、哲学史之属
	论理学类	
	心理学类	生理心理学、催眠术、记忆法之属
	伦理学	总记、伦理史之属
宗教部第二	佛教类	总记、佛教史、法规、经典、疏解、因明之属
	耶教类	总记、耶教史、经典、疏解、寺院之属
	诸教类	按摩诃末婆罗波斯摩曼诸教，宗派不盛，或译录不多者，皆可入此
教育部第三	总记类	教育学、儿童教育、儿童心理、教育史、教育制度法令、学事报告、统计之属
	实地教育类	学校管理法、教授法、各科教授法之属
	普通教育类	幼稚园、家庭教育之属
	体育类	体操、学校卫生之属
	特殊教育类	农业、学校园、水产、工业、女子教育之属
	校外教育类	读书法、格言、童话、少年书之属
文学部第四	总记类	字书、文学史、文学传记之属
	诗文类	唱歌、军歌、日记、诗文评之属
	文典类	
	函牍类	

续表

部类	类目	备注
文学部第四	字帖类	
	戏曲类	
	小说类	
	演说类	
	书目类	
	语学类	国语、外国语、字书、会话、问典、自修书之属
历史地志部第五	历史总记类	世界史、年表、字书、历史地理之属
	本国史类	
	外国史类	
	传记类	
	史论类	
	地志总记类	政治地理、经济地理、人生地理、地理史、地学、字书、万国地志之属
	本国地志类	
	外国地志类	
	游记类	指南之属
	地图类	本国、外国之属
国家学部第六	总记类	字书、政治史之属
	国法学类	宪法、议院法、选举法之属
	行政法行政学类	地方行政、内务行政、财务行政、行政裁判之属
	外交类	

续表

部　类	类　目	备　注
法律部第七	总记类	字书之属
	法理学类	
	古代法制类	
	刑法类	
	民法类	注册之属
	商法类	外国商法、商标之属
	裁判所构成法类	
法律部第七	民刑诉讼法类	总记之属
	判决例类	
	国际法及条约类	国际公法、国际私法之属
	现行法令类	
	法律通论类	
经济财政部第八	经济类	字书、经济史、经济学、货币、贮金、保险、殖民之属
	财政类	财政学、租税、关税之属
社会部第九	社会学类	社会史、职业、慈善事业、风俗之属
统计部第十	统计学类	统计表之属
数学部第十一	总记类	字书、表解之属
	算术类	
	代数学类	
	几何学类	曲线法、几何画法之属
	三角法类	
	解析几何学类	
	微积分学类	

续表

部　类	类　目	备　注
理科部第十二	总记类	字书、图挂、笔记帐之属
	物理学类	磁气、电气之属
	化学类	无机化学、有机化学、分析化学之属
	天文学类	历书之属
	地问学类	
	气象学类	
	博物学类	总记、生物学、人类学、动物学、动物剖解、植物学、植物生理、矿物学、地质学、地震学之属
医学部第十三	总记类	字书、医学史、器械、试验问题答案、看病学、针灸按摩之属
	解剖学类	局处解剖、病理解剖、组织学之属
	生理学	生理卫生之属
	药物学类	
	治疗法类	电气疗法、救急法、处方之属
	病理学类	
	诊断学类	
	内科学类	
	外科学类	外科手术、绷带学之属
	诸病学类	精神病、皮肤病、眼科、喉症、鼻科、齿科之属
	妇科学类	产科、妇女卫生之属
	小儿科学	育儿法之属

续表

部类	类目	备注
医学部第十三	法医学类	
	医化学类	
	微菌学类	
	显微镜学类	
	卫生学类	卫生法规、养生法之属
	兽医学类	
工学部第十四	总记类	字书、用器画法之属
	土木工学类	铁道、道路、桥梁、治水、筑港之属
	机械工学类	
	造船学类	舶用机关之属
	电气工学类	
	建筑术类	
	采矿冶金学类	
	测量学类	
	航海学类	
兵事部第十五	总记类	赤十字、军事卫生、图画之属
	陆军类	服制、军队教育、步兵、骑兵、炮兵、工兵、辎重、图画之属
	海军类	军舰、图画之属
	兵器类	
	武艺类	如拳术技击等是

续表

部　类	类　目	备　注
美术及诸艺部第十六	书画类	
	写真类	
	印刷类	
	雕刻类	
	音乐类	乐器之属
	游戏游艺类	煮茶、种花、盆栽、博弈、舞蹈、相扑、击球、游猎、泅水、赛马、赛船、自转车之属
产业部第十七	总记类	历史之属
	农业类	总记、史传、字书、农政、农历、种子、农业、农业经济、农具、农业土木、农业理化、气候、肥料、土壤、农产制造、除害法、耕种栽培、茶园、备荒之属
	园艺类	园亭建筑、花卉栽培、果树栽培之属
	山林类	树木栽培、林政之属
	畜牧类	养禽、饲蜂之属
	水产渔业类	水产制造法、渔业之属
	养蚕制丝法类	
商业部第十八	总记类	字书、商业史、商业地理、度量衡、商业算术之属
		商业经济类
	商品类	
	银行类	
	公司类	

续表

部　类	类　目	备　注
	外国贸易类	
	报告类	
	簿记类	银行、家计、农工业之属
	交通类	
工艺部第十九	总记类	字书、历史、目录之属
	化学工艺类	
	化妆品制造类	
	饮食物制法类	
	机械类	
	金木工类	
家政部第二十	总记类	
	裁缝类	
	手艺类	
	烹饪类	
丛书部第二十一		“语其体例，略与类书为近。”“丛书之名较为习闻。”
杂书部第二十二		

资料来源：孙毓修：《图书馆》，《教育杂志》第2年第9、10期，1910年。

孙毓修之图书分类表，显然是根据杜威十进分类法变通而来的。孙氏解释设置“总记类”原因云：“按欧美学术，大抵渊源于希腊罗马，诸国文字，亦莫非相切成音，为旁行斜上之体。故凡发明一说新说，创作一心器，其专门术语，为本国所缺者，可上假希腊罗马之古文，下采邻国之方言，以成新字。义理足赅，语皆典要，无吾国自来水火轮船诸译名之可哂者。其文既富，学者每苦其浩瀚，而不能悉通，故一科即有一科之字书，以为治此学者之秘钥，此亦天下之至便也。欧美目录学家以此入于 General Works 中。今每部各立总记，而以字书分属之。"①

需要指出的是，孙氏最早将杜威十进法介绍到中国，并按照杜氏十进法类分图书，但他所设计的 22 部图书分类法，主要适用于新书。他仍然没有完全跳出"新旧并行制"之束缚。旧书仍然是按照"四部"分类法进行，而新书则采取杜氏十进分类法。有人指出，"孙氏之法，开新旧并行制之先声"②，显然是有根据的。

杜威十进分类法，符号整齐，便于运用与记忆，西洋各国争相仿用。孙毓修将其介绍到中国后，也很快在国内流行起来，为许多图书馆所采用。如上海圣约翰学校图书馆、长沙雅礼大学藏书室、武昌文华大学公书林，均采用杜威十进法。北京高等师范学校图书馆"仿日本东京帝国图书馆之制编目"；天津北洋大学图书馆"按美国国立图书馆编法编目"；江西九江南伟烈大学图书馆"照科学分类"；刘骏书主持之北京通俗图书馆，"分经学、历史、传记、地理、教育、法、军事、实业、算术、经济、理科、宗教、医药、小说、杂志、文牍、讲演、词曲、新旧剧、图画、体育、报告、杂书等类"。这是一种将中西典籍统一分类法。与此类似的还有广东图书馆，"按经史子集、新书学各目编定，及分类行政、经济、教育、军政、格致、法政等"③。北京大学图书馆，也以杜威十进法为基

① 孙毓修：《图书馆》，《教育杂志》第 2 年第 9 期。

② 刘简：《中文古籍整理分类研究》，文史哲出版社 1978 年版，第 203 页。

③ 沈绍期：《中国全国图书馆调查表》，《教育杂志》第 10 卷第 8 期。

础，而按馆藏书籍之情形，略有变通，将馆藏典籍分为总类、哲学、宗教、科学、工艺、美术、言语、文学、社会、史地十大类，并编制3种简片目录：（1）以类别者；（2）以著者姓氏字母顺序别者；（3）以书名字母顺序别者。①

甚至有些图书馆将杜威十进法运用到传统之“四部”分类体系上，以杜氏之十进符号，来编制“四部”所属之中国旧籍。清华大学图书馆编目旧籍之法，便是较为典型的体现。民国初年，清华大学图书馆把所藏中国旧籍，分为经史子集四部，并再将“四部”按照杜威的十进分类法，进行编目。

表25　清华大学图书馆馆藏旧籍分类表

部　类	类　别	目　属
经　部	000 群经类	000 经群合刻本，010 群经总义
	100 易类	
	200 书类	
	300 诗类	
	400 礼类	410 周礼，420 仪礼，430 礼记
	500 春秋类	510 左传，520 公羊，530 穀梁
	600 四书类	610 学庸，620 论语，630 孟子
	700 孝经类	
	800 尔雅类	
	900 小学类	910 说文，920 字书，930 训诂，940 韵书

① 《国立北京大学图书馆概略》，李希泌等编《中国古代藏书与近代中国图书馆史料》，中华书局1982年版，第353页。

续表

部 类	类 别	目 属
史 部	000 总史类	000 正史合刻本，010 正史分刻本，020 编年，030 纪事本末，040 古史，050 别史，060 载史，070 杂史，080 传记
	100 诏令奏议类	110 诏令，120 奏议
	200 时令类	
	300 地理类	300 总志（附图），310 都会郡县志（附图），320 河渠，330 山川，340 边防，350 外记，360 游记，370 舆地丛记
	400 政书类	410 历代通制，420 各代旧制，430 仪制，440 法令，450 军政，460 邦计，470 外交，480 考工，490 掌故杂记
	500 职官类	510 官制，520 官箴
	600 谱录类	610 书目，620 家乘年谱，630 姓名年龄，640 盛事题名
	700 金石类	710 目录，720 文字，730 图像，740 义例
	800 史钞类	
	900 史评类	910 论史法，920 论史事
子 部	000 诸子类	000 诸子合刻本，010 诸子分刻本，020 杂家，030 类书
	100 儒家类	
	200 兵家类	
	300 法家类	
	400 农家类	
	500 医家类	
	600 天文算法类	
	700 艺术类	
	800 释道阴阳类	810 释家，820 道家，830 术数
	900 小说类	

续表

部类	类别	目属
集部	000 总集类	010 文选，020 古文，030 骈文，040 经世文，050 书牍，060 课艺，070 诗赋，080 词曲，090 科举文
	100 楚词类	
	200 先唐别集类	
	300 唐别集类	
	400 宋别集类	
	500 金元别集类	
	600 明别集类	
	700 清别集类	
	800 现代别集类	
	900 诗文评类	

资料来源：杨昭悊：《图书馆学》，商务印书馆 1923 年版，第 376－381 页。

这是一种将“四部”典籍纳入近代图书分类体系中之尝试，是按照杜威十进法对传统四部分类法进行之形式化改造。它大体上保持了“四部”之分类格局，但采用了杜威之数字编号系统。同时，它将经史子集四部内之纲目，整理成有规则的系统：经部下分 10 类，每类分为 10 纲，采用十进位法等。这种基本保留了“四部”框架及体系，仅仅是采取了杜威数字编排法的做法，可视为“中体西用”观念在中国典籍分类上的反映。但这种新形式下包装旧内容之做法，带有明显的牵强附会色彩。经部原分 10 类，按照杜威十进法分为 10 类，还无大碍，而史部原为 15 类，若分为 10 类，便不能不有所归并；集部原为 4 类，为凑够 10 类，不能不强行拓展，将原来二级类目提升，以强合十进分类法，其牵强附会之意颇为明显。

杜威十进分类法介绍到中国后，逐渐为当时各图书馆所采用，这是不争之事实。但其局限性也显而易见：“然而杜法本为西洋的学术、图书而创订，他为中国图书学术所设的类目位置甚少，还无法直接采用来分类中国图书，故起初直接采用者仅限于收藏有西文书的学校。”①

杜威十进分类法输后，由于中西关于图书典藏观念的差异，它并没有立即为中国学者所理解。早在 1903 年，美人韦棣华女士在武昌文华学校内创设学校图书馆，自任经理，采用美国国会图书馆及杜威十进法。随后在文华大学内建立公书林，刚刚大学毕业的沈祖荣担任图书馆管理员。对于采用西方图书分类法的情况，被誉为“中国近代图书馆学之先驱”的沈祖荣回忆：

“余虽为大学卒业生，顾未受图书管理之专门教育与训练，所以一切均很隔膜。类分书籍，编制目录，就是取美国国会图书馆目录卡，依样画葫芦，由之知之，诚属莫名所以。工具呢？除了一本已经够资格排到古物陈列所去的第六版《杜威十进分类法》外，一毫没有。而且分类又不宜完全依据它。如《圣经》，无论《新约》《旧约》，《新约》的某部分，《旧约》的某部分，《圣经》注释，《圣经》辞典，都标以 272。声光化电，均归入自然科学普通书籍类，用的号码是 530。当时，我们只以为我们小小公书林，书籍不多，只需分个大概足已。哪知这不可行，更改又困难——直到现在，

① 昌彼得、潘美月：《中国目录学》，文史哲出版社 1986 年版，第 235 页。

还不能一一改正呢？至若著者名，标题等等规则，更未梦及。不知应当用完全格式，也不知同著者的书、号码还是各有殊别；所以时常将同著者的书，分置了数处；或同著者所著几种书，书名各异，而编号竟相雷同。”①

这是西方十进分类法最初在中国应用时之真实情景。之所以会出现这种状况，是由于时人对现代图书馆之功能认识肤浅所致："是时我心中所认的：图书馆管理员的职务无他，唯保藏书籍，典司出纳而已。”② 从沈祖荣个人经历中可以明显地看出，中国学者在使用十进分类法时，对西方图书馆之性质及分类精神并不了解。“依样画葫芦”是当时中国图书馆学界之普遍状况。

四、对杜威十进法之改进

清末民初，国内各大图书馆中西文书籍日渐增加，在图书编目、分类、排架、出纳等方面颇不统一，“新旧并行制”仍然占据主导地位。然而，“类例之设，原以制驭书籍，非以书籍强隶类例也。书籍为主，类例为客；学术之内容变，书籍之种类增，则类例亦因之而易。墨守旧规，因袭四库者，诚难免露襟见肘之虞；而纯用西法，略事增补者，亦不免有偏于一方，削足适履之讥。折中之道，端在参酌中西情形，详制类目，以适于新旧中西之籍，庶云有济。

① 沈祖荣：《在文华公书林过去十九年之经验》，《武昌文华图书科季刊》第1卷第2期，1929年5月。

② 沈祖荣：《在文华公书林过去十九年之经验》，《武昌文华图书科季刊》第1卷第2期，1929年5月。

因此，新创之分类法即应时而生矣"①。中国学者在杜威十进法启发下，开始探索将中西典籍合并分类之法。

民国初年，韦棣华资送沈祖荣赴美留学，专攻图书馆学。"既是美国，始知向日所见所想，浅陋已极。图书馆的工作：有行政、组织、参考、编目、经营、扩充……图书馆的种类：又有儿童的、专门的，以及利用图书馆的方法，五花八门，诚浅易、短时研究可以穷尽之事。"1917 年，沈氏学成回国。"留美数年，返国，满意既经专门研究，学得一切方法，又带回一些工具，如《美国目录》、客特氏《著者三字号码法》，以及其他几个大图书馆的目录，则昔日所遇种种分类、编目之困难，不难迎刃而解。乃事实竟大谬不然。"②

沈祖荣意识到，由于"东西国情不同，文字亦异。我国书籍，旧以甲乙丙丁四部分门，彼则用杜威十类法、客特氏展开分类法、国会图书馆分类法。同门同类之书，我国大都依著者时代之先后排列，彼则根据著者姓名字母之顺序。既有如是之差别，自未可一概因袭模仿"③。既然不可一概因袭模仿西方分类法，是否要回归"四部"分类法？沈氏认为，"迄清代《四库全书》，分经史子集为四部，张南皮著《书目答问》，益以丛书合为五部，目录之学，始详备矣。虽然，五部之编定，仅足概括中国古今之书，自欧亚交通，

---

① 蒋元卿编：《中国图书分类之沿革》，中华书局 1937 年版，第 206 页。

② 沈祖荣：《在文华公书林过去十九年之经验》，《武昌文华图书科季刊》第 1 卷第 2 期，1929 年 5 月。

③ 沈祖荣：《在文华公书林过去十九年之经验》，《武昌文华图书科季刊》第 1 卷第 2 期，1929 年 5 月。

新学发明，著书立说，浩如烟海，繁若列星，断非五部所能赅括”①，四部分类法更是难以继续采用。为此，沈祖荣、胡庆生“根据新法，混合中西”，合编《仿杜威书目十类法》，用以类分中西书籍。

对于创立仿杜十类法之情况，沈氏解释说：“不佞仿美儒杜威十类法，编印目录一部，各省亦多有仿用此法者。事属倡始，未敢认为善本。然十类之法，以号数代书类，以字母代书名、著者名，使阅者对于普通书，或不多经见之书，皆易取阅。馆员欲取某书，即查某号，俯拾即是，不致耽延时间，多耗脑力。此十类法各国所由通行也。”②

沈祖荣《仿杜威书目十类法》分类体系，是在借鉴杜威十进分类法基础上，糅合中国传统分类法加以变通而成的。它将图书分为10类：一哲学，二宗教，三社会学，四政治，五科学，六医学，七美术，八文学，九历史。对于《仿杜威书目十类法》，沈氏介绍说：“分图书总目为十类，以一千号数为次序，如零数至九数，分总目为十类。每类分十部，每部分十项，例如五百为科学类，五百一十为算学部，五百一十一为珠算项，余以此类推；如某项书多，十数不能容纳，则于十数之后，以小数志点之法代之，以济其穷，例如四百为经济类，四百八十为财政部，四百八十三为租税项，四百八十三又点一为海关税，余亦以此类推。据此编法，所有书籍均以类、部、项三者依次分别，以某数目代表某书名，开明某数，取阅某书，

① 沈祖荣：《仿杜威书目十类法·自序》，汉口圣教书局1917年版，第1—2页。
② 沈绍期：《中国全国图书馆调查表》，《教育杂志》第10卷第8期，1918年8月。

较为简便。”①

对于设立十大部类之依据，沈祖荣解释说：“经书为四库首部，其性质近于丛书，所有经解注疏以及字典丛书杂志及百科全书悉编入之。哲学为新名词，与中国子学理学相近，今分中西哲学为两类，凡周秦诸子宋明理学诸书列入中国哲学类，论理伦理心理诸书列入西国哲学类。宗教凡正教与杂教以及神学神话诸书皆编入之。社会学与政治互相关系，但政治属于社会学，部分甚大，宜分为两类，凡政治与社会学诸书，各依其类编入（教育学亦附于社会学内）。科学发明，如声光电化测算之类，书籍甚多，分为一类。医学为专门学术，近日更加发明，著作益富，宜分为一类（附卫生学）。美术为专门学宜分为一类，字画属美术一种，亦编入之。各国文言一致，故文学与语言学合为一类，凡新旧翻译小说及幼年文学诸书，皆依类编入之。历史地理，互相关系，宜合为一类，凡传记游记及省府县志诸书，皆编入之。目录分类愈多，检阅愈难，现仅分目录为十类，凡古今中外书籍，考其性质与某类相近者，悉编入之，不拘成例，阅者谅之。”②

沈氏之仿杜十类法，其特点在于“依书立类”，是整个人类知识系统之分类，并不局限于馆藏典籍，并且有一套数字标记符号以表示类分次序和从属关系。其分类表之某些类目，是从杜威《十进分类法》直接翻译而来的，也有一些是从“四部”分类法继承来

---

① 沈祖荣：《仿杜威书目十类法·自序》，汉口圣教书局1917年版，第1—2页。

② 沈祖荣：《仿杜威书目十类法》，转引自程焕文《中国图书馆学教育之父——沈祖荣评传》，台湾学生书局1997年版，第217页。

的。此前之图书分类，通常采取新旧典籍分别编目，而沈氏之十类法，则第一次将中西图书统一按照近代西方分类法进行编目。对此，蒋元卿论曰："新旧混合制之创始，当以沈祖荣、胡庆生二氏为首。"这种将中外典籍统一分类之做法，实际上也是用西方图书分类法重新整合"四部"知识系统之有益尝试。正因如此，《仿杜威书目十类法》被誉为近代中国"第一个为中文书而编的新型分类法"①。

1922年，沈祖荣、胡庆生对该分类法加以修正补充，刊印了《仿杜威书目十类法》第二版。沈氏不仅将各部类目分为三级，甚至因具体情况分为四级、五级、六级甚至七级类目，而且在标记制度上将原来中文数码一律改为阿拉伯数字，并对一些类目作了适当调整。修改后之十大部类为：000经部及类书，100哲学宗教，200社会学与教育，300政治经济，400医学，500科学，600工艺，700美术，800文学及语言学，900历史。与原来的类目相比，"社会学"类改为"社会学与教育"类；"政治"类改为"政治经济"类；"医学"类提到"科学"类前；"文学"类改为"文学及语言学"。②

沈氏《仿杜威书目十类法》刊印后，立即受到了国内学术界之关注并产生较大反响。时人评曰："民国六年，文华大学图书馆沈祖荣氏，创中西混合之制，而著《仿杜威书目十类法》，将中外书籍，合用一法，可免上述之弊，中国之图书分类法，遂现一线光明；

① 杜定友：《图书分类法史略》，《图书馆工作》1957年第8、9期合刊。

② 沈祖荣：《仿杜威书目十类法》，武昌文华公书林1922年第2版。

后复加以更改，遂于民十一再版发行，其于门类方面，颇具科学精神；沈胡二氏，更因试验结果，尚有未妥，正在修改之中，三版问世，为期当已不远矣。”①

尽管该分类法亦有一些不尽如人意之处，如“经部及类书”设置尚欠明了；医学独立设为一类，似有轻重失当之嫌；此分类法虽为中籍而设，但能为中籍所用者较少，仍有中籍凑合西书之嫌等，但其“首事创造，厥功极伟”。其将“哲学”与“宗教”合并为一类，将“语言学”与“文学”合并为一类的做法，为后来目录学家所继承，在中国近代典籍分类史上产生了重大影响。对此，蒋元卿评论道：“此法既系开山之书，较之近人著作，自为简略，然其所设类名，后之师之者，颇不乏人。如语言文学之合并，刘国钧氏及安徽省立图书馆，均仿其例。入哲学宗教之合并，杜定友、裘开明、陈子彝，亦依其法。此足见其影响于吾国图书馆分类改进之功，实未可泯也。”沈祖荣亦自豪地称，《仿杜威书目十类法》一书“给国内图书馆在新进之中有一个很大启示”②。

沈祖荣、胡庆生《仿杜威书目十类法》刊印后，中国学术界掀起了一股研究图书分类法热潮。中国学者均以十进分类法为基础，注意研究、修订、增补杜威十进分类法，以求适合于部次中外古今图书，并结合中国典籍分类情况，将中外典籍统一编目，先后出现了所谓“遵杜”“仿杜”或“改杜”等各种新式图书分类法。

---

① 金敏甫编：《中国现代图书馆概况》，广州图书馆协会1929年版，第38页。

② 沈祖荣：《沈序》，皮高品《中国十进分类法》，武昌文华图书馆学专科学校1934年版，第1—3页。

所谓“仿杜法”，乃是仿效杜威“十分十进”制，根据中国旧有典籍之特点，变更其部类名称与次序。除最早刊行之沈祖荣、胡庆生合编《仿杜威书目十类法》，比较重要而采用较广者，有1925年出版的杜定友编《世界图书分类法》，1929年出版的陈子彝编《图书分类法》，1934年出版的何日章、袁涌进合编《中国图书十进分类法》及皮高品编《中国十进分类法》等。

所谓“遵杜法”，乃是遵照杜威之十进分类法，而仅略作增补，以求容纳中国之旧籍。1923年查修编《杜威书目十类法补编》、1925年桂质柏编《杜威书目十类法》、1928年王云五编《中外图书统一分类法》等，均是其代表。其特点为：“皆于杜氏类次，无所改变，而将四库的类目打散，或补入杜法的空位，或寄插于杜法之中，增加科目来容纳，或于杜法类号的前面增加若干符号来安插。”①

所谓“改杜法”，亦称“数序法”，乃是仅师法杜威之图书编排数序符号，而不全采用其“十分十进”制，是对杜威十进法进行较大改进之新法。最早出现者，为1924年洪有丰所编《孟芳图书馆书目》。洪氏《自序》曰：“今日中国各图书馆于编制中文书目有新旧之聚讼，莫衷一是。经史子集四部之旧分类法，于近日科学图书日益增加，诚有未能应用之处，然为之改弦更张，以科学分类法自诩者，袭摹西制，支离繁琐，强客观之书籍，以从主观之臆说，恐亦未免有削足适履之嫌。”② 故洪氏依据四部分类法，参酌杜威十进分

① 昌彼得、潘美月：《中国目录学》，文史哲出版社1986年版，第236页。
② 转引自昌彼得、潘美月：《中国目录学》，文史哲出版社1986年版，第237页。

类法，将新旧图书区分为丛、经、史地、哲学及宗教、文学、社会科学、自然科学、应用科学、艺术等9大类。其前5类之细目，大抵参酌四部分类，后4类则多参酌杜威而略予增改，而且不全用十进制。如经类分为8小类，史地类仅分7小类。1926年，洪有丰又刊行《洪有丰氏图书分类法》，也不囿于杜威十进制，将中外典籍统一分为9大部类：000丛，100经，200史地，300哲学及宗教，400文学，500社会科学，600自然科学，700应用科学，800艺术。

在民初众多之新式图书分类法中，以杜定友之《世界图书分类法》、王云五之《中外图书统一分类法》、刘国钧之《中国图书分类法》和皮高品之《中国十进分类法》较为流行，影响也较大。1922年，杜定友发表《世界图书分类法》（1925年改编《图书分类法》，1935年改名《杜氏图书分类法》），提出中外文统一分类编制，取消了杜威"十进法"之"宗教"类，代之以"教育"类，将图书分为10大部类：000普通类，100哲理科学，200教育科学，300社会科学，400美术科学，500自然科学，600应用科学，700语言学，800文学，900史地学。杜氏图书分类表，是对杜威十进法之大胆突破，为当时国内许多图书馆所采用。

1928年，王云五编印《中外图书统一分类法》，维持杜威十进分类表，但加用"+""++""±"等符号，代表中国典籍之类目，排在原表各标号之前。这显然是一种既以杜威十进法为依据，而又不局限于杜威十进法的新分类法。王氏后来坦言："这方法不是一种发明，而是建筑在美国杜威氏的十进分类法的基础上，加上若干点缀，使更适于中国图书馆的应用而已。"① 对于该分类法之特点，蔡元培论曰："王云五先生博览深思，认为杜威的分类法，比较地适用于中国，而又加以扩充，创出新的号码，如'+''++''±'之类，多方活用。换句话说，就是：一方面维持杜威的原有号码，毫不裁减；一方面却添出新创的类号，来补救前人的缺点。这样一来，分类统一的困难，便可以完全消除了。"他又赞曰："著者的姓名，中文用偏旁，西文用字母，绝对不能合在一列。若是把中文译成西文，或把西文翻成中文，一定生许多分歧。其他如卡特氏所编的姓氏表，于每个姓氏，给以一个号码，也是烦杂而无意义。要一种统一而又有意义可寻的方法，莫妙于用公共的符号，可以兼摄两方的。这种公共的符号，又被云五先生觅得了。"②

王云五回顾创建中外新图书分类法之过程及作用时，说过这样一段话："及清末西学东渐，新学术的出版品在我国图书中迅即占有重要地位，这些有关新学术的出版物更非原有的四部分类法所能容纳，于是数十年来，国内图书馆专家迭有新分类法的输入或创制，其为用互有短长。我在三十余年前因主持彼时全国藏书最富的东方图书馆，为适应需要计，遂以美国的十进分类法为基础，斟酌损益，创为中外图书统一分类法，一方面使全世界的知识宝库得保持普遍的类别，且不因转辗翻译而使原本与译本隔离；他方面则中国无量数的图书，由于古来分类的粗疏，使人闻其类别之名而不知其内容

① 关鸿等主编：《旧学新探——王云五论学文选》，学林出版社 1997 年版，第 33 页。

② 蔡元培：《中外图书统一分类法·序》，商务印书馆 1928 年版。

何属者，一律使之获有明确之类别。”[①] 他一再强调，编制中外图书统一分类法，目的是在中外新旧分类法之间架设一道桥梁，“那就是以美国杜威氏的十进分类为基础，而利用我所创的三个特别符号，把我国特有的图书悉数容纳于其中，而不稍变动杜威氏原有类号。因此，一部西文书的译本固然与其原本的类号完全相同，可以排列在一起，即中文新著与西文性质相同的书籍，也可以列入相同的类号，而排在一起”[②]。王氏之言，代表了当时中国众多目录学家的共同想法。

遵杜、仿杜十进分类法之优点很多，如把目录与类书、丛书放在总类，比较妥当，解决了长期以来中国学者讨论不休之问题。但其缺点也是明显的：这些分类法太迁就近代学科的划分，而忽略了中国固有学术之特性。把经学拆散或放置总类，是否妥当，是清末以来学术界争论不休之问题。近代学术日益发展，学科门类日益增加，知识系统日益扩大，并非杜威所设 9 大类知识部类所能包容。“以大包小”为学术分类之特性，每一部类所包含的类目及分支学科，未必就恰好是 10 项，而遵杜、仿杜分类法为了迁就这 10 个数字，在类目上难免拼拼凑凑，给人以牵强附会之感，也出现了有人将哲学、宗教并为一类，有人将历史、地理并为一类，还有人将语言、文学并为一类的混乱情况。这种囿于杜威十进制之做法，显然是难以令人信服的。正因如此，自清末杜威十进法介绍到中国后，

① 关鸿等主编：《旧学新探——王云五论学文选》，学林出版社 1997 年版，第 175 页。

② 关鸿等主编：《旧学新探——王云五论学文选》，学林出版社 1997 年版，第 237—238 页。

尽管人们根据十进法编制了众多的图书分类表，但并没有能够趋于统一，部类设置上的分歧始终存在。这种现象表明：中国学术及知识系统在如何融入近代分科性学术体系及知识系统时，要保持自己之特性，是一个非常棘手的问题，需要较长时间的摸索和尝试。

1929 年，刘国钧在认真比较四部分类法及杜威十进法之基础上，借鉴当时其他学者之经验，编制《中国图书分类法》。其解释编制该分类法之动机云："本法题曰中国图书分类法，盖为我国之图书作也。我国图书馆中由来有所谓新旧籍之分，其不当于事情，论之者已众，而本法编制之始即以袪除此种界限为目的。"① 他在改订稿之"导言"亦云："编者深感四库分类法不能适用于现在一切之中籍，且其原则亦多互相刺谬之处，不合于图书馆之用；而采用新旧并行制，往往因新旧标准之无定，以致牵强附会，进退失据，言之似易，行之实难；至于采用西人之成法，则因中西学术范围方法问题不同者太多，难于一一适合，勉强模仿，近于削足适履。故决定采新旧书统一之原则，试造一新表。"② 可见，刘氏分类法，是有意识摈弃"四部"分类法及"新旧并行制"而创立的一种关于中国图书之分类法，其特点是不分新旧、"兼蓄并包"，既容纳中国"四部"范围内之旧典，又能够容纳西方近代科学类之新书。

刘氏鉴于杜威十进分类法每学均分为 10 部，强类目以就数序之不合理性，而认为学术之"以大包小"，并无定制，乃在设立类目时，视所藏典籍之有无或多寡而定。虽然他也采用 3 位数字，但并

---

① 刘国钧：《刘国钧图书馆学论文选集》，书目文献出版社 1983 年版，第 52 页。

② 刘国钧：《刘国钧图书馆学论文选集》，书目文献出版社 1983 年版，第 54 页。

不机械地按照“十进制”编目，而是根据典籍之具体情况设立类目。如其总部、语文部皆分11类，宗教、应用科学2部各8类，美术部仅分5类。由于其类目伸缩自如，故对于中国旧书之庋藏，较为便利。正因如此，刘国钧自称“本法为图书馆之使用而编纂，所谓实际的分类也”①。又强调：“本法骤视之有若杜威之十进分类法，然有不同者。杜威以十进为主，每类几皆十分，其弊流于强类目以就数字，而成机械的分类。今虽仍以数字为号码，且用层累之原则，然每类不必十分，而同等序之数字，亦不必用以表同等序之类目。此观于史地文学诸类可见者也。至于细目有采自杜威注者，亦有采自他书者。”②

可见，刘国钧虽然采用阿拉伯数字为图书编目号码，使其单纯、易懂，且用层累制，使其等级分明，然而每部不强分10类，每类不强分10目，而视具体情况而定，使其图书分类法更加灵活机动，是一种既能够沿用十进法之长，而又去其所短的新型分类法。正是根据这样的旨趣，刘国钧将图书分为9大部：总部；哲学部；宗教部；自然科学部；应用科学部；社会科学部；历史地理部；语言文学部；美术部。各部之下也不囿于10类。例如宗教部、应用科学部、美术部均不足10类，而自然科学部则分为12类。至于部类之下的二级、三级细目，其设置更为灵活，既可分为8目或9目，也可有分4目或5目，从而放弃了机械的十进制，使号码分配更能切合中国图书分类之实况。

---

① 刘国钧：《刘国钧图书馆学论文选集》，书目文献出版社1983年版，第52页。

② 刘国钧：《刘国钧图书馆学论文选集》，书目文献出版社1983年版，第52—53页。

尽管刘氏分类法对杜威十进法做了很大突破，但并没有改变其基本之分类标准，仍主要以近代学科为类分标准，对中国图书作统一分类。刘国钧声明：“盖四库以体裁为主，学科为副。今反其道而行之，则不能不有所改革。”他还强调：“图书分类原为供研究学术而作，故宜以学科分类（即论理的分别）为准。但因书籍实质上之特点不能处处合于论理，故不得不稍加变通，而参以体裁的分别。至于地理、时代、语言等分类标准亦酌用之。”① 这就是说，刘氏图书分类法既考虑到近代学科之内容，考虑到近代学术及知识体系之状况，又注意到图书之形式、体裁等因素。

无论是“仿杜法”，还是“遵杜法”，或是“数序法”，大都是仿照杜威“十进法”编制而成的，只是在类目次序上各有不同而已。这些图书分类法，尽管有所差异，但旨趣是一致的：均是用近代学科为分类标准及数号排序法，来对中外典籍进行统一分类；是考虑如何将“四部”知识系统纳入近代知识系统之中，以与西方知识系统接轨，并进而促进中西学术之交流。对此，王云五之言颇具代表性：“当此中外新旧学术尤须沟通，以资比较研究之时，我觉得我国旧日目录学之分类法，不仅有粗疏含混之嫌，且苦不能与新学术或世界共同之学术沟通，因于民国十四年间有中外图书统一分类法之创作，以美国杜威氏之十进分类法为底本，而将我国旧学书籍按照性质，分别归入其中。其为我国所独立者，则创作几个特殊符号，分别插于相当的地位。如此，则中外图书同性质者可同列一

① 刘国钧：《刘国钧图书馆学论文选集》，书目文献出版社 1983 年版，第 54—55 页。

处，性质相近者，亦列于相近之处，中外学术即可借此沟通。”①

无论是杜威十进分类法，还是克特展开分类法，或是美国国会图书馆分类法，均以近代学科为分类标准，以近代西方学术体系及知识系统为背景进行。无论采取西方何种图书分类法，均可视为对中国传统“四部”分类法之否定。当然，西方分类法要真正在中国扎根，必须设法将“四部”分类体系中之中国固有典籍及其包涵之知识系统，逐步纳入近代图书分类体系及知识系统之中。

五、整合“四部之学”的尝试

中国传统典籍分类法融入近代西方图书分类法之过程，是打破传统之经、史、子、集“四部”分类体系，用西方以学科为分类标准之新图书分类法，统摄群籍、重新建构新的分类体系及知识系统的过程。为此，必须用近代学术分科体系及分类方法，重新审视“四部”范围之中国典籍，按照这些典籍所包含之知识内容，划分到各种专门“学科”大类之中。如“经部”之易类、四书类等并入哲学大类，正史类、编年类、纪事本末类、杂史类等并入历史大类，楚辞类并入文学大类等等。在打破“四部”分类体系、接纳新分类体系过程中，“四部”分类体系中无法保留的类目，必须拆散归并到以“学科”为分类标准的新分类体系中。如“金石类”典籍，归并到“中国考古”类；“医家类”典籍，归并到“中国医学”；天文算法中“推步”，归并到天文学，“算书”归并到“中国古典数学”等。而像“谱录类”

① 关鸿等主编：《旧学新探——王云五论学文选》，学林出版社1997年版，第264页。

这种无可归并之典籍，必须根据其内容拆散，分别并到考古学、植物学、动物学等学科门类中去。

正因如此，用近代“学科”为标准之图书分类法代替“四部”分类法，用近代学科体系及知识系统代替“四部之学”知识系统，一个关键的问题就在于：必须打破“四部”体系，将“四部”范围内之中国庞杂知识，归并到近代西方分类体系及知识系统之中。如何将“四部之学”纳入新知识分类框架中，是一个重要问题。该问题之关键，就是如何将经、史、子集四部分类体系，拆散归并到新图书分类体系中。表面上是图书分类法的改变，实际上是学术体系之转轨，是知识系统之重建。

打破传统“四部”分类，按照西方近代图书分类法重新整合中国旧籍，是清末民初许多人之意识。有人明确主张：“我以为要从最新式的分类，如分哲学、文学、社会学、博物学……第类，旧日经史子集……的分类，只好当他做历史上材料的参考，却不能拿他来做廿世纪中国图书馆的分类法……譬如按照现在的分类法做来，《易经》要归哲学类，《诗经》要归文学类，《书经》《礼经》要归政治学、社会学、风俗学等。而旧日的分类，只用一‘经’字括之，‘简则简矣，其如不明何!’”①

清末民初以来，中国学者就如何将“四部”体系下之典籍及其包含之知识门类，归并到近代图书分类及知识系统，做了许多有益尝试。对此，刘简云：“自七略为四部后，四库法最能深入人心，

① 吴康：《“重编中文书目的办法”之商榷》，《北京大学日刊》第6分册，1920年9月16日。

而成一代之典型。公私著录，无不奉为圭臬，引作参证；学者阅读一目了然，无劳繁琐，故能沿用二百余年而不衰。迨至孙星衍、缪荃孙诸氏法行于世后，打破四部成例，四库之弊，暴露无遗；四部法则，因之日渐动摇。况自清末以来，鸦片战争后，海禁大开，西学输入，洋书原本源源而来，非复四七诸法，所能概括。于是有增补四库旧制者；有采仿或补充西法者；亦有融会中西另制新法以容纳旧籍新书者；甚至有专门性质之图书馆，亦随时代需要而产生，又不得不另为方法，以为用。"①

清末民初，围绕着"四部"应否拆开重新归并，及如何拆开归并等问题，曾经有过激烈讨论，并提出不同方案。在近代学科体系中，没有"经部"门类。若以近代学科分类原则，经部理应拆散，各归其类。对此，蔡元培解释废除经科之理由云："我以为十四经中，如《易》《论语》《孟子》等，已入哲学系；《诗》《尔雅》，已入文学系；《尚书》《三礼》《大戴记》《春秋三传》已入史学系；无再设经科的必要，废止之。"② 故将经部 14 种典籍按照内容及性质，分别归并到近代学科体系及知识系统中。

但问题似乎并没有如此简单。中国是一个有着五千年历史之文明古国，学术文化独创一格，与欧美学术及知识系统有着较大差异，典籍之体裁内容也有所不同。所以杜威十进分类法能够总括欧美学术，能够部次晚清以来之西译新著，但是否能够用作分类中国旧籍

① 刘简：《中文古籍整理分类研究》，文史哲出版社 1978 年版，第 153 页。

② 蔡元培：《我在教育界的经验》，《蔡元培选集》，中华书局 1959 年版，第 333 页。

之法？中国经、史、子、集“四部”之典籍能否拆开归并到西方近代学科体系中？一些学者对此深表怀疑。

四部分类体系之“经部”，为中国传统学术之源泉。自《七略》首列《六艺略》后，历代相传，地位至为神圣。近代西学输入后，牢不可破之“经部”流弊百出，已呈动摇之态。但关于其是否拆开归并，人们意见并不统一：“自从西洋分类传入我国后，往日不成问题的经部，因而诸家主张的不同，也成了问题，有应拆开及不应拆开两派，聚讼纷纭，莫衷一是。”①

主张经部不应拆开者，以沈祖荣、查修、洪有丰、裘开明等人为主要代表。他们强调，既然承认经学是中国特有之学术，就应当独立为一类，因而主张保留“经部”，将其作为一个整体部类纳入十进分类体系中。杜威十进法之所谓“总类”，是专门为安置不能隶属某类学科而设立的，颇类似于四部分类体系中“子部”之“杂家类”。有人主张将“经部”整个放在“总类”中。沈祖荣、胡庆生在《仿杜威书目十进法》中认为“经书为四库首部，其性质近于类书”，故将所有经解、注疏以及字典丛书、杂志及百科全书等，统统编入“总类”。查修在《杜威书目十进法补编·凡例》中指出，“四库之经部，范围甚广，凡哲学、伦理、宗教等，无不包括”，故其采取之法是：除“乐类”并入“音乐”类，“小学”入“中国语言学”类，其余“均入于总类”。

洪有丰《图书馆组织与管理》云：“六经之名，其源甚古。然

---

① 昌彼得、潘美月：《中国目录学》，文史哲出版社1986年版，第242页。

依其性质，易义玄秘，赅儒道之学兼通，卜筮特有小用，应入哲学类。书述唐虞三代之政事，实古代之史。春秋、鲁史记之别名，应入史类。诗为古代輶轩所采里巷歌谣与朝庙乐章，为诗学之祖，应入文学类。礼以载古之礼制，应入社会科学类。古之乐经，今佚其篇，后世音乐之书，可入艺术类。经之根本要籍，既可以科学方法，分隶各类，其他更可依其性质而分，无独立一部之必要矣。”这番议论，似乎表明他主张应该用近代学科标准将“经部”分解开，并将其内容相应归并到哲学、史学、文学、艺术等近代学科意义上之部类中，但洪氏接着所讲的这段话，则道出了另外一层含义：“中国学术以儒教为中心，儒教以经学为根据。五经（乐经已亡，故不引）之名，其源既古，而三礼三传之名九经，又益以四书孝经尔雅名十三经，皆几为一般学者所公认。扬子曰：‘天地为万物郭，五经为众说郛。’故就其类似之点而观之，经部与各类虽可强为分裂；而就其特殊之点观之，经学实群言之奥区，而才思之神皋也。周秦诸子而后，义理考据之汉宋争，实为中国学术两大派别，而皆源本于经。故经部著述，任举一类之书，其训文释义者，汗牛充栋，至无虑数百种，固自有特成一类之需要。今以附庸于他类，削足适履，无乃不伦欤？夫一国之所以存立者，实赖文化以维系之。经籍者，吾国文化之源泉也。独标一部，以保存吾国之固有精神，是或一道也。”①

这里，洪氏实际上是主张保留经部，不应将其拆开，故其对待

① 洪有丰：《图书馆组织与管理》，转引自昌彼得、潘美月《中国目录学》，第243—244页。

经部处理之法为："经部与四库全书分类法大体相同，惟四库之五经总义，今改分为群经合刻、群经总义及石经三目，而冠诸各自之首；乐类系艺术性质，今改编入艺术类。"洪氏分类不全是遵杜，而是仿杜，将经部独立成为一类归于总类之中。

裘开明所编之《哈佛大学中文图书分类法》，陈子彝之《苏州图书馆图书分类法》及桂质伯所撰之《分类大全》等，均以经书独立为部。裘开明解释云："经学定名，由来久矣；且已蔚成专门著作，载籍浩如烟海。今之倡言废经者，姑无论其在学理上已否得普遍之公认；但就实际分类而言，至今实无一适当办法。盖经学为我国学术之源，包罗万象，脉络相关，拆分他类，殊非易事，故本法仍存经学类。"① 桂质柏之《杜威书目十进法》，则将经部各项，纳入中国哲学之儒家类。

有人将"经部"不应拆开之理由作了这样的概括："经部称为中国一切学术的根源，当亦更非虚语了。那末，为尊重中国学术的根源，经部不能强事割离，应当独立为类，这就是一个最大的理由。再就中国图书分类的习惯说，自七略迄于四库，经部自为类，历史很长，时代相承，学人对于经典的类别的观念，已不啻根深蒂固。如今特然将经废其专立，分《易》入哲，分《书》与《春秋》入史，分《诗》入文，分《礼》入政，分《论语》《孟子》入子，经不为类，与学人一向的观念，距离甚远，不但不能使人求适用于习惯，得心应手，简直把整个脉络相连的学术，碎尸万段，抛入智识

① 裘开明：《哈佛大学中文图书分类法·叙例》，《文华图书馆学季刊》第1卷第3期。

的大海里，令人有无处捞获的叹息。那末，为顾全学人求适用于习惯，而使中国学术发扬光大，经部之不可过于割离，应当独立一类，这也是一个最大的理由……就依类例而论，经书应当独成一类，也还可以说得通的。”①

但更多学者主张应该将经部拆开，依其性质分入各学科门类中。这可以严复、孙宝瑄、汤济沧、王云五、刘国钧、杜定友等人为代表。较早对经部独立分部提出非难者，是严复。其云：“《韩诗外传》《春秋三传》亦经亦史，《孟子》何以非子？《诗经》何以非集？凡此皆以意分疆，实无完理。”既然“实无完理”，则应该取消“经部”，将其内容并入各学科门类中去。1902 年，孙宝瑄以西方近代学科观念看待经学，主张将经学分解到文史哲等学科之中：“《周易》，哲学也；《尚书》《三礼》《春秋》，史学也；《论语》《孝经》，修身伦理学也；《毛诗》，美术学也；《尔雅》，博物学也。故我国十三经，可称三代以前普通学。经学为三代以前普通学，声音训诂为三代以前语言文字学。”②

汤济沧在为《南洋中学藏书目》作序时言：“四库之名，最不妥者为经，《尚书》记言，《春秋》记事，皆史也。《毛诗》为有韵之文，《三礼》亦史之一类，而孔、孟之在当日，与老、庄、管、墨、商、韩等何别。自汉武罢黜百家，尊崇儒术，后人踵事增华，经之数，增十之三。今政体革新，思想家不复如前次之束缚，此等名目，将必天然淘汰，大势所趋，无可避免。”故在他看来，《尚

① 霍怀恕：《近人对于经部分类意见之纂述》，《学风》第 4 卷第 10 期。

② 孙宝瑄：《忘山庐日记》（上），上海古籍出版社 1983 年版，第 529 页。

书》纪言，《春秋》记事，均归历史；《毛诗》是韵文，应归文学；《论语》《孟子》则与老、庄、管、墨、商、韩诸子书相等，均归儒家哲学。所以，《南洋中学藏书目》把周易、孝经、四书列入“哲学类”；把周礼、礼仪、礼记、三礼归入“社会科学类”；把原列四部“乐律”类的典籍置入“美术类”；《诗经》入文学类，《尚书》《春秋》归并到“史地类”。

与《南洋中学藏书目》拆开“经部”之做法相似者，为王云五之《中外图书统一分类法》。王氏明确指出：“譬如经部的《书》本是一部古史，《诗》本是文学，《春秋》也是历史；《三礼》等书是社会科学，《论》《孟》也可以说是哲学；若严格按性质分类，当然是不能归入一类的。但旧法分类的原则，因为这些书都是很古的著作，而且是儒家所认为正宗的著作，便按着著作的时期和著者的身份，不问性质如何，勉强混合为一类。”①

蒋伯潜等人根据近代学术分科观念，对经部典籍分析后云：“《易》和《尚书》中之《洪范》，是讲哲理的；《礼记》中属于通论的，如《大学》《中庸》《礼运》……之类，也是谈哲理的，可以列入‘子’部。《尚书》大部分记言之史，一部分是记事之史；《春秋》是编年史；《周礼》记官制，《礼制》记礼制，以及《礼记》记礼的大部分，是记典章礼制的文化史；以上可以列入‘史’部。至于《诗》，明明是我国最古的诗歌总集，可以归入‘集’部。这样分别起来，所谓‘经’，实在没有特立一部的必要。”② 既然没

① 王云五：《中外图书统一分类法》。商务印书馆1928年版，第2页。

② 蒋伯潜、蒋祖怡：《经与经学》，世界书局1941年版，第12页。

有独立成为部类之必要，则应当将其分开归并于哲学、历史、文学等学科之中。

胡朴安认为，“本郑氏之例，兼用刘氏互著之例，以今日学术之分类，而为目录之论次”，将经部统摄之典籍，做了这样的归并：“《易经》一书，其言义理者，可入之哲理学类；其言筮龟者，可入之艺术学类；其音韵者，可入之语言文字学类；其言上古社会情形者，可入之史地学类。《诗经》一书，其本身可入之文章学类；其谱可入之史地学类；其言四始六艺者，可入之礼教学类；其言草木鸟兽鱼虫者，可入之博物学类；其言三家诗用字之异同及音韵者，可入之语言文字学类。《尚书》一书，其大部分可入之史地学类；其赓歌与布告等，可入之文章学类；其言上古天人之关系与五行之性情者，可入之哲理学类；其言历象日月星辰者，可入之艺术学类；其言五伦之教者，可入之礼教学类。《春秋》当全入史地学类，而《左传》之中有文章学类焉。《三礼》当全入礼教学类，而《礼记》之中有哲理学类焉。可分者，则分隶之；不可分者，则互著之。”①

刘国钧在《中国图书分类法·导言》中公开指出：经部原名六艺，为古人所治之学科；后人以六艺为六经，于是治学方法上首列之六艺，变而为儒家之典籍，此后人之失也。“今以科学为分类之原则，在今日既无将学校中所习之科目汇为专类之理，即不能仍存此部名称于分类表中。分属各部，斯为理当。然历代以来，通论群经之著作实不为少，不能不为之辟一位置。兹以其通论各科，不名

① 胡朴安：《古书校读法》，见《胡朴安学术论著》，浙江人民出版社 1998 年版，第 270 页。

一部，故置于总部为一类。其有愿依旧习，将此种古典汇于一处者，亦得以此充之。”① 赞同在新图书分类表中不设经部，可按照内容将其分解归并。

为什么一定要拆散经部并将其内容归并到各学科中？杜定友之解释是具有代表性的。其云：“我们主张打破经部，并没有不尊重的意思，也没有特别提升的必要。在图书分类学上，经书与哲学和其他科学并无轩轾。在书籍中既有《十三经注疏》《七经小传》等，当然不能不有此一类，断没有把书拆散之理。所以一般恐怕打破了经部的，以为分类表上完全没有经部一类，其实完全是他们的误解。我们所打破的各种单位的经书，如《尚书》入史，《诗经》入文，《易》入哲学，《礼》入伦理学，《乐》入艺术，《春秋》入史等，完全是就研究上的便利。因为近代学术研究，日趋专门，有专门研究上古史或文学史等，却没有专门研究经学的人。经学不过是一个笼统的名词。今古文之争，亦已成过去，在学术上已失其重要性。只要群经如九经、十一经等，不能拆开的，自立一类外，其他分入各类，于研究上，实较便利。”②

可见，中国传统四部分类法之经部，若严格按性质分类，是不能归入一类的，必须“以科学为分类之原则，分属各部，斯为理当。”其拆开归类之基本做法就是：《群经总义》入总类；《易》入中国哲学；《书》《春秋》入中国史；《诗》入中国文学；《礼》入

① 刘国钧：《刘国钧图书馆学论文选集》，书目文献出版社 1983 年版，第 57 页。

② 杜定友：《三民主义中心图书分类法》第 18 章第 1 节“经部”，国立中山大学图书馆 1948 年印行本。

伦理学（王云五将其列入社会科学）；《乐》入艺术（音乐）；《孝经》入伦理学；“四书”入中国哲学类之“儒家”；“小学”入“中国语言学”类之“字学”。[①] 通过这样的拆散归并，四部分类体系中最重要之经部，便被消融于近代意义之人文社会科学各学科门类中。

尽管四部分类体系中之史部，与近代意义上的历史学是最为相似之学科门类，但仍然与近代意义之“历史”学科有很大差别。所以在用十进分类法审视史部典籍时，必然要用近代分科观念对其进行重新整合，大加删改和归并，以便建构近代意义之“历史学”学科体系及知识系统。

洪有丰认为，四部分类体系中“史部”之所谓正史、别史、杂史、载记，“实无明了之界说”，因而不合乎近代分类之原则。蒋元卿认为史部分类，“盖自正史至诏令，均以体为主，而自传记至史评，则又改以义为主也，此等标准不一之分类，不仅使同性质之书列入不同门类，且使学者有无所适从之憾”[②]。杜定友尖锐批评曰：“史部之弊，在一以体裁为制，无复辨章学术之意。四库史部分类十五，以正史为纲，以编年、纪事本末、别史、杂史、诏令、奏议、传记、史钞、载记为纪传之参考，以时令、地理、职官、政书、目录为诸志之参考，以史评为论赞之参考，似亦言之成理、持之有故。然时令、地理、职官、政书而外，均以体分，于义无有。”[③] 正因如此，他们均主张对史部典籍进行重新分类。

---

① 刘简：《中文古籍整理分类研究》，文史哲出版社 1978 年版，第 337—338 页。

② 蒋元卿：《中国图书分类之沿革》，中华书局 1937 年版，第 126 页。

③ 杜定友：《校雠新义》上册，中华书局 1930 年版，第 41 页。

在对史部典籍重新进行整合时，由于人们对近代学科分类标准认识之差异，及对史部典籍理解之不同，他们所提出的拆散归并之具体方案亦略有差异。洪有丰之分类方案为：“今之所谓史者，仅就狭义记载事实之历史而言耳。史部分正史、别史、杂史等类。正史为史书之经帝王审定者，所谓正史，体尊义与经配，非悬诸今典，莫敢私增者也；而以事系庙堂语关军国者，列为杂史类；上不至于正史，下不至于杂史者，列为别史类；述偏方僭乱遗迹者，列入载记类。然细按正史、别史、杂史、载记之分，实无明了之界说，而以意之轩轾为出入；所载既皆关一朝之掌故，何如合编一类，以时期为次，俾研究史学可以一贯乎？编年以年为纲，纪事本末以事为纲，体例虽各殊，事实无二致，皆似不必独立一类；可合其他史书，而以时期为次也。诏令即帝王之法令，可入法制类。时令为纪岁时之书，应入天文类。金石目录，虽亦有历史之关系，而性质悬殊，不如各以类相从之为当也。”① 他又强调：“史地之书，四库全书以体裁分，今仿杜威氏以国籍及朝代分之，似较便利。政书职官等，并入政治类。诏令即法令，入法制类。奏议入文学类。金石与艺术相近，故入艺术类。”② 这就是说，正史、别史、杂史、载记，所载既皆关一朝之掌故，合编一类，以时期为次；政书职官等，并入政治类。

杜定友认为，史部分类，应以时代为第一标准，同时代的，方可以体裁去辨别，应该根本抛弃正史、别史、杂史等类目。其分类

① 洪有丰：《图书馆组织与管理》第 12 章，商务印书馆 1926 年版，第 122 页。

② 洪有丰：《图书馆组织与管理》第 12 章，商务印书馆 1926 年版，第 144 页。

方案为："本分类表以900为中国史，分五个时代，与四库法根本不同，故无可比拟。且职官、政书等，都分别归入政治等专类，故内容纯粹以历史为限；一律以国别为单位，以时代为次，传记、地理亦归入各国史之下，以便研究而增厚国家观念。"①

刘国钧之处理办法，是将历史分为通史、断代史、文化史等，而将原来史部有关内容归并到相关学科门类中。他说："旧例史部重体裁，且有正统僭伪之见存于其中。今悉除去，但分通史、断代史两类。而于每类之下，再依体分之。其专记一类史事如文化、外交等，亦均别立一类。时令改入农业，政书分隶社会科学，诏令奏议则与文书档案合为史料。至于目录则入总类，金石改称古物，与传记同列于史地部之末。"②

尽管洪氏、刘氏、杜氏对待史部典籍分类之差异很大，如洪氏以时令入天文，诏令入法制，奏议入文学，金石入艺术；王氏亦将金石入美术；刘氏则将时令改入农业，诏令奏议则与文书档案合为史料，金石改称古物，与传记同列于史四部分类体系中，但他们对待"史部"之共同做法是：诸史总义入"史地总目"；正史、纪传、编年、纪事本末、别史、杂史、载记、传记、地理等合编一目，归入"中国史"，并以时代分类；职官、政书归入"政治"（诏令奏议附入）；法制归入"法律"（时令附入）。

在四部分类体系中，子部最为庞杂，这是时人之共识。杜定友

① 杜定友：《三民主义中心图书分类法》第18章第2节"史部"，国立中山大学图书馆1948年印行本。

② 刘国钧：《中国图书分类法：导言》，《刘国钧图书馆学论文选集》，书目文献出版社1983年版，第57页。

明确指出："子部之弊，其病在杂。"[①] 又云："子部既是形而上学，即今日之哲学，而四库竟将琴谱、食谱、小说、类书，都入子部，真不知分类为何物。"[②] 洪有丰对四部分类法研究后亦认为："四部旧法之分类，以子部最为芜杂。周秦诸子老、庄、申、韩、管、商之流，是固子矣；孔子、孟子非儒家之子乎？或入之子，或入之经，以为是寓轩轾之意，而不知是已自乱其名实也。"[③] 蒋元卿尖锐批评道："子书乃是无形之学，换言之，即近世之哲学理学是也。《总目》既称术数、艺术为小道，岂可混入子部。"[④]

如果以近代学科分类原则来衡量子部典籍，它显然是"把哲学、宗教、自然科学、社会科学、各类的书籍并在一处"[⑤]。故其可分别拆散归并入总类、哲学、宗教、文学、艺术、社会科学及自然科学诸门类，而以"哲学""宗教"性质之典籍为最多。对此，清末以来目录学家之看法比较一致。

洪氏本着"经子平等"之理念及近代学术分科观念，提出了这样的处理办法："以吾人之意观之，周秦诸子，大都可入之哲学类；其一二例外者，亦可视其性质相同各类而归之。类书为采撷群籍之书，丛书为汇刻群籍之书，均宜特为一类，并冠他部类之首。小说家言虽亦有不无学理事实可资研究者，但仍以文学上研究之价值为

① 杜定友：《校雠新义》上册，中华书局 1930 年版，第 54 页。

② 杜定友：《三民主义中心图书分类法》第 18 章第 3 节"子部"，国立中山大学图书馆 1948 年印行本。

③ 洪有丰：《图书馆组织与管理》，商务印书馆 1926 年版，第 123 页。

④ 蒋伯潜：《中国图书分类之沿革》，中华书局 1937 年版，第 125 页。

⑤ 王云五：《中外图书分类法·绪论》，商务印书馆 1928 年版，第 1 页。

重，故应入文学类。谱录为各国图谱之书，然如竹谱可入植物类，金鱼谱可入动物类，其他例是，则谱录已无须独立一类也。若是似不如废除此部，而以科学的方法分之，犹可免牵强之诮也。”又说：“四库全书，子部类目最杂，今各以类相从。儒、墨、名各家性质与哲学相近，故特提出，而以哲学名之，分为东方与西方哲学二目。宗教与哲学关系密切，亦并入之。术数则仍四库之旧，附于宗教之后。法家与纵横家多论政法，入于社会科学类。间有杂说，与小说相近，故附入小说类。”①

刘国钧认为：“四库部类，子部最芜，汉志诸子，本相当于今日之哲学。魏晋以降，其例始乱。今一一衡以学术上之性质，分入各类，不复存子部之名焉。”② 查修主张：“我国诸子，颇多哲学著作。”故其处理办法为：“兹择其纯属哲学者，如儒家、墨家、纵横家等，齐入此类；其为纯哲学而已为后世假作他用者，如道家之类，则为整饬计，全入宗教类。”③ 可见，四部分类体系中之子部颇多哲学宗教典籍，是当时人们之共识，而将其归并到“哲学”或“宗教”类，亦为人们之共识。其中包含之“类书”及“丛书”，应该归并到十进法之“总类”，也是没有太大异议的。但在道家、释家及杂家之处理上，人们的意见略有差异。

因道家为先秦以后中国学术之重要流派，故在各种新分类法中，

---

① 洪有丰：《图书馆组织与管理》，商务印书馆 1926 年版，第 124、144 页。

② 刘国钧：《中国图书分类法：导言》，《刘国钧图书馆学论文选集》，书目文献出版社 1983 年版，第 58 页。

③ 查修：《杜威书目十进分类法补编 · 凡例》，转自刘简《中文古籍整理分类研究》，文史哲出版社 1978 年版，第 342 页。

均保留了“道家”之类目，并与“儒家”并列，体现了经子平等的理念。唯有查修提出了不同意见。他认为，道家代表人物为老庄，系属周秦诸子，而其所主张，清虚无为之说，亦属纯哲学，应该归为“哲学类”，如果笼统地将道家列入“宗教类”，实为误解。应该分清老庄哲学与东汉以后之“道教”的区别，而将张道陵奉老君为道教教祖而开辟之道教，与后世宗孔子之儒教，归入“宗教”。

洪有丰将“释家”及“释教”合为一目，归入“哲学宗教”；王云五虽未设“释家”目，但列有“佛教与佛经”，归入“宗教”类；杜定友之分类表则径直将“释家”改名为“佛教”，入“人文教育宗教”类。关于杂家，王云五分类表中仍保持“杂家”目，入中国哲学类；杜氏则按其性质，将杂学之属改名为杂家，入中国哲学；将杂考及杂说之属，入国学概论；将杂品及杂纂之属，入总类类书；将杂编之属，入总类丛书。洪有丰则认为“间有杂说，与小说相近”，附入文学小说类。杂家本宗黄老，汇通儒、墨、名、法，依体例类书，应归入“中国哲学”类，是毫无疑义的。但四库总目中之杂家，包括有杂学、杂品、杂纂、杂编、杂考、杂纂等6门，这6门因其内容各异，难以将其一概归并于“中国哲学类”，因此各家在具体归并上各有差异。至于“子部”之法家，王云五将其归入“政治学”；洪有丰将其归入“法制”，差异较大。刘国钧主张将其归入“法律部”更妥当。至于“术数”，王云五将其归入“哲学”类之“心身人类学”；洪氏将其列为“哲学宗教”类之末，刘国钧将其归入“宗教部”，杜定友则将其归入“人文教育民俗学”。

尽管各家对子部典籍纳入十进分类法时之具体做法略有差异，

但在拆散“子部”归并到近代学科门类中之基本原则，却是一致的，并且在总体上意见也是统一的。概括说来，他们处理子部典籍之共同思路为：诸子总义归入哲学总目（诸子目录及杂考、杂说附入）；杂品、杂纂归入“总类”之类书；杂编归入“总类”之丛书；儒、道、释、名等诸子，均纳入“哲学宗教”，并各有归属：儒家及儒书（四书——《大学》《中庸》《论语》《孟子》）、儒教（王氏名孔教）、道家及道书（《道藏》《道德经》）、名家、名学、墨家、墨学、杂家、杂学，归入“中国哲学”；道教、道经、道录及释教（易名佛教），归入“宗教”（佛经附入）；法家、纵横家，归入“社会科学”之“法律”目；兵家、兵书，归入“社会科学”之“军事”目；天文、历数，归入“自然科学”之“天文学”目；算法、数学，归入“自然科学”之“数学”目；占候、相宅、占卜、命书、阴阳五行、杂技术等，均归入“哲学”之“神秘学”目。虫鱼鸟兽，入“自然科学”之“动物学”目；草木，入“自然科学”之“植物”目；矿物，入“自然科学”之“矿物学”；器物之属归入“自然科学”之“考古学”；农学，入“应用科学”之“农业”目；医学，入“应用科学”之“中国医学”目（医家及神仙，即医术之附入）；食谱之属入“应用科学”之“家政家事”目；书画，入“艺术”类之“中国书画”目（法帖考证入史地）；琴谱，入“艺术”类之“音乐”目；篆刻，入“艺术”类之“雕刻学”目（金石集录入史地）；杂技，则入“艺术”类之“娱乐”目。①

---

① 刘简：《中文古籍整理分类研究》，文史哲出版社1978年版，第347—349页。

四部分类体系中之集部，多偏重于文学，人们对此容易达成共识。如洪有丰曰：“集聚也，诗文之总聚也。集部分总别集，而以著者时期先后为次，其义例尚明白而无窒碍，于科学分类之文学类，不过名称之异同耳。惟词曲二体，昔以卑品视之，不与诗赋并列，不知词曲与诗赋，在文学上实占同等之位置，殊不能有偏重也。”又云：“文学类即仿四库全书集部，而增小说、戏剧等目；楚辞四库另立一目，今并入别集周代文学。”① 刘国钧认为，集部全入文学，“体例亦大率仍旧。惟个人自著书，号为全集，而实为汇刻各书以成者，别入个人自著丛书。楚辞并入总集，从《孙祠书目》例。词入别集，用《书目答问》例。而另以典文、剧本、小说、民间文学、儿童文学等合为特种文艺，则为便于阅览而设之变例矣”②。

当人们将集部典籍及其知识纳入十进分类体系时，针对其存在之弊端力谋变革。杜定友断定“集部之弊，其病在简”，故应该大加修改。其具体意见为：“集部的分类法，应该全部更改，一以文体为标准，分为诗词、歌赋、文集、笔记等等；在同样文体之下，再分总集、别集，方为合理。各分类法对于总集、别集，照例分为二部，各以时代为次。但这种办法，对于各时代的文学，分隔为二，于研究上实不可取。本分类法对于各代诗文，一以时代为次，同时代的区分总别集；这样唐宋八大家集，才能与韩柳欧苏等文集并在

① 洪有丰：《图书馆组织与管理》，商务印书馆1926年版，第124页、144页。
② 刘国钧：《中国图书分类法：导言》，《刘国钧图书馆学论文选集》，书目文献出版社1983年版，第58页。

一起，以便研究。”① 查修亦云：“我国文学著作，浩如烟海，在世界文学中，亦占有相当位置。旧法分类，文学之集部，为四部之一。本编限于杜法之范围，虽剔析剖分，不厌求详，然部类措置，则已困苦滋甚。兹之不用集部，而用中国文学者，以集部二字，意义甚广，用之此处，他国文学，似亦罗致在内矣。”②

可见，时人普遍认为集部与近代学科分类体系中之文学相似，仅仅是名称之异同而已。故或主张依照近代分类原则，集部全入“文学”类，或主张将集部全部改动，在“中国文学”部类下，以文体为标准，增加类目，使之更趋合理。对此，朱自清之言颇值得重视：“按从前的情形，本来就只有经学，史子集都是附庸；后来史子由附庸而蔚为大国，但集部还只有笺注之学，一直在附庸的地位。民国以来，康、梁以后，时代变了，背景换了，经学已然不成其为学；经学的问题有些变成无意义，有些分别归入哲学、史学、文学。诸子学也分别划归这三者。集部大致归到史学、文学；从前有附庸和大国之分，现在一律平等，集部是升了格了。”③

这样，在引入西方十进分类法之后，中国学者有意识地尝试将“四部”分类体系中之典籍及其知识门类加以重新分类，将之拆开归并到近代各种学科门类中去，以与近代西方分类体系及知识系统

---

① 杜定友：《三民主义中心图书分类法》第18章第4节“集部”，国立中山大学图书馆1948年印行本。

② 查修：《杜威书目十进分类法·凡例》，转引自刘简《中文古籍整理分类研究》，文史哲出版社1978年版，第350页。

③ 朱自清：《部颁大学中国文学系科目表商榷》，《朱自清全集》第2卷，江苏教育出版社1988年版，第10页。

接轨。清末民初多数学者赞同将“四部”典籍拆散归并之基本原则，但在具体操作中，却存在着一些编目上之困难。由于中国古典学术体系及知识系统与西方学术体系及知识系统之本质差异，在四部拆散归并过程中，人们始终存在着不少分歧。这种分类归并上的分歧，折射出中西学术及知识系统接轨之困难与复杂。

洪有丰在1924年所编《孟芳图书馆书目》自序中曰：“经史子集四部之旧分类法，于近日科学图书日益增加，诚有未能应用之处。然为之改弦更张，以科学分类法自诩者，袭摹西制，支离繁琐，强客观之书籍，以从主观之臆说，恐亦未免有削足适履之嫌。”① 因中西学术发展的路径不同，古今著作的体裁各异，拿四部旧法来部次新书固然是扞格不入；而用杜威十进新法想网罗古今，又焉能契合无间？所以当杜威十进法传入中国并被广泛采用的过程中，也出现了不少具体操作中的困难。关于这一点，可以从“经部”典籍归并分类之具体实践中窥出。

有人经过认真研究后，对“经部”拆散归并中出现之问题，作了这样的概括：“经部的书，假如仅只易书诗礼春秋等十三部经书，各按其内容性质分别归类，则尚鲜困难。但每一经，后代训解注释而今尚传世的著作，皆以百千计，它们的分类，如何处理？倘随原经部次，但发挥经义的著作，其内容性质，并不一定与原经相同，放在一起，就违背了分类的原则……三礼是社会科学类，但是像月令解、夏小正解、檀弓记、儒行集传之类的书，编目者依其性质就

① 转引自昌彼得、潘美月：《中国目录学》，文史哲出版社1986年版，第244页。

不会编入社会科学中。假如各随其内容来分类，那些训释解经的书就未必能与原经归在一类。想研究经学的人，除了乞灵于各种索引外，是无法根据书目来检书的。既令这些问题可以解决，还有五经总义一类的书如何来处理安置？既不能承认有经学，又安能在总部中特立经总义的类目?"①

所以，由于中西学术传统及知识系统间存在着较大差异，在用十进法类分中国旧籍时，那些合乎近代"学科"性质之知识门类，固然可以归并到相应或相近之学科门类中；但有些则难于合乎近代学科分类，难以在十进分类体系及近代知识系统中找到恰当的位置。这种情况表明，中国旧籍纳入十进分类体系之过程是复杂而漫长的。而这种融入近代分类体系之复杂性及长期性，或许是近代中国典籍分类体系难以统一之根本原因。

刘国钧在《中国图书分类法》中谈及对四部分类法"有所改革"时，曾认真比较近代学术与古典学术之差异，指明"今日之学术与昔日相较"，颇有不同之点：

"a. 有研究之范围扩大者。如教育，昔人多言学制，少及方法。今则蔚为专门之学。又如经济，昔人仅言食货财赋，认为政事之一端。今则言及私人经济，脱政治学之范围。若此之类，不能不准今日之情形，另立门类，而以古来类目，附之于下也。b. 有研究之范围精深者。如农业，昔谓之农家，四库所载，止十数书。今则虽一农作物之微，亦有著为专书者。又如天文算法，古人仅言推步。

① 昌彼得、潘美月：《中国目录学》，文史哲出版社1986年版，第245—246页。

今则天文、算学截然两科。每科之中，且分专类。此不能不另分细目者也。c. 有因研究之方法变更而影响及于学术之性质者。如昔人言草木禽兽之书，率为谱录。今之著作纯然异趣。不能不立动物学、植物学之名，而以昔人著作，入其中为子目者也。d. 有纯粹为昔人所未尝有者。如物理、化学之类。此不能不为之另立新类，而位之于有关系之学科间者也。”①

刘氏这段文字，不仅指明了中国近代学术与古代学术之差异，而且进一步说明了中国近代学术形态（包括知识系统）之渊源：除了中国传统学术门类转化而者外，还有从西方移植而来之学术。在他看来，中西学术的古今之异，在学术分类及典籍分类上同样能够体现出来：“分类以详为贵，而昔人多略。详则便于专攻，略则流于笼统。近世学术，侧重专门，故西方之图书分类亦主精详。中土学风，素尊赅博。故图书类部，常厌烦琐。窥测将来之学术界，则分工研究，殆为不二之途。”其图书分类表不同于前人之处，也正在于此：“分类宁取琐细。”②

典籍分类法，不仅是有关图书典籍之分类，而且也是学问之分类，更是整个知识系统之分类。对此，清末民初许多学者或深或浅均有所识。王云五强调说：“图书分类法无异全知识之分类，而据以分类的图书即可揭示属于全知识之何部门。因此，要想知道应读什么书，首先要对全知识的类别作鸟瞰的观察，然后就自己所需求

---

① 刘国钧：《中国图书分类法：导言》，《刘国钧图书馆学论文选集》，书目文献出版社 1983 年版，第 55 页。

② 刘国钧：《中国图书分类法：导言》，《刘国钧图书馆学论文选集》，书目文献出版社 1983 年版，第 55 页。

的知识类别，或针对取求，或触类旁通。从事于自修者固需明了全知识的类别与各图书的性质，俾不至读非所当读；其在学校修业者，亦不当墨守若干本教科书而自满，必需选读有关的补充读物，以补教科书之不足，而增进其了解与应用。”①

正是由于近代中国学者真正理解了这一点，他们才会如此重视图书分类法，才会不厌其烦地编制各种各样图书分类法，才会如此乐此不疲地从事将“四部”内典籍拆散归并之工作。正是由于其不断尝试和探索，中国传统典籍逐渐被融入十进分类体系中，中国传统的“四部之学”知识系统，也一步步被分解、被消融，并被整合到一套近代知识系统之中。正是在这种此消彼长之演进过程中，中国近代学术体系及知识系统，逐渐创建并日趋成熟。

① 关鸿等主编：《旧学新探——王云五论学文选》，学林出版社1997年版，第176页。

第九章
中国旧学纳入近代新知体系之尝试

中国学术纳入近代学科体系及知识系统，是很复杂的过程。接纳西方学科体制，仅仅是将中学纳入近代学术体系的开始；按照西方近代学科分类编目中外典籍，也是中学纳入西方近代知识系统之初步。中国传统学术体系及其知识系统，要完全纳入近代西方分科式之学科体系和知识系统中，必须用近代分科原则及知识分类系统，对中国学术进行重新整合。章太炎、刘师培等人在清末“保存国粹”“复兴古学”过程中，开始对中国古代学术进行初步整理，尝试用近代学科体系界定“国学”，实际上肇始了对中国学术遗产进行发掘、梳理、研究和整合之历程。正是在对中国传统学术不断进行整理和整合过程中，中国传统学术开始转变其固有形态而获得近代形态，逐步融入近代西学之新知体系中。

一、西学大潮下的旧学命运

甲午战争以后，随着西学之大规模引入，中学面临着巨大冲击。

在中国传统学术逐渐被纳入西方近代学科体系及知识系统的过程中，中学之生存成为值得关注的问题。晚清许多人都对西学输入后中学的存亡表示忧虑。

梁启超在重视西学的同时，格外强调中国旧学之研习。1897年，他在《湖南时务学堂学约十章》指出："今时局变异，外侮交迫，非读万国之书，则不能通一国之书。然西人声、光、化电、格、算之述作，农、矿、工、商、史、律之纪载，岁出以千万种计，日新月异，应接不暇。惟其然也，则吾愈不能不于数十寒暑之中，划出期限，必能以数年之力，使学者于中国经史大义，悉已通彻。根底既植，然后以其余日肆力于西籍，夫如是而乃可谓之学。今夫中国之书，他勿具论，即如注疏、两经解、全史、'九通'及《国朝掌故》官书数种，正经正史，当王之制，承学之士，所宜人人共读者也。"①

梁氏对兴办新式学堂及采纳西方近代学科体系后中国旧学之命运表示担忧："夫书之繁博而难读也既如彼，其读之而无用也又如此，苟无人董治而修明之，吾恐十年之后，诵经读史之人，殆将绝也。"为了挽救旧学，他疾呼："今与诸君子共发大愿，将取中国应读之书，第其诵课之先后，或读全书，或书择其篇焉，或读全篇，或篇择其句焉，专求其有关于圣教，有切于时局者，而杂引外事，旁搜新义以发明之，量中材所能肄习者，定为课分，每日一课，经学、子学、史学与译出西书，四者间日为课焉。度数年之力，中国

① 梁启超：《湖南时务学堂学约十章》，《时务报》第49册，1897年12月24日。

要籍，一切大义，皆可了达，而旁证远引于西方诸学，亦可以知崖略矣。夫如是，则读书者无望洋之叹，无歧路之迷，而中学或可以不绝。”①

随后，梁启超多次表达了对旧学消亡之忧虑：“启超窃以为此后之中国，风气渐开，议论渐变，非西学不兴之为患，而中学将亡之为患，至其存亡绝续之权，则在于学校。”② 在他看来，按照西方教育体制兴办新式学校后，新式学堂采自西方分科式的学科体制，中国固有的经史之学难以在这种体制中获得一席之地，人们必然会趋向西学，研习近代学科体制下的西学各学科门类，而对中国旧学不予重视。

对于西学输入后中学之存废问题，严复作了这样的描述：“曩者吾人以西人所知，但商业耳，火器耳，术艺耳，星历耳。自近人稍稍译著，乃恍然见西人之所以立国以致强盛者，实有其盛大之源。而其所为之成绩，又有以丰佐其说，以炫吾精。于是群茶然私忧，以谓西学必日以兴，而中学必日以废。其轻剽者，乃谓旧者既必废矣，何若尽弃一切，以趋于时，尚庶几不至后人，国以有立；此主于破坏者之说也。其长厚者则曰：是先圣王之所留贻，历五千载所仅存之国粹也，奈之何弃之，保持勿坠，脱有不足，求诸新以弥缝匡救之可耳；此主于保守者之说也（往者桐城吴先生汝纶，其用心即如此。……）二者之为说异，而其心谓中国旧学之将废则同。”严复之意见为：“自不佞观之，则他日因果之成，将皆出两家之虑

① 梁启超：《湖南时务学堂学约十章》，《时务报》第49册，1897年12月24日。

② 梁启超：《与林迪臣太守书》，《饮冰室合集》文集之三，中华书局1936年版。

外，而破坏保守，皆忧其所不必忧者也。果为国粹，固将长存。西学不兴，其为存也隐；西学大兴，其为存也章。盖中学之真之发现，与西学之新之输入，有比例为消长者焉。不佞斯言，所以俟百世而不惑者也。百年以往，将有以我为知言者矣。”①

严氏又云：“乃自西学乍兴，今之少年，觉古人之智，尚有所未知，又以号为守先者，往往有末流之弊，乃群然怀鄙薄先祖之思，变本加厉，遂并其必不可畔者，亦取而废之。然而废其旧矣，新者又未立也。急不暇择，则取剿袭皮毛快意一时之议论，而奉之为无以易。此今日后生，其歧趋往往如是。不佞每见其人，辄为芒背者也。”②

清末大儒吴汝纶早在1897年即指出：“中国之学，有益于世者绝少，就其精要者，仍以究心文词为最切。古人文法微妙，不易测识，故必用功深者，乃望多有新得，其出而用世，亦必于大利害大议论，皆可得其深处，不徇流俗为毁誉也。然在今日，强邻棋置，国国以新学致治，吾国士人，但自守其旧学，独善其身则可矣，于国尚恐无分毫补益也。”③ 1898年7月，吴氏对西学输入后中学地位作了这样的预测：“窃恐西学未兴，而中学先废，亦中国之奇变。诸公轻率献议，全不计其利弊，国无转移风气为物望所归之人，愈

① 严复：《〈英文汉诂〉卮言》，《严复集》第1册，中华书局1986年版，第156页。

② 严复：《论教育与国家之关系》，《严复集》第1册，中华书局1986年版，第168页。

③ 吴汝纶：《答阎鹤泉》，《吴汝纶尺牍》，黄山书社1990年版，第97页。

变必且愈坏，吾辈垂老见此，殊非幸也。”① 随后，他致函严复曰：“独姚选古文，即西学堂中，亦不能弃去不习，不习，则中学绝矣。世人乃欲编造俚文，以便初学，此废弃中学之渐，某所私忧而大恐者也。”②

1901年5月18日，吴氏致函贺松坡，担心西学兴后中学之不存：“鄙意西学当世急务，不可不讲，中学则以文为主，文之不存，周孔之教息矣。故必欲兴之于举世不为之会，要不能以一二人之力争胜天下，吾且奈之何哉!”③ 4个月后，其《答方伦叔》又曰：“下走又有愚虑，见今患不讲西学，西学既行，又患吾国文学废绝。近来谈西学议政策者，多欲弃中国高文改用俚言俗说，后生才力有限，势难中西并进，中文非专心致志，得有途辙，则不能通其微妙。而见谓无足重轻，西学畅行，谁复留心经史旧业，立见吾周、孔遗教，与希腊、巴比伦文学等量而同归澌灭，尤可痛也。独善教之君子，先以中国文字浸灌生徒，乃后使涉西学藩篱，庶不致有所甚有所亡耳。若乃邑子之好学者欲读西书，吾谓西国专门之学，必得师授，不能徒索之书。吾辈所能教者，但欧美历史、公法、政治等门而已。本年新译，多日本之书。西学贵新厌旧，则凡新译之书，不可不一购求也。”④

梁启超、严复、吴汝纶等人看到中学“消亡”之危险，抱定“中学为体、西学为用”观念的张之洞，又何尝没有意识这一问题

① 吴汝纶:《与弓子贞》,《吴汝纶尺牍》，黄山书社1990年版，第142页。
② 吴汝纶:《答严几道》,《吴汝纶尺牍》，黄山书社1990年版，第161页。
③ 吴汝纶:《答贺松坡》,《吴汝纶尺牍》，黄山书社1990年版，第240页。
④ 吴汝纶:《答方伦叔》,《吴汝纶尺牍》，黄山书社1990年版，第260页。

之严重性？张氏在会同荣庆、张百熙等人制定新学制，仿照西方分科设学原则创建分科大学时，特别注重对中国旧学之强调与保存。在《学务纲要》中，张之洞对大学分科的原则和指导方针作了原则性规定：将经学立于各门学术之首，不仅大学分科中专列“经学科”研究经学各门，而且各级中小学也要“注重读经”。他解释曰：“兹臣等现拟各学堂课程，于中学尤为注重。凡中国向有之经学、史学、文学、理学，无不包举靡遗。”①

梁、严、吴、张等人对“废弃中学”之忧虑，逐渐变成了一种冷酷现实。20 世纪初，随着西学输入之不可逆转，中学与西学出现了此消彼长之势。这可以从人们对“西学”“新学”所称之名词上反映出来。尽管在明末清初已有西学之名，鸦片战后人们对西方输入之学术仍蔑称为“夷学”。1860 年以后，一批有识之士开始称其为西学。冯桂芬的《采西学议》、郑观应《盛世危言》之《西学》即为代表。到了戊戌时期，“中体西用”说盛行，西学之名屡屡见诸报刊。但与此同时，舆论界开始以“新学”之名替代“西学”，“西学”与“新学”二词并行不悖。林乐知将其编撰刊印的介绍西学之书命名为《新学汇编》，李提摩太则有《七国新学备要》，显然均是以“新学”指代“西学”。张之洞在《劝学篇》中所指称之西学亦用“新学”一词。20 世纪初，人们普遍用“新学”之名替代“西学”：“居今日而欲尚西学，莫如先变其名曰新学。”② “新学”

① 张之洞等：《请试办递减科举折》，《张文襄公全集》奏议六十一，中国书店 1990 年影印本。

② 范思祖：《华人宜习西学仍不能废中学论》，《皇朝经世文新编续集》卷十二。

名称已广为流行，对此，有人描述当时情景曰：“庚子重创而后，上下震动，于是朝廷下维新之诏，以图自强。士大夫惶恐奔走，欲副朝廷需才孔亟之意，莫不曰新学新学。虽然，甲以问诸乙，乙以问诸丙，丙还问诸甲，相顾错愕，皆不知新学之实，于意云何。于是联袂城市，徜徉以求其苟合，见夫大书特书曰‘时务新书’者，即麇集蚁聚，争购如恐不及。而多财善贾之流，翻刻旧籍以立新名，编纂陈简以树诡号。学人昧然，得鱼目以为骊珠也，朝披夕哦，手指口述，喜相告语：新学在是矣，新学在是矣！”①

伴随着中西学术势力之消长，“醉心欧化”之风愈炽：“稍稍耳新学语，则亦引以为愧，翻然思变，言非同西方之理弗道，事非合西方之术弗行，掊击旧物，惟恐不力。”② 黄节在《国粹学报·叙》中称：“海波沸腾，宇内士夫痛时事之日亟，以为中国之变，古未有其变，中国之学诚不足以救中国，于是醉心欧化，举一事革一弊，至于风俗习惯之各不相侔者，靡不惟东西之学说是依，慨谓吾国固奴隶之国，而学固奴隶之学也。呜乎，不自主其国而奴隶于人之国，谓之国奴；不自主其学，而奴隶于人之学，谓之学奴。”③

以章太炎、刘师培为代表之国粹派对旧学消亡格外担心：“自外域之学输入，举世风靡。既见彼学足以致富强，遂诮国学而无用，而不知国之不强，在于无学，而不在于有学。学之有用无用，在乎

---

① 冯自由：《政治学序言》，那特硁著、冯自由译《政治学》前附，广智书局1902年版。

② 鲁迅：《文化偏至论》，《鲁迅全集》第1卷，人民文学出版社1981年版，第44页。

③ 黄节：《国粹学报·叙》，《国粹学报》第1年第1期。

通大义，知今古，而不在乎新与旧之分。今后生小子，入学肄业，辄束书不观，日惟骛于功令利禄之途，鲁莽灭裂，浅尝辄止。致士风日趋于浅陋，毋有好古博学、通今知时而务为特立有用之学者。由今而降，更三数十年，其孤陋寡闻，视今更何如哉！”① 与“醉心欧化”同时出现的，是“保存国粹”思潮。“醉心欧化”与“保存国粹”，“开新”与“守旧”之冲突日趋激烈。对此，孙宝瑄在日记中写道：“保存国粹主义，为今日一大问题。国粹者何？即本国之文字是也。游学东西归者众矣，其于本国文有不能缀句者，本国经传历史及现今情势有茫乎不知者，如是虽获有他国高等文凭，几于无所用之。何也？彼既不解国学，则于本国数千年来旧社会中组织之现象，以及性质风俗，皆不能详究深考，譬诸医者，不察病情，虽有良药，欲施无繇。况地球万国，未有不谙本国学问文字，而专研究他国者也。盖知有他国，而不知有本国，是国未亡，而先自灭者也。乌乎可！”② 表达了对中国旧学衰亡之忧虑，及对旧学消亡对中国学术文化之影响。

对于中国旧学趋于危亡之原因，宋恕曰：“伏查奏定章程，非不首崇中学，然而中学教员类被轻贱者，虽薄禄之使然，亦斯席之多愧。夫商周《诗》、《礼》、虞夏典谟，故训艰深，通者有几？今以六籍授受之重，付诸八股焚坑之余，宜乎讲者奄奄无聊，听者昏昏欲睡，谬种相续，国粹将亡。”为此，他所倡议创设之粹化学堂，不同于一般学堂：“窃以此学堂之办法非与普遍教育之各学堂大异

---

① 《拟设国粹学堂启》，《国粹学报》第3年第1期。

② 孙宝瑄：《忘山庐日记》（下），上海古籍出版社1983年版，第939页。

不可！”其不同处在于：“宜参用孔门及汉、唐、宋太学之制，而改射御为兵式体操，删习礼课，增万国历史、万国地理、万国哲学三课，又宜参用日本维新前昌平黉及今帝国文科、法科大学、早稻田大学、法政大学、哲学馆等之制，而删西洋语文。”①

既然中国旧学面临消亡之危险，那么就必须谋求挽救。吴汝纶、张之洞等人均提出了一些保存古学之道。保存中国旧学，首先必须保存中国文字，进而保存中国文学。这是当时很多人之共识。早在1899年，吴汝纶指出：“因思《古文辞类纂》一书，二千年高文略具于此，以为六经后之第一书。此后必应改习西学，中国浩如烟海之书，行当废去，独留此书，可令周、孔遗文绵延不绝。”② 与吴氏主张相似者，还有孙宝瑄：“谓《四书》文已废，诚无用之物也。然我国数百年间人之精神，皆聚于此，不可不择其中宏深粹美之作存之，以为将来之纪念。”③ 在他看来，保存中国旧学，首先是保存“国文”，故其强调曰：“惟文章是我国国粹，国文如废，国粹尽矣。今不可不图保存之。习国文不可不以六经为根底，故教小儿者，未入学校之先，须将六经读完。”④ 从研习国文入手，进而研习六经，以培植中国旧学之根底。

西学必须研求，但不能废止中国经史之学，两者应该兼顾，也是当时不少学者之看法。1901年秋，吴汝纶在致友人函中提出：学

---

① 宋恕：《上东抚请奏创粹化学堂议》，《宋恕集》上册，中华书局1993年版，第374页。

② 吴汝纶：《答严几道》，《吴汝纶尺牍》，黄山书社1990年版，第158页。

③ 孙宝瑄：《忘山庐日记》（上），上海古籍出版社1983年版，第431页。

④ 孙宝瑄：《忘山庐日记》（下），上海古籍出版社1983年版，第936页。

生入大学堂后，除了学习西学外，还要研习经、史、古文等中国旧学："经书读《诗》《书》《易》《周礼》《仪礼》诸经，资性钝者去《易》《仪礼》，更钝则去《周礼》。史学选读《史记》《汉书》，性钝者略读数十篇或数篇，讲授《通鉴辑览》，辅以胡文忠《读史兵略》。国朝政治讲《圣武记》《先正事略》《大清通礼》及简本《会典》，选阅《经世文编》、外国历史。古文读姚选序跋、书说、赠序、杂记诸类。诗仍读王、姚二选，五古读二谢、陈、李，七古读黄、陆以下诸公，五律读杜，七律读小李杜并宋诗。"按照吴氏设想，学生入分科大学后，应分别选择中学或西学专科研习，其中研习"中学专门"应读之书籍为："中学专门则熟读之书六经外如《史记》、《汉书》、《庄子》、《楚辞》、《文选》、韩文、曾选《经史百家杂抄》《十八家诗抄》，浏览之书则《通典》、《通考》、温公《通鉴》、秦氏《五礼通考》、国朝官修之书、外国已译政治法律之书，备考之书则《艺文类聚》、《初学记》、《北堂书钞》、《太平御览》、《文苑英华》、《文粹》、《文鉴》、唐宋大家文集、国朝名家文集、《碑传集》、《耆献类征》等书，理学则程、朱、陆、王之书，考证则顾、江、段、戴之书，各取性所近者。"他强调："中学门径甚多，要以文学为主，不能文则不能得古文奥义，无以达胸臆，所得言皆俚浅，中学必亡。"①

1903 年，张之洞等人在拟定新学制时，对保存经史之学格外重视，并力图将中国旧学纳入新式学堂体制中。《学务纲要》明文规

① 吴汝纶：《桐城吴先生日记》（下），河北教育出版社 1999 年版，第 554—555 页。

定："中小学堂宜注重读经义存圣教。"他认为："中国之经书，即是中国之宗教。若学堂不读经书，则是尧舜禹汤文武周公孔子之道，所谓三纲五常者，尽行废绝，中国必不能立国矣。学失其本则无学，政失其本则无政。其本既失，则爱国爱类之心亦随之改易矣，安有富强之望乎？故无论学生将来所执何业，在学堂时，经书必宜诵读讲解。各学堂所读有多少，所讲有浅深，并非强归一致。极之由小学改业者，亦必须曾诵经书之要言，略闻圣教之要义，方足以定其心性，正其本源。"但经学奥博，即使经学大师，也罕有兼精群经者，因此，张氏规定："计中学堂毕业，皆已读过《孝经》《四书》《易》《书》《诗》《左传》，及《礼记》《周礼》《仪礼》节本，共计读过十经（《四书》内有《论语》《孟子》两经），并通大义。较之向来书塾书院所读所解者，已为加多。"他认为，小学中学皆有读经讲经之课，高等学有讲经之课，大学堂、通儒院则以精深经学列为专科，自然会达到"尊崇圣道""保存古学"之目的。

1905年，清政府决定废除科举，但仍然特别强调学堂"首以经学根底为重"。《清帝谕立停科举以广学校》曰："今学堂奏定章程，首以经学根底为重。小学中学，均限定读经讲经温经，晷刻不准减少；计中学毕业，共需读过十经，并通大义。而大学堂、通儒院，更设有经学专科；余如史学、文学理学诸门，凡旧学所有者皆包括无遗，且较为详备。盖于保存国粹，尤为兢兢。"

张之洞坚持在大学堂分科科目中设置"经学科"，在中小学课程中设置研习经学之课程，以保存中国旧学。但实际状况并不乐观。各种书院改为新式学堂后，经史之学在新式学堂中所占之比重毕竟有限。更重要的是，此时“趋新”之风日盛，旧学万难引起读书人之兴趣。对此，陈石遗尖锐地指出：“大学为各高等学堂卒业生升入之地，惟经文两科皆旧学。揆诸今日情形，非变通办法，必至有学科，无学生。自国家创立学堂以来，为学生者皆注意新学，谓知未知、能未能，学成而有用也。至于旧学，久以为无用，且若已知、已能也者，实则何尝知、何尝能。向者，新学未兴，科举未废，经史子集各学，精者已无几。今更如此废弃。惟有一少一日，以衍所闻，各高等学堂学生视赏给进士、翰林，无以甚异于赏给举人也。多不愿升入大学，其愿升大学者，亦愿升法政、格致、农、工、商、医各科。无愿升文科、经科者。且以今日高等学生言之，文学、经学，平时本非正课，其素知门径者，亦不乏人，而绝未究心者实十居七八。愚昧之见，大学经文两科既乏合格学生，惟有变通办法，咨行各省，令不拘举、贡、生、监，考察保送，来京考取派入，其游学随宦在京者，另行保举应考。当此旧学废弃未久，各省士子尚有根底略优，年岁稍长，未入各种学堂者，其人既堪造就，培之有用。若再迟十年，则并此等学生亦不可得，中国旧学将绝迹于天下矣。”①

清政府亦认识到：“惟经科大学所以研究中国本有之学问，自近年学堂改章以来，后生初学，大率皆喜新厌故，相习成风，骎骎乎有荒经蔑古之患。若明习科学，而又研究经学者，甚难其选，诚恐大学经科一项，几无合格升等之人，实与世教学风大有关系。惟

---

① 陈石遗：《请大学经文两科学生由各省保送议》，《陈石遗集》（上），福建人民出版社 2001 年版，第 481—482 页。

从前科举时举人，虽未有高等学堂毕业，而治经有年、学有根底者，尚不乏人，以之升入经科大学更求深造，庶几坠绪不绝，多得通经致用之才。至拔贡、优贡两项，皆系中学较深之士，与举人事同一律，自应一并选送。拟即如该总监督所请，分咨各省，将从前科举时举人并拔贡、优贡共三项，查其经学根底素深者，考选送京，以备到京后由臣部复加考试，升入大学堂经学分科之选。"① 正因如此，清学部采用了变通办法，允许获得举人或取得优贡、拔贡资格者直接进入大学经科就读。

为了保存中国旧学，张之洞等人力谋设立存经书院。1906 年，湖南巡抚庞鸿书上奏清廷，认为"学堂科目赅括中西，其于经学、史学、理学、词章学，皆未暇专精，窃恐将来中学日微，必至各学堂亦鲜教国文专门之教员，而中师渐绝"。请求将达材、成德、景贤、船山各学堂，改为专门研习中国旧学之存古学堂。其章程明确规定："一首尊经学。奉钦定诸经为准的，博采历代训诂、注疏、诸家经说，以求会通。其研究之法，均恪遵大学堂经学专门办理。一博览史学。奉钦定《二十四史》、《御批通鉴纲目》、《御批通鉴辑览》为准的，其他史可以证明本史，并经义诸子之可以证明本史，以及关系历代政治之得失、风俗之盛衰、兵农礼乐、嘉言懿行，均应分类采辑。外国史译本典雅者，亦兼涉猎。一精研理学。奉《御纂朱子全书》为准的，探讨先贤先儒语录及宋元明学案、《国朝学案》、《正谊堂全集》等书，均宜切实精求，期有心得，施之实践。

① 学部：《奏拟选科举举人及优拔贡入经科大学肄业片》，潘懋元等编：《中国近代教育史资料汇编·高等教育》，上海教育出版社 1993 年版，第 41 页。

一保存文学。中国文词以为阐理纪事撰述，制造涵养性情之用，奏定章程学务纲要内言之綦详。学者练习词章，专考古今词章之有益世用者，以能自作为实际，又不徒以雕琢藻丽为工。一推崇品行。奏停科举折内有崇品行一条，应于言语容止、行礼作事、交际出游随时稽察，第其等差，核定分数。一兼通舆地学。讲习中国地理，国朝疆域、海陆边界、各省重要城镇、水陆道路、通商口岸、前代历史地理、各国国际地理、地球全体，重要都会、水陆险要、沿革迁变、强弱得失等事，均宜讲核，以扩充耳目，启发其爱国之心思。一兼通算学。研究国朝各家算术，递溯元、明，历汉、唐以至三代上古算术，以存古法。西算简而易入者，为下手之先著。一兼通艺学。农、林、渔、牧、工、商各实业，以及此间名物门类、性质、功用，皆宜讲明大意，于治生之法，保利权之计，为有裨益。一预习政学。凡财政、兵事、交涉、铁路、矿务、警察、外国政法等事，各择一门，加意考习，以储心得。”① 由此可见，存古学堂重点是研习中国固有之经学、史学、文学等，西学门类如算学、艺学、政学仅仅是“兼通”而已。

1907 年，张之洞上奏清廷，将经心书院故址改为存古学堂。该学堂同样以研习经学、史学等中国旧学学科为主：“经学为一门，应于群经中认占一部，《说文》、《尔雅》学、音韵亦附此门内。史学为一门，应于二十四及《通鉴》《通考》中认占一部，本朝掌故即附此门内。词章为一门，金石学、书法学亦附此门内。以上或经

① 庞鸿书、支恒荣：《护理湖南巡抚庞学政支会奏改设学堂以保国粹而励真才折》，《东方杂志》第 3 年第 3 期。

或史，无论认习何门，皆须兼习词章一门。”

为什么要创立存古学堂专门研习经史之学？张之洞解释说：“若中国之经史废，则中国之道德废；中国之文、理、词章废，则中国之经史废；国文既无，而欲望国势之强、人才之盛，不其难乎？今此学堂既以国文为主，即宜注重研精中学，至外国历史、博物、理化、外国政治、法律、理财、警察、监狱、农林、渔牧、工商各项实业等事，只需令其略知世间有此各种切用学问，即足以开其腐陋，化其虚骄，固不必一人兼擅其长，每一星期各讲习一点钟即可。”他强调：“此项存古学堂，重在保存国粹，且养成传习中学之师，于普通各门止须习其要端。”①

陈石遗对张氏意见深表赞同：“前者张广雅相国既设存古学堂于武昌，旋管学部。衍议请推广各省，省设一区，所以存中国学问于万一，上备大学文科、经科学子之选，下储伦理、国文、史学、舆地教授之材，所操甚约，而收效甚大也。今之议者曰，国之所以不竞者，旧学有余，新学不足也。即曰古矣，焉用存。又曰，吾中国自有之学问皆古也，未尝亡，何待存。夫学无古今，惟问其有用与否。”② 他又说：“今存古学堂实一专门文学堂耳，存之之意则是，古之为名则非也。其主课分经学、史学、文学三门。经学者，人伦道德所从出，而兼唐虞三代之上古史也；史学者，治乱兴衰之故，无中外古今而可缺者也；文学则言语文章所以发挥其知识，畅达其

① 张之洞：《创立存古学堂折》，《张文襄公全集》奏议六十八，中国书店 1990 年影印版。

② 陈石遗：《与唐春卿尚书论存古学堂书》，《陈石遗集》（上），福建人民出版社 2001 年版，第 492 页。

纪载，抒写其性情也。名之曰古，侪诸乐器、金石、书画、板本诸古物之列，无怪乎不学者之诟病，百方欲去之矣。”①

1911 年 4 月，清学部在《奏修订存古学堂章程折》中，对存古学堂立学之目的作了规定：“存古学堂以养成初级师范学堂、中学堂及与此同等学堂之经学、国文、中国历史教员为宗旨，并以预备储升入经科、文科大学之选。”它分设中等科、高等科，其学科分经学、史学、词章三门：“经学门为预备升考经科大学者治之，史学门为预备升考文科大学之中国史学门者治之，词章门为预备升考文科大学之中国文学门者治之。”②

清政府采取种种保存中国旧学之措施，无论是各级新式学堂保留经学科，还是设立存古学堂，均是一种面对西学冲击而采取的被动应对之策。虽然这种应对有助于保存中国旧学，却无益于转化旧学。中国旧学要想获得生存与发展，必须与西方近代学科体系接轨，必须适应近代学术发展之大势。这种大势，就是接受西学新知，以西学之新知、新理、新法来研究中国旧学，通过“援西入中”方式，将中国旧学逐步纳入近代西方学科体系及知识系统中。

二、以西方新理新法治旧学

西学输入中国后，许多有识之士将研究兴趣从中国经史之学转移到西方近代新学上，接受了西方近代新知、新理、新法。当他们

---

① 陈石遗：《与唐春卿尚书论存古学堂书》，《陈石遗集》（上），福建人民出版社 2001 年版，第 492—493 页。

② 学部：《奏修订存古学堂章程折》，《政治官报》第 1249 号，宣统三年（1911）3 月 26 日。

用所接受之新知再反观中国旧学时，则会发现，中国学术多局限于孔孟之经学，知识范围始终未能跳出经史子集之“四部”框架，在科学、艺术、哲学诸方面与西方近代学术有着巨大差距。用刚刚接受之新知、新理、新法整理中国传统旧籍，发明中国旧学之新义，以适应近代学术演进之大势，成为晚清学术演进之必然趋势。林白水定《杭州白话报》宗旨曰：“因为是旧学问不好，要想造成那一新学问；因为是旧知识不好，要想造成那一种新知识。”① 故在晚清许多学者看来，中国传统学术是“一半断烂，一半庞杂”，主张用西方近代学科分类体系来分割和重新整理古代学术，即将原来以“六艺”为核心、以“四部”框架之分类体系彻底抛弃，转而按照哲学、历史、文学、政治学、法学、经济学、社会学、数学、自然科学等一系列近代学科分类体系来分割和重新归类之。对此，梁启超后来亦云：“社会日复杂，应治之学日多，学者断不能如清儒之专研古典；而固有之遗产，又不可蔑弃，则将来必有一派学者焉，用最新的科学方法，将旧学分科整治，撷其粹，存其真，续清儒未竟之绪，而益加以精严，使后之学者既节省精力，而亦不坠其先业；世界人之治‘中华国学’者，亦得有藉焉。”② 用西方近代学科分类体系来“肢解”和重新整理中国固有学术，是清末民初中国学者之历史使命。

严复以西学为坐标来评判中学，对中国学术批评较为严厉。在

① 《谨告阅报诸公》，《杭州白话报》第 33 期，1902 年 6 月 1 日。

② 梁启超：《清代学术概论》，《梁启超论清学史二种》，复旦大学出版社 1985 年版，第 87—88 页。

他看来，若以近代西学之标准审视中学，则中国学问不能称其为“学”：“‘学’者所以务民义，明民以所可知者也。明民以所可知，故求之吾心而有是非，考之外物而有离合，无所苟焉而已矣。……是故取西学之规矩法戒，以绳吾‘学’，则凡中国之所有，举不得以‘学’名；吾所有者，以彼法观之，特阅历知解积而存焉，如散钱，如委积。此非仅形名象数已也，即所谓道德、政治、礼乐，吾人所举为大道，而诮西人为无所知者，质而言乎，亦仅如是而已矣。”① 既然中国传统学术仅仅是“阅历知解而存”之“散钱”“委积”，则有必要根据“西学之规矩法戒”，对之进行整理加工，使之演变为近代意义上真正的“学”。这项工作，便是“整理国故”。

提起整理国故，自然会想到五四时期胡适发起之“整理国故运动”。实际上，广义上之“整理国故”，或者说以西方新知新理新法整理、研习中国旧学（国学、国粹）之工作，从清末即已开始。国粹派提出“保存国粹”“古学复兴”及“昌明国学”之时，中国学术界实际上已经开始大规模之“整理国故”运动。对此，王治心曰：“从西洋学术思想输入以后，中国学术受了很大影响。起初梁启超用很浅显的文字，介绍许多从日本贩来的新思想，一方面又把中国固有的学术加一番整理。他的老师康长素著了《新学伪经考》，以及章太炎著了《国故论衡》，他们的文字虽不像梁氏的通俗，但在中国学术上都有一种掀动人们思想的能力。”②

钱玄同在《刘申叔遗书·序》亦云：“最近五十余年以来，为

---

① 严复：《救亡决论》，《严复集》第1册，中华书局1986年版，第52—53页。

② 王治心：《中国学术体系》，福建协和大学1934年版，第4页。

中国学术思想之革新时代。其中对于国故研究之新运动，进步最速，贡献最多，影响于社会政治思想文化者亦最巨。此新运动当分为两期：第一期始于民元前二十八年甲申（公元一八八四），第二期始于民国六年丁巳（一九一七）……第一期之开始，值清政不纲，丧师蹙地，而标榜洛闽理学之伪儒，矜夸宋元椠刻之横通，方且高踞学界，风靡一世，所谓‘天地闭，贤人隐’之时也；于是好学深思之硕彦，慷慨倜傥之奇才，嫉政治之腐败，痛学术之将沦，皆思出其邃密之旧学与夫深沉之新知，以启牖颛蒙，拯救危亡。在此黎明运动中最为卓特者，以余所论，得十二人……虽趋向有殊，持论多异，有壹志于学术之研究者，亦有怀抱经世之志愿而兼从事于政治之活动者，然皆能发舒心得，故创获极多。此黎明运动在当时之学术界，如雷雨作而百果草木皆甲坼，方面广博，波澜壮阔，沾溉来学，实无穷极。”①

钱玄同将“国故研究之新运动”追溯至晚清，称其为“黎明运动”，并以康有为、梁启超、宋恕、谭嗣同、严复、夏曾佑、章太炎、刘师培、王国维、蔡元培等人为代表，是颇有见识的，也是符合历史实况的。

西方近代学术知识输入后，崇尚西学、新学之风日盛，中国传统学术面临着严重之生存问题。既然中国旧学面临生死存亡之危机，自然思谋保存与发扬之道。章太炎、刘师培为代表之国粹派对当时思想界之状况作了表述：“乃维今之人，不尚有旧，自外域之学输

① 钱玄同：《序》，《刘申叔遗书》（上），江苏古籍出版社 1997 年影印本，第 28 页。

入，举世风靡，既见彼学足以致富强，遂诮国学而无用，而不知国之不强，在于无学，而不在有学。学之有用无用，在乎通大义，知今古，而不在乎新与旧之分。今后生小子，入学肄业，辄束书不观，日惟骛于功令利禄之途，鲁莽灭裂，浅尝辄止。致士风日趋于浅陋，毋有好古博学、通今知时而务为特立有用之学者。由今而降，更三数十年，其孤陋寡闻，视今更何如哉!"①

正是有鉴于此，在清廷采取在新式学堂中规定经史等课程、设置存古学堂之同时，以章太炎、刘师培、邓实、黄节等为代表的国粹派，提出了"保存国粹"、复兴古学之主张，掀起了影响深远之国粹主义思潮。

何谓国学？何谓国粹？《礼记》载"家有塾，党有庠，术有序，国有学"，专指国家兴办之学校，并不是近代意义上的"一国特有的学术"。近代意义之"国学"一词，是19世纪末从日本传入的。国粹派所谓"国学"，是中国学术文化之总称；其所谓"国粹"，指国学所含之精华。在章太炎看来，国粹就是中国历史，"这个历史，是就广义说的，其中可以分为三项：一是语言文字，二是典章制度，三是人物事迹"②。邓实曰："国学者何？一国所有之学也。有地而人生其上，因以成国焉。有其国者有其学。学也者，则其一国之学以为国用，而自治其一国者也。"③ 故保存国粹，就是保存与整理中

① 《拟设国粹学堂启》,《国粹学报》第3年第1期。

② 章太炎:《东京留学生欢迎会演说辞》，汤志钧编《章太炎政论选集》上册，中华书局1977年版，第276页。

③ 邓实:《国学讲习记》,《国粹学报》第2年第7期。

国传统学术文化①。

为保存国粹，邓实等人主张“古学复兴”。其所谓“古学”，是指先秦学术，即君主专制建立及“异族”入主之前，未受“君学”“异学”浸染之“汉族的民主的国家”之学术，即先秦诸子学。章太炎言：“春秋以上，学说未兴，汉武以后，定一尊于孔子，虽欲放言高论，犹必以无碍孔氏为宗。强相援引，妄为皮傅，愈调和者愈失其本真，愈附会者愈违其解故。故中国之学，其失不在支离，而在汗漫。”② 故复兴“古学”，就要使诸子百家获得平等的学术地位：“此可见当时学者，惟以师说为宗，小有异同，便不相附，非如后人之忌狭隘、喜宽容、恶门户、矜旷观也。盖观调和独立之殊，而知古今学者远不相及。”③

在西学输入成为强势之时，为什么通过复兴诸子学就会达到保存中国学术文化之功效？这是因为在国粹派看来，诸子学与近代西学是相通的，通过引入西学，既可以达到复兴诸子学之目的，也可以使西学转化为中国学术之一部分，使诸子学成为中国学术承接西方近代学术之嫁接点。对此，邓实作了较为清楚之解释：“夫以诸子之学，而与西来之学，其相因缘而并兴者，是盖有故焉。一则诸子之书，其所含之义理，于西人心理、伦理、名学、社会、历史、

① 郑师渠：《晚清国粹派文化思想研究》，北京师范大学出版社1997年版，第114—120页。

② 章太炎：《诸子学略说》，《章太炎政论选集》上册，285页，中华书局1977年版。

③ 章太炎：《诸子学略说》，《章太炎政论选集》上册，286页，中华书局1977年版。

政法、一切声光化电之学，无所不包，任举其一端，而皆有冥合之处，互观参考，而所得良多。故治西学者，无不兼治诸子之学。”①

在晚清许多学者看来，保存“国粹”与“欧化”并不矛盾。许守微云：“国粹者，精神之学也；欧化者，形质之学也。……国粹也者，助欧化而愈彰，非敌欧化以自防，实为爱国者须臾不可离也云尔。”② 宋恕亦曰：“大抵国粹愈微，则欧化之阻力愈大，而欧侮之排去愈难；国粹愈盛，则欧化之阻力愈小，而欧侮之排去愈易。”故其将“融国粹、欧化于一炉，专造异材，以备大用”，作为粹化学堂之宗旨。③

对于创设国学保存会之原因，刘师培等人公开宣布：“彼东西重译之国，其学士大夫，转以阐明中学为专门。因玄奘《西域记》，以考佛教之起源；因赵氏《诸蕃志》，以证中外之交通。而各国图书楼，竞贮汉文典籍。即日本新出各书报，于支那古学，亦递有发明。乃华夏之民，则数典忘祖，语及雅记故书，至并绝域之民而不若，夫亦可耻之甚矣！同人有鉴于此，故创立国学保存会于沪渎，并刊行学报丛书，建设藏书楼，以延国学一线之传。”④

以“保存国粹”“复兴古学”为宗旨，章太炎、邓实等组织国学保存会，编辑出版《国粹学报》《国粹丛书》《国粹丛编》等，在上海设藏书楼、印刷所，并拟设国粹学堂。发表了大量研究中国

① 邓实：《古学复兴论》，《国粹学报》第1年第9期。

② 许守微：《论国粹无阻于欧化》，《国粹学报》第1年第7期。

③ 宋恕：《上东抚请奏创粹化学堂议》，《宋恕集》上册，中华书局1993年版，第372—373页。

④ 《拟设国粹学堂启》，《国粹学报》第3年第1期。

旧学之论文，编写《伦理教科书》《经学教科书》《中国历史教科书》等，掀起了一个以西方新理新法研习中国古学之热潮，产生了诸如章太炎之《诸子学略说》《齐物论释》《新方言》《小学答问》《中国文化的根源和近代学术的发达》《国故论衡》，刘师培之《周末学术史序》《古学出于官守论》《中国哲学起源考》《补古学出于史官论》《孔学真论》《儒家出于司徒之官说》，邓实之《古学复兴论》，黄节之《黄史》等一批学术研究成果。正是在用西学重新研究中国旧学的过程中，中国旧学逐渐被纳入近代西方学术体系中，中国学术逐步由传统形态向近代形态转变："他们将西学新知引入旧学领域，从而开辟了传统学术近代化的新生面。"①

1902 年 8 月，黄遵宪致函梁启超："今且大门开户，容纳西学。俟新学盛行，以中国固有之学，互相比较，互相竞争，而旧学之真精神乃愈出，真道理乃益明，届时而发挥之，彼新学者或弃或取，或招或拒，或调和或并行，固在我不在人也。"② 这段话说明了黄氏研习、输入西方新学之原因，也表明了一种以新学释旧学之策略：新学大规模输入后，接着而来的，是要用西方新学来"发挥"旧学之"真精神"与"真道理"。

借西学发明古学，是晚清中国有识之士研究中国旧学之基本思路。1902 年 5 月，孙宝瑄在日记中写道："余数年来，专以新理新

① 郑师渠：《晚清国粹派文化思想研究》，北京师范大学出版社 1997 年版，第 68 页。

② 丁文江等：《梁启超年谱长编》，上海人民出版社 1983 年版，第 292—293 页。

法治旧学，故能破除旧时一切科臼障碍。”[①] 林白水在《国民意见书》中公开宣布，“发明中国的古学，考究各国的新学，不管他科举不科举，学堂不学堂”，是其“学问上的意见”。[②] 《国粹学报》亦宣称：“于泰西学术其有新理精识，足以证明中学者，皆以阐发。”并曰：“士生今日不能藉西学证明中学，而徒炫皙种之长，是犹有良田而不知辟，徒咎年凶；有甘泉而不知疏，徒虞水竭。”[③] 主张应该用西方之“新理精识”，来“证明中学”，发明中国旧学之新义。

以章太炎、刘师培为代表之国粹派，提出了借重西学重新研究古代学术，“以发现种种之新事理，而大增吾神州古代文学之声价”[④]。其所拟国粹学堂之宗旨云：“今拟师颜王启迪后生之法，增益学科，设国粹学堂，以教授国学。夫颜、黄诸儒，生于俗学滋行之日，犹能奋发兴起，修述大业，以昌其学术；今距乾嘉道咸之儒，渊源濡染，近不越数十年，况思想日新，民智日沦，凡国学微言奥义，均可藉皙种之学，参互考验，以观其会通，则施教易而收效远……则二十世纪为中国古学复兴时代，盖无难矣，岂不盛乎！”[⑤] 章太炎强调“今日治史，不专赖域中典籍”，西人之“心理、社会、

① 孙宝瑄：《忘山庐日记》（上），上海古籍出版社 1983 年版，第 529—530 页。

② 林獬：《国民意见书》，《辛亥革命前十年间时论选集》第 1 卷下册，三联书店 1960 年版，第 896 页。

③ 《国粹学报发刊辞》，《国粹学报》第 1 年第 1 期。

④ 邓实：《古学复兴论》，《国粹学报》第 1 年第 9 期。

⑤ 《拟设国粹学堂启》，《国粹学报》第 3 年第 1 期。

宗教各论，发明天则，烝人所同，于作史尤为要领”。[①] 黄节撰著《黄史》，不仅依赖古籍、野乘，而且“驰心域外”，参考当时翻译至中国之西书，认为西学所揭示之新理新法，对研习旧史颇为重要。其云：“抑吾以为西方诸国，繇历史时代进而为哲学时代，故其人多活泼而尚进取。若其心理学、政治学、社会学、宗教学诸编，有足裨吾史料者尤多。此则见所未见，闻所未闻。”[②]

蔡元培主持之绍兴中西学堂中，马用锡、杜亚泉、寿孝天、何朗轩等学者“笃信进化论，对于旧日尊君卑民、重男轻女的习惯，随时有所纠正”，其中以马、杜二人尤为激烈。马氏“醉心于进化论，博览日文译本，均取大例，用以说明社会的一切，力持民权、女权的重要”；杜氏“先治数学，进而治理化，亦喜研究哲理，对于革新政治、改良社会诸问题，常主急进”。[③] 可见，已开始自觉地以西学阐释中国旧学之尝试。

晚清“国故研究之新运动”之代表人物，为章太炎、梁启超、刘师培、王国维等。其著述不仅借鉴了西方学术论著之体例，而且运用了西方近代学术研究方法，在内容上颇有创见，成为近代中国最早一批以西方新理新法研究中国旧学所取得之成果。

章太炎自幼“一意治经，文必法古”，后入杭州诂经精舍，师从经学大师俞樾，接受古文经学派的严格训练。在俞樾指点下，章氏致力于“稽古之学”，撰写了《膏兰室札记》《春秋左传读》等

---

① 章太炎：《中国通史略例》，《哀清史》附录，《章太炎全集》（三），上海人民出版社1984年版，第331页。

② 黄节：《黄史·总叙》，《国粹学报》第1年第1期。

③ 高平叔：《蔡元培年谱长编》第1卷，人民教育出版社1999年版，第171页。

著。《膏兰室札记》，乃为其用格致新理阐发旧学之最初尝试。他用近代自然科学知识疏证《庄子·天下篇》及《淮南子》中《天文训》《地形训》《览冥训》等条目。他撰著《儒术真论》，以疏证和解释《墨子·公孟篇》之方式，发掘儒学中长期为人忽视之无神论思想；他依据近代进化论及西方自然科学知识，撰著《菌说》，均为“援西入中”尝试之明证。

甲午战争后，章太炎广泛阅读西书，先后翻译《斯宾塞尔文集》、岸本能武太《社会学》，并采用西学新理新法，研究中国传统学术，颇多创获。章太炎在《訄书》中，所引证之西学知识随处可见。《公言》《天论》《原变》《原人》《族制》等篇，充满近代自然科学知识和进化论思想；《尊荀》《儒墨》《儒道》《儒法》《儒侠》《儒兵》和《独圣》等篇，是打破儒家思想独尊地位，倡导复兴诸子学之名作；《平等难》《喻侈靡》《明群》《播种》《东方盛衰》《蒙古盛衰》《东鉴》等，是用社会学理论研究中国古代社会之佳作。这些篇章，开辟了以西学新理新法研究诸子学之新天地，对清末民初学术界影响甚大。

王伯祥等人指出：“到了最近学者，以佛学或西方哲学来治诸子，于是诸子的研究遂成为一时的风尚了。”“最早要推章炳麟的以佛理及西学阐发诸子，拿佛学来解老、庄，研究《易》象《论语》，又拿《庄》来证孔，都有发明。”① 20世纪初，章氏阅读《因明入正理论》《瑜伽师地论》《成唯识论》等佛学典籍，发现其哲理，开

① 王伯祥、周振甫著：《中国学术思想演进史》，亚细亚书局1935年版，第136页。

始用它来阐释诸子学。“援佛入子”成为章氏研究诸子学之新法。对此，梁启超论曰：“既亡命日本，涉猎西籍，以新知附益旧学，日益闳肆。其治小学，以音韵为骨干，谓文字先有声然后有形，字之创造及其孳乳，皆以音衍。所著《文始》及《国故论衡》中论文字音韵诸篇，其精义多乾嘉诸老所未发明。应用正统派之研究法，而廓大其内容，延辟其新径，实炳麟一大成功也。炳麟用佛学解老庄，极有理致，所著《齐物论释》，虽间有牵合处，然确能为研究‘庄子哲学’者开一新国土。”①

章太炎尽管接受了西方近代学术，但其学问根底及治学兴趣仍在中国经史之学。他曾说：“学术万端，不如说经之乐，心所系著，已成染相。”② 他在日本所讲“国学”之内容：“一、中国语言文字制作之原；二、典章制度所以设施之旨趣；三、古来人物事迹之可为法式者。”③ 章氏发挥章学诚“六经皆史”观点，用近代学术观念对“经学”作了某些新阐释。其曰：“孔子之教，本以历史为宗，宗孔氏者，当沙汰其干禄致用之术，惟取前王成迹可以感怀者，流连弗替。《春秋》而上，则有六经，固孔氏历史之学也。《春秋》而下，则有《史记》《汉书》以至历代书志、纪传，亦孔氏历史之学也。若局于《公羊》取义之说，徒以三世、三统大言相扇，而视一切历史为刍狗，则违于孔氏远矣！今之夸者，或执斯宾塞尔邻家生猫之说，以识史学。吾不知禹域以内，为邻家乎？抑为我寝食坐作

---

① 梁启超：《清代学术概论》，《梁启超论清学史二种》，复旦大学出版社 1985 年版，第 78 页。

② 章太炎：《与刘申叔书》，《国粹学报》第 1 年第 1 期。

③ 《国学讲习会序》，《民报》第 7 号，1906 年 9 月 5 日。

之地乎？人物制度、地理风俗之类，为生猫乎？抑为饮食衣服之必需者乎？"[①]

章太炎对传统典籍有渊博学识，谙熟朴学家考证方法，尤其对文字、音韵、训诂之学有很高造诣。接触西方新学理后，他更能"以新知附益旧学"，发明古学新义："今既摭拾诸子，旁采远西，用相研究，以明微旨，其诸君子亦有乐乎此欤？"[②]《订孔》《清儒》诸文，将孔子放到与诸子平等地位，作客观之历史考察，既肯定孔子对中国学术文化之功绩，也不赞同对孔子之顶礼膜拜："《论语》者晻昧，《三朝记》与诸告饬、通论，多自触击也。"[③] 他以近代理性眼光，从历史进化的观点论述孔子之功绩："盖孔子之所以为中国斗杓者，在制历史，布文籍，振学术，平阶级而已。"又云："孔氏，古良史也，辅以丘明而次《春秋》，料比百家，若旋机玉斗矣。"[④] 中国古典文字学、诸子学，是章太炎所关注之学术热点。他致《国粹学报》云："弟近所与学子讨论者，以音韵训诂为基，以周、秦诸子为极，外亦兼讲释典。盖学问以语言为本质，故音韵训诂，其管钥也；以真理为归宿，故周、秦诸子，其堂奥也。"[⑤]

章氏以西方新知，研究中国古文字学，撰著《文学说例》，对时人产生很大影响。孙宝瑄之日记载："今览《新民报》所登《文

---

① 章太炎：《答铁铮》，《民报》第14号，1907年6月8日。

② 章太炎：《儒术真论》，《章太炎政论选集》上册，中华书局1977年版，第118页。

③ 章太炎：《订孔》，《章太炎政论选集》上册，中华书局1977年版，第179页。

④ 章太炎：《订孔》，《章太炎政论选集》上册，中华书局1977年版，第180页。

⑤ 章太炎：《与国粹学报》，《国粹学报》第5年第10期。

学说例》一篇，知太炎于文学，新有进步。”他具体描述曰：“苍雅之学，我国文字之根源也。本朝精治此学者，休宁之戴，高邮之王，诸家皆大有功。而近人多以破碎讥之。太炎为之讼冤曰：西方论理，要在解剖，使之破碎而后能完具。金之出矿必杂沙，玉之在璞必衔石……夫如是，则不先以破碎，必不能完具也。破碎而后完具，斯真完具尔。”正因如此，孙氏称赞曰：“太炎以新理言旧学，精矣。余则谓破碎与完具，相为用也。昔人多专治破碎之学，今人多专治完具之学。完具不由破碎而来非真完具，破碎不进以完具，适成其为破碎之学而已。”①

对于章氏“整理国故”之贡献，侯外庐评曰：“太炎对于诸子学术的研究，堪称近代科学整理的导师。其文如《原儒》《原道》《原名》《原墨》《明见》《订孔》《原法》，都是参伍以法相宗而义征严密地分析诸子思想的。他的解析思维力，独立而无援附，故能把一个中国古代的学库，第一步打开了被中古传袭所封闭的神秘堡垒，第二步拆散了被中古偶像所崇拜着的奥堂，第三步根据他自己的判断力，重建了一个近代人眼光之下所看见的古代思维世界。太炎在第一、二步打破传统、拆散偶像上，功绩至大，而在第三步建立系统上，只有偶得的天才洞见或断片的理性闪光。”② 这样的评述，是比较公允的。

抱着“欲救今日之中国，莫急于以新学说变其思想”之宗旨，梁启超在清末着力于西方学术之输入与中国旧学之整理。尤其是他

---

① 孙宝瑄：《忘山庐日记》（上），第566页，上海古籍出版社1983年版。

② 侯外庐：《中国近代启蒙思想史》，人民出版社1993年版，第158页。

流亡日本后，广泛阅读西书，对西方政治学、经济学、法律学、宗教学等广为涉猎，并在此基础上整理与研究中国旧学。他所发表之《新史学》，以近代进化论为主旨，对中国旧史学进行全面清理和批判，倡导以“民史”为中心，叙述人类社会进化公理公例，激发爱国思想，直接服务于救亡图强事业之“新史学”。他所撰之《论中国学术思想变迁之大势》，综论中国古今学术思想演化之迹，以其合乎近代科学之方法及批判精神，成为晚清中国学术史研究之开山力作。章太炎称赞此文：“真能洞见社会之沿革，种姓之蕃变者。”①

1903 年以后，王国维先后发表《哲学辨惑》《论叔本华之哲学及其教育学说》《红楼梦评论》《释理》《叔本华与尼采》《论近年之学术界》《论新学语之输入》《论哲学家及美术家之天职》《文学小言》等文，既着力介绍西方近代哲学、美学等西学新知，又尝试用西方哲学和美学来研究中国文学，取得了令人瞩目的成绩。《红楼梦评论》便是王氏借鉴叔本华哲学对中国古典文学名著《红楼梦》所作之美学论文。在此之前，晚清学界对《红楼梦》的研究，深受考据学影响，造成“读小说者，亦以考证之眼读之”的风气，将活生生之文学作品变成了一种死板之档案材料。王国维不仅对旧红学之研究方法提出有力批评，而且通过援引哲学（美学）入文学之新方法，以叔本华之意志论哲学为基础，努力发掘《红楼梦》之悲剧特征及其独特美学价值。他依据叔本华之“悲剧说”，大胆提出《红楼梦》是属于那种以“通常之道德，通常之人情，通常之境

① 参见钱玄同：《序》，《刘申叔遗书》（上），江苏古籍出版社 1997 年影印本，第 29 页。

遇为之”的悲剧：“《红楼梦》一书与一切戏剧相反，彻头彻尾之悲剧也。”又云：“《红楼梦》者，可谓悲剧中之悲剧也。”① 从而开辟了《红楼梦》研究之新境界。

接受西方新知之晚清学者，当其再用新眼光看待中国旧学，自然会产生一些新见解，诚如孙宝瑄所言：“以新眼读旧书，旧书皆新书也；以旧眼读新书，新书亦旧书也。”② 正是在这种“以新眼读旧书”、以新理研旧学而不断产生“新见”的过程中，中国旧学发生着微妙之嬗变。在此，不妨以孙宝瑄对中国史学之编撰为例，略作说明。

孙氏曰：“居今日而欲谈名理，以多读新译书为要。盖新书言理善于剖析，剖析愈精，条理愈密。若旧书，非不能说理，但能包含，不能剖析，故常病其粗。”③ 因此，他格外强调研读新译西书，并将这些“新理”运用到史学研习中。1902 年 5 月，孙氏与人谈论编史法曰：“读史所最重者，曰地理，曰职官。不通地理，则于其战守攻伐之形势，懵然堕云雾中。不通职官，则于其人物之贤否优劣，不能论断，盖凡人必有所居之官，官必有所司之事，能尽职则为贤为优，不能尽职为否为劣。苟不明其官所职掌，则何由知之。故余意每编一代之史，必先以地图职官表冠其首，使学者先明此而后可以读史。”又云：“史有二类：曰事史，治乱兴衰是也；曰政史，典章制度是也。事史详于《通鉴》，政史详于《通典》，皆学者

① 王国维：《红楼梦评论》，《王国维文集》第 1 卷，中国文史出版社 1997 年版，第 12 页。

② 孙宝瑄：《忘山庐日记》（上），上海古籍出版社 1983 年版，第 526 页。

③ 孙宝瑄：《忘山庐日记》（上），上海古籍出版社 1983 年版，第 755 页。

所当知也。然二书所以不能合一者，以《通鉴》编年纪月，《通典》类别部居，皆通历朝为一书也。今欲合之，莫如用断代法，每一代为一书，或合数代为一书，而于一书之中，首以编年纪月叙事，继以类别部居纪政。"①

孙氏显然继承了传统之编史方法，注重地理和职官，但也同样接受了近代西方编史法，以进化论探究中国之"治乱兴衰"。尤其是"地图、职官表之前，复宜增一帝王年表，即仿纪元编例，专列纪元及甲子，使读者醒目"②，是其接受西方新史书编撰法之结果。为此，他将编撰史书之体裁列为4种：年史、事史、政史、人史，并按照西洋近代编撰史书惯用之历史分期法，将所编撰之中国"事迹"分为10期：自伏羲起，讫秦为第一期；两汉为第二期；三国为第三期；两晋为第四期；南北朝至隋为第五期；唐一代为第六期；后五代为第七期；宋、辽、金为第八期；元为第九期；明为第十期。③ 孙宝瑄融合新旧史法编撰新史之例，从一个侧面说明传统史学向近代形态演化之轨迹。

三、以西方学科体系框定中国旧学

相对于西方近代学科分类体系而言，中国有自己一套独特的学术分类体系及知识系统。中西学术分属两种形态迥异之知识系统。在中国传统学术分类体系中，有经学、诸子学、文学、小学、理学、

① 孙宝瑄：《忘山庐日记》（上），上海古籍出版社1983年版，第528页。
② 孙宝瑄：《忘山庐日记》（上），上海古籍出版社1983年版，第528页。
③ 孙宝瑄：《忘山庐日记》（上），上海古籍出版社1983年版，第533页。

心学、禅学、道学、格物之学、训诂之学、心性之学、义理之学等名目，但缺乏哲学、伦理学、历史学、文学、天文学、地理学等近代西方学科门类。当近代西方学科体系为代表之新知识系统输入中国后，势必使中国传统“四部之学”知识系统面临分化与解体。

在西潮澎湃之强势下，抛弃中学所特有的以“六艺”为核心、以“四部之学”为框架的学术分类体系，采用了哲学、伦理学、政治学、经济学、历史学、社会学等近代西方学科分类体系，并将经、史、子、集典籍分类体系及其包含之知识系统拆散，按照近代西方学科分类系统所划定的领域，将其重新归类，纳入文、史、哲、政治、经济、法律、社会、教育等学科体系及知识系统中，成为清末学术演进之大势。这既是清末以来“整理国故运动”之主要任务，也是晚清许多学者努力之方向。

经学为主导的传统学术格局解体后，按照近代学术分科创建或转化一些新学科，迫使中国传统学术按照新学科标准重新划定并取得独立地位，成为整理国故“复兴古学”之重要使命。

西方分科原则及学科体系伴随着废除科举、确定新学制而为晚清学者接受后，因为经学在新学制中无对应之位置，在近代学科体系中亦无对应之学科，故“废经”呼声日渐高涨。经学之存废，成为清末学界争论之重大问题。有人坚决主张废除旧学科，将经学内容归并到近代学科体制中。有人则认为，“六经”不仅是探讨中国史学发展所不可或缺之史料，而且对于研究整个人类文化之演化，均具有不容忽视的价值，其“政体也，教育也，学术也，皆于世界有绝大之关系”[①]。林白水指出，研究中国政治史，不能不看《周礼》；研究历史地理，不能不看《左传》；研究哲学史，不能不看《周易》，经书“很有可以增长新智的地方”。[②]

无论是否赞同废除经科，必须用近代学科体系对经部所含知识体系进行重新界定与整理，是很多新派学者之共识。因此，晚清学者在审视中国旧学时，力争将“四部”分类体系中之知识分类，从形式上改称“学”，以与近代学科相对应。如“经部”之四书五经变成“经学”，子部之先秦诸子、宋明清儒家，均变成了“哲学”，史部之正史、野史都属于“史学”，小说诗词均为“文学”，典籍考证成为“版本学”，中文字音义是“文字学”，等等。在“学”之名义下，依据西方学术观念及知识体系，对于中国传统知识之内涵进行整理，创建近代意义上之中国新学科体系，是与西方学术接轨之必然趋势。

孙宝瑄接受西方近代学科体系后，尝试将“经学”归并到近代西方学科体系之中。他自称：“余数年来，专以新理新法治旧学，故能破除旧时一切科臼障碍。”[③] 正因如此，他对中国旧学典籍之阐释颇具新意。1907 年 10 月 23 日之日记载：“今于经，又别为二类：一曰哲学类，一曰史学类。《尚书》载言，《春秋》（三传附）载事，《周礼》载制度，《仪礼》载典礼，《毛诗》载乐章，皆史学也。《周易》发明阴阳消息，刚柔进退存亡原理，为哲学正宗。《论》

---

① 马叙伦：《史学总论》，《新世界学报》第 1 号，1902 年 9 月 2 日。

② 白话道人：《新儒林外史》，《中国白话报》第 21—24 期合刊，1904 年 10 月 8 日。

③ 孙宝瑄：《忘山庐日记》（上），上海古籍出版社 1983 年版，第 529—530 页。

《孟》《孝经》乃圣贤语录，其于人伦道德及治国平天下之术，三致意焉，故亦为哲学。《礼记》，丛书也，半哲半史，析而分之，各有附丽，若《大学》《中庸》《礼运》及《内则》《曲礼》等篇，皆哲学也；其他《王制》《玉藻》《丧大记》之类，乃史学中典制一门，宜附于《周礼》《仪礼》。此外尚有《尔雅》一书，古训诂也，学者通是，乃可以读群经；顾其释语言，释名称，释规制、器物，皆三代以前者，考古家有所取资，当附于史学焉。”① 这是将“经部”分解开来，分别归并到“哲学”与“史学”两大学科门类中。

马叙伦根据近代分科原则及学科体系，提出“析史”主张。他认为，史乃群籍之总称，可析史之名于万殊，以求史界之开拓。其曰：“若是推史，则何必二十四史而为史？何必三通、六通、九通而为史？更何必六经而为史宗？凡四库之所有、四库之未藏、通人著述、野叟感言，上如老庄墨翟之书，迄于水浒诸传奇，而皆得名之为史。于其间而万其名，则饮者饮史，食者食史，文者文史，学者学史，立一说成一理者，莫非史。若是观史，中国之史亦夥矣，而史界始大同。”他指出：“有政治史，而复析为法律史、理财史；有学术史，而复析为哲学史、科学史；美词有史，修文有史，盖骎骎乎能析史而万其名矣，此欧美之所以为欧美欤？”② 因此，应该按照西方近代史学分类法，将中国史学进行分门别类的整理，析之以政治史、法律史、理财史、学术史、哲学史、科学史等门类，重建中国近代新史学体系。

---

① 孙宝瑄：《忘山庐日记》（下），上海古籍出版社 1983 年版，第 1107 页。

② 马叙伦：《史学大同说》，《政艺通报》第 2 年第 16 号。

持同样主张者，尚有宋恕。其曰：“经、史、子、集之分起于近世藏书家，非学者之所分也。然若用九流等古名词分课，恐太不谐俗，姑用此尚不甚俗之俗名词分课为便。”又云：“史为记事之书，经、子、集虽杂记事，而要皆为论事之书。……今海外望国莫不注重史学，有一学必有一学之史，有一史必有一史之学，数万里之原案咸被调查，数千年之各断悉加研究，史学极盛，而经、子、集中之精理名言亦大发其光矣！”①

1907 年，国学保存会拟设国粹学堂，并草拟《国粹学堂学科预算表》（课程表）。该学堂章程规定：“略仿各国文科大学及优级师范之例，分科讲授，惟均以国学为主。”② 学堂课程分经学、文字学、社会学、实业学、博物学、经学、哲学、伦理学、考古学、史学、宗教学、译学等 21 门学科，各学科又分为若干种课程，如“社会学”分古代社会状态、中古社会状态、近代社会状态；“哲学”分古代哲学、佛教哲学、宋明哲学、近儒哲学；“史学”分年代学、古事年表、历代兴亡史、外患史、政体史、外交史、内乱史、史学研究法等；“典制学”分历代行政之机关、官制、法制、典礼、兵制、田制、制度杂考等。此 21 门学科及其所属之具体课程，总数竟达百门之多。这既是国粹派接受西方近代“学科”体系之明证，也是其以近代“学科”界定中国旧学之尝试。

刘师培自幼受经史之学之严格训练，接受西学新知后，着力以

---

① 宋恕：《粹化学堂办法》，《宋恕集》上册，中华书局 1993 年版，第 380 页。

② 《拟设国粹学堂简章》，《国粹学报》第 3 年第 1 期。

西学新知发明旧学新理。但他并不主张因此废除经学。他认为，经学作为中国学术及知识系统之重要组成部分，仍然有裨益中国近代学术，无须废除："夫六经浩博，虽不合于教科，然观于嘉言懿行，有助于修身，考究政治典章，有资于读史，治文学者可以审文体之变迁，治地理者可以识方舆之沿革。是经学所该甚广，岂可废乎？"但传统治经之法显然已不适用，必须改用新法，将汉儒之解经办法，加以整理，纳入近代学科体制中："汉儒去古未远，说有本源，故汉学明则经诂亦明，欲明汉学，当治近儒说经之书。盖汉学者六经之译也，近儒者又汉儒之译也。若夫六朝隋唐之注疏，两宋元明之经说，其可供参考之资者亦颇不乏，是在择而用之耳。"① 其所著《经学教科书》，即是根据近代学科体系对"经学"加以整理与解释之作。

刘师培《经学教科书》云："盖六经之中，或为讲义，或为课本。《易经》者，哲理之讲义也；《诗经》者，唱歌之课本也；《书经》者，国文之课本也（兼政治学）；《春秋》者，本国近世史之课本也；《礼经》者，修身之课本也；《乐经》者，唱歌课本以及体操之模范也。又孔子教人以雅言为主（《论语》），故用《尔雅》以辨言（《大戴礼·小辨篇》），则《尔雅》者，又即孔门之文典也。此孔子所由言'述而不作'。"他认为："特孔门之授六经，以诗、书、礼、乐为寻常学科；以易、春秋为特别学科。"② 这是以近代学科范畴来界定六经之必然结果。

---

① 刘师培：《经学教科书·序例》，宁武南氏校刊本，第2页。

② 刘师培：《经学教科书》第1册，宁武南氏校刊本，第4页。

刘师培认为，《易经》是中国古代学术之宝库，从中可以发掘古代自然科学和社会科学，找到“社会进化之秩序，于野蛮进于文明之状态”。故刘氏集中较大精力，对《易经》进行了详细研究。《经学教科书》第2册《弁言》云：“《易经》一书，所该之学最广，惟必先明其例，然后于所该之学，分类以求，则知《易经》非仅空言，实古代致用之学。惜汉儒言象、言数，宋儒言理，均得易学之一端。若观其会通，其惟近儒焦氏之书乎？故今编此书，多用焦氏之说刺旧说者十之二，参臆解者十之三。如《易》于象传之外，兼有象经，则系前人所未言。……体例虽与前册稍殊，然均以发明《易》例为主，揭重要之义为纲，而引申之语、参考之词，皆列为目，以教科书应以简明为主也。然《易经》全书之义例，粗备于此矣。”① 可见，刘师培撰著该书，意在“发明《易》例”。而其发明之法，就是以近代学科体系来界定《易经》，将其蕴涵之知识，分门别类地归并到近代学科体系中。

《经学教科书》中最值得注意者，当数第2册之第22－29课。其标题依次为《论易经与文字之关系》《论易学与数学之关系》《论易学与科学之关系》《论易学与史学之关系》《论易学与政治学之关系》《论易学与社会学之关系》《论易学与伦理学之关系》《论易学与哲学之关系》《论易经与礼典之关系》《论易词》《论易韵》等。

《经学教科书》之第22课，刘氏专论“易经与古文字之关系”。他大胆断定《易经》乃上古时之字典，一曰八卦为象形文字之鼻

① 刘师培：《经学教科书》第2册《弁言》，宁武南氏校刊本。

祖；二曰卦名之字仅有右旁之声，为字母之鼻祖；三曰字义寓于卦名，即以卦名代字义，为后世训诂学之鼻祖。①

《经学教科书》之第23课，刘氏专论“易学与数学之关系”。他认为：“易经为数学所从生，上古之时数学未明，即以卦爻代数学之用，如卦有阳爻阴爻，阳卦为奇，阴卦为偶，易爻之分阴阳，犹代数之分正数负数也。”② 接着，刘氏便以近代数学来反观《易经》，寻找出《易经》之中有言加法、减法、乘除各法之例证，从而得出结论：“此皆数学出于周易之义，实与数学相通矣。”③

《经学教科书》之第24课，刘氏专论“易学与科学之关系”。他认为《易经》阐明“物理大旨”有二：一曰有裨于化学；二曰有裨于博物，“有裨于化学者，盖以地气水火为四行，即化学所谓元素”，“有裨于博物者，盖于众物之繁，悉该以阴阳二大类，以立其纲。”他所得出之结论为：“《周易》之言科学，非仅裨研究学术之用也。盖以科学为实业之基因，以备物利用，故《系辞》言以制器者尚其象，又言立成器以为天下利，此皆研究科学之功也。则《周易》一书，非仅蹈空之学矣。”④

《经学教科书》之第25课，刘氏专论“易学与史学之关系”。他继承了章学诚“六经皆史”观点，将《易经》视为周公之旧典，有裨考史之用者有四：一曰周代之政多记于《易经》，故《易经》可以考周代之制度；二曰古代之事多存于《易经》，故《易经》可

① 刘师培：《经学教科书》第2册，宁武南氏校刊本，第33—34页。
② 刘师培：《经学教科书》第2册，宁武南氏校刊本，第36页。
③ 刘师培：《经学教科书》第2册，宁武南氏校刊本，第38页。
④ 刘师培：《经学教科书》第2册，宁武南氏校刊本，第38－39页。

以补古史之缺遗；三曰古代之礼俗多见于《易经》，故《易经》可以考宗法社会之状态；四曰社会进化之秩序，事物发明之次第，多见于《易经》，故《易经》可以考古代社会之变迁。①

《经学教科书》之第26课，刘师培专论“易学与政治学之关系”。他断言，《易经》论政治，均为古代圣贤之微言，其“大义”有三：一曰内中国而外夷狄；二曰进君子而退小人；三曰损君主易益人民。他断言：“《易经》之论政治，均就立国之本以立言，则《易经》兼为道政事之书矣。”②

《经学教科书》之第27课，刘氏专论“易学与社会学之关系”。他以《周易》来“比附”近代社会学，视《周易》为中国社会学之祖：“今即《周易》全书观之，则《周易》之有象辞，即所谓现象也。”在刘氏看来，《周易·系辞》“均言社会学之作用”。其解释曰：“一曰藏往察来，《系辞》曰‘藏往而来’，又曰‘往来不穷谓之通’，又曰‘神以察来，智以藏往’。焦循《易话》曰：学易者，必先知伏羲作八卦前，是何世界。一曰探赜索隐，《系辞》又言‘极深研几，钩深致远’，均即‘索隐’二字之义也。藏往基于探赜，以事为主；察来基于索隐，以心为主。以事为主，即西人之动社会学；以理为主，即西人之静社会学。”③ 可见，刘氏将《周易》视之为社会学著作，并用近代社会学对《周易》作了类比式研究：“吾观《周易》各卦，首列彖象，继列爻词。彖训

① 刘师培：《经学教科书》第2册，宁武南氏校刊本，第40页。
② 刘师培：《经学教科书》第2册，宁武南氏校刊本，第42页。
③ 刘师培：《经学教科书》第2册，宁武南氏校刊本，第42页。

为材，即事物也。象训为像，即现象也。爻训为效，即条例也。今西儒社会学必搜集人世之现象，发见人群之秩序，以求事物之总归。……而《大易》之道，不外藏往察来，探赜索隐。”①

《经学教科书》之第28课，专论“易学与伦理学之关系”。他断言：“周易为古代伦理之书，其言伦理也，一曰寡过，二曰恒德。”其解释云：“《易·象传》所言之君子，即言君子当法易道，以作事耳。故所言之伦理，有对于个人者，有对于家族者，有对于社会者，有对于国家者。观于《易经》之象传，而伦理之学备乎此矣。”②

《经学教科书》之第29课，专论“易经与哲学之关系”。他指出：“易经又为言哲理之书。其言哲理也，大抵谓太古之初，万物同出于一源，由一本而万殊，是为哲学一元论。”通过分析《易经》中之“隐”“微”“潜”“几”“深”“远”等字义，断定：“此皆《易经》形容道本之词，所以形容道体浑沌未分前之情状也。故知《易经》所言之哲理，皆从一元论而生，此即中国玄学滥觞也。一元者，即《易经》所谓太极纬书，所谓太易、太初、太始也。”他还强调：“《易经》之言哲理也，首持一元论，复由二元论之说，易为二元论。”③ 这是以西方哲学观念来考察《易经》之结论。他指出：“易经之言哲理也，其最精之义蕴犹有三端，均至高至尚之哲理也。”即：一曰不生不灭之说；二曰效实储能之说；三曰进化之

① 刘光汉：《周末学术史叙·社会学史叙》，《国粹学报》第1年第1号。
② 刘师培：《经学教科书》第2册，宁武南氏校刊本，第43页。
③ 刘师培：《经学教科书》第2册，宁武南氏校刊本，第47页。

说。他强调云："《易经》一书言进化而不言退化，彰彰明矣。此皆《易经》言哲理之最精者也。汇而观之，而《周易》之大义可得矣。"①

刘师培将《易经》视为"易学"，并与近代"学科"体系中之数学、物理学、化学、博物学、文字学、哲学、史学、政治学、社会学对应起来，逐门发掘其中所包含之具有近代意义上之学科思想，虽然有明显之比附倾向，但其将《易经》所包含之思想，归并到近代学科体系中之意向，则是非常明显的。

用近代学科界定中国传统学术，乃刘师培类比式研究之一大特征。如果将刘氏文著略加分析，便会发现，《古政原论》《古政原始论》是其阐述古代社会学之作，《两汉学术发微论》是其阐述汉代政治学、民族学和伦理学之作，《伦理教科书》是其阐述中国古代伦理学之作，《中国地理教科书》是其阐述中国古代地理学之作，《中国文字教科书》是其阐述中国文字学之作，《中国古代文学史讲义》是其阐述汉魏南北朝文学史之作，《中国历史教科书》是其阐述中国古代历史之作。这些论著，均是按照近代学科观念及学科体系，界定、阐释与整理中国旧学之作，亦可视为创建近代意义之中国"学科化"学术体系之尝试。

以"人"为本位，以"人"为分类标准，是中国传统学术之重要特征。而近代西方学术则是以学科为分类标准。晚清学者在接受西方分科观念及学科体系后，便开始在研究和撰著中国学术史时，

---

① 刘师培：《经学教科书》第2册，宁武南氏校刊本，第47—48页。

打破传统“学案体”，尝试用学科来框定中国传统学术。皮锡瑞之《经学历史》、章太炎之《訄书》、梁启超之《论中国学术思想变迁之大势》，对此均作了有益尝试，而完全以西方近代学科分类体系界定中国传统学术，当以刘师培为典型代表。

刘师培认为，以“人”为标准类分学术之“学案体”，难以对中国学术进行义理分析，故在其研习学术史之文著中，“采集诸家之言，依类排列，较前儒学案之例，稍有别矣（学案之体，以人为主；兹书之体，拟以学为主，义主分析，故稍变前人著作之体也）”①。故其所撰著之《周末学术史叙》《两汉学术发微论》等，即改变此种体裁，以近代西方学科体系来框定中国古代学术，力争将中国旧学纳入近代学科体系中。

《周末学术史叙》乃刘师培拟著之《周末学术史》序目。全书将周末学术史分为16类：心理学史、伦理学史、论理学史（逻辑学史）、社会学史、宗教学史、政法学史、计学史（财政学史）、兵学史、教育学史、理科学史、哲理学史、术数学（天文、历谱、五行、蓍龟、杂占、形法等）史、文字学史、工艺学史、法律学史、文章学史。它突破了中国传统学术门类，完全按近代西方学科门类重组和分类，既是一种完全以西方学科概念界定中国传统学术的代表作，也是将以“人”为主撰写学术史之旧例，改为以“学科”为主分类撰著新体裁的尝试之作，体现了近代西方学术专门化特色。其意图是非常显明的——将中国旧学纳入近代学科体系。

① 刘光汉：《周末学术史叙·总叙》，《国粹学报》第1年第1期。

在《周末学术史叙》中，刘师培试图从心理学、伦理学、论理学（名学）、社会学、宗教学、政法学、计学（经济学）、兵学（军事学）、教育学、理科学、哲理学、术数学、文字学、工艺学、法律学、文章学等各个方面加以条分缕析，对先秦诸子进行分类整理、诠释和评价。在这种分类整理过程中，“比附式”理解与“类比式”研究的倾向格外明显。如刘氏《心理学史叙》云：“吾尝观泰西学术史矣。泰西古国以十计，以希腊为最著。希腊古初有爱阿尼学派，立论皆基于物理（以形而下为主），及伊大利学派兴，立说始基于心理（以形而上为主），此学术变迁之秩序也（见西人《学术沿革史》及日本人《哲学大观》《哲学要领》诸书）……吾观炎黄之时，学术渐备，然趋重实际，崇尚实行，殆与爱阿尼学派相近。夏商以还，学者始言心理。”① 刘师培所撰著之《两汉学术发微论》，也采取了同样做法。该文以西方政治学、种族学、伦理学概念，来界定两汉学术，并分科论述，同样是以近代学科观念及学科体系框定中国旧学之尝试。

值得注意的是，当晚清学者接受西方学科体系后，力图在这种学科体系中找到自己所研究学问之位置。西方“哲学”与中国“义理之学”相通，因而孙宝瑄很快便找到了自己在近代学科体系中的位置：“余平素治各种学问，皆深究其原理，则余所治实哲学也。西人谓哲学与理学有别。理学是实验有形质者，哲学是论究无形质者。理学为事物中一部分之学，哲学为事物中全体之学。”② 宋恕在

① 刘光汉：《周末学术史叙·心理学史叙》，《国粹学报》第1年第1期。

② 孙宝瑄：《忘山庐日记》（上），上海古籍出版社1983年版，第744页。

近代学科体系中，对自己之定位为：“最精古今中外哲学、古今中外史学、古今中外政治学、古今中外法律学、周汉唐宋词章学、古音学，次则演说学、教育学、理财学、日本文学、地理学，粗涉物理学、博物学、几何学，此外未学。”① 这种以近代学科为标准，对自己所研习之学问重新定位之现象，从一个侧面说明西方学科体系对晚清学者影响之深刻。

四、对中西学术之比附式会通

中国近代学术及知识系统，是从西方移植而来的，具有明显的移植特征。中国传统学术向近代学术过渡转型的过程，既是中学如何吸纳西学而发生嬗变的过程，也是如何将中学纳入近代西方学术体系的过程。近代中国学术转型，既是学术体系之转型，也是知识系统之转型，是旧的四部知识系统瓦解、新的近代知识系统重建之过程。这样两个过程，其表现集中于近代学科化体系之引入与中西学术之会通。

宋恕在《粹化学堂办法》中，提出了“内国四部之学”与“外国四部之学”两个名词，并呼吁：“今若不急将内国四部、外国四部之学融于一冶，而犹于学界存拒外之见，窃恐再逾十年，所谓齐、晋、燕、秦之彦、三江五湖之英者，且将对于台湾、桦太之岛民而自惭其陋矣！”② 孙宝瑄、严复、梁启超、王国维等人均提出了中西学术会通之问题。

---

① 宋恕：《履历与专长》，《宋恕集》上册，中华书局 1993 年版，第 417 页。

② 宋恕：《粹化学堂办法》，《宋恕集》上册，中华书局 1993 年版，第 381 页。

孙宝瑄认为："居今世而言学问，无所谓中学也，西学也，新学也，旧学也，今学也，古学也，皆偏于一者也。惟能贯古今，化新旧，浑然于中西，是谓之通学，通则无不通矣。……号之曰新，斯有旧矣。新实非新，旧亦非旧。惟其是耳，非者去之。惟其实耳，虚者去之。惟其益耳，损者去之。是地球之公理通矣，而何有中西，何有古今？"① 这段耐人寻味之言，强调必须将中西、新旧、古今之学融会贯通；而古今中西学术会通之过程，即为中国旧学纳入新知体系之过程。

晚清学者在吸纳西学、研习中国旧学之时，多以中学"比附"西学，对中国旧学进行"类比式"研究，并以此会通中西学术。所谓类比式研究，指在研究中国古代学术思想时，以近代西方学科概念与学术体系为参照，找出中国传统学术中与西方近代学术类似之思想。这种类比式研究，是中西学术交流中必然出现的现象，其附会肤浅之弊端显而易见，但对于中西学术之接轨，是有益的。究其动机，是借助中西学术之类比，寻求中西学术会通之道，从而将中国旧学纳入西学新知系统之中。

这种"类比式"研究之体现，是晚清学者多强调中国旧学渊博高深，包含着西方近代学术，并认为周末诸子颇与西方学术相符："如墨荀之名学，管商之法学，老庄之神学，计然白圭之计学，扁鹊之医学，孙吴之兵学，皆卓然自成一家之言，可与西方哲儒并驾齐驱者也。""诸子之书，所含之义理，于西人心理、伦理、名学、

① 孙宝瑄：《忘山庐日记》（上），上海古籍出版社1983年版，第80页。

社会历史、政法，一切声化光电之学，无所不包。”① 他们甚至把荀子、孟子、子思、邓析等人说成是中国之卢梭、苏格拉底、孟德斯鸠、斯宾塞，比附之意甚为明显。至于其盛赞孔子是学习外来文化之楷模，程朱是吸收佛学之典范，更属牵强附会，其意在证明中学是可以用“西学”阐释的。

在中国传统典籍中发掘适合近代新学之义理，并对其作“比附式”理解，是晚清许多学者会通中西学术时采用之方法。1901 年 9 月 17 日，吴汝纶致函陆伯奎：“且‘九通’，制度之书，固非政治之学也。求政治之学，无过《通鉴》，而毕氏‘续编’及国朝儒臣所编《明纪》，又不逮涑水元书远甚。今不以《通鉴》试士，而用《御批通鉴辑览》，岂不以《通鉴》繁重，学者难读，不如‘辑览’之简约而易竟哉！……其政治之学当以国朝为主，国家纪载流传者稀，无已，则于皇朝‘三通’择用其一，使习国家掌故，庶亦可也。”② 这显然是将《通鉴》视为中国自己的“政治之学”，是用西方“政治学”学科观念，从中国典籍中寻找学术资源之努力。

蔡元培在 1902 年所撰《群学说》中，解释斯宾塞社会学原理时，大量引用中国典籍加以“比附式”理解。他指出：“群学者，所以明人与人合力之道，而以其力与外之压力相抵者也。外力有二：一，自然之力；一，人为之力。生民以来，未有不与此两力相抵而能生存者也。”他认为群学上之“合其力以抵自然之压力，而无不胜，于是灾疠不作，民无夭折，则《孟子》所谓性善，而《春秋》

① 邓实：《古学复兴论》，《国粹学报》第 1 年第 9 期。

② 吴汝纶：《与陆伯奎学使》，《吴汝纶尺牍》，黄山书社 1990 年版，第 255 页。

所谓大一统、所谓太平，而《礼运》所谓大同者也”①。他在解释“群之分合，视爱之厚薄时，将其视为《孟子》所谓“得道者多助，失道者寡助”时，比附之意向甚明。不仅如此，蔡氏以孔子“己欲立而立人，己欲达而达人”，比附斯宾塞“人各自由，而易他人之自由为界”；以墨子所谓“养老之政”“穷民无告之政”，比附西方近代之“慈善事业”；以孔子“杀身成仁”、孟子“舍生取义”，比附斯宾塞所谓“群己并重，舍己为群”。②

梁启超采用近代西方科学方法及观念，对中国旧学进行了较为系统的整理。其中对《墨经》之研究颇有新意，也最具“比附”特色。《墨子》是先秦时期包蕴逻辑思想最为丰富之典籍，长期以来受到冷落。晚清大儒孙诒让不仅博采清中叶以来诸家之长，撰著《墨子间诂》，而且用他所接受之西方逻辑学“复事审校”，予以增订。孙氏在肯定《墨经》“揭举精理”“为周名家言之宗”之后，将它与西方逻辑进行类比，认为《墨经》中之“微言大义”有如“亚里大得勒之演绎法，培根之归纳法，及佛氏之因明论者”。③ 章太炎对该著评价甚高，曾赞曰：“《墨子间诂》，新义纷纶，仍能平实，实近世奇作。”④

受孙氏启发，梁启超着力研究《墨经》中之思想，先后撰写了

---

① 蔡元培：《群学说》，《蔡元培全集》第1卷，第394页，浙江教育出版社1997年版。

② 蔡元培：《群学说》，《蔡元培全集》第1卷，浙江教育出版社1997年版，第397页。

③ 孙诒让《墨子间诂》，《诸子集成》刊印本，上海书店1986年版。

④ 章太炎：《章太炎致谭献书》，汤志钧编《章太炎政论选集》上册，中华书局1977年版，第15页。

《子墨子学说》《墨子学案》《墨子校释》等著。其所用方法就是“以欧西新理比附中国旧学”，以西方近代学术比附先秦墨学。其曰：“凡天下事，必比较然后见其真。无比较则非惟不能知己之所短，并不能知己之所长。”又云：“《墨子》全书，殆无一处不用论理学之法则，至专言其法则之所以成立者，则惟《经说上》《经说下》《大取》《小取》《非命》诸篇为特详。今引而释之，与泰西治此学者相印证焉。”这显然是梁氏研究《墨子》之指导思想。其释《墨经》，“引申触类，借材于域外之学以相发，亦可有意外创获”。梁氏列举先秦所论之范畴，用西方近代逻辑术语对比解释。其云：“墨子所谓辩者，即论理学也。”“墨子所谓名者，即论理学所谓名词也。”“西语的逻辑，墨家叫做‘辩’。”“‘墨辩’两字，用现在的通行语翻出来，就是‘墨家论理学’。”梁氏将“以名举实，以辞抒意，以说出故”，分别解释为西方逻辑之概念、判断、推论。他用“论理学”译 Logic，认为“辩”即“论理学”，“名”即“名词”，“辞”即“命题”，“名”是概念，“实”是对境（对象），“意”含判断之意。“以辞抒意”意为用命题形式表判断；“说”是证明所以然之“故”，“故”即原因；“或”为特称命题；“假”为假言命题；“效”即“法式”，兼西语 Form（形式）、Law（规律）二意；“譬”为譬喻；“侔”即“比较”等。①

梁氏将《墨经》逻辑义理与西方逻辑学类比后断定：“《墨经》论理学的特长，在于发明原理及法则，若论到方式，自不能如西洋

① 梁启超：《子墨子学说：附墨子之论理学》，《饮冰室合集》专集之三十七，中华书局 1936 年版。

和印度的精密。但相同之处亦甚多。”《墨经》之推论方式，与印度之“因明”也有相类似处。在梁氏看来，《墨经》之演绎论证式，相当于因明三支式、亚氏三段论之省略式；《墨经》所列举之论据，既有一般理由，又有典型事例，特别注意列举事实例证，与“因明”论证式颇为相似。其又云：“墨子之论理学，其不能如今世欧美治此学者之完备，固无待言。虽然，彼土之亚里士多德（论理学鼻祖也），其缺点亦多矣，宁独墨子？故我国有墨子，其亦足以豪也。若夫惠施、公孙龙之徒，以名家标宗，其实乃如希腊之诡辩派。其论理学盖下于墨子数等也。”正因如此，他称墨子为“东方之培根”及“全世界论理学一大祖师”。梁氏以西学为比照，潜心发掘中国古代逻辑之近代价值，对晚清“墨学”复兴起了重要作用。尽管梁氏声称“吾草此篇，吾自信未尝有所丝毫缘饰附会，以诬我先圣墨子”①，但其解读《墨经》时以中学附会西学之倾向还是较为明显的。梁氏自称“每一复阅，觉武断凿解”，即为真实体悟。将先秦“名辩学”与西方“逻辑”之名词逐一对照，实为梁启超研究《墨经》之主要贡献。对此，有人评价曰：梁启超“从日文里窥见西方学术的大要，也猎涉佛学，用来治诸子，对墨学时有创获。”②

刘师培是清末以西学阐释中国旧学，并用旧学“比附”西学以“发明”新理之典型代表。以新知阐释旧学，以中学比附西学，是刘氏研究中国旧学之基本思路。刘氏“内典道藏旁及东西洋哲学，

---

① 梁启超：《子墨子学说：附墨子之论理学》，《饮冰室合集》专集之三十七，中华书局1936年版。

② 王伯祥、周振甫：《中国学术思想演进史》，亚细亚书局1935年版，第137页。

无不涉猎及之”①。从1903年开始，刘师培将所接受之西学新知，引入中国旧学研究领域，取得了丰硕成果，这主要体现在《小学发微》《中国民约精义》《中国民族志》《攘书》《新史篇》《论小学与社会学之关系》《国学发微》《周末学术史序》《论文杂记》《南北学派不同论》《古政原始论》《汉宋学术异同论》《两汉学术发微论》《中国哲学起原考》《伦理教科书》《经学教科书》《中国历史教科书》《中国地理教科书》《近儒学术统系论》《清儒得失论》《近代汉学变迁论》《论中土文字有益于世界》等论著中。

社会进化论经严复介绍到中国接受后，晚清学者纷纷将此种观念引入旧学研究，并力图发掘中国旧学资源中“进化之理”。这种寻找及发掘，便带有很明显之“比附”色彩。刘师培认为，《论语》所言“岁寒然后知松柏之后凋也”，最能体现近代“天择物竞之精理”。松柏后凋，说明“存其最宜”；但这并非得天独厚，而在松柏本身具有“傲岁寒之能力”。② 这种对《论语》词句之新解，旨在论证《论语》中暗含“进化之理”。刘氏还认为，《山海经》所记之时代，人兽之争未息，后来奇禽怪兽灭于无形，而人类得以繁衍，即是“优胜劣败之公例”③，这显然也是以进化论观察中国上古社会所得之结论，其“比附”之意甚为显明。

---

① 冯自由：《刘光汉事略补述》，《革命逸史》第3集，中华书局1987年版。

② 刘光汉：《周末学术史叙·哲理学史叙》，《国粹学报》第1年第1期。

③ 刘光汉：《读书随笔》，《国粹学报》第1年第10期。

刘师培对西方社会学极为重视，自称“予于社会学研究最深”，用社会学阐释中国旧学亦颇多心得。他曾作诗云：“西籍东来迹已陈，年来穷理倍翻新，只缘未识佉卢字，绝学何由作解人。道教阴阳学派异，彰往察来理不殊，试证西方社会学，胪陈事物信非诬。”[①] 故此，刘氏对西方社会学作了较为详细之介绍：“察来之用，首贵藏往；舍睹往轨，奚知来辙。中土史编，记事述制，明晰便章。惟群治之进，礼俗之源，探赜索隐，鲜有专家。斯学之兴，肇端哲种。英人称为 Sociology，移以汉字，则为社会学，与 Humanism 之为群学者，所述略符。大抵集人世之现象，求事物之总归，以静观而得其真，由统计而征其实。凡治化进退之由来，民体合离之端委，均执一以验百，援始以验终，使治其学者，克推记古今迁变，穷会通之理，以证宇宙所同然。斯学既昌，而载籍所诠列，均克推见其隐，一制一物，并穷其源，即墨守故俗之风，气数循环之说，亦失其依据，不复为学者所遵，可谓精微之学矣。晳种治斯术者，书籍浩博，以予所见，则斯宾塞尔氏，因格尔斯氏之书为最精。”[②]

刘师培以此种“精微之学”分析中国文字，从中国文字由简趋繁之变化轨迹中，考察中国古代社会演化之历程。其云：“予旧作《小学发微》，以为文字繁简，足窥治化之浅深，而中土之文，以形为纲，察其偏旁，而往古民群之状况，昭然毕呈。故治小学者，必与社会学相证明。”将西方社会学引入“文字学”，开辟了传统“小学”研究之新天地。刘氏将社会学引入小学研究，其动机在于通过

① 刘光汉：《甲辰年自述诗》，《警钟日报》1904 年 9 月 12 日。

② 刘师培：《论中土文字有益于世界》，《国粹学报》第 4 年第 9 期。

对中国文字之研究，不仅使其在中国“得所折衷”，而且进一步昌明近代社会学：“今欲斯学之得所折衷，必以中土文字为根据。”又云：“故欲社会学之昌明，必以中土之文为左验。”如何运用社会学来研究中国文字？他提出了这样的研究思路：“然欲治斯学，厥有数例：察文字所从之形，一也；穷文字得训之始，二也；一字数义，求其引申之故，三也。三例既明，而中土文字，古谊毕呈，用以证明社会学，则言皆有物，迥异蹈虚。此则中土学术之有益于世者也。”①

1904 年 11 月，刘师培在《警钟日报》上发表《论小学与社会学之关系》，尝试用西方近代社会学之理论及方法，“考中国造字之原”②。在这篇将社会学引入中国“小学”研究的典范之作中，刘氏考证了舅、姑、妇、赋、君、林、田、尊、酉、社、牧、贵、民等 33 则字义，对这些字义作了近代意义之阐释。他不仅通过阐发《社会通诠》《群学肄言》有关社会进化之理，探讨中国文字之来源及引申之义，而且运用《泰西新史揽要》《希腊志略》等书提供之史实，佐证中国文字演化之迹。

在《理学字义通释》中，刘师培进一步以西方哲学、心理学、伦理学所述之理，对中国传统学术范畴之“理”“性”“情”“志”“意”“欲”“仁”“惠”“恕”“命”“心”“德”“义”“敬”等字义，重新作了诠释。按照西方学科理念，刘氏将传统之“理”分为心理与物理，并在先秦思想中寻找相似之点：“在物在心，总名曰

---

① 刘师培：《论中土文字有益于世界》，《国粹学报》第 4 年第 9 期。

② 刘师培：《论小学与社会学之关系》，《警钟日报》1904 年 11 月 21 日。

理。盖物之可区别者，谓之理，而具区别之能者，亦谓之理（是犹孟子所谓长者义乎，长之者义乎也）。故晳种析心理物理为二科。孟子曰，心之所同然者，谓理也义也。又曰，是非之心智之端也（又曰，是非之心人皆有之。人有是非之心，则理即具于人心中可知矣）。此就在心之理言之也。”① 刘师培对用西方社会学治“小学”之成绩颇为自信：“余著《小学发微》，以文字证明社会进化之理，又拟编《中国文典》，以探古人造字之原。”并作诗云：“古人制字寓精义，周秦而降渺不存，试从仓颉溯初祖，卓识能穷文字原。”②

不仅如此，刘师培还以西方近代伦理学与心理学之关系，阐释汉宋诸儒所言之义理。他指出：“西人伦理学多与心理学相辅，心理学者，就思之作用而求其原理者也；伦理学者，论思之作用而使之守一定之轨范者也。”③ 他进而说明中国所谓之“心理”与西方知识系统对应范畴之关系：“盖中国之言心理也，咸分体用为二端。《中庸》言喜怒哀乐之未发，此指心之体言之也；又言发而皆中节，此就心之用言之也。……故朱子之释《大学》也，以心为人之灵明，所以聚众理应万事。聚众理之说，近于西人之储能（即翕以合质之说也），所谓默而存之也……应万事之说，近于西人之效实

① 刘师培：《理学字义通释》，《刘申叔遗书》（上），江苏古籍出版社 1997 年影印本，第 462 页。

② 刘光汉：《甲辰年自述诗》，《警钟日报》1904 年 9 月 7 日—12 日。

③ 刘师培：《理学字义通释》，《刘申叔遗书》（上），江苏古籍出版社 1997 年影印本，第 469 页。

（所谓辟以出力也），所谓拓而充之也。”① 比附之意较为明显。他还认为：“西汉之时，凡国有大政大狱，必下博士等官会议，此即上议院之制度也。”② 这显然是以两汉政治“比附”西方政治学。至于他所强调之汉儒伦理学“与西洋伦理学其秩序大约相符”③，更是以汉儒所讲伦理附会西方伦理学之明证。

刘氏阐述《古政原始论》撰写旨趣云：“造字之初，始于仓颉。然文字之繁简，足窥治化浅深（中国形声各字，观其偏旁，可以知古代人群之情况，予旧著《小学与社会学之关系》即本此义者也）。……惜中国不知掘地之学，使仿西人之法行之，必能得古初之遗物。况近代以来社会之学大明，察来彰往皆有定例之可循，则考迹皇古，岂迂诞之辞所能拟哉！此《古政原始》所由作也。”④ 故《古政原始论》乃刘氏以近代社会学研究中国古史之力作。如果说《小学与社会学之关系》是运用社会学考察中国文字变迁，进而阐述中国古代社会进化的话，那么《古政原始论》则是用社会学阐述古代中国社会起源与演进之典范。

刘师培对西方逻辑学有所涉猎，并将其引入中国传统之“小学”研究中。其介绍云：“论理学即名学，西人视为求真理之要法，所谓科学之科学也，而其法有二：一为归纳法，即由万殊求一本之

---

① 刘师培：《理学字义通释》，《刘申叔遗书》（上），江苏古籍出版社 1997 年影印本，第 469 页。

② 刘师培：《两汉学术发微论》，《刘申叔遗书》（上），江苏古籍出版社 1997 年影印本，第 530 页。

③ 刘师培：《两汉学术发微论》，《刘申叔遗书》（上），江苏古籍出版社 1997 年重印本，第 535 页。

④ 刘光汉：《古政原始论》，《国粹学报》第 1 年第 4 期。

法也；一为演绎法，即由一本赅万殊之法也。其书之传入中土者，有《名理探》《辨学启蒙》诸书，而以穆勒《名学》为最要。"① 刘氏撰著《国文问答》《国文杂记》《正名篇》及《中国文字流弊论》等文，便是用西方逻辑学研究先秦“名学”之成果。对于自己在这些论著中发掘出之“新理”新义，他作诗赞云：“正名大义无人识，俗训流传故训湮，析字我师荀子说，新名制作旧名循。高邮王氏雒山刘，解字知从辞气求，试证西方名理学，训辞显著则余休。"②

1903 年，刘师培编撰《国文典问答》，其附录《国文杂记》颇具新意。其云：“中国国文所以无规则者，由于不明论理学故也。论理学之用始于正名，终于推定，盖于字类之分析，文辞之缀系，非此不能明也。吾中国之儒但有兴论理学之思想，未有用论理学之实际，观孔子言必也正名，又言名不正则言不顺，盖知论理学之益矣。而董仲舒亦曰名生于真，非其真弗以为名，则亦知正名为要务矣。而《荀子·正名篇》则又能解明论理学之用及用论理学之规则，然中国上古之著其能纯用论理学之规则者有几人哉！若夫我国古时之名家在公孙龙、尹文之流亦多合于论理，然近于希腊诡辩学派，非穆勒氏所谓求诚之学也，而儒家又多屏弃之，此论理学所以消亡也。今欲正中国国文，宜先修中国固有之论理学，而以西国之论理学参益之，亦循名责实之一道也。"③ 这是用西方逻辑学改造中

① 刘师培：《攘书》，《刘申叔遗书》（上），江苏古籍出版社 1997 年影印本，第 646 页。

② 刘光汉：《甲辰年自述诗》，《警钟日报》1904 年 9 月 7 日—12 日。

③ 刘师培：《国文杂记》，《刘申叔遗书》（下），江苏古籍出版社 1997 年影印本，第 1660 页。

国文法之较早尝试，也是用西方文法检视中国语言文字之初步结论。其所云“先修中国固有之论理学，而以西国之论理学参益之”，将以“比附式”理解来沟通中西学术之意向，表述得格外清晰。

刘氏还用西方逻辑学来说明中国“名学”之发源：“西儒之言曰，名学者非论思之学，乃求诚之学（见穆勒《名学》首卷）。故古之圣人有作名以辨物者，黄帝名百物（见《礼记》，又《聘礼》云百物以上，《国语·楚语》云，陈百物以献败于寡君），大禹名山川（见《书·吕刑》及《尔雅·释水》）是也。”① 在用西学阐释中国旧学之时，刘氏往往以中学来“比附”西学，认为中学有与西学所言之理相合者。以西方之心理学、社会学，来重新解释中国传统“心体”，即为典型一例：“春秋以降名之不正也久矣！惟《荀子·正名》一篇，由命物之初推而至于心体之感觉。”他断言《荀子》之说合乎西方逻辑学：“与穆勒《名学》合。名理精诣，赖此仅存。”对于先秦逻辑学，他同样作了“比附式”理解：“盖周末之名家最与西人诡辩之学近。”② 刘氏还断言：“墨之经上下篇，多论理学。”③ 可见，他较早看到了先秦诸子中暗含有与西方逻辑学相似之观念。

刘师培《伦理教科书》云：“西人之治伦理学者，析为五种：

---

① 刘师培：《攘书》，《刘申叔遗书》（上），江苏古籍出版社 1997 年影印本，第 644—645 页。

② 刘师培：《攘书》，《刘申叔遗书》（上），江苏古籍出版社 1997 年影印本，第 645 页。

③ 刘师培：《攘书》，《刘申叔遗书》（上），江苏古籍出版社 1997 年影印本，第 645 页。

一曰对于己身之伦理，二曰对于家族之伦理，三曰对于社会之伦理，四曰对于国家之伦理，五曰对于万有之伦理，与中国《大学》所言相合。”① 该著既是刘氏以伦理学观念阐释中国伦理思想之作，也同样是以中国伦理思想比附西方伦理之作。

《中国民约精义》，是刘师培以卢梭《民约论》思想阐释中国典籍之作。他从《周易》《诗经》等先秦典籍直至清人文集中，辑录出与“民约之义”相关文字，加以案语，力图发掘中国典籍中之“民约精义”。在释《春秋穀梁传》时，刘氏案曰：“《穀梁》以称魏人立晋为得众之辞，得众者，即众意佥同之谓也，此民约遗意仅见于周代者。”② 他在释《杨子》时云：“杨子此说，近于卢氏之平等，而其实不同。”认为《墨子》之说，“最近于西人之神权，而著书之旨则在于称天制君”；认为《管子》所行之政治，“以立宪为主”；许行之说，“近于民权，亦近于平等”。他断定《民约论》与王阳明之良知说同样有相似之处：“皆以自由为秉于生初。盖自由权秉于天，良知亦秉于天；自由无所凭藉，良知亦无所凭藉，则谓良知即自由权可也。阳明著书，虽未发明民权之理，然即良知之说推之，可得平等自由之精理。今欲振中国之学风，其惟发明良知之说乎。”③ 其又云：章学诚“知立国之本，始于合群，合群之用，在

---

① 刘师培：《伦理教科书》，《刘申叔遗书》（下），江苏古籍出版社 1997 年影印本，第 2026 页。

② 刘师培：《中国民约精义》，《刘申叔遗书》（上），江苏古籍出版社 1997 年影印本，第 567 页。

③ 刘师培：《中国民约精义》，《刘申叔遗书》（上），江苏古籍出版社 1997 年影印本，第 588 页。

于分职，而分职既定，然后立君”，故“章氏所言，殆能识君由民立之意与”。[①] 诸如此类的案语，是既可视为刘氏以《民约论》思想解释中国旧籍之作，也可视为以中国思想附会卢梭“民约经义”之作。这种“援西入经”之解读方式，固属牵强附会，与中国典籍之本义有相当差距，但刘师培这种比附式努力之基本点，在于使中国旧典籍能够表达出近代学术之观念，从中国旧典籍中找到与西方近代学术之相似处，既便于西学在中国思想土壤中扎根，又促使中国传统学术取得近代形态。

刘师培以西学阐释诸子学，以诸子学比附西学，牵强附会之处甚多，既开启了诸子学研究之新思路，也使西学在中国旧学中找到了某些根基。刘师培以西学阐释中国旧学之尝试，力争将中国旧学纳入西方学科体系及知识系统中之尝试，牵强附会之比附倾向是明显的，始终未能逃离梁启超、章太炎所批评之“好依傍”痼疾。但其所取得之成绩与功绩并不因此而被抹杀。有人评价曰：“在中国古典学术逐步与西学融合从而迈向现代形态的过程中，刘之简单、肤浅的中西学比附因具有代表性和较易为人接受的特质，可能恰恰发挥了更重要的作用。在这方面，他的‘援西入经’和从小学入手接纳西学的方式，既能促使经学分化瓦解，又有助于学术转型。”[②]

梁启超在《清代学术概论》中，对中国旧学研究中之比附现象作了揭示和批评。其云：“摭古书片词单语以附会今义，最易发生

① 刘师培：《中国民约精义》，《刘申叔遗书》（上），江苏古籍出版社 1997 年影印本，第 599 页。

② 李帆：《刘师培与中西学术》，北京师范大学出版社 2003 年版，第 189 页。

两种流弊：一，倘所印证之义，其表里适相吻合，善已；若稍有牵合附会，则最易导国民以不正确之观念，而缘‘郢书燕说’以滋弊。例如畴昔谈立宪谈共和者，偶见经典中某字某句与立宪共和等字义略相近，辄摭拾以沾沾自喜，谓此制为我所固有。其实今世共和、立宪制度之为物，即泰西亦不过起于近百年，求诸彼古代之希腊罗马且不可得，遑论我国。而比附之言传播既广，则能使多数人之眼光之思想，见局见缚于所比附之文句。以为所谓立宪共和者不过如是，而不复追求其真义之所存……此等结习，最易为国民研究实学之魔障。二，劝人行此制，告之曰，吾先哲所尝行也；劝人治此学，告之曰，吾先哲所尝治也；其势较易入，固也。然频以此相诏，则人于先哲未尝行之制，辄疑其不可行；于先哲未尝治之学，辄疑其不当治。无形之中，恒足以增其故见自满之习，而障其择善服从之明。”正因如此，梁氏深恶痛绝地说：“吾所恶乎舞文贱儒，动以西学缘附中学，以其名为开新，实则保守，煽思想界之奴性而益滋之也。”他还严厉批评道：“中国思想之痼疾，确在‘好依傍’与‘名实混淆’。若援佛入儒也，若好造伪书也，皆原本于此等精神。”①

章太炎在早年以西学新理、新法研究中国旧学时，也有比附倾向，如其云：“管子之言，兴时化者，莫善于《侈靡》，斯可谓知天地之际会，而为《轻重》诸篇之本，亦泰西商业所自出矣。”其将《管子》篇末所言“妇人为政，铁之重反旅金”，引申为“维多利亚

① 梁启超：《清代学术概论》，《梁启超论清学史二种》，复旦大学出版社 1985 年版，第 72 页。

之霸欧洲，而权力及于中国，与一切械器轨道之必藉于炼钢精铁者”，并断言：“中西之事，管子见之矣。”① 但章氏很快便意识到这种附会之弊病，并对比附式解释作了严厉批评：“今乃远引泰西以征经说，宁异宋人之以禅学说经耶！夫验实则西长而中短，谈理则佛是而孔非。九流诸子自名其家，无妨随义抑扬，以意取舍。若以疏证《六经》之作，而强相比傅，以为调人，则只形其穿凿耳。稽古之道，略如写真，修短黑白，期于肖形而止。使立者倚，则失矣，使倚者立，亦未得也。”②

应该看到，对西学之“比附式”理解、“附会式”会通及“类比式”研究，虽非科学，却是中西学术交流过程中必然出现之现象。对于比附式理解盛行之原因，姜义华之论颇具慧眼：“对于中国传统学术，没有来得及从其自身内部生长出批判和创新的力量，来独立地进行疏浚清理、发展转化；对于西方新学，也没有足够的基础与时间去加以咀嚼、消化、吸收。急迫的形势，驱使他们中间许多人匆匆地将两者简单地加以比附、黏合，结果，造成传统的旧学和舶来的新学双双变了形。”③

传统之旧学与舶来之新学“双双变了形”，乃是晚清时期中西学术交流之必然趋势。正是在这种不断“变形”过程中，中国旧学向西方学术体系转轨，逐渐取得了近代形态；正是在这种不断“变形”过程中，传入中国之西学开始其“中国化”历程，渐渐取得了

---

① 章太炎：《读管子书后》，《章太炎政论选集》上册，中华书局 1977 年版，第 33 页、第 35 页。

② 章太炎：《某君与某论朴学报书》，《国粹学报》第 2 年第 11 期。

③ 姜义华：《章太炎评传》，百花洲文艺出版社 1995 年版，第 19 页。

中国之民族形态。近代中国之学术转型，正是在这种“变形”中开始、演进并逐步完成的。

需要指出的是，中国学术纳入近代学科体系及知识系统是很复杂的过程，接纳西方学科体制，仅仅是将中学纳入近代学术体系的开始；按照西方近代学科分类编目中外典籍，也是中学纳入西方近代知识系统的初步。中国传统学术体系及其知识系统，要完全纳入近代西方分科式的学科体系和知识系统之中，必须用近代分科原则及知识分类系统，按照近代科学方法对中国学术体系进行肢解和重新整合，对中国四部名目下的古代典籍进行重新类分。这项工程，便是所谓“整理国故”。尽管章太炎、刘师培等人在清末“保存国粹”过程中开始对中国古代学术进行初步整理，并尝试用西方学科体系界定中国旧学；尽管梁启超等人在研究先秦诸子学时开始尝试用西方近代科学观念及科学方法阐释中国古代思想，但这仅仅是开端，是中国旧学纳入近代新知体系之初步尝试。真正大规模地对中国学术遗产进行发掘、梳理、研究和整合，则是“五四”以后的事。20世纪20年代胡适等人发起的“整理国故”运动①，便是这项工作之具体表现。

---

① 本著讨论之时段限于晚清时期，故不对“五四”时期“整理国故”运动进行评述，留待他文专论。

征引文献举要

一、主要征引文献

《百子全书》，扫叶山房民国八年石印本。

《二十四史》，中华书局标点本。

《十三经注疏》，江苏广陵古籍刻印社 1995 年影印本。

《中国学塾会书目》，美华书馆 1903 年刊印本。

《诸子集成》，上海书店 1986 年影印本。

白居易：《白居易集》，中华书局 1979 年版。

卞孝萱、唐文权编：《辛亥人物碑传集》，团结出版社 1991 年版。

蔡尚思、方行编：《谭嗣同全集》（增订本），中华书局 1981 年版。

陈步编：《陈石遗集》，福建人民出版社 2001 年版。

陈昌绅纂：《分类时务通纂》，上海文澜书局光绪二十八年（1902 年）石印本。

陈炽：《陈炽集》，中华书局 1997 年版。

陈德溥编：《陈黻宸集》，中华书局 1995 年版。

陈澧：《东塾读书记》，德林堂光绪二十九年刊刻本。

陈虬：《治平通议》，光绪十九年瓯雅堂刊印本。

陈学恂等编：《清代后期教育论著选》，人民教育出版社 1997 年版。

陈学恂主编：《中国近代教育史教学参考资料》，人民教育出版社 1986 年版。

陈寅恪：《金明馆丛稿一编》《金明馆丛稿二编》，上海古籍出版社 1980 年版。

陈忠琦辑：《皇朝经世文三编》，宝文书局 1898 年刊印本。

陈洙：《江南制造局译书提要》，江南制造局 1909 年刊印本。

程颐、程颢：《二程集》，中华书局 1981 年版。

戴震：《戴震集》，上海古籍出版社 1980 年版。

戴震：《戴震全集》，清华大学出版社 1991 年版。

戴震：《戴震文集》，中华书局 1980 年版。

丁道凡编注：《中国图书馆界先驱沈祖荣先生文集》，杭州大学出版社 1991 年版。

丁守和编：《五四时期期刊介绍》，生活·读书·新知三联书店 1959 年版。

丁守和主编：《近代中国启蒙思潮》，社会科学文献出版社 1999 年版。

丁守和主编：《辛亥革命时期期刊介绍》，人民出版社 1982—1987 年版。

丁文江、赵丰田编：《梁启超年谱长编》，上海人民出版社 1983 年版。

杜定友：《杜定友图书馆学论文选集》，书目文献出版社 1988 年版。

杜定友：《三民主义中心图书分类法》，国立中山大学图书馆 1948 年印行本。

杜定友：《图书馆学概论》，商务印书馆 1941 年版。

杜定友：《校雠新义》，中华书局 1930 年版。

方东树：《汉学商兑》，六安求我斋光绪十年重刻本。

方行、汤志钧整理：《王韬日记》，中华书局 1987 年版。

方以智：《东西均》，中华书局 1962 年版。

冯桂芬：《校邠庐抗议》，1883 年天津刊印本。

冯天瑜等编：《中国学术流变——论著辑要》，湖北人民出版社 1991 年版。

傅兰雅：《格致书院西学课程》，光绪二十一年上海格致书院刊印本。

傅兰雅：《格致须知》，1889 年刊印本。

傅兰雅：《化学卫生论》，格致书室 1890 年刊印本。

傅兰雅：《江南制造局翻译西书事略》，《格致汇编》1888 年刊印本。

傅兰雅：《佐治刍言》，江南制造局翻译馆 1885 年刊印本。

傅斯年：《傅斯年全集》，台北联经出版公司 1980 年版。

甘鹏云：《国学笔谈》，甘氏家藏丛稿刊印本，中国社会科学院近代史研究所藏。

高平叔：《蔡元培年谱长编》，人民教育出版社 1999 年版。

高平叔：《蔡元培全集》，中华书局 1984 年版。

葛士浚辑：《皇朝经世文续编》，《近代中国史料丛刊》刊印本。

顾颉刚：《古史辨》第 1 册，朴社 1926 年版。

顾燮光编：《译书经眼录》，1935 年杭州金佳石好楼刊印本。

郭嵩焘：《郭嵩焘日记》，湖南人民出版社 1981—1983 年版。

郭嵩焘：《郭嵩焘诗文集》，岳麓书社 1984 年版。

何良栋辑：《皇朝经世文四编》，鸿宝书局 1902 年刊印本。

何启、胡礼恒：《新政真诠》，香港书局光绪己亥年石印本。

贺长龄、魏源编：《皇朝经世文编》，图书集成局 1888 年刊印本。

侯失勒：《谈天》，咸丰己未刊印本。

胡秋原：《近代中国对西方及列强认识资料汇编》，“中研院”近代史研究所 1972 年版。

黄汝成集释：《日知录集释》，花山文艺出版社 1990 年版。

黄宗羲：《明儒学案》，中华书局 1985 年版。

黄宗羲：《宋元学案》，中华书局 1986 年版。

黄遵宪：《日本国志》，1898 年上海图书集成印书局刊印本。

纪昀等：《四库全书总目提要》，商务印书馆 1933 年刊印本。

渐斋主人：《新学备纂》，光绪二十八年天津开文书局石印。

江标辑：《沅湘通艺录》，1897 年长沙使院刊刻本。

江藩：《国朝汉学师承记》，中华书局 1983 年版。

江起鹏：《国学讲义》，上海新学会 1906 年刊印本。

姜义华等编：《康有为全集》，上海古籍出版社 1987—1992

年版。

蒋梦麟:《西潮·新潮》,岳麓书社 1991 年版。

金毓黻:《静晤室日记》,辽沈书社 1993 年版。

经世文社编:《民国经世文编》,1914 年刊印本。

康有为:《长兴学记》,广东高等教育出版社 1991 年版。

劳祖德整理:《郑孝胥日记》,中华书局 1993 年版。

李慈铭:《越缦堂日记》,商务印书馆 1920 年版。

李鸿章:《李文忠公全集》,光绪乙巳(1905 年)金陵刻本。

李妙根编:《刘师培论学论政》,复旦大学出版社 1990 年版。

李希泌等主编:《中国古代藏书与近代图书馆史料》,中华书局 1982 年版。

李耀仙主编:《廖平选集》,巴蜀书社 1998 年版。

李永圻编:《吕思勉先生编年事辑》,上海书店 1992 年版。

梁启超:《饮冰室合集》,中华书局 1989 年影印 1936 年版。

梁启超辑:《中西学门径书七种》,上海大同书局 1898 石印本。

梁廷枏:《兰仑偶说》,《海国四说》之一,1845 年木刻本。

刘大鹏:《退想斋日记》,山西人民出版社 1990 年版。

刘古愚:《烟霞草堂文集》,三秦出版社 1994 年版。

刘国钧:《刘国钧图书馆学论文选集》,书目文献出版社 1983 年版。

刘国钧:《图书馆学要旨》,中华书局 1934 年版。

刘纪泽:《目录学概论》,中华书局 1931 年版。

刘师培:《刘申叔遗书》,宁武南氏 1936 年校印本,江苏古籍出版社 1997 年影印本。

龙启瑞：《经籍举要》，光绪癸巳仲冬中江讲院刊印本。

卢寿潜编：《国民字课图说》，上海会文堂书局1915年刊印本。

陆尔奎编：《新字典》，商务印书馆1912年刊印本。

马建忠：《适可斋记言》，文瑞楼光绪丁酉石印本。

马君武：《马君武集》，华中师范大学出版社1991年版。

马叙伦：《我在六十岁以前》，上海建文书店1948年版。

马勇编：《章太炎书信集》，河北人民出版社2003年版。

麦仲华辑：《皇朝经世文新编》，上海大同译书局1898年刊本。

明夷辑：《新学大丛书》，上海积山乔记书局光绪二十九年石印本。

缪荃孙：《艺风老人日记》，北京大学1986年影印本。

潘懋元等编：《中国近代教育史资料汇编》，上海教育出版社1993年版。

皮锡瑞：《经学历史》，中华书局1959年版。

皮锡瑞：《经学通论》，中华书局1954年版。

钱玄同：《钱玄同文集》，中国人民大学出版社1999年版。

求实斋辑：《皇朝经世文五编》，光绪壬寅中西译书会刊印本。

求自强斋主人编：《西政丛书》，光绪丁酉年刊印本。

容闳：《西学东渐记》，商务印书馆1934年版。

阮元：《畴人传》，商务印书馆1955年版。

阮元：《清经解》，上海书店1988年影印本。

阮元：《研经室集》，中华书局1993年版。

商务印书馆编：《涵芬楼藏书目》（旧书分类总目），1911年刊印本。

商务印书馆编:《涵芬楼藏书目》(新书分类总目),1911 年刊印本。

上海图书馆编:《汪康年师友书札》,上海古籍出版社 1986－1988 年版。

上海图书馆编:《中国近代期刊篇目汇编》,上海人民出版社 1965－1984 年版。

邵之棠辑:《皇朝经世文统编》,上海宝善斋 1901 年刊印本。

邵作舟:《邵氏危言》,光绪丙申年石印本。

沈家本:《沈寄移先生遗书》,中国书店 1990 年版。

沈善洪编:《蔡元培选集》,浙江教育出版社 1993 年版。

沈善洪编:《黄宗羲全集》,浙江古籍出版社 1985—1994 年版。

舒新城:《近代中国教育思想史》,中华书局 1932 年版。

舒新城编: 《中国近代教育史资料》,人民教育出版社 1981 年版。

苏舆等编:《翼教丛编》,光绪二十四年武昌重印本。

孙宝瑄:《忘山庐日记》,上海古籍出版社 1983 年版。

孙中山:《孙中山全集》,中华书局 1982 年版。

谭献:《复堂日记》,河北教育出版社 2001 年版。

汤志钧编:《康有为政论选》,中华书局 1981 年版。

汤志钧编:《章太炎政论选》,中华书局 1977 年版。

唐才常:《唐才常集》,中华书局 1980 年版。

唐才常:《唐才常集》,中华书局 1980 年版。

唐兰:《中国文字学》,开明书店 1949 年版。

汪荣宝：《汪荣宝日记》，北京大学图书馆藏稿本。

汪中：《述学》，嘉庆二十年刻本。

王鸣盛：《十七史商榷》，中国书店 1987 年版。

王仁俊：《格致古微》，光绪二十二年吴县王氏刊印本。

王森然：《近代二十家评传》，书目文献出版社 1987 年版。

王栻主编：《严复集》，中华书局 1986 年版。

王韬：《弢园文录外编》，癸未仲春弢园老民刊印本。

王西清辑：《西学大成》，1888 年上海六同书局刊印本。

王锡祺：《小方壶斋舆地丛钞》，杭州古籍书店 1985 年影印本。

王云五：《中外图书分类法》，商务印书馆 1928 年版。

王重民辑：《徐光启集》，中华书局 1963 年版。

魏源：《海国图志》，光绪壬寅文贤阁石印本。

魏源：《魏源集》，中华书局 1976 年版。

吴怀祺编：《郑樵文集》，书目文献出版社 1992 年版。

吴宓：《吴宓日记》，三联书店 1998 年版。

吴汝纶：《桐城吴先生日记》，河北教育出版社 1999 年版。

吴相湘、刘绍唐：《第一次中国教育年鉴》（民国二十三年），传记文学出版社 1971 年影印本。

吴学昭整理：《吴宓自编年谱》，三联书店 1995 年版。

夏东元编：《郑观应集》，上海人民出版社 1982 年版。

夏燮编：《中西纪要》，同治七年木刻本。

谢洪赉：《瀛环全志》，商务印书馆 1907 年刊印本。

徐世昌：《清儒学案》，燕京文化公司 1976 年版。

徐寿凯、施培毅校点：《吴汝纶尺牍》，黄山书社 1990 年版。

徐维则、顾燮光：《增补东西学书录》，光绪二十八年刊印本。

许瀚：《许瀚日记》，河北教育出版社2001年版。

许慎撰，段玉裁注：《说文解字注》，上海古籍出版社1981年版。

许啸天：《国故学讨论集》，群学社1927年版。

严修：《严修日记》，南开大学出版社2001年版。

颜永京译：《肄业要览》，光绪八年刊刻本。

杨树达：《积微翁回忆录》，上海古籍出版社1986年版。

杨荫杭：《老圃遗文辑》，长江文艺出版社1993年版。

姚淦铭等编：《王国维文集》（1—4卷），中国文史出版社1997年版。

姚鼐：《惜抱轩文集》，同治丙寅（1866年）刊印本。

姚锡光：《东瀛学校举概》，1898年刊印本。

姚莹：《中复堂全集》，《近代中国史料丛刊续编》影印本。

叶德辉：《书林清话》，长沙观古堂1920年刊印本。

于宝轩纂：《皇朝蓄艾文编》，上海官书局1903年刊印本。

俞荣庆辑：《续西学大成》，1897年上海飞鸿阁刊印本

袁詠秋等主编：《中国历代图书著录文选》，北京大学出版社1997年版。

臧励龢：《新体中国地理》，商务印书馆1908年版。

曾国藩：《曾国藩全集》，岳麓书社1986—1994年版。

湛若水：《格物通》，清同治丙寅年资政堂刊印本。

张鹤龄：《京师大学堂伦理学经学讲义初编》，中国社会科学院近代史研究所藏本。

张謇：《啬翁自订年谱》，商务印书馆1925年版。

张謇：《张季子九录》，中华书局1931年版。

张謇：《张謇日记》，江苏人民出版社1962年影印本。

张静庐辑：《中国近代出版史料初编》《中国近代出版史料二编》，中华书局1957年版。

张枬、王忍之编：《辛亥革命前十年间时论选集》，三联书店1960年版。

张人凤整理：《张元济日记》，河北教育出版社2001年版。

张舜徽：《清人文集别录》，中华书局1963年版。

张运礼：《新编中国历史教科书》，广东编译公司1911年版。

张载：《张载集》，中华书局1978年版。

张之洞：《书目答问》，光绪元年（1875年）刊行本。

张之洞：《輶轩语》，光绪元年（1875年）刊印本。

张之洞：《张文襄公全集》，中国书店1990年影印本。

张之洞等：《奏定学堂章程》，湖北学务处1903年刊印本。

张之洞等：《奏定学堂章程》，湖北学务处1903年刊印本。

章士钊：《甲寅杂志存稿》，商务印书馆1924年版。

章士钊：《逻辑指要》，时代精神社1943年版。

章太炎：《太炎文录初编》《太炎文录续编》，上海书店1992年影印本。

章太炎：《章太炎全集》，上海人民出版社1982—1986年版。

章学诚：《文史通义》，中华书局聚珍仿宋版刻本。

章学诚：《校雠通义》，中华书局《四部备要》校刊本。

郑观应：《盛世危言》，光绪乙未刊印本。

郑樵:《通志略》，上海古籍出版社 1990 年版。

中国蔡元培研究会编:《蔡元培全集》，浙江教育出版社 1997 年版。

中国史学会编:《戊戌变法》，上海人民出版社 1961 年版。

钟叔河:《走向世界丛书》，岳麓书社 1984—1986 年版。

钟天纬:《刖足集》，民国壬申年刊印本，中国社会科学院近代史研究所藏。

仲英采辑:《分类洋务经济时事论》，上海书局 1898 年石印本。

周寿昌:《思益堂日札》，中华书局 1987 年版。

朱大文编:《万国政治艺学全书》，上海鸿文书局 1901 年刊印本。

朱乔森编:《朱自清全集》，江苏教育出版社 1993 年版。

朱维铮编:《周予同经学史论著选集》，上海人民出版社 1979 年版。

朱维铮校注:《梁启超论清学史二种》，复旦大学出版社 1985 年版。

朱一新:《佩弦斋杂存》，葆真堂光绪二十二年刻本。

朱一新:《无邪堂答问》，广雅书局光绪二十一年刊印本。

朱有瓛主编:《中国近代学制史料》，华东师范大学出版社 1983 年版。

庄存与:《味经斋遗书》，阳湖庄氏藏板光绪八年重刻本。

庄俞、贺圣鼐编:《最近三十五年之中国教育》，商务印书馆 1931 年版。

左宗棠:《左文襄公全集》，上海书店 1986 年影印本。

［德］哈伯兰著，林纾等译：《民种学》，大学官书局1903年刊印本。

［德］花之安：《自西徂东》，上海书店出版社2002年版。

［美］丁韪良：《万国公法》，四明茹古书局1864年刊印本。

［美］丁韪良：《西学考略》，光绪癸未（1883年）刊印本。

［美］海文著，颜永京译：《心灵学》，1889年刊印本。

［美］李佳白：《中国宜广新学以辅旧学说》，1897年尚贤堂刊印本。

［美］林乐知：《中西关系略论》，1881年木刻本，中国社会科学院近代史研究所藏。

［日］浮田和民著，李浩生译：《史学通论》，和众书局1903年版。

［日］元良勇次郎著，王国维译：《心理学》，《哲学丛书》初集刊印本。

［意］艾儒略：《职方外纪》，《万有文库》刊印本。

［英］合信：《全体新论》，1851年广州刊印本。

［英］李提摩太译：《泰西新史揽要》，1896年广学会刊印本。

［英］慕维廉：《地理全志》，1854年墨海书馆刊印本。

［英］韦廉臣：《格物探原》，1880年赵庄庚辰活字板本。

二、相关论著举要

白新良：《中国古代书院发展史》，天津大学出版社1995年版。

曹聚仁：《国故学大纲》，上海梁溪图书馆出版社1925年版。

曹聚仁：《中国学术思想史随笔》，生活·读书·新知三联书店

1986 年版。

昌彼得、潘美月:《中国目录学史》，文史哲出版社 1986 年版。

陈宝泉:《中国近代学制变迁史》，北平文化书社 1928 年版。

陈平原:《中国现代学术之建立——以章太炎、胡适为中心》，北京大学出版社 1998 年版。

陈其泰:《清代公羊学》，东方出版社 1997 年版。

陈启天:《近代中国教育史》，中华书局 1930 年版。

陈少明:《汉宋学术与现代思想》，广东人民出版社 1995 年版。

陈万雄:《五四新文化的源流》，三联书店 1997 年影印本。

陈旭麓:《近代中国社会的新陈代谢》，上海人民出版社 1992 年版。

陈以爱:《中国现代学术研究机构的兴起》，台湾政治大学历史系 1999 年版。

陈翊林:《最近三十年中国教育史》，上海太平洋书店 1930 年版。

陈祖武:《中国学案史》，文津出版社 1994 年版。

程焕文:《中国图书馆学教育之父——沈祖荣评传》，台湾学生书局 1997 年 8 月版。

丁刚、刘淇:《书院与中国文化》，上海教育出版社 1992 年版。

丁伟志、陈崧:《中西体用之间——晚清文化思潮述论》，中国社会科学出版社 1995 年版。

杜维运:《清代史学与史家》，中华书局 1988 年版。

樊洪业:《耶稣会士与中国科学》，中国人民大学出版社 1992 年版。

范希曾编：《书目答问补正》，江苏国学图书馆 1931 年版。

方朝晖：《“中学”与“西学”——重新解读现代中国学术史》，河北大学出版社 2002 年版。

方光华：《刘师培评传》，百花洲文艺出版社 1996 年版。

方汉奇：《中国近代报刊史》，山西人民出版社 1981 年版。

方豪：《中西交通史》，岳麓书社 1987 年版。

傅介石编著：《中国文字学纲要》，中华书局 1940 年版。

高路明：《古籍目录与中国古代学术研究》，江苏古籍出版社 1997 年版。

高旭东：《生命之树与知识之树——中西文化专题比较》，河北人民出版社 1989 年版。

戈公振：《中国报学史》，三联书店 1955 年版。

耿云志：《胡适研究论稿》，四川人民出版社 1985 年版。

龚书铎：《近代中国与文化抉择》，北京师范大学出版社 1993 年版。

龚书铎：《中国近代文化探索》，北京师范大学出版社 1988 年版。

顾颉刚：《当代中国史学》，胜利出版公司 1947 年版。

关晓红：《晚清学部研究》，广东教育出版社 2000 年版。

郭秉文：《中国教育制度沿革史》，商务印书馆 1922 年版。

郭双林：《西潮激荡下的晚清地理学》，北京大学出版社 2000 年版。

郭延礼：《近代西学与中国文学》，百花洲文艺出版社 2000 年版郭湛波：《近五十年中国思想史》，北平人文出版社1935年版。

何兆武：《中西文化交流史论》，中国青年出版社2001年版。

贺麟：《当代中国哲学》，南京胜利出版公司1945年版。

侯外庐：《近代中国思想学说史》，生活书店1947年版。

侯外庐：《中国近代启蒙思想史》，人民出版社1993年版。

侯外庐主编：《中国思想通史》，人民出版社1959年版。

胡朴安：《中国训诂学史》，商务印书馆1939年版。

胡奇光：《中国小学史》，上海人民出版社1987年版。

黄福庆：《近世日本在华文化及社会事业研究》，“中研院”近代史所专刊，1980年版。

姜义华：《章太炎评传》，百花洲文艺出版社1995年版。

蒋伯潜：《校雠目录学纂要》，北京大学出版社1990年版。

蒋伯潜、蒋祖怡：《经与经学》，上海世界书局1941年版。

蒋元卿编：《中国图书分类之沿革》，中华书局1937年版。

金冲及、胡绳武：《辛亥革命史稿》，上海人民出版社1991年版。

来新夏等：《中国近代图书事业史》，上海人民出版社2000年版。

李长莉：《先觉者的悲剧》，学林出版社1993年版。

李帆：《刘师培与中西学术：以其中西交融之学和学术史研究为核心》，北京师范大学出版社2003年版。

李明辉：《儒家思想在现代东亚·总论篇》，“中研院”中国文哲研究所1998年版。

李双碧：《从经世到启蒙——近代变革思想的历史考察》，中国展望出版社 1992 年版。

李细珠：《张之洞与清末新政研究》，上海书店出版社 2003 年版。

梁漱溟：《东方学术概观》，巴蜀书社 1986 年版。

林庆元：《中国近代科学的转折》，鹭江出版社 1992 年版。

刘大椿：《新学苦旅——科学·社会·文化的大撞击》，江西高校出版社 1995 年版。

刘钝、王扬宗编：《中国科学与科学革命：李约瑟难题及其相关问题研究论著选》，辽宁教育出版社 2002 年版。

刘桂生主编：《时代的错位与理论的选择——西方近代思潮与中国“五四”启蒙思想》，清华大学出版社 1989 年版。

刘国钧：《中国书史简编》，书目文献出版社 1982 年版。

刘简：《中文古籍整理分类研究》，文史哲出版社 1978 年版。

刘龙心：《学术与制度：学科体制与现代中国史学的建立》，远流出版公司 2002 年版。

刘梦溪主编：《中国现代学术经典·黄侃　刘师培卷》，河北教育出版社 1996 年版。

刘起釪：《顾颉刚先生学述》，中华书局 1986 年版。

刘汝霖：《东晋南北朝学术编年》，上海书店 1992 年版。

刘汝霖：《汉晋学术编年》，商务印书馆 1935 年版。

刘咸编：《中国科学二十年》，中国科学社 1937 年版。

刘烜：《王国维评传》，百花洲文艺出版社 1996 年版。

柳诒徵：《中国文化史》，正中书局 1947 年版。

柳曾符等编：《劬堂学记》，上海书店出版社 2002 年版。

卢钟锋：《中国传统学术史》，河南人民出版社1998年版。

陆宝千：《清代思想史》，广文书局1983年版。

吕绍虞：《中国目录学史稿》，丹青图书有限公司1986年版。

罗焌：《诸子学述》，岳麓书社1995年版。

罗志田：《国家与学术：清季民初关于“国学”的思想论争》，生活·读书·新知三联书店2003年版。

罗志田：《权势转移——近代中国的思想、社会与学术》，湖北人民出版社1999年版。

罗志田主编：《20世纪的中国：学术与社会》（史学卷），山东人民出版社2001年版。

马勇：《近代中国文化诸问题》，上海人民出版社1992年版。

马祖毅：《中国翻译史》，中国对外翻译出版公司1984年版。

彭明辉：《晚清的经世史学》，麦田出版社2002年版。

彭明辉：《疑古思想与现代中国史学的发展》，台湾商务印书馆股份有限出版公司1991年版。

钱基博：《近百年湖南学风·湘学略》，岳麓书店1985年版。

钱基博：《经学通志》，中华书局1936年版。

钱穆：《国史新论》，生活·读书·新知三联书店2001年版。

钱穆：《国学概论》，商务印书馆1931年版。

钱穆：《现代中国学术论衡》，台湾东大图书公司1984年版。

钱穆：《中国近三百年学术史》，中华书局1986年版。

钱锺书：《谈艺录》，中华书局1993年版。

乔好勤：《中国目录学史》，武汉大学出版社1992年版。

任松如：《四库全书答问》，巴蜀书社1988年版。

桑兵：《清末新知识界的社团与活动》，生活·读书·新知三联书店 1995 年版。

桑兵：《晚清民国的国学研究》，上海古籍出版社 2001 年版。

桑兵：《晚清学堂学生与社会变迁》，学林出版社 1995 年版。

尚小明：《学人游幕与清代学术》，社会科学文献出版社 1999 年版。

邵东方：《崔述与中国学术史研究》，人民出版社 1998 年版。

沈兼士：《沈兼士学术论文集》，中华书局 1986 年版。

史革新：《晚清理学研究》，文津出版社 1994 年版。

泰东同文局编：《日本学制大纲》，泰东同文局 1902 年刊印本。

谭汝谦：《近代中日文化关系研究》，香港日本研究所 1988 年版。

谭汝谦主编：《中国译日本书综合目录》，香港中文大学出版社 1980 年版。

汤志钧：《近代经学与政治》，中华书局 1989 年版。

唐文权、罗福惠：《章太炎思想研究》，华中师范大学出版社 1986 年版。

汪向荣：《日本教习》，生活·读书·新知三联书店 1988 年版。

汪一驹：《中国知识分子与西方——留学生与近代中国》，新竹枫城出版社 1978 年版。

王伯祥、周振甫：《中国学术思想演进史》，上海亚细书局 1935 年版。

王德昭：《清代科举制度研究》，香港中文大学出版社 1982 年版。

王尔敏:《上海格致书院志略》,香港中文大学1980年版。

王尔敏:《晚清政治思想史论》,华世出版社1976年版。

王尔敏:《中国近代思想史论》,华世出版社1977年版。

王汎森:《章太炎的思想——兼论其对儒学传统的冲击》,时报出版公司1992年版。

王汎森:《中国近代思想与学术的系谱》,河北教育出版社2001年版。

王建军:《中国近代教科书发展研究》,广东教育出版社1996年版。

王锦贵主编:《中国历史文献目录学》,北京大学出版社1994年版。

王俊义:《清代学术探研录》,中国社会科学出版社2002年版。

王俊义、黄爱平:《清代学术与文化》,辽宁教育出版社1993年版。

王力:《中国音韵学》,商务印书馆1937年版。

王力:《中国语言学史》,山西人民出版社1981年版。

王树民:《史部要籍解题》,中华书局1981年版。

王锡章:《图书与图书馆论述集》,文史哲出版社1980年版。

王先明:《近代新学——中国传统学术文化的嬗变与重构》,商务印书馆2000年版。

王晓秋:《近代中日文化交流史》,中华书局1992年版。

卫聚贤:《中国考古学史》,商务印书馆1937年版。

吴泽主编:《中国近代史学史》,江苏古籍出版社1989年版。

萧公权:《中国政治思想史》,经联出版公司1982年版。

肖超然等：《北京大学校史（1898—1949）》，上海教育出版社1981年版。

熊承涤编：《中国古代教育史料系年》，人民教育出版社1985年版。

熊明安：《中国高等教育史》，重庆出版社1983年版。

熊月之：《西学东渐与晚清社会》，上海人民出版社1994年版。

严文郁：《中国图书馆发展史》，中国图书馆学会1983年版。

严佐之：《近三百年古籍目录举要》，华东师大出版社1994年版。

杨东莼：《中国学术史讲话》，北新书局1932年版。

杨惠南：《水月小札》，万卷楼图书有限公司1993年版。

杨念群：《儒学地域化的近代形态：三大知识群体互动的比较研究》，三联书店1997年版。

杨树达：《论语疏证》，北京科学出版社1955年版。

杨向奎：《中国古代社会与古代思想研究》，上海人民出版社1962—1964年版。

杨荫深：《中国学术家列传》，上海光明书局1948年版。

姚名达：《目录学》，商务印书馆1934年版。

姚名达：《中国目录学史》，商务印书馆1938年版。

易新鼎：《梁启超和中国学术思想史》，中州古籍出版社1992年版。

余嘉锡：《古书通例》，上海古籍出版社1985年版。

余嘉锡：《目录学发微》，巴蜀书社1991年版。

余嘉锡：《四库提要辩证》，科学出版社1958年版。

余庆蓉、王晋卿：《中国目录学思想史》，湖南教育出版社 1998 年版。

余英时：《论戴震与章学诚：清代中期学术思想史研究》，三联书店 2000 年版。

余英时：《钱穆与中国文化》，上海远东出版社 1994 年版。

余英时：《士与中国文化》，上海人民出版社 1987 年版。

余英时：《中国思想传统的现代诠释》，江苏人民出版社 1989 年版。

张海林：《王韬评传》，南京大学出版社 1993 年版。

张灏等：《近代中国思想人物——晚清思想》，时报文化出版事业有限公司 1980 年版。

张立文：《中国近代新学之展开》，东大图书公司 1991 年版。

张朋园：《梁启超与清季革命》，“中研院”近代史所 1964 年版。

张朋园：《知识分子与近代中国的现代化》，百花洲文艺出版社 2002 年版。

张岂之：《儒学　理学　实学　新学》，陕西人民出版社 1994 年版。

张岂之主编：《中国近代史学学术史》，中国社会科学出版社 1996 年版。

张岂之主编：《中国思想史》，西北大学出版社 1989 年版。

张舜徽：《清代扬州学记》，上海人民出版社 1962 年版。

张舜徽：《清儒学记》，齐鲁书社 1991 年版。

张舜徽：《讱庵学术讲论集》，岳麓书社 1992 年版。

张锡勤:《中国近代思想史》，万卷楼图书有限公司 1993 年版。

张星烺:《欧化东渐史》，商务印书馆 1934 年版。

张玉法:《民国初年的政党》，“中研院”近代史所专刊，1985 年版。

张玉法:《清季的立宪团体》，“中研院”近代史所专刊，1971 年版。

郑鹤声:《中国史部目录学》，商务印书馆 1930 年版。

郑匡民:《梁启超启蒙思想的东学背景》，上海书店出版社 2003 年版。

郑师渠:《晚清国粹派：文化思想研究》，北京师范大学出版社 1997 年版。

支伟成:《清代朴学大师列传》，岳麓书社 1986 年版。

钟泰:《国学概论》，中华书局 1936 年版。

朱维铮:《求索真文明——晚清学术史论》，上海古籍出版社 1996 年版。

朱维铮:《音调未定的传统》，辽宁教育出版社 1995 年版。

邹华享等编:《中国近现代图书馆事业大事记》，湖南人民出版社 1988 年版。

邹振环:《晚清西方地理学在中国》，上海古籍出版社 2000 年版。

［德］马克斯·韦伯著，洪天富译:《儒教与道教》，江苏人民出版社 1995 年版。

［美］艾尔曼著，赵刚译:《从理学到朴学——中华帝国晚期思想与社会变化面面观》，江苏人民出版社 1995 年版。

[美] 郭颖颐著，雷颐译：《中国现代思想中的唯科学主义(1900—1950)》，江苏人民出版社 1998 年版。

[美] 卢茨著，曾钜生译：《中国教会大学史：1850—1950 年》，浙江教育出版社 1988 年版。

[美] 任达著，李仲贤译：《新政革命与日本——中国，1898—1912》，江苏人民出版社 1998 年版。

[美] 史华兹著，叶凤美译：《寻求富强：严复与西方》，江苏人民出版社 1995 年版。

[美] 周策纵著，周子平等译：《五四运动：现代中国的思想革命》，江苏人民出版社 1996 年版。

[日] 长泽规矩也著，梅宪华等译：《中国版本目录学书籍解题》，书目文献出版社 1990 年版。

[日] 沟口雄三著，陈耀文译：《中国前近代思想之曲折与展开》，上海人民出版社 1997 年版。

[日] 实藤惠秀著，谭汝谦、林启彦译：《中国人留学日本史》，生活·读书·新知三联书店 1983 年版。

三、主要参考论文：

蔡振生：《近代译介西方教育的历史考察》，《北京师范大学学报》1989 年第 2 期。

曹宠：《马相伯和复旦》，《复旦学报》1981 年第 2 期。

陈鹏鸣：《龚自珍论学风》，《齐鲁学刊》1997 年第 3 期。

陈平原：《西潮东渐与旧学新知——中国现代学术之建立》，《北京大学学报》1998 年第 1 期。

陈其泰：《廖平与晚清今文经学》，《清史研究》1996 年第 1 期。

陈奇：《刘师培的汉、宋学观》，《近代史研究》1987 年第 4 期。

陈庆坤：《西学东来的桥梁与进化论的哲学》，《中国哲学史研究》1982 年第 2 期。

陈旭麓：《论“中体西用”》，《历史研究》1982 年第 5 期。

陈耀盛：《论康有为目录学思想》，《近代史研究》1995 年第 3 期。

陈耀盛：《论康有为目录学思想》，《近代史研究》1995 年第 3 期。

陈幼华、吴永贵：《新图书馆运动对近代出版业的影响》，《图书馆杂志》2000 年第 6 期。

陈振江：《近代经世思潮的演变》，《历史研究》1991 年第 3 期。

崔丹：《晚清寓华新教教士与近代教育》，《近代史研究》1990 年第 3 期。

邓红梅、王雁海：《中国近代数学的起步与西方化》，《青海师范大学学报》1999 年第 1 期。

邓洪波：《近代书院与中西文化交流》，《河北学刊》1993 年第 2 期。

董光璧：《传统科学近代化的三步曲》，《科学学研究》1990 年第 3 期。

房德邻：《康有为与近代儒学》，《孔子研究》1989 年第 1 期。

冯天瑜：《经史同异论》，《中国社会科学》1993 年第 3 期。

高学安：《古越藏书楼与中国近代图书馆事业》，《浙江学刊》1998 年第 3 期。

耿云志：《胡适整理国故平议》，《历史研究》1992 年第 2 期。

顾颉刚：《我的治学计划》，《传统文化与现代化》1993 年第 2 期。

关晓红：《张之洞与晚清学部》，《历史研究》2000 年第 3 期。

郭廷以：《近代科学与民主思想的输入》，《大陆杂志》第 4 卷第 1 期。

郝晏荣：《“中体西用”：从洋务运动到戊戌变法》，《河北学刊》1999 年第 3 期。

黄长义：《进化论与近代中国思想文化的变革》，《江汉论坛》1991 年第 9 期。

黄新宪：《论张之洞与中国近代学制的建立》，《松辽学刊》1988 年第 3 期。

黄炎培：《清季各省兴学史》，《人文月刊》1930 年第 1 卷第 4 期。

黄晏好：《四部分类与近代中国学术分科》，《社会科学研究》2000 年第 2 期。

蒋德海：《科举制在中国近代的遭遇》，《复旦学报》1996 年第 5 期。

李帆：《清季学术新潮流述论》，《辽宁师范大学学报》2000 年第 6 期。

李帆：《清末民初学术史勃兴潮流述论》，《吉林大学社会科学学报》2000 年第 5 期。

李侃：《论张元济》，《历史研究》1985 年第 1 期。

李双璧：《传统“道本器末”论与郭嵩焘的新道器观》，《贵州社会科学》1993 年第 2 期。

李双璧：《从格致到科学：中国近代科技观的演变轨迹》，《贵州社会科学》1995 年第 5 期。

李伟：《梁启超与日译西学的传入》，《山东师范大学学报》1998 年第 4 期。

李喜所：《略论辛亥革命时期的国粹主义思潮》，《理论与现代化》1991 年 11 期。

李占领：《西学输入与中国近代的出版事业》，《文史知识》1989 年第 9 期。

李镇铭：《京师图书馆述略》，《新文化史料》1996 年第 4 期。

梁严冰：《墨海书馆与中国社会近代化》，《延安大学学报》1999 年第 1 期。

梁义群：《严复与吴汝纶》，《历史档案》1998 年第 4 期。

刘小林：《论清末国粹主义思潮》，《首都师范大学学报》2000 年第 1 期。

刘云波：《试论近代中国西学输入的特点》，《贵州社会科学》1994 年第 2 期。

卢钟锋：《论清末的文化转型》，《哲学研究》1998 年第 1 期。

鲁军：《第二次外来知识大输入的历史记录——论清末译书目录》，《资料工作通讯》1982 年第 2 期，复旦大学出版社 1985 年版。

鲁军：《清末西学输入及其历史教训》，《中国文化研究辑刊》第 2 辑。

陆行素：《中国近代图书馆与学会》，《图书馆杂志》1995 年第 4 期。

路新生：《论“体”“用”概念在中国近代的“错位”——“中体西用”观的一种解析》，《华东师范大学学报》1999年第5期。

吕顺长：《清末浙江籍早期留日学生之译书活动》，《杭州大学学报》1996年第2期。

罗志田：《走向国学与史学的“赛先生”——五四前后中国人心目中的“科学”一例》，《近代史研究》2000年第3期。

麻天祥：《变徵协奏曲——中国近代学术统论》，《湖南师范大学学报》2000年第2期。

麻天祥：《中国近代学术的变与合》，《浙江学刊》2000年第4期。

马佰莲：《近代科学体制化的内在机制初探》，《文史哲》1997年第1期。

闵斗基、曲翰章：《对蔡元培思想的系统认识》，《国外社会科学》1990年第5期。

戚其章：《从“中本西末”到“中体西用”》，《中国社会科学》1995年第1期。

齐思和：《魏源与晚清学风》，《燕京学报》1950年第39期。

钱存训、戴文伯：《近世译书对中国现代化的影响》，《文献》1986年第2期。

桑兵：《近代中国学术的地缘与流派》，《历史研究》1999年第3期。

桑兵：《文化分层与西学东渐的开端进程——以新式教育为中心》，《中山大学学报》1991年第1期。

史革新:《倭仁与晚清理学》,《中州学刊》1997年第4期。

隋元芬:《中国近代图书馆事业的兴起》,《浙江社会科学》2000年第5期。

唐文权:《辛亥革命前夕梁启超的西学宣传》,《史学月刊》1991年第5期。

王笛:《清末新政与近代学堂的兴起》,《近代史研究》1987年第3期。

王东杰:《〈国粹学报〉与“古学复兴”》,《四川大学学报》2000年第5期。

王东杰:《国学保存会和清季国粹运动》,《四川大学学报》1999年第1期。

王树槐:《基督教教会及其出版事业》,《“中研院”近代史研究所集刊》第2期,1971年6月。

王先明:《张之洞与晚清“新学”》,《社会科学研究》2000年第4期。

王先明、郝锦花:《“合中西为一法”——近代中国早期西学著作的译述及其历史特征》,《山西大学学报》2000年第4期。

王扬宗:《江南制造局翻译书目新考》,《中国科技史料》1995年第2期。

王余光:《教科书与近代教育》,《武汉大学学报》1990年第3期。

吴洪成:《试论近代中国新式小学的兴起》,《西南师范大学学报》1999年第1期。

吴嘉勋:《梁启超与晚清西学》,《史林》1986年第1期。

吴孟雪：《近代译书的变迁及其影响》，《江西社会科学》1989年第5期。

忻平：《记王韬与上海格致书院》，《档案与历史》1987年第1期。

徐冰：《中国近代教科书与日本》，《日本学刊》1998年第5期。

徐和雍、李今栽：《章太炎与中国近代民族文化》，《杭州大学学报》1987年第1期。

徐启彤：《近代吴地书院的新学化趋向》，《苏州大学学报》1996年第3期。

徐士瑚：《李提摩太与山西大学堂西学专斋》，《山西大学学报》1984年第4期。

许小青：《梁启超民族国家思想研究》，《华中师范大学学报》2000年第2期。

阎润鱼：《近代中国唯科学主义思潮评析》，《教学与研究》2000年第10期。

杨国强：《曾国藩和传统文化》，《近代史研究》1989年第1期。

杨国荣：《史学的科学化：从顾颉刚到傅斯年》，《史林》1998年第3期。

杨向奎：《试论章太炎的经学和小学》，《历史学》1979年第3期。

杨亦鸣、曹明：《留学生和中国语言学的现代化转型》，《徐州师范大学学报》1997年第1期。

杨玉：《关于中译“物理学”名称的由来》，《物理》第16卷第1期。

张剑：《中国科学社的科学宣传及其影响（1914—1937）》，《档案与史学》1998 年第 5 期。

张立文：《忧患、良知、兴盛——谈民国时期的学术繁荣》，《东方文化》2001 年第 3 期。

张应强：《中国近代文化转型与留学教育》，《厦门大学学报》1996 年第 1 期。

张增一：《江南制造局的译书活动》，《近代史研究》1996 年第 3 期。

章启辉：《西体中用——谭嗣同的文化观》，《中国社会科学院研究生院学报》1999 年第 2 期。

章清：《近代中国留学生发言位置转换的学术意义》，《历史研究》1996 年第 4 期。

章清：《重建“范式”：胡适与现代中国学术的转型》，《复旦学报》1993 年第 1 期。

赵建民：《吴汝纶赴日考察与中国学制近代化》，《档案与史学》1999 年第 5 期。

赵庆麟：《王国维学术研究方法探索》，《浙江学刊》1982 年第 2 期。

钟少华：《试论近代中国之“国学”研究》，《学术研究》1999 年第 8 期。

钟稚鸥：《近代社科文献在分类体系上的突破》，《中山大学学报》1995 年第 1 期。

仲伟民：《论二十世纪初期的反国粹主义思潮》，《学术界》1988 年第 4 期。

周谷平等：《蔡元培与民初学制改革》，《杭州大学学报》1998年第4期。

周国栋：《论梁启超向清学正统派的复归》，《文史哲》2000年4期。

周双利：《试论章太炎的国学》，《内蒙古师范大学学报》1995年第4期。

朱汉国：《创建新“范式”：五四时期学术转型的特征及意义》，《北京师范大学学报》1999年第2期。

［法］巴斯蒂：《京师大学堂的科学教育》，《历史研究》1998年第5期。

［美］马丁·伯纳尔：《刘师培与国粹运动》，《近代中国思想人物论——保守主义》，台湾时报出版公司1980年版。

［日］荫山雅博：《清末教育的近代化过程与日本教习》，《国外中国近代史研究》第10辑，中国社会科学出版社1983年版。

［日］伊原泽周：《〈日本国志〉编写的探讨——以黄遵宪初次东渡为中心》，《近代史研究》1993年第1期。

四、主要报刊举要

《昌言报》（1898年）

《萃报》（1897—1898年）

《东方杂志》（1904—1912年）

《格致汇编》（1876—1898年）

《格致新报》（1898年）

《国粹学报》（1905—1911年）

《国学季刊》（1922 年）

《河南》（1907—1908 年）

《集成报》（1901—1902 年）

《甲寅》杂志（1914—1915 年）

《教会新报》（1868 年）

《教育》（1906 年）

《教育世界》（1901—1908 年）

《教育杂志》（1909—1911 年）

《教育杂志》（1909—1912 年）

《经世报》（1897—1898 年）

《警钟日报》（1904 年）

《六合丛谈》（1857—1858 年）

《民报》（1905—1910 年）

《普通学报》（1901—1902 年）

《强学报》（1896 年）

《清议报》（1898—1901 年）

《时务报》（1896—1898 年）

《图书馆学季刊》（1926—1930 年）

《万国公报》（1889—1907 年）

《湘学报分类汇编》（1897—1898 年）

《新潮》（1918—1919 年）

《新民丛报》（1902—1907 年）

《新世界学报》（1902—1903 年）

《新学汇编》（1876 年）

《学报》（1907—1908 年）

《译书汇编》（1900—1903 年）

《游学译编》（1902—1903 年）

《云南》（1906—1910 年）

《浙江潮》（1903—1904 年）

《政艺通报》（1902—1908 年）

《知新报》（1897—1901 年）

《中国白话报》（1903—1904 年）

《中华杂志》（1914—1915 年）

《中西闻见录》（1872—1875 年）

后记

本著之撰写过程，经历了一段艰辛的探险历程。

十多年前，笔者立志治中国学术思想史，并从张东荪研究入手，期以有所突破。在从事张东荪学术思想研究过程中，笔者阅读了大量中外典籍文献，拓宽了知识面和学术视野。正因如此，笔者1995年主持承担了国家“八五”社科规划项目“当代中国学术思想史”，对中国近现代学术史研究作了一次有益的尝试。该课题结项后，便有意将重点放在中国近代学术思想史上，力图勾画出近代学术演变的历史轨迹。

但当真正开始从事近代学术史研究时，笔者逐渐感到，这是一个非常艰难的课题，其难度在于，除了要阅读大量古今中外文献资料，更重要的是近代学术史演变具有相当大的特殊性。其特殊性在于：从鸦片战争到中华人民共和国成立的百余年中，中国学术经历了一次巨大的“形态”上的变革，即从中国传统学术形态，转变为近代西方意义上的新学术形态。不弄懂近代中国学术转型问题，显然无法梳理清楚中国近代学术演变的历程。笔者直观地感觉到：研究中国近代学术史的关键点，就在于抓住“近代中国学术转型问题”，弄清这种学术转型的内外机制，把握住近代中国学术形态转变的整体特征，并对这些特征作详尽的分析。只有将“学术转型”这一关键点打通了，近代中国学术演变史才会变得容易撰写。因此，笔者经过一段时间的思考和反复论证，向近代史研究所提交了立项报告。1999 年 5 月，经学术委员会讨论通过，列为近代史研究所重点研究课题，用 5 年时间完成。

该课题立项后，笔者从搜集第一手资料开始，做了艰苦的资料准备，并系统研究了中国古代学术演变史，对中国古代学术形态之形成、演变及其特征作了认真分析。在此基础上，撰写了《从四部之学到七科之学》《西学移植与中国现代学术门类之初建》等文，在《光明日报》《史学月刊》及本所《青年学术论坛》发表后，在学术界产生一定反响，极大地鼓舞了笔者进一步探索的勇气。

但随着研究工作的日趋深入，笔者越来越感到该课题研究难度之大，意识到“近代中国学术转型问题”，绝非是一个短期内所能完成的课题。为了集中精力有所突破，笔者对研究计划作了适度调整。决定从学术分科问题入手，在考察中国分科观念的演变及中国传统学术分科体系及知识系统的演化的基础上，重点对近代中国的分科观念的演变、分科性学术门类的出现及西方新学知识系统的形成，作了实证性的考察和分析，尤其是注重对学术思想的载体——典籍分类问题切入，将中国传统学术体系及知识系统，向近代西方新学术体系及知识系统的演变历程，比较清晰地勾画出来。这部著作，便是这种努力的初步结晶。

该著的撰写是一个艰苦的历程。从2000年5月动笔，到2002底完稿，25万字的初稿，耗费了2年多的时间。初稿完成后，自己又渐有心得，便对它进行修改，到2003年3月完成了30万字的二稿。在“非典”的特殊时期，笔者枯坐陋室，静心读书，又有所心得，再次对稿子进行修改，完成了40万字的三稿，并提交学术委员会评议结项。中国社会科学院近代史研究所丁守和研究员、耿云志研究员及北京师范大学历史系王桧林教授审阅了稿子，并认真写出了评审意见及出版推荐意见。2003年11月，经学术委员会研究决定，本著正式纳入“中国社会科学院近代史研究所专刊”第二辑出版。

需要说明的是，该著仅仅是笔者研究近代学术转型问题的最初阶段性成果。在本著撰写过程中，耿云志先生主持的中国社会科学院重大课题《近代中国文化转型研究》正式立项并启动。考虑到笔者在这方面有一定研究基础，需要进一步深入下去，耿先生约笔者承担《近代中国学术转型研究》卷的研究任务。从学术分科问题入手考察中国近代学术转型问题，仅仅是该课题的第一步工作，还需要从学术形态转变之其他方面，如研究主体、对象、方法、内外机制等方面进一步拓展，藉以将近代中国学术思想演变的历程勾画出来。这便是那部《从通人之学到专门之学——近代中国学术转型问题研究》所要重点研究的问题。任重而道远，不能不加倍努力。

在本课题研究过程中，耿云志、丁守和、王桧林、刘桂生、房德邻等先生给予多方指点，使笔者受益匪浅。王法周、马勇、邹小站、郑匡民、李细珠等同事也提供了宝贵意见，给笔者很大启发。在书稿完成后，耿云志、刘桂生、王桧林三位先生又为本书作序，给予勉励。近代史研究所图书馆诸位同事也尽量给予方便，默默无闻地“搬运”资料，其敬业精神令人感佩。在此，笔者向他们一并表示感谢。由于本课题难度很大，可资借鉴的成果不多，加上笔者能力有限，故本著难免存在这样或那样的问题，恳请学界同仁教正。

感谢精心呵护我的恩师，感谢鼓励鞭策我的学友，感谢与我患难与共的妻子。我欠你们的太多，我真的不知道何以回报。

“老老实实做人，踏踏实实做事，勤勤恳恳做学问”，这是我的人生信条。十多年来，尽管遇到了这样或那样的挫折和打击，尽管经历过太多的坎坷和失败，但我并不灰心。许多事情是由不得自己的，无论在外人看来是好事还是坏事。但怎样做人，如何做学问，却是自己能够把握的。15 年前，同窗好友戏称我是“典型的理想主义者”，是“两耳不闻窗外事”的书生。15 年后的今天，现实生活不仅磨去了自己很多棱角，吞噬了许多热情，弱化了自己的身体，而且也多少改变了现实处境。无论是生活态度，还是理想追求，作为尘世的凡夫俗子，我不能不发生微妙的变化。但我可以自信地说：青年时代确立的人生目标及人生理想，并没有因此改变；从前那种对精神理想的孜孜追求，那种待人接物的率真性情，并没有丝毫改变。

我孜孜追求的，是一种精神，一种奋发向上、自强不息的精神；我苦苦寻求的，是一种人生境界，一种安闲适逸、超凡脱俗的道德境界。做人但求心安理得，为学但求踏实放心。

每当遇到挫折时，我都会眺望远处的天际线，将人间的烦恼向无边的苍穹倾诉。每当我陷入人世间无聊的纠缠时，我都会静望遥远的夜空，将思绪放逐到极远的荒野，让大自然的清新涤荡受污染的灵魂。

宇宙是崇高的，天地是博大的，自然是美妙的，真理是无私的。

我在本所 50 周年所庆时曾说：人的一生非常短暂，干不成几件像样的事情；我既没有下海挣钱的本事，也没有从政当官的兴趣，这辈子能沉下心来做好一点学问，就已经很不错了。我自知才学疏浅，天分不高，只是赶上了一个开放的时代，才有幸跻身于学者流中，不自觉地成为前代学者学术传统的继承者和发扬者。我自感责任重大、使命崇高，所以只好加倍努力、加倍辛劳。

脚下的人生路，将伸向何方，难道还不够明晰吗？

左玉河

北京王府井大街东厂胡同 1 号

2003 年 12 月 5 日晚

再版后记

这部著作初版于2004年，距今整整20年了。

20年间，我对这部著作所讨论的问题，有了一些更为深刻的认识。不少朋友建议在该著再版之际，应该系统地进行修订增补，将我这些年的新思考增加进去。但我婉言谢绝了。因为我铭记着恩师耿云志先生的谆谆教诲："我一向不赞成对已发表过的书或文章在内容上做任何改动。有了新的认识、新的见解，尽可另行撰文。凡已发表的言论、著作，或已经做过的事，便都成为历史。我们可以改变对历史的认识，但不可以改变历史。我们研究历史的人，应该把这作为一条不可逾越的准则。"

我认为耿先生讲得非常中肯。对于已经出版并成为历史文本的著作，即便是作者也无权以"后见之明"对其加以删改。该著既然已经成为当代学术史研究的历史文本，我确实无权对其进行任何修改。故这次再版，除了校改了几处标点和错别字之外，没有对内容做丝毫改动。

这部著作出版后，得到海内外学术界的广泛关注。学界同人之所以关注这部著作，主要是该著所提出的问题，是关乎中国学界立足根本的关键性问题：中国传统知识体系是如何转变为现代知识体系的？中国是如何在知识转型过程中建构起现代学科体系的？这些确实是中国各门学科都无法回避而必须予以深入探究的问题。

这部著作明确提出了“近代中国如何完成知识转型并创建中国现代学科门类”问题，并对其作了初步探究。该著从学术分科问题入手，揭示近代中国学术转型的历史轨迹及中国传统学术融入近代知识系统的趋势，及由此导致的中国现代学术门类初创、近代中国新知识系统的创建等问题。伴随着西方学术分科观念、分科原则及西方学科体系的引入，中国传统的知识系统被消融到以西方近代学科为框架的新知识系统之中，实现了从“四部之学”向“七科之学”的转变。中国近代学术转型的过程，既是中国传统知识系统逐步解体过程，又是中国近代知识系统建立过程。在这个转型过程中，中国效仿西方近代知识体系和学科体系尝试创建了中国现代意义上的知识体系和现代学科体系。

这种创建过程，无疑带有明显的模仿性和移植性。之所以如此，是因为在近代学人看来，西方近代学术及知识系统是国际现代学术和知识体系的标杆，代表并引领着世界学术发展的方向，中国必须追随世界学术大潮，尽快效仿西方建立中国自己的现代知识体系和现代学科体系，尽快将中国学术融入世界学术发展轨道并与国际知识体系接轨，进而在现代学术平台上进行交流对话，使中国学术能够立足于世界学术之林。

近代中国在西学东渐大潮冲击中效仿西方知识体系，逐渐完成从传统的“四部”知识体系向现代“七科”知识体系的转变，并在这个转变过程中创建了一套现代意义上的学科体系，这是客观的历史事实。但近代转型过程中创建的这套知识体系和学科体系，因其明显的模仿性和移植性，而带有明显的西化色彩，缺乏中国自主性和民族特色，这同样是客观的历史事实。

以西方为模板而建构起来的中国现代知识体系和现代学科体系，有着怎样的特性？这些特性对中国现代学术产生了哪些影响？融入西方主导的国际知识体系中的中国新知识体系和学科体系，是否保持了中国自己的独立性和学术特色？是否具有中国自主性？如果丧失了知识自主性和学术独立性，那么中国学术如何能够与西方学术进行平等对话？这是我近期反复思考的问题。

我直观地感到，必须追问并探究近代知识转型之后的若干重大问题：如何在效仿西方进行知识转型之后保持中国学术的独立性和知识建构的自主性？如何在与国际知识体系接轨过程中赓续中国学术传统？如何在现代分科化学术中传承中国传统学术注重“博通”的特性？一句话，必须正视并探究近代知识转型后的中国学科体系、学术体系和知识体系的自主性问题。

中国效仿西方创建了近代意义的新知识体系和新学科体系，这是近代中国学术和知识转型的历史性贡献，但同样存在着明显的缺乏自主性的偏向，如：西方学术长期处于领跑者地位，而中国学术则长期处于跟跑者的地位，由此导致中国学术处于长期亦步亦趋地效仿西方的状态，盲目追随西方学术潮流，存在着食洋不化、丧失自主性的偏向；中国学科体系的理论框架、核心概念、研究方法均来自西方，存在着对西方学术严重的路径依赖偏向；中国学术因缺乏西方普遍认可的原创性观点、理论和成果，在国际学术界没有太多的话语权和较大的影响力，长期处于失语状态的倾向；等等。

所以，当代中国确实面临着严峻的创建自主的知识体系的学术使命。必须着力修复近代知识转型以来所出现的学术缺陷，补足自主知识创新的短板；必须弘扬中国注重"博通"的优秀学术传统，重建中国学术的主体性，提升中国学术的原创性，增强中国知识体系建构的自主性。只有建构起中国自主的知识体系，才能真正使中国学术逐渐成为国际学术的并跑者和领跑者。

这或许是我今后努力的学术方向。

左玉河

2024 年 6 月 12 日于中国历史研究院

洞 见 人 和 时 代

官 方 微 博: @壹卷YeBook

官 方 豆 瓣: 壹卷YeBook

微信公众号: 壹卷YeBook

媒 体 联 系: yebook2019@163.com

壹卷工作室
微信公众号